第2版
Second Edition

聚合物
阻燃新技术

Novel Flame Retardant Technologies
of Polymer

彭治汉 编著

化学工业出版社
·北京·

内容简介

本书首先对卤素、磷系、氮系阻燃剂的品种、性能和应用进行介绍；然后对无卤阻燃技术、催化阻燃技术、协同阻燃技术、抑烟阻燃技术、纳米阻燃技术以及新型阻燃技术等进行了详细介绍，同时也对不同聚合物实际应用中的阻燃技术进行举例。实用性、参考性强。

本书可供从事阻燃剂、阻燃材料研究和生产的技术人员参考。

图书在版编目（CIP）数据

聚合物阻燃新技术/彭治汉编著. —2版. —北京：化学工业
出版社，2022.4（2023.8重印）
ISBN 978-7-122-40578-4

Ⅰ.①聚… Ⅱ.①彭… Ⅲ.①高聚物-人工合成-阻燃剂
Ⅳ.①TQ314.24

中国版本图书馆 CIP 数据核字（2022）第 006399 号

责任编辑：赵卫娟 　　　　　　　　　　　文字编辑：刘　璐
责任校对：王鹏飞 　　　　　　　　　　　装帧设计：刘丽华

出版发行：化学工业出版社（北京市东城区青年湖南街 13 号　邮政编码 100011）
印　　装：北京捷迅佳彩印刷有限公司
787mm×1092mm　1/16　印张 23¾　字数 529 千字　2023 年 8 月北京第 2 版第 3 次印刷

购书咨询：010-64518888　　　　　　　　售后服务：010-64518899
网　　址：http://www.cip.com.cn
凡购买本书，如有缺损质量问题，本社销售中心负责调换。

定　　价：168.00 元

前 言

　　2015年，笔者在化学工业出版社的支持下，在广大读者和同仁的关心关注下，基于2004年出版的《材料阻燃新技术新品种》编写了《聚合物阻燃新技术》一书。时至今日，我国不仅是全球最大的阻燃剂生产、消费和出口国，也是阻燃剂及其相关技术研究最为活跃的国家和地区之一，发表的学术论文篇数和申请的专利件数在全球遥遥领先。这六年多时间里，阻燃剂新品种、新技术层出不穷，日新月异，为我国乃至全球的通信信息、新能源、电子电器和交通、建筑等领域提供了安全可靠的阻燃防火保障。

　　本书在第一版的基础上，增补了笔者近些年的一些研究成果，还精选了国内外近年来公开发表的学术论文和专著的部分内容，以及一些产业化的应用技术，在此对相关作者和单位一并表示感谢，对没能逐一致谢的同仁深表歉意。近年来，国内外阻燃领域研究仍然十分活跃，相关的论文和专利等资料很多，其中不乏一些有理论深度和重要应用价值的学术研究成果，但由于篇幅有限，有些内容没有收集，实为遗憾。本书补充介绍了近年来人们所关注的阻燃热点问题，如大分子聚合型溴系阻燃剂、DOPO及其衍生物和焦磷酸哌嗪等磷、氮系阻燃剂的开发与应用，膨胀和催化阻燃技术以及新型阻燃剂的合成与应用等，希望从事阻燃剂和阻燃材料研究开发的工作者能从中有所受益。

　　东华大学博士研究生郭承鑫参与了本书各章节的补充修订工作，赵勇帅、姬贵晨、李颖颖、陈帅等参与了部分章节的修订，在此表示感谢！也要感谢近年来曾经参与阻燃技术相关研究的周易、赵海珠、唐海珊、王宁萍、夏浪平、芦宇骁、孙政、于志远、刘会阳、李心良、杜国毅、李换换、秦铭俊、翟一霖、姚坤成、孙黎明等历届研究生。在修订过程中，北京艾迪泰克技术咨询有限公司沈康先生热心提供了部分文献资料，在此深表感谢！

彭治汉

2022年2月于东华大学

第一版前言

赋予可燃材料阻燃性是人类征服自然、保护自身和财产安全的需要。早在原始社会初期，人类就学会了"在编制的或木制的容器上涂上黏土使之耐火"。人类进入 20 世纪后，科学与技术迅速发展，三大合成材料得到广泛应用，合成材料的阻燃显得尤为重要。大量的实验和应用证明，科学合理地使用阻燃材料可以有效防止和减少火灾。近年来，尽管有人从生态环境等角度，对一些阻燃材料的使用提出质疑，但阻燃材料还是得到了全球的普遍重视和应用，因为与火灾造成的损失相比，阻燃材料可能带来的负面影响还是要小得多。

2004 年，笔者有幸参加了化学工业出版社组织的阻燃技术系列丛书的编著工作，编写了《材料阻燃新技术新品种》。如今，全球的阻燃剂及其相关产业发生了巨大变化，我国已经成为最大的阻燃剂生产、消费和出口国。同时，国内的阻燃剂及其应用评价技术也有了很大发展，我国的阻燃剂生产、应用和研究呈现出蓬勃生机，阻燃剂和阻燃材料正逐渐成为我国精细化工和新材料发展的热点，相关的研究日益活跃，有力地推动了我国阻燃技术的发展。

本书是在《材料阻燃新技术新品种》的基础上，补充了笔者近 10 年的一些研究成果完成的，其中还纳入了国内外近年来公开发表的学术论文和专著的部分内容，在此对相关作者一并表示感谢，对没能逐一致谢深表歉意。近年来国内外阻燃领域研究十分活跃，资料很多，其中不乏一些有理论深度和重要应用价值的学术研究成果，但由于篇幅有限，没有收集，实为遗憾。本书侧重介绍近年来人们所关注的阻燃热点问题，如溴系阻燃剂的危害性评估、氮系阻燃剂的开发与应用、膨胀和催化阻燃技术以及新型阻燃剂的合成与应用等，希望从事阻燃剂和阻燃材料研究开发的工作者能从中有所受益。

本书共分 10 章，周易、赵海珠、唐海珊、王宁萍、夏浪平、芦宇骁、孙政等参与了编写工作，书中笔者的很多研究成果是笔者历届研究生辛勤劳动和付出智慧的结果，感谢朱新军、曲媛、丁文科、史湘宁、杨翼、付金鹏、谭逸伦、邵偲淳、游丽华、惠银银、孙柳、陈晓锋等。笔者曾有幸在北京理工大学研修三年，得到众多老师的指导，特别是得到导师欧育湘老师的亲自栽培和悉心指导，笔者终身受益。书中的很多内容来源于笔者在欧育湘老师指导下完成的博士论文，在此向欧育湘老师表示感谢。在成书过程中，笔者力求理论与实用结合，深度与广度并重，但因水平有限，书中内容肯定还有很多不尽如人意的地方，衷心期望得到专家、同仁们的批评指正。

彭治汉

2015 年 3 月于东华大学

目录

第3章　磷系阻燃剂 / 051

第 5 章　无卤素阻燃技术 / 229

第**1**章

绪 论

1.1 阻燃聚合物市场现状和品种变化趋势

材料是人类文明的一个重要标志。阻燃科学发展的第一历程是以纤维素为成分的天然纤维和木器的阻燃；第二历程是合成树脂、合成橡胶和合成纤维材料的阻燃。当前，阻燃作为一门多学科交叉的边缘学科，在不断完善已有阻燃技术的同时，结合社会与环境对阻燃材料的新要求，融入纳米技术、高分子设计与合成技术，在满足加工、应用性能要求的前提下，极大限度地运用化学、物理等学科最新研究成果和现代装备设施，研究开发无毒或低毒、低烟、能再生或反复使用、废弃处理不产生污染危害的环境友好或绿色阻燃材料。

自 20 世纪 80 年代以来，阻燃剂已成为仅次于增塑剂的合成材料用量最大的助剂。据统计，全球约有 18% 的塑料是阻燃化的，按近年塑料年消费 1.5 亿吨计算，年阻燃塑料消费为 2700 万吨；根据笔者的初步统计，近年全球每年纺织品消费量约为 6500 万吨，按 5% 的阻燃化比例计算，每年阻燃纺织品的消费量约为 330 万吨，加之阻燃橡胶和涂料等，目前全球的阻燃材料年消费量大于 3000 万吨。据中国石油和化学工业联合会阻燃专委会报道，2018 年全球阻燃剂的消费量达到 296 万吨。2015—2019 年我国的阻燃剂在国内外市场销售情况见表 1-1。

表 1-1 2015—2019 年中国阻燃剂在国内外市场销量 单位：kt

阻燃剂种类		消费比例/%				
		2015 年	2016 年	2017 年	2018 年	2019 年
溴系阻燃剂	十溴二苯乙烷	30.6	28.6	31.4	46.8	47.1
	十溴二苯醚	9.4	5.9	4.9	5.4	3.8
	其他溴系阻燃剂	114.0	113.2	111.0	103.7	104.4
有机磷阻燃剂		139.4	136.6	138.3	147.0	134.7
无机磷阻燃剂		19.8	23.3	24.6	29.3	32.3
氮系阻燃剂		24.8	31.2	37.0	41.9	47.1
无机阻燃剂		290.0	323.9	361.8	432.3	514.1
其他		10.5	10.7	11.0	11.3	10.7
总计		638.5	673.4	720.0	817.7	894.2

表1-1中没有统计氯系阻燃剂（氯化石蜡）的市场销售情况，2015—2019年每年消费5万～6万吨。从表1-1可以看出，由于国际下游产业链的转移，我国的阻燃剂产业发展很快。2019年，我国阻燃剂的用量占全球总用量近1/3，达到90万吨以上，产能大于100万吨/年，是全球最大的阻燃剂消费和生产基地。2019年中国出口阻燃剂总量在12万吨以上，其中有机磷阻燃剂（主要是磷酸酯）大于7万吨。2015—2019年，全球阻燃剂用量年均增长约5%，而中国的年均增长率大于15%，一些年份的增长率达到30%以上。由于近十年来，溴系阻燃剂一直备受质疑，加之溴价格一直处于高位，一些传统溴系阻燃剂的市场被其他阻燃剂所替代，其中磷系阻燃剂替代溴系阻燃剂是未来的发展趋势之一，而我国的磷资源非常丰富，发展磷系阻燃剂更适合我国的实际情况，所以我国的磷系阻燃剂在近十年得到迅速发展，尤其是聚磷酸铵、次磷酸盐、焦磷酸哌嗪、有机磷酸酯和红磷等阻燃剂的产量和消费量增长非常快，成为全球最大的生产基地。

自2002年起，全球磷系阻燃剂的主要制造商依托形成的战略联盟［为2009年正式成立的磷、无机和氮系阻燃剂协会（Phosphorus，Inorganic and Nitrogen Flame Retardants Association，PINFA）的雏形］共同协调非卤素阻燃剂发展研究的策略和市场，大力推动无卤素阻燃剂的发展和应用。可以预计，尽管新型化学结构和高分子型的卤素阻燃剂近年来取得进展，但卤素阻燃剂降解释放卤化氢的腐蚀性仍是人们所不能接受的，因此在未来的一定时期磷、氮系阻燃剂和无机阻燃剂将在越来越多的应用领域取代卤素阻燃剂，这从传统的卤素阻燃剂主要生产商都在介入非卤素阻燃剂的研制开发可见一斑。然而，磷、氮系阻燃剂也会受到其他方面的质疑，尤其是随着用量的增大特别是有机磷阻燃剂或其降解产物的毒性和对环境的影响也将逐渐显现出来，也许正是出于这一考虑磷系阻燃剂的主要生产商形成战略联盟，他们要考虑的不仅是市场的问题，更重要的是磷系阻燃剂的未来问题。在可以预见的时期内，高效阻燃体系仍然将以卤素阻燃剂为主，一些专用特效阻燃体系将迅速占领一些特殊应用市场，这可以从其他类阻燃剂用量的迅速增加得到验证。

1.2 阻燃聚合物与生态环境和人类健康问题

人类有意识地提高材料防火性能的行为可以追溯到原始社会初期的"在编制的或木制的容器上涂上黏土使之耐火"，到20世纪50年代，合成树脂、合成橡胶和合成纤维三大合成材料的迅速发展，不断丰富了阻燃材料和技术，可以说现有的高分子无论是天然大分子还是合成的聚合物都可以通过阻燃处理达到所需的防火性能要求。就现有高分子而言，阻燃的有效办法是加阻燃剂，但由于高分子自身元素组成和结构的特点，阻燃剂的作用只是减少因人们不慎或电器等故障出现的火源或火花导致周边易燃物着火的机会，以及减缓蔓延的速率，从而达到预防火灾的目的，不能使高分子不燃。

随着阻燃材料用量的增长，因阻燃材料在火灾事故中热降解产生的烟雾、毒性和腐蚀性气体造成的人员和财产损失和环境问题已引起广泛重视，更有个别环境组织成员提出不用阻燃材料的看法，但大量的事实和研究结果说明，科学使用阻燃材料能减少火灾的发生，同时通过优化阻燃配方和品种，在阻燃材料制造和使用的全部过程中，并不会增加材料的成本和恶化生产环境以及在火灾中加重危害，而合理使用阻燃剂可有效阻止火灾的发生和蔓延，减少因火灾造成的损失。事实上，减少火灾不仅减少了人身财产损失，而且也是对环境的有效保护。诚然，使用阻燃材料可以有效防止火灾，但大多数阻燃材料的制造都要增加生产工序和成本，同时也加重了材料的回收利用工作和对环境的影响，有时还会影响材料的使用性能和耐久性，所以并不是所有易燃的材料都要阻燃化。尽管阻燃材料已形成较为完整的生产体系和一定的用量规模，但在现实生活中它只是一种辅助材料。因此，随着现代消防技术的发展、消防预警系统和装备的完善以及电声电器元件和产品生产设计水平的不断提高，社会文明的进步，人们消防意识的提高，特别是火源的变化，阻燃材料的研究开发应有新思路，阻燃只是提高消防能力的一个因素，必须纳入消防的系统工程给予考虑。

传统的阻燃聚合物不仅面临来自社会发展和其他技术替代其功能的考验，更重要的还有解决自身品种和技术缺陷问题的紧迫要求。

阻燃剂的安全卫生性是生产使用者以及整个社会都关心的问题。除了少数无机阻燃剂外，几乎所有的阻燃剂都有一定的毒性。因此，发展非持久性、生物累积性和毒性（non persistent，bioaccumulative and toxic，NPBT），以及非致癌、致突变和生殖毒性（non carcinogenic，mutagenic and reproductive toxicity，NCMR）的阻燃剂已经成为阻燃剂和阻燃聚合物行业的一个新的共识。一些卤代联苯和卤代二苯醚阻燃剂毒性较高，其中溴化物比氯化物的毒性低，这是溴阻燃剂用量远远大于氯阻燃剂的一个原因（当然还因为其阻燃效率比后者高），且溴化物的毒性随取代度的增大而下降。除了十溴联苯醚外，其他多溴联苯醚因对家畜有毒性而被禁用，而组成相近的多溴二苯醚得到广泛应用（据最近报道，五溴二苯醚和八溴二苯醚已被禁用），这是因为后者的毒性要低得多。

通常用的有机磷阻燃剂大多数为中低等毒性的黏稠液体，但因蒸气压较大而加剧了其致毒的可能性。对于笼状磷酸酯（图 1-1），由于分子中某些部位基团的不同导致其毒性相差很大，其 4 号位的取代基为烷基的化合物，对温血动物有很高的毒性，这是美国一些含有三羟甲基丙烷的聚氨酯制品不用磷酸酯作阻燃剂的原因，而同一位置上为羟甲基的化合物则毒性很小。

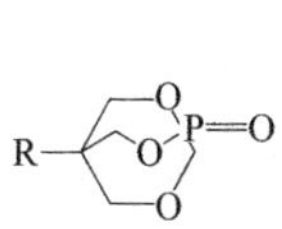

图 1-1　笼状磷酸酯分子结构

回顾阻燃剂的发展历程，我们还看到一些阻燃效率很高的含卤素和磷酸酯的阻燃剂被淘汰，如多氯代芳烃以及三(二溴丙基)磷酸酯因可导致生物体细胞变异而被禁用。继多溴二苯醚、六溴环十二烷（HBCD）等溴系阻燃剂被禁用后，一些磷酸酯阻燃剂也被证明是致癌物质。其中，磷酸三苯酯（TPP）、磷酸甲苯二苯酯（CDP）、磷酸三甲苯酯（TCP）对水生物有毒性；二乙基磷酸、三(2-氯乙基)磷酸酯（TCEP）属于持久性致癌有机物。多溴二苯醚（除十溴二苯醚以外）于 2009 年被列入《关于持久性有机污染物的斯德哥尔摩公约》（以下简称《斯德哥尔摩公约》），并在全球范围内被禁止生产和使用；HBCD 和十溴二苯醚（BDE-209）也分别于 2013 年和 2017 年被列入该公约。自 20 世纪 90 年代以来，十溴二苯乙烷（DBDPE）作为十溴二苯醚的替代品被广泛应用于各种阻燃材料中。然而根据陈田等人的毒理研究，DBDPE 显示出与 BDE-209 相似的甲状腺激素干扰效应，以及肝脏、肾脏和神经毒性和生殖发育毒性等，亦于 2019 年被加拿大列入有毒物质清单。四溴双酚A（TBBPA）和一些溴化酚类阻燃剂也被实验证明具有内分泌毒性，因此它们和 TBBPA 衍生物已经被列入美国环境保护局环境污染与毒物管制办公室总检测清单。

阻燃剂及其阻燃聚合物影响环境和危害人体的主要途径，是在生产使用过程中，通过散发或者遗弃扩散到大气、水体和土壤中，然后再通过人体接触或食物链进入人体。童艺、潘远江、冯鸿儒等学者对 DBDPE 等新型溴系阻燃剂环境影响的研究结果表明，在中国不同的采样地区都发现，随着溴系阻燃剂用量的增加，在大气、水体、土壤以及沉积物（包括污泥）等环境中，溴系阻燃剂的含量呈上升趋势。报道也显示，在欧美和澳大利亚及亚洲其他地区也有类似情况。

与有机磷农药相比，有机磷阻燃剂由于不直接排向自然加之用量相对较小而对环境影响不显著，其应用也没有添加磷化合物的洗涤剂（这类洗涤剂已逐渐被禁用）范围广，但随着磷系阻燃剂用量的增大，其对环境的影响应引起更多的关注，特别是对新用途或新品种的使用更应谨慎，阻燃剂的研究开发者可以借鉴有机磷农药开发的一些经验。据关于有机磷残留问题的研究报道，有机磷对水生动植物的残留毒性因品种而异，生物体内的磷脂酶对有机磷酸酯的转化并使其失效的最有利条件是 pH 为 7 和温度为 25℃，此时亚磷酸二甲酯的半衰期为 5.5 年，三苯基膦酸酯为 1.3 年，而在自然环境条件下的降解速率比在纯水中要快得多。

据徐怀洲、石利利等对磷酸酯类阻燃剂的毒性效应的研究报道，有机磷酸酯阻燃剂（OPFRs）的大量使用导致其在环境中的累积也明显增加，从而对人类健康和生态环境也显露出初期的毒理学效应。已有研究证明，OPFRs 具有神经、生殖和基因等毒性并有致畸、致癌等危害，特别是含卤素类 OPFRs 和部分非卤素类 OPFRs 具有较高的持久性和生物富集系数，因此 OPFRs 的危害应该引起人们的足够重视。

对于固体阻燃剂，为了提高分散性和阻燃效率，粉体的粒径越来越小，粉体的加工和使用都有可能引起粉尘中毒，目前正在兴起颗粒状阻燃剂、阻燃母料和微胶囊化。

地球及其资源问题自 20 世纪 80 年代开始引起人们的重视，这对传统阻燃剂及其使用评价方法提出了新挑战，另一方面为阻燃材料的发展提供了新的推动力。

阻燃聚合物产生的环境问题有如下三方面：

① 阻燃聚合物燃烧时的有毒物、腐蚀性及酸性等气体和烟雾释放问题；

② 阻燃剂和阻燃聚合物生产、加工、回收和废弃造成的环境污染问题；

③ 阻燃剂和阻燃聚合物的资源开采利用造成的环境破坏及资源枯竭问题。

作为一种功能性材料，阻燃聚合物的阻燃性能是通过共同认可且可靠的测试评价标准来认证的，随着相关科学技术的进步，阻燃聚合物的评价方法和性能要求也在不断更新。随着当今社会的发展和技术的进步，人们越来越感觉到地球环境和资源问题的紧迫性。20 世纪 90 年代开始，欧洲率先提出了"绿色"材料的概念，即要求材料对人类健康和繁衍及环境影响小，并制定了材料的环保准入性安全使用规范性标志，如德国对复印机的蓝天使（blue angel）标志、北欧对计算机用部分塑料部件的白天鹅（white swan）标志等。其中对阻燃材料有明确限制要求的有瑞典的 TCO-99、北欧的 Eco-label-98 和欧洲的 Eco-label EU-99 等，要求计算机、打印机和复印机等办公用品的外壳塑料不得使用卤素阻燃剂。尽管人们对新的环境保护标准还有不同的看法，但只要能确保阻燃防火的安全可靠性，人们还是愿意选用卤素阻燃剂以外的其他阻燃系统。

从减少合成材料大量应用所造成的白色污染以及石油等有限资源的极度开发使用考虑，高分子材料的回收利用应引起更多的关注。其再利用的方法是循环利用和降解成可再利用的原料。但对阻燃聚合物而言，由于阻燃剂的加入对循环使用或降解再生可利用的资源都是不利的，特别是含卤素阻燃剂，以及一些含磷、氮、硫等的阻燃剂，在热裂解或焚烧时都有可能产生有毒、腐蚀性等的气体，因而对环境产生危害。由此可见，传统的阻燃剂面临着来自环境保护的新挑战。

1.3　阻燃聚合物评价与法规

根据欧盟委员会公布的评估结果，阻燃剂及阻燃聚合物的使用使得欧洲的火灾死亡人数减少了 20%，大量和反复的试验与现实证明，阻燃材料的使用在减少火灾引起的生命财产损失方面发挥了重要的作用。自 20 世纪 80 年代以来，全球阻燃剂的总用量在各类塑料助剂中仅次于增塑剂而居第二位。由于阻燃剂的使用在绝大多数情况下会增加成本，因此从经济角度考虑，没有商家愿意赋予材料阻燃性，所以阻燃剂行业是法规推动型产业，也是全球竞争性产业，国内外相关法律法规的相继出台和逐步完善，影响着整个阻燃行业的格局，为具有资源优势、规模经济优势和研发优势的企业提供发展的机会。在中国，阻燃材料仍然是重点发展的新材料产业，并且国内也组建了绿色阻燃剂及其阻燃材料等产业技术创新、环境影响等战略联盟，为阻燃材料行业的发展提供了政策性的平台。

进入 21 世纪后，阻燃材料一直以高效、低毒、低烟、无卤素等为目标，在实现此目标的过程中，新型卤素阻燃剂将作为多溴二苯醚类高效阻燃剂的替代品得到应用，磷化合物、无机氢氧化物及磷酸盐等无机阻燃剂的研究应用将更为活跃，新型低毒、热稳定性优异的磷酸酯的用量将得到增长，无机阻燃剂的超细化、表面改性、微胶囊化、颗粒或母料等技术将得到发展，阻燃剂的生产工艺将得到进一步优化，绿色化学中的原子经济反应将得到运用，从而实现资源 100% 利用和"零排放"，同时生产过程中将使用无毒无害的原料、溶剂和催化剂；阻燃材料成型加工性能好，可回收循环使用，废弃物处理不会产生二次污染。

阻燃材料的阻燃等性能测试及表征方法也是值得研究的课题。由于现实火灾事故具有复杂性，因此如何将阻燃材料的阻燃等性能与防止火灾、减少损失相关联正日益受到重视，为此已经有一些大型试验方法，或建立计算机模拟的区域模型和场模型。但由于阻燃技术发展不平衡，阻燃法规和测试方法的国际化还需世界各国通力协作。多年来，欧洲标准化委员会（Europe Committee Standardization）、美国联邦航空局（Federal Aviation Administration）、国际海上组织（Safety of Life at Sea）以及国际铁路联合会（International Railway Union）等组织一直在积极协调，力争使 IEC 标准和国际的 ISO 标准统一。在阻燃性能测试方法方面，小型测试标准各国已相近，但在制品特别是纺织品、建筑材料等方面，我国的专业标准还比较欠缺，大多数情况仍然采用 LOI 值作为评价标准。表 1-2 收集了主要发达国家的电子电器、建筑和交通工具等领域的阻燃标准。

表 1-2 主要发达国家阻燃标准

国名	电子电器	建筑	交通工具
美国	UL 746 高分子材料 UL 1270 音响设备 UL 410 电视机 UL 114 办公设备 UL 94 塑料燃烧试验	ASTM E84-84 燃烧性能 ASTM E119 塑料燃烧试验 ASTM D2843 生烟量	FMVSS 汽车内饰材料 FAR(25)飞机内饰材料 SOLAS(1974)船舶防火结构 ASTM E162NFPA 258
德国	VDE 0304 硅碳棒，本生灯 VDE 0470 加热铁芯 VDE 0471 灼热电阻丝	DIN 4102 耐火性 DIN18230 耐火建筑物结构	SOLAS(1974)船舶防火结构
英国	BS 738 和 IEC 707	BS 476(4)不燃材料试验 BS 476(7)表面燃烧 BS 476(11)发热量	BS6853 车辆耐火性能 SOLAS(2)-20 章 船舶材料
法国	NFC 32070 电线电缆	AFNOR 建筑材料标准 NEP 92-505 材料燃烧试验	GTM 001BNFP92503,507 铁路用材料 NFP92-05 汽车用材料
日本	UL 94	JISA 建筑省告示 1231 号 JISA 9511	JIS D1201 汽车内饰材料 FMV SS302
澳大利亚	AS 02420 灼热电阻丝，表面漏电起痕		FMV SS302
韩国	参照美国 UL 体系	参照日本标准	FMV SS302

近年来，中国的阻燃相关标准在加快与国际标准接轨的步伐，如 GB 50222—2017《建筑内部装修设计防火规范》，GB/T 5169.1～5169.46 电工电子产品着火危险试验系列标准，GB/T 26526—2011《热塑性弹性体　低烟无卤阻燃材料规范》等，因篇幅有限不再赘述。

表 1-3 列举了美国、日本和德国在这方面的一些具体法规，可供参考。

表 1-3 美国、日本和德国低烟、低有害气体释放材料法规

国　家	低有害气体法规	低发烟性法规
美国	纽约州:建筑用材料有害性试验	航空器内装饰材料 壁材，天顶材:$D_S \leqslant 100(1.5$ 分值$)$，$D_S \leqslant 200(1.5 \sim 40$ 分值$)$
	美国空中客车工业团体:烟中有害气体成分 $HF、HCl、SO_2、CO、NO + NO_2$	光纤电缆:$D_S \leqslant 100$ 电线电缆:$D_S \leqslant 15(20$ 分值$)$

续表

国　家	低有害气体法规	低发烟性法规
日本	NTT 标准通信电缆：非卤材料，要求吸收燃烧气体的水溶液 pH 为 3.5 以上；卤化氢 350mg/g 以下；氟化氢 200mg/g 以下；无腐蚀 PVC；HCl 气体 100mg/g 以下	① NTT 通信电缆：D_S＜150 ② 自产省通信电缆 NBS：D_S＜400 ③ 建筑材料（JIS A1321）：生烟系数 CA≤30、60、120 ④ 汽车用材料（JIS D1201）：C_s＜0.2、0.2～1.0、1.0～2.4、≤24 ⑤ 船舶床体：D_S＜250、＜60
德国	1994 年 4 月 29 日联邦参议院通过禁用可产生超标下列物质的制品：2,3,7,8-TBDD；1,2,3,4,7,8-HxBDD；1,2,3,7,8-PeBDD；1,2,3,7,8,9-HxBDD；2,3,7,8-TBDF；1,2,3,6,7,8-HxBDD；2,3,4,7,8-PeBDF；1,2,3,7,8-HxBDD	车辆用材料（DVS99/35）遮蔽物浓度（Obscuration）分级：10、11～40、41～70、71～100

注：D_S 为比光密度；CA 为生烟系数；C_s 为消光系数。

工业革命以来，人类的物质财富得到了极大丰富，但却以资源无度耗竭、生态和环境恶化为代价。21 世纪，人类将更加关注生存的环境问题，绿色化学与技术将在改善人类生存环境中发挥重要作用，阻燃材料的绿色化已被越来越多的人士所认同，人们将依据绿色工业即环境友好产品的要求修订阻燃材料的评价方法并在全球予以统一使用，对长期大量使用的阻燃剂进行重新评审，要求阻燃剂及阻燃材料在生产、使用和回收及废弃物处理等各个环节符合环境保护的要求，阻燃剂的资源丰富或可再生利用，同时为满足人类日益多样性的需要，阻燃材料必须具有多功能性，如阻燃抗静电塑料、阻燃抑菌纺织品等；另外，将阻燃技术与纳米技术等新技术有机组合，开发阻燃高性能化的通用塑料，替代一些特殊工程塑料，不仅降低阻燃材料的成本，而且还减少了塑料的种类，为塑料的集中处理带来便利。

目前，对阻燃剂影响较大的国际及地区组织及其指令有联合国环境规划署、欧盟的《关于限制在电子电器设备中使用某些有害成分的指令》（*Restriction of Hazardous Substances*，RoHS）和《化学品的注册、评估、授权和限制》（*Regulation Concerning the Registration，Evaluation，Authorization and Restriction of Chemicals*，REACH）。2001 年 5 月联合国环境规划署（United Nations Environment Programme，UNEP）在瑞典的斯德哥尔摩签署了国际上第一份关于持久性有机污染物（POPs）的国际公约——《斯德哥尔摩公约》，将三大类 12 种化合物列为控制限用范围，但没有包含溴化合物。2009 年 5 月，在《斯德哥尔摩公约》缔约国大会第四届会议上，又有 9 种新物质被列入控制限用范围，其中有五溴联苯醚、八溴联苯醚和六溴联苯醚。欧盟的欧洲化学品管理局（ECHA）REACH 指令对一些高风险化合物的限用在加快步伐：到 2014 年已经有 155 种限制使用，被列入的溴系阻燃剂有十溴二苯醚和六溴环十二烷；而截止到 2021 年 1 月 19 日，高度关注物质增加到 211 种。其中，阻燃剂增加了短链氯化石蜡、磷酸三（二甲苯）酯、双（六氯环戊二烯）环辛烷（德克隆，2018 年 1 月 15 日公布），以及生产阻燃剂的原料（如硼酸、三氧化二硼、双酚 A）。随着人们环保意识的提升，开发低毒甚至无毒、低烟的环保型阻燃剂将成为阻燃剂产业的目标。

目前对于无卤化的要求，不同的产品有不同的限量标准。如无卤化电线电缆中卤素指标为：所含卤素的值≤50mg/kg（根据法规 REN 14582）；燃烧后产生卤化氢气体的含量＜100mg/kg（根据法规 EN 5067-2-1）；燃烧后产生的卤化氢气体溶于水后的 pH≥4.3（弱酸性)(根据法规 EN-5 0267-2-2)；产品在密闭容器中燃烧后透过一束光线其透光率≥60％（根据法规 EN-50268-2）。

RoHS 指令的无卤要求是溴、氯含量分别小于 900mg/kg，溴和氯总含量小于 1500mg/kg。

此外，近年来，对于一些电子电器用阻燃材料，灼热丝测试（glow-wire test）和针焰测试（needle-flame test）也成为引导阻燃剂开发的重要指标，也是一些行业和国家及地区强制性执行的标准。

灼热丝测试的目的是测试电子电器用高分子材料在实验室特定条件下的热稳定性，以及起燃和燃烧状态。而灼热丝是一个固定规格的电阻丝发热金属环，试验时要用电加热到规定的温度，使灼热丝的顶端接触或插入样品达到标准要求时间，再观察和测量其状态，测试范围取决于特定的试验程序。其测试对象可以是材料，也可以是成品。通常有可燃性指数（GWFI）和起燃性温度（GWIT）两个物理指标。而针焰测试的目的是评定阻燃材料在设备内部因故障造成的小火焰而导致的着火危险性。

为适应我国快速发展的阻燃剂及其下游产业需要，做好与发达国家和地区阻燃标准和法规的接轨工作，我国在阻燃行业及其制品方面制定了一系列法规和标准。此外，根据发展需要，我国还在不断地更新一些落后于国外标准的阻燃标准。

第2章

卤素阻燃剂

2.1 概述

卤素阻燃剂包括溴系阻燃剂和氯系阻燃剂，其中绝大多数是溴系阻燃剂，英文字母缩写为BFRs。近年来，一些含氟阻燃剂并没有被包括在传统的卤素阻燃剂之列来研究与介绍。

溴科学和环境论坛组织（Bromine Science and Environmental Forum，BSEF）是由美国雅宝公司（Albemarle Corporation）、以色列死海溴集团［Dead Sea Bromine Group，现为以色列化学集团（ICL）旗下子公司］和美国大湖化学公司［Great Lake Chemical Corpora-tion，该公司于2005年7月1日与康普顿（Cromton）公司合并重组后成立科聚亚（Chem-tura）公司，2017年4月正式被朗盛（LANXESS）收购，并入其添加剂业务部］于1997年联合成立的一个国际性的有关溴产品研制、生产和环境问题对策的战略联盟。全球的溴产品生产商主要是美国和以色列的上述三家公司或他们合资控股的子公司，其溴化合物产品占全球产量的约80%，其溴产品的40%为溴系阻燃剂。近年来，全球应用溴系阻燃剂生产的阻燃塑料/热塑性弹性体、纺织品、泡沫和涂料达250万吨。当前，工业化生产应用的溴系阻燃剂有70余种（为IPCS-EHC 192D登记许可使用的品种，IPCS为international program on chemical safety的缩写），其中，四溴双酚A及其衍生物、十溴二苯乙烷和溴代三嗪（FR245）约占溴系阻燃剂总量的75%。

目前，国际上溴系阻燃剂的检测标准还比较少。我国于2009年发布了国家推荐标准GB/T 24279—2009《纺织品禁/限用阻燃剂的测定》和出入境检验检疫行业标准SN/T 2411—2009《玩具中阻燃剂的测定》。前者规定了纺织产品中的17种磷系阻燃剂及溴系阻燃剂的测试方法，并于2010年1月1日起实施；后者只规定五溴二苯醚、八溴二苯醚及三(2-氯乙基)磷酸酯、磷酸三邻甲苯酯的测试方法。

2014年6月中旬，ISO发布ISO 17881-1—2016《纺织品—阻燃剂测试—第1部分：溴系阻燃剂》，该标准已经于2016年2月正式实施。

根据溴结合的分子骨架结构不同，溴系阻燃剂可分为芳香族、脂肪族和脂环族三类化合物，通常为分子量在200到几万的聚合物，其溴含量为50%～85%，虽然绝大多数含溴磷酸酯的溴含量比磷含量高，但由于它们的化学性能等更接近磷酸酯而通常归类于磷酸酯阻燃剂。

1982 年瑞典科学家首先在多溴二苯醚阻燃材料的热降解产物中发现多溴二苯并呋喃（polybrominated dibenzofurans，PBDFs）和多溴二苯并二噁烷（polybrominated dibenzo-*p*-dioxins，PBDDs）之后，有关这类化合物的使用安全性问题引起了全球范围的研究和论证，并由此扩延到对所有溴系阻燃剂的安全环境问题的评价，到 1998 年世界卫生组织（WHO）的 IPCS 已完成了一些早期受到关注的溴系阻燃剂的评估，表 2-1 列出了一些环境卫生标准（environmental health criteria，EHC）。

表 2-1 WHO 颁布的一些溴系阻燃剂环境卫生标准

标 准 号	溴 系 阻 燃 剂
IPCS-EHC 152(1994a)	多溴联苯
IPCS-EHC 162(1994b)	溴化二苯醚
IPCS-EHC 172(1995a)	四溴双酚 A 及其衍生物
IPCS-EHC 173(1994b)	三(2,3-二溴丙基)磷酸酯和二(2,3-二溴丙基)磷酸酯
IPCS-EHC 192(1994a)	阻燃剂:总则
IPCS-EHC 205(1998)	多溴二苯并二噁烷和多溴二苯并呋喃

世界卫生组织主要从这些阻燃剂及其燃烧产物对人类健康和环境的影响等方面进行系统科学的评估。初步结果是多溴二苯类及其他溴系阻燃剂应引起国际社会的共同关注，这是因为这类化合物已经在我们的现实环境中大量存在且具有生物累积性，它们的影响将是长远的，同时对它们的评价还需要借鉴已有的经验和进行更多的科学研究，并做好此类材料的使用处置管理和危害预警处理措施。

表 2-2 是到 2018 年 12 月欧盟 REACH 指令高度关注物质中的卤素阻燃剂品种。

表 2-2 REACH 指令高度关注物质中的卤素阻燃剂品种

物质名称	CAS 号/EC 号	公布时间
六溴环十二烷 （hexabromocyclododecane，HBCD）	25637-99-4， 3194-55-6/247-148-4， 221-695-9	2008 年 10 月 28 日
短链氯化石蜡 （short chain chlorinated paraffins，SCCPs）	85535-84-8/287-476	2008 年 10 月 28 日
三(2-氯乙基)磷酸酯 [tris(2-chloroethyl)phosphate，TCEP]	115-96-8/204-118-5	2010 年 1 月 13 日
十溴二苯醚 [bis(pentabromophenyl)ether，DecaBDE]	1163-19-5/214-604-9	2012 年 12 月 19 日 （第 8 批候选排在第 1 位）
德克隆		2018 年 1 月 15 日

近年来卤素阻燃剂对环境、健康和最终制品性能的影响引起了广泛关注，因此生产和使用者对卤素阻燃剂及其制品的物理化学性能、毒性、环境影响等方面的评价日益严格，一些传统大量使用的卤素阻燃剂面临回收和废弃物处理等方面的新考验，目前全球性的卤素阻燃剂的使用安全性评估主要在德国、英国、法国、瑞典和丹麦等欧洲国家进行。

有关溴系阻燃剂以及这类阻燃剂的环境安全评价等一直在反复论证中，不同企业组织和团体由于各种各样的原因以及研究的角度不同，一直存在正反两方面的争论，也许正是这种反复的论证和研究的不断深入，给溴系阻燃剂带来了新的生机，正验证了我们常说的"有危就有机"。

为了避开对现有溴系阻燃剂特别是多溴二苯醚等阻燃剂的毒性和环境影响的质疑，一些研究者和开发商近年来致力于开发一些新型溴系阻燃剂品种，但新产品的开发也将面临两大问题：一是新型阻燃剂的阻燃效果；二是新产品是否也会存在毒性和环境问题。总之，溴系阻燃剂必将在否定肯定再否定再肯定的辩证法中焕发出新的生命力。

由于含氯阻燃剂的用量和品种与溴相比很少，新产品更少，并在国内近年出版的一些专著中已有介绍，本书将不赘述。

2.2　四溴双酚 A

2.2.1　概述

四溴双酚 A（tetrabromobisphenol A，TBBPA）的化学文摘（CAS）登记号为 79-94-7，根据国际纯粹与应用化学联合会（IUPAC）的命名法，四溴双酚 A 的系统命名名为 4，4′-亚异丙基双（2,6-二溴苯酚）[4,4′-isopropylidene bis（2,6-dibromophenol）]。因原料易得，性能优越，既可作反应型阻燃剂，又可作添加型阻燃剂，四溴双酚 A 已成为用量最大的溴系阻燃剂，近年来年均消费量在 15 万～20 万吨，占溴系阻燃剂总量的 30% 以上，其中大部分用于生产溴化环氧树脂和聚碳酸酯，大部分用于印刷电路的覆铜板，其余部分主要作为添加型阻燃剂用于 ABS 和 PS 的阻燃。近年来，由于阻燃 ABS 中使用的 FR245 用量上升，TBBPA 作为添加型阻燃剂的用量比例有所减少。据不完全统计，到 2018 年，85% 的 TBBPA 用于生产溴化环氧树脂和聚碳酸酯，10% 以上用于生产八溴醚等阻燃剂，直接作为阻燃剂用的小于 5%。

2.2.2　主要性能

TBBPA 的主要物理化学性能见表 2-3。

表 2-3　TBBPA 的主要物理化学性能

项　目	指　标	项　目	指　标
外观	白色粉末	热分解温度/℃	＞240
熔点/℃	181～182	酸碱度	$pK_{a,1}=7.5,pK_{a,2}=8.5$
溴含量/%	58.8	解离常数	$K_{ow}=4.5～5.3$

2.2.3　四溴双酚 A 的毒性

在动物试验中发现 TBBPA 的毒性是低的，对老鼠和白鼠的 LD_{50} 分别为 10g/kg 和 5g/

kg；对兔子的皮肤试验没有发现氯痤疮（一种由卤代烃引起的皮疹）和系统的变异，在采用 18mg/L 浓度水溶液进行的 4h/天、5 天/周的两周吸入性试验中，也没有观察到体重、血清、尿样和病理学方面的作用；也未观察到 TBBPA 对几内亚猪和人体的过敏性。

对水生无脊椎动物如水蚤 48h 的 LD_{50} 最低浓度为 0.96mg/L，浓度为 0.056mg/L 的死亡率为 5%。对太阳鱼、蛙鱼、鲤科小鱼 96h 的急性 LC_{50} 的最低浓度分别为 0.51mg/L、0.40mg/L 和 0.54mg/L，对鲤科小鱼在 0.31mg/L 浓度中进行 35d 的连续观察发现其存活率比空白组低 2/3，但在低于此浓度的环境中没有观察到明显区别。

对白鼠在妊娠的 6～15d 进行最大剂量至 3g/kg 的经口试验，在胎儿存活率、吸收和排泄等方面没有发现与对比空白组的区别，在另一项最大剂量至 2.5g/kg 的试验中，没有发现对胎儿骨骼和发育异常的毒性作用。

在对沙门菌和酵母菌进行的有或无微粒体的诱变试验中均为阴性，在对五种细菌应变的检验致癌性物质的埃姆斯试验中也呈阴性。

在 mg/L 量级的 96h 试验中，没有发现 TBBPA 对绿藻、水藻等的生长产生阻碍，但发现 TBBPA 对另两种海藻的 EC_{50} 浓度为 90～890μg/L。

2.2.4　生物代谢与环境分析

对白鼠的经口试验表明，服入的 TBBPA 约 95% 可以在 72h 内无变化地随粪便排出。Hakk 等采用导管插入胆汁的方法进行试验，发现有 TBBPA 被吸收且代谢为磺酸酯和葡萄糖醛酸（在白鼠的肝脏中发现）。在白鼠和鱼中 TBBPA 的排除半周期（half-life of elimination）为 1d，对水蛭的评估为不超过 5d。

作为添加型阻燃剂使用的 TBBPA 可以较容易地从制品中抽提出来，因此在制品使用中也易渗析到环境中，所以 TBBPA 可以在土壤、沉积物、污水和淤泥中检测到。在瑞典一家处理回收电子制品的工厂里，可以检测到空气中有含量为 30ng/m^3 的 TBBPA，这可能是处理四溴双酚 A 环氧树脂覆铜板的结果。在使用 TBBPA 的塑料厂附近取得的沉积物中 TBBPA 含量（干燥基）为 34ng/g，而在其排出的沉积物中 TBBPA 含量高达 270ng/g；同时还发现有含量分别为 24ng/g 和 1500ng/g 的 TBBPA 二甲氧基衍生物。在日本大阪和美国阿肯色州大量生产和使用 TBBPA 的地方的河床沉积物样品中也发现了 TBBPA。生物领域有关 TBBPA 及衍生物的报告很少，在分析人体血液中的含卤素酚类化合物的检测中，每 40 例检测对象中发现一例有 10^{-9} 数量级含量的 TBBPA。日本于 1987 年和 1988 年对大量鱼类的 1μg/kg 级检测分析中没有发现 TBBPA。但 Watanabe 等在大阪海湾的蚌类中发现了 5μg/kg 的 TBBPA 二甲氧基衍生物而不是 TBBPA，他们发现 19 种海洋鱼类和贝类中有两种含有这种衍生物，目前还不清楚这种衍生物是通过怎样的微生物转化生成的。

2.2.5　降解

溶解于水中的 TBBPA，在自然环境条件下可被紫外（UV）光降解，其半衰减周期在德国柏林的气候条件下分别是冬季 80.7d、秋季 25.9d、春季 10.2d、夏季 6.6d。硅胶附载的 TBBPA 在 254nm 射线条件下可以衍生出 8 种转化产物，且在试验条件下的半衰减周期只有 0.12d。

在有氧和无氧条件下的各种土壤（包括淤泥、沙土和黏土）中可以观测到 TBBPA 的降解，采用薄层色谱（TPC）分析检验到 TBBPA 在所有土壤中都可发生生物降解。但代谢转化为 CO_2（矿化，mineralization）的比例要少 6%。64d 后，最高黏土含量的土壤对 TBBPA 的矿化降解度最大。在无氧条件下，淤泥含量最高的土壤只有 0.5% 的矿化，其降解能力最低。在贫瘠土壤中没有发现 TBBPA 的降解，在通常污水处理条件下也没有检测到 TBBPA 的生物降解。

2.2.6　四溴双酚 A 合成工艺新进展

传统的合成方法是在有机溶剂介质中用单质溴进行芳烃取代反应而制得，溶剂通常为 $C_1 \sim C_3$ 脂肪醇、乙酸、烃类或卤代烃以及与水的混合溶剂。其反应原理如下：

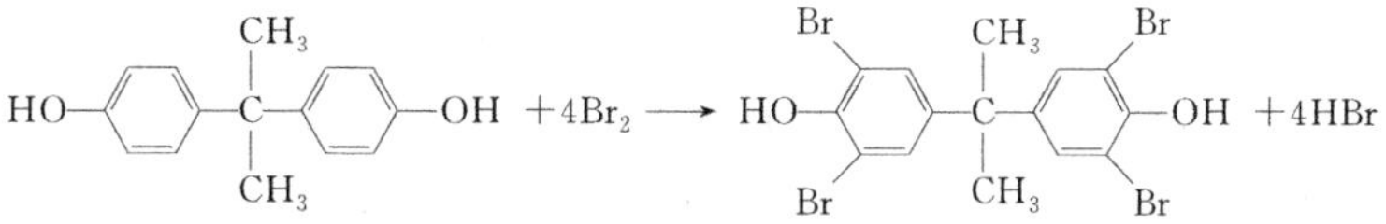

在上述方法中以甲醇或乙醇为溶剂的工艺较为成熟，且收率和产品纯度较高，但由于单质溴只有一半得到利用，所以生产成本较高，且溶剂的活性较高，因此副反应较多，环境污染大。为了降低生产原料消耗，有效利用反应生成的 HBr 具有现实意义。

HBr 是中等强度的还原剂，在一定条件下可以氧化成单质溴，因此寻求合适的氧化剂用于双酚 A 的氧化溴化反应是降低消耗的关键。就氧化剂原料的来源和成本而言，氯气、次氯酸盐和过氧化氢（即双氧水）具有实际使用价值。但由于氯气的活性较高，本身可以参与取代反应而导致副反应增多，因此较理想的氧化剂是次氯酸盐和过氧化氢，以下就围绕以这两种氧化剂为原料的四溴双酚 A 生产技术的最新进展进行介绍。

2.2.6.1　次氯酸盐氧化取代法

次氯酸盐以次氯酸钠最为廉价、来源最充足，它可以通过氯气与氢氧化钠溶液反应制得，也是生产烷基苯磺酸钠时的副产品。利用次氯酸钠的液相氧化溴化制备四溴双酚 A，根据溴化剂的不同，分为溴单质-次氯酸钠法和溴化钠-次氯酸钠法。

（1）溴单质-次氯酸钠法

该方法合成四溴双酚 A 的反应如下：

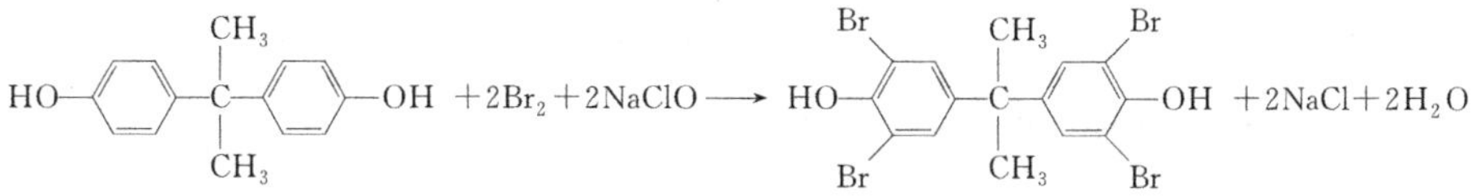

反应过程中，次氯酸钠将溴单质取代反应生成的 HBr 氧化为溴单质而再次参与取代反应，因此有效地提高了溴的利用率。

为了找到反应的最佳条件，淮阴师范学院的夏士朋等研究了各种因素对双酚 A 氧化溴化过程的影响。四溴双酚 A 的收率与反应物物质的量之比以及溴、次氯酸钠的加入速度关系颇大。在反应物的化学反应计量比例下，目的产物的收率低于 93.5%，当次氯酸钠的物质的量由 2 倍于双酚 A 增加到 2.3 倍时，目的产物的收率增加到 96.5%，而与在 20~40℃ 范围内的反应温度变化无关，但在上述范围内提高温度，可以缩短反应时间。

四溴双酚 A 的收率与溴和次氯酸钠的加入方式也有关。在同时加料的情况下，四溴双酚 A 的收率只有 42%，这与次氯酸钠的无效分解有关。实际上最适合的是在 1~1.5h 内连续供给溴和次氯酸钠，此时四溴双酚 A 的收率可达 96.5%。

反应介质以 C_1~C_3 脂肪醇或硫醚为好。用芳香族溶剂时，四溴双酚 A 的收率低于 58%，这是因为芳香族溶剂在反应条件下会部分被溴化。在 C_1~C_3 脂肪醇或硫醚中进行双酚 A 溴化时，四溴双酚 A 的收率可达 95%~96.5%。

（2）溴化钠-次氯酸钠法

在有次氯酸钠的酸性介质中，以 HBr 的钠盐或钾盐为溴化剂的四溴双酚 A 的合成反应式如下：

在这个反应系统中依次产生如下反应：

$$NaBr + HCl \longrightarrow HBr + NaCl$$

$$2HBr + NaClO \longrightarrow Br_2 + NaCl + H_2O$$

在第三阶段中获得的溴在形成的瞬间就与双酚 A 发生反应。

目的产物的收率和纯度与向反应体系加料的顺序和速度有关。将全部物料同时加入反应釜时，虽然生成溴的速度相当快，但四溴双酚 A 的收率低于 40%。目的产物收率低，可能是由于同时加料时，生成溴的反应速率快并放热，这会使氧化剂热解，产生 NaClO 无效分解，从而对溴的转化率以及四溴双酚 A 的收率产生不利影响。

研究得出，在 20~40℃ 范围内产物的收率为 94%~96.5%，不受温度变化的影响。但温度提高可缩短反应时间。温度超过 50℃ 是不利的，因为这会使氧化剂分解，对目的产物的收率产生不良影响。

四溴双酚 A 的收率与氧化剂的加料速度关系颇大。为了保证目的产物的高收率（95.5%~96.5%），NaClO 的加料时间应在 1~2h。

目的产物收率也与氧化剂浓度有关。当浓度由 25.6% 变化到 12% 时收率降低，盐酸的浓度应不低于 5%。

基于上述，用 Br_2 及 NaBr（或 KBr）在 NaClO 的参与下进行的双酚 A 溴化反应，可建立经济的、无污染的和选择性的生产四溴双酚 A 的工艺。

2.2.6.2 过氧化氢（H_2O_2）氧化取代法

在 H_2O_2 存在下，双酚 A 的溴化反应工艺与次氯酸盐氧化取代法类似，可分为溴单质-

H_2O_2 法和溴化钠-H_2O_2 法。

（1）溴单质-H_2O_2 法

在 H_2O_2 存在下，双酚 A 的溴化反应可用如下反应式表示：

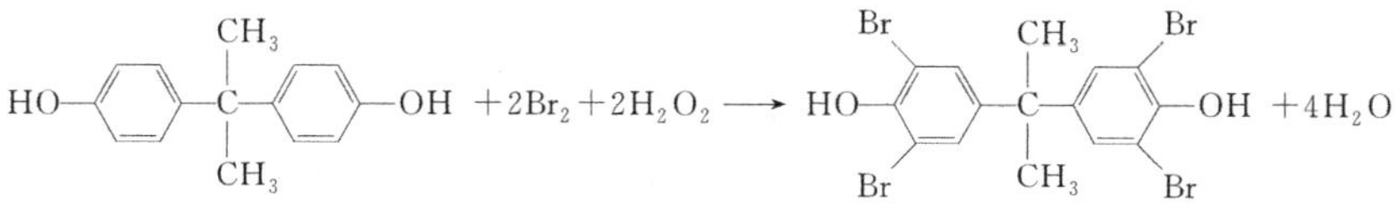

该反应包括如下 H_2O_2 氧化 HBr 的反应：

$$2HBr + H_2O_2 \longrightarrow Br_2 + 2H_2O$$

该反应介质可使用芳烃（苯、甲苯）、低级脂肪醇（甲醇、乙醇）、卤代烃（二氯甲烷、二氯乙烷、氯仿、氯代苯）等，溴单质的用量比理论计量用量高 5%～15% 有利于提高收率，H_2O_2 用量比理论计量用量高 2%～10% 有利于提高溴的利用率。反应温度控制在室温到 60℃为宜，反应物的加入方式和时间与次氯酸盐氧化取代法相似。

（2）溴化钠-H_2O_2 法

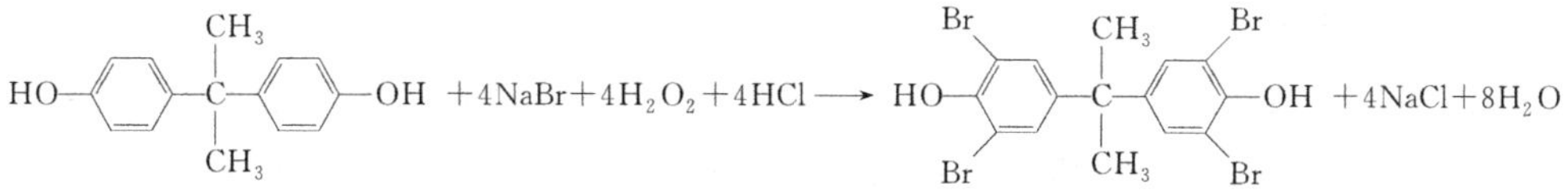

该反应包括如下反应：

$$NaBr + HCl \longrightarrow HBr + NaCl$$

$$2HBr + H_2O_2 \longrightarrow Br_2 + 2H_2O$$

该反应工艺条件与单质溴-H_2O_2 法相似。由于不用单质溴，生产环境得到改善，但产物收率比后者稍低。

2.2.7　欧盟对四溴双酚 A 的风险评估结果

由于四溴双酚 A 用量大，应用面广泛，因此欧盟自 1999 年开始就对其进行跟踪及风险评估。表 2-4 为欧盟跟踪评估管理进程时间表。

表 2-4　欧盟跟踪四溴双酚 A 评估管理进程时间表

时　间	工　作　内　容
2005 年	健康风险评估结束
2007 年 6 月	环境风险评估结束
2007 年 10 月	首轮欧盟层面的风险削减策略讨论结束
2008 年上半年	批准接受风险削减策略
2008 年 12 月	REACH 预注册
2010 年 12 月	REACH 注册

（1）健康与环境评估

欧盟针对四溴双酚 A 对人类健康影响的风险评估于 2005 年 3 月完成，风险评估的环境部分于 2007 年 6 月结束。评估没有发现四溴双酚 A 对健康的风险。评估结果得到欧盟健康与环境风险科学委员会（SCHER）的支持，该委员会负责向欧盟委员会提供建议。

评估发现，含有四溴双酚 A 的沉积物混入农业土壤会造成环境风险。然而，在欧洲并不存在这种风险，因为四溴双酚 A 用户工厂的沉积物通常被运往焚化炉焚烧或在监控下进行填埋。对于那些不依此法处理沉积物的国家，溴科学与环境论坛将会与用户合作，确保沉积物不会混入农业用地。除此之外，没有发现四溴双酚 A 衍生物在其他情况下存在风险。

用作添加型阻燃剂的四溴双酚 A 在水和沉积物方面发现风险。欧盟正在制定针对这些风险的风险削减策略（RRS）。欧盟针对四溴双酚 A 管理框架的风险评估表明，四溴双酚 A 并不符合 PBT（持久性、生物累积性、毒性）化学物质的标准。风险评估框架下的研究结果显示，四溴双酚 A 生物累积性低。欧盟分类与标识指令（EU Classification & Labeling Directive）将四溴双酚 A 归为 R50/53 物质，表明其对水生物有较大毒性。

在印刷电路板这一四溴双酚 A 的主要应用领域中，四溴双酚 A 充分反应并转化为基材中环氧树脂的一部分。因此 FR-4 基板中并不存在四溴双酚 A。欧盟境内的四溴双酚 A 归为 R50/53 物质并不影响其在印刷电路板中的应用。

作为添加型阻燃剂使用的四溴双酚 A，需要在塑料化合物的欧盟物质安全数据表（MSDS）中指出四溴双酚 A 属于 R50/53 物质，但在标签中指明这一分类不是强制性的。

（2）欧盟风险削减策略（RRS）

在得出风险评估结论后，作为评估主要责任成员国的英国制定了针对添加型四溴双酚 A 应用的风险削减策略。风险削减策略的核心是减少添加型四溴双酚 A 对水和沉积物的释放，这与业界自愿提出的产品全程化管理项目——行业释放控制自愿行动计划（VECAP）的目标一致。该计划旨在降低四溴双酚 A 对环境的释放。目前，欧盟范围内使用添加型四溴双酚 A 的所有用户都承诺加入溴化阻燃剂释放控制自愿行动计划。

（3）四溴双酚 A 与欧盟 REACH 法规

在风险评估进行的同时，欧盟将四溴双酚 A 列为第一批需要在 REACH 注册的物质之一。生产者必须在 2008 年 12 月底前进行预注册。由于四溴双酚 A 产量远大于 1000t，因此还需要在 2010 年 12 月底前进行正式注册。

（4）行业释放控制自愿行动计划（VECAP）

2004 年 5 月，溴科学与环境论坛在欧洲发起了一项名为行业释放控制自愿行动计划（VECAP）的削减释放计划，提供降低溴系阻燃剂对环境释放的方法。这一具有创新意义的计划已经被视为化工行业"责任关怀计划"（Responsible Care Program）承诺的组成部分之一。VECAP 的设计也充分体现了与 ISO 14001 环境质量控制标准的一致性。

同时，欧洲溴化阻燃剂工业协会（EBFRIP）还设计了优秀做法章程（Code of Good Practice）以支持欧洲所有下游用户减少释放，包括提供储存、处理和使用溴系阻燃剂（包括四溴双酚 A）的最佳做法的建议。

VECAP 自 2005 年开展以来，已经取得了显著成绩，目前已覆盖所有主要溴系阻燃剂，并从欧洲扩展到北美和亚洲。中国阻燃学会也在积极推进该行动计划在我国的实施。

（5）结论

欧盟对四溴双酚 A 进行了长达 8 年的风险评估，累计测试了四溴双酚 A 与人体等生物、环境和水质等相关的 300 多项指标，评估结果是四溴双酚 A 作为阻燃剂使用是安全的，在全世界都被允许使用。同时，目前还没有任何关于所谓替代品对环境影响的数据。四溴双酚 A 仍然是目前市场上经过科学检验最多且成本优势最高的阻燃剂产品之一。

2.3　十溴二苯乙烷

2.3.1　概述

十溴二苯乙烷的英文名称为 1,2-bis(pentabromophenyl)ethane，或 1,1'-(ethane-1,2-diyl)bis(pentabromobenzene)(EBP)，或 2,2',3,3',4,4',5,5',6,6'-decabromobibenzyl，或 1,2-bis(2,3,4,5,6-pentabromophenyl)ethane（DBDPE）。其 CAS 登记号是 84852-53-9。主要生产商及牌号：美国大湖化学公司（现为朗盛公司）FIREMASTER 2100，美国雅宝公司 SAYTEX8010。该阻燃剂 2001 年在欧洲仅销售 2500t，到 2008 年消费量增长到 5000t 以上；2008 年日本年消费量为 5500t；2013 年中国大陆的年生产能力约 3 万吨，2019 年达到 8 万吨以上。十溴二苯乙烷的生产和销售量迅速增长，尤其是十溴二苯醚被重新限制使用后，增长更为迅速。十溴二苯乙烷与十溴二苯醚的分子量和溴含量相当，因而阻燃性能基本一致，一般可使用十溴二苯醚阻燃的材料也可以用十溴二苯乙烷替代，但后者的白度稍差一些。十溴二苯乙烷的主要性能见表 2-5。

表 2-5　十溴二苯乙烷的主要性能

性　能	指标数值	性　能	指标数值
外观	白色或淡黄色粉末	密度/(g/cm³)	3.25
分子量	971.31	溶解性	微溶于醇、醚，室温下水
理论溴含量/%	82.3		中溶解度为 0.72μg/L
熔点/℃	357	解离常数（辛醇/水）	3.2
蒸气压(20℃)/Pa	10^{-4}		

安全性评估表明，DBDPE 属于低毒无刺激性阻燃剂，对众多体内遗传基因的作用呈阴性，重复剂量毒性也低。但有关 DBDPE 的毒性和环境问题的研究工作刚开始，结论性的意见还有待深入研究才能得出。

2.3.2　合成方法

十溴二苯乙烷由 1,2-二苯乙烷溴代反应合成，其反应式如下：

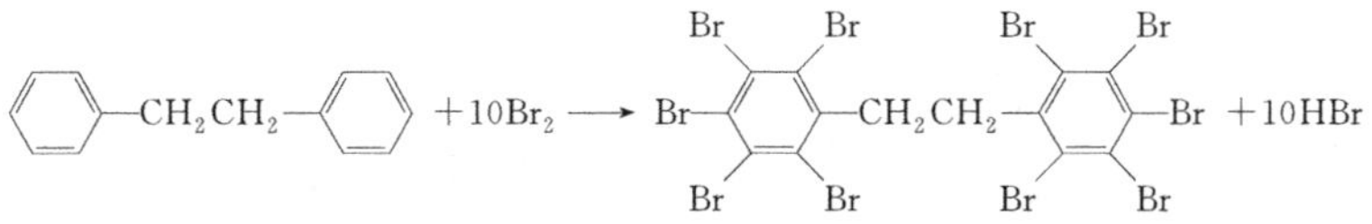

从上述反应可以看出，其溴代反应与二苯醚类阻燃剂相似，因此十溴二苯乙烷合成的关键是 1,2-二苯乙烷的合成。

2.3.2.1　1,2-二苯乙烷的合成方法

1,2-二苯乙烷是重要的有机合成中间体，主要性能见表 2-6。其合成方法有如下几种。

表 2-6　1,2-二苯乙烷的主要性能

性　能	指　标　数　值
外观	白色针状或片状晶体
熔点/℃	51±1
分子量	182.15
溶解性能	易溶于氯仿、醚、乙醇、二硫化碳和乙酸戊酯，几乎不溶于水

（1）Friedel-Crafts 烷基化反应

该路线的原料为苯和二氯乙烷，原料充足易得，但由于使用三氯化铝为催化剂，因此反应必须在无水条件下操作，且副反应生成的多烷基产物多，分离精制难度大。其反应式如下：

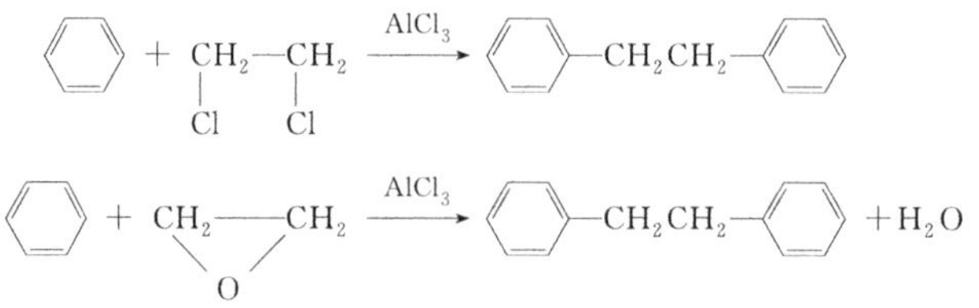

（2）格式试剂偶联法

其反应式如下：

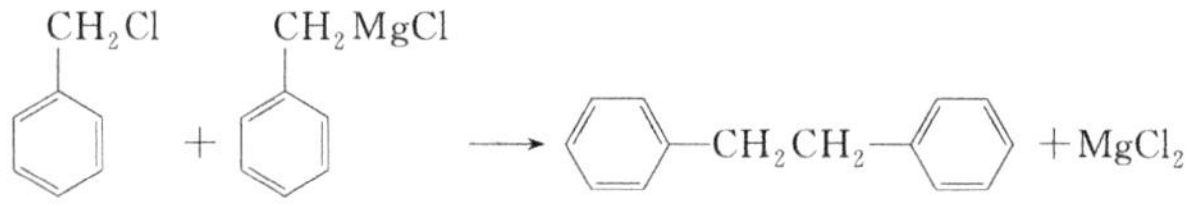

（3）苯偶姻还原法

该路线以苯甲醛原料，在 $TiCl_4/Zn$ 催化剂作用下首先合成 1,2-二苯乙烯，然后再经过加氢反应生成 1,2-二苯乙烷。该方法的缺点是工艺路线较长、生产成本高。其反应式如下：

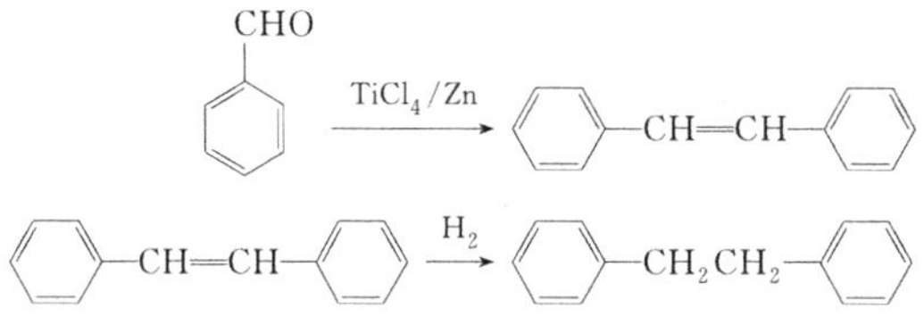

（4）金属偶姻法

该路线以氯化苄为原料，铁粉为催化剂，具有反应温和、原料易得等特点。其反应式如下：

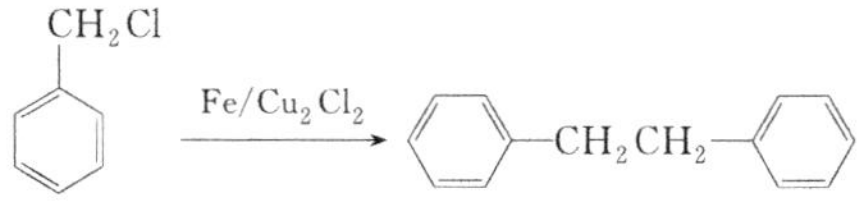

（5）苯甲醛还原法

该路线由日本三菱化成公司开发（JP 03 232825），采用 Pd/C 催化剂经过醛醛缩合中间体后直接还原得到 1,2-二苯乙烷。

2.3.2.2　十溴二苯乙烷合成方法实例

（1）美国乙基公司专利技术，Ransford 和 George Henry 共同发明，欧洲专利号 0460922 Al（1991）

① 合成方法。将机械搅拌器、温度计、加料漏斗、加热套、回流冷凝管等安装于 1000mL 圆底烧瓶上。加料漏斗用热风机加热，并连接浸液管（dip tube）。回流冷凝管采用干冰冷凝。取 50g（0.27mo1）二苯乙烷于加料漏斗中，并用热风机缓慢加热。取 1100.0g（6.85mo1）溴和 5.8g 催化剂 $AlCl_3$ 于烧瓶中，溴的液面在浸液管末端约 3/4in（1in＝25.4mm）处。然后通过浸液管加入熔融的二苯乙烷（55～66℃）于溴液面下，时间约 2h。加料时，烧瓶内温度维持 53～58℃。加料完毕 30min 后，将反应物降温至 40℃，滴加 100mL 水于烧瓶中，然后再加水 200mL。蒸馏，于气相温度 100℃ 下蒸去液溴，残余物中加入 125mL H_2O 和 25mL 浓度为 25% 的 NaOH 水溶液。离心分离产物浆液，所得固体用去离子水洗涤至中性，然后在 110℃ 干燥 2h，210℃ 的烘箱中老化 7.5h。总产量为 254.1g（95.1%）。气相色谱（GC）测得产物中十溴二苯乙烷的含量为 98.2%。

② 精制方法。取 300mL 甲醇于 1000mL 烧杯中，加入粗十溴二苯乙烷 300g，加热至 65℃，搅拌，得到清澈溶液，然后缓慢冷却至室温，有晶体析出。过滤固体，用 120mL 甲醇洗涤一次，然后干燥，得到 274.5g（91.5%）产物。重结晶材料的熔点是 50～54℃，高于初始十溴二苯乙烷的熔点 49～50℃。初始十溴二苯乙烷的 Y.I.（黄色指数）为 33.2（$L＝81.2$，$a＝-2.9$，$b＝16.1$），重结晶十溴二苯乙烷的 Y.I. 为 2.8（$L＝90.8$，$a＝-0.4$，$b＝1.4$）。

（2）美国乙基公司专利技术，Hussain 和 Saadat 共同发明，美国专利号 5302768（1992）

① 合成方法。在 $18.925m^3$ 玻璃反应器上，安装机械搅拌器、回流冷凝管、温度传感器、浸液管和苛性碱刷子。取 208.4mol 溴和 1.31mol 无水 $AlCl_3$ 加入反应器，加热反应器至 54℃。将 8.98mol（二苯乙烷含量为 99.3%）熔融的二苯乙烷（DPE）通过浸液管加入反应物中，加料时间为 4h。加料过程中，反应器内的压力保持 34.47kPa，反应物保持 56℃。DPE 加料完成 14min 后，GC 测得十溴二苯乙烷含量为 91.5%。

二苯乙烷加料完毕后，反应物转移到一个装有 $3.407m^3$ 水的汽提塔中，其中的物料用蒸汽加热至 98℃，过量的溴从产物中去除、冷凝。然后在汽提塔中加水，形成由主要产物十溴二苯乙烷和水形成的浆料。除去溴之后，冷却汽提塔中的物料，并加入 $813.86dm^3$ 浓度为 25% 的氢氧化钠（过量 2.01%）。然后将物料管送到浆料罐，之后分批送入离心机，得到主产物为十溴二苯乙烷的湿饼，用水洗涤湿饼至 pH＝8，然后在 Raymond 碾磨干燥机中进行研磨和干燥。对干燥产物的分析表明，它含有 6000×10^{-6} 的游离溴，熔点为 346～359℃，Hunter 色值为：$L=83.2～84.2$，Y.I.$=42.0～45.6$，$a=2.51～3.03$，$b=18.8～20.1$。产物在双锥形管干燥器中于 230℃ 下处理 40min，所得产物的熔点为 349℃，Hunter 色值为：$L=80.4$，Y.I.$=17.2$，$a=0.5$，$b=7.5$。GC 分析显示，产物中 1,2-二溴（双五溴苯）乙烷的含量为 5.2%，十溴二苯乙烷的含量为 94.8%。

② 精制方法。取 300mL 甲醇于 1000mL 烧杯中，加入粗十溴二苯乙烷 300g，加热至 65℃，搅拌，得到清澈溶液，然后缓慢冷却至室温，有晶体析出。过滤固体，用 120mL 甲醇洗涤一次，然后干燥，得到 274.5g（91.5%）产物。重结晶材料的熔点是 50～54℃，高于初始十溴二苯乙烷的熔点 49～50℃。初始十溴二苯乙烷的 Y.I. 为 33.2（$L=81.2$，$a=-2.9$，$b=16.1$），重结晶十溴二苯乙烷的 Y.I. 为 2.8（$L=90.8$，$a=-0.4$，$b=1.4$）。重结晶产物含 99.3%（质量分数）二苯乙烷、13×10^{-6} 苯、$<10\times10^{-6}$ 乙烯基苯和 0.29% 杂质。

2.3.3　应用与国内发展动向

由于十溴二苯乙烷溴含量与十溴二苯醚相当，两者的物理化学性能相近，因此几乎所有十溴二苯醚应用的领域都适合使用十溴二苯乙烷。此外，十溴二苯乙烷的耐热性、耐光性和不易渗析性等特点优于十溴二苯醚，其阻燃的塑料可以回收使用，这是众多溴系阻燃剂所不具备的特点，因此在实际应用中日益显示出优越性。下面介绍美国雅宝公司对其应用性能的部分评价结果。

2.3.3.1　应用性能和耐 UV 性

配方 A：100% 的 Cycolar T-1000，一种博格华纳（Borg-Warner）公司［现在的通用（GE）公司］出售的 ABS 树脂。

配方 B：含有 78% 的陶氏（Dow）化学公司出售的 ABS 树脂，18% 的十溴联苯醚作为阻燃剂，4%Sb_2O_3。

配方 C：含有 78% 的 Dow 化学公司出售的 ABS 树脂，4% 的 Sb_2O_3，18% 的阻燃剂产物（含有 5.2% 的 1,2-二溴-双五溴苯乙烷）。

配方 D：含有 84% 的 HIPS 树脂（Dow 化学公司），4% 的 Sb_2O_3，12% 的阻燃剂。

每个配方均在 175～215℃ 下挤出，然后注塑成型，注塑温度范围为进口的 200～215℃ 到出口的 225～240℃，注塑压力为 12.41MPa，得到表 2-7 所列的性能测试结果。

表 2-7　十溴二苯乙烷阻燃 ABS、HIPS 的性能

项　目	数　值			
配方	A	B	C	D
测试样条	1	2	3	4
物理性能				
断裂伸长率/×10³	6.5	6.0	5.6	3.7
拉伸模量/MPa	3240.54	2413.17	2413.17	2275.27
伸长率/%	2.4	2.6	2.2	1.3
挠曲强度/×10⁴	1.0	1.0	0.98	0.62
挠曲模量/MPa	2206.32	2275.27	2206.32	2068.43
UL 94				
1/8in	燃烧	V-0	V-0	V-0
1/16in	燃烧	V-0	V-0	V-0
氧指数(LOI)/%	19.0	31.6	31.6	28.0
热变形温度(1/8in,1.82MPa)/℃	83	84	89	85.5
熔融指数(230℃,3800g)/(g/10min)	6.7	6.2	4.1	16.4
Izod 冲击强度(缺口)/(kJ/m²)	4.3	0.7±0.05	2.6±1.0	0.82±0.02
UV 稳定性 ΔE_{48}(太阳光)	3.1	35.2	23.2	25.01
初始时色值				
L	69.7	85.6	80.7	81.21
a	−2.0	0.6	1.6	1.53
b	11.0	13.8	8.7	7.39
Y.I.	23.5	24.3	16.4	13.86
结束时色值				
L	68.2	53.6	67.1	67.57
a	−2.2	11.5	6.9	6.69
b	13.7	23.8	26.8	27.70
Y.I.	30.0	67.2	60.2	61.7

注：1in=25.4mm。

从表中可以看出，DBDPE 阻燃的 ABS、HIPS 的性能保持较好，只是缺口冲击强度下降较多，可以通过添加 3%～5% 的聚烯烃弹性体得到改善。

十溴二苯乙烷对 UV 的稳定性较差，特别是对浅色制品的影响更大，不过可以通过加入稳定剂和颜料来改善，如图 2-1 所示加入 2.5% TiO_2 可以使 ΔE 由 27 减小到 8.7，再加入 1% 的 UV 稳定剂则可使之降低至约 4.5。

2.3.3.2　二次加工对 DBDPE 阻燃 HIPS 性能的影响

（1）对物理性能和阻燃性能的影响

雅宝公司对 DBDPE 阻燃 HIPS 进行了六次加工后的性能比较，结果表明在经过六次熔融注塑加工后，DBDPE 阻燃 HIPS 的拉伸及弯曲强度、LOI 及 UL 阻燃等级等性能没有变化，而冲击强度略有提高，这可能是因为经过反复加工后 DBDPE 的分散性更好。其耐 UV 性和流动性如图 2-2 所示。

从图 2-2 可以看出，在平行进行六次熔融注塑加工后，DBDPE 阻燃 HIPS 的耐 UV 性

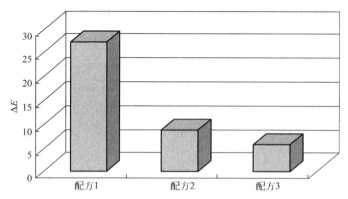

图 2-1　十溴二苯乙烷阻燃 HIPS 的 UV 稳定性

配方 1—HIPS＋12％DBDPE＋4％Sb$_2$O$_3$；配方 2—配方 1 中另加入 2.5％ TiO$_2$；

配方 3—配方 2 中加入 1％ UV 稳定剂

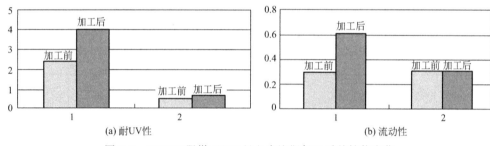

图 2-2　DBDPE 阻燃 HIPS 经六次注塑加工后的性能变化

1—HIPS；2—DBDPE 阻燃 HIPS

没有明显变化，而 HIPS 的 ΔE 值几乎上升了 80％；同样，经过六次加工后 HIPS 的流动性明显增大，而 DBDPE 阻燃 HIPS 却没有明显变化。这表明 DBDPE 对 HIPS 的高分子降解没有影响。

（2）二噁英和呋喃分析

有关 DBDPE 的二噁英和呋喃衍生物的分析由德国的独立实验室完成，根据德国有害物质法令规定，在不超过 50g 的样品物质中，下述四种衍生物的总含量不得超过 10^{-9}：

2,3,7,8-四溴二苯并二噁英（2,3,7,8-tetrabromodibenzo-p-dioxin，2,3,7,8-TBDD）；

2,3,7,8-四溴二苯并呋喃（2,3,7,8-tetrabromodibenzofuran，2,3,7,8-TBDF）；

1,2,3,7,8-五溴二苯并二噁英（1,2,3,7,8-pentabromodibenzo-p-dioxin，1,2,3,7,8-PeBDD）；

2,3,4,7,8-五溴二苯并呋喃（2,3,4,7,8-PeBDF）。

下述八种物质的总含量不得超过 5×10^{-9}：

2,3,7,8-TBDD；

2,3,4,7,8-PeBDF；

1,2,3,7,8-PeBDF；

1,2,3,4,7,8-六溴二苯并二噁英（1,2,3,4,7,8-hexabromodibenzo-*p*-dioxin，1,2,3,4,7,8-HxBDD）；

2,3,7,8-TBDF；

1,2,3,6,7,8-HxBDD；

1,2,3,7,8-PeBDD；

1,2,3,7,8,9-HxBDD。

表 2-8 为德国食品管理局（GFA）对 DBDPE 阻燃 HIPS 经过一次和五次注塑加工时的上述有害物质的释放量测试结果。

表 2-8　DBDPE 阻燃 HIPS 加工时的二噁英和呋喃衍生物释放量

被检测物质	第一次注塑加工		第五次注塑加工	
	可检测到的最低值/($\times 10^{-9}$)	测试结果	可检测到的最低值/($\times 10^{-9}$)	测试结果
2,3,7,8-TBDD	0.02	测不出	0.02	测不出
2,3,7,8-TBDF	0.02	测不出	0.02	测不出
1,2,3,7,8-PeBDD	0.09	测不出	0.08	测不出
2,3,4,7,8-PeBDF	0.09	测不出	0.09	测不出
1,2,3,7,8-PeBDF	0.09	测不出	0.09	测不出
1,2,3,4,7,8-HxBDD	0.29	测不出	0.3	测不出
1,2,3,7,8,9-HxBDD	0.29	测不出	0.3	测不出
1,2,3,6,7,8-HxBDD	0.29	测不出	0.3	测不出

从 DBDPE 的分子结构不难看出，DBDPE 几乎不可能分解产生上述物质，且其溴含量和物理化学性能与十溴二苯醚相似，这是 DBDPE 在很多领域能迅速替代十溴二苯醚的原因。

2.3.3.3　DBDPE 的毒物学和环境等方面的初步分析

由于 DBDPE 的分子量（971）较高，且分子中有 2 个苯环和 10 个溴原子，体积较大，因此与生物的适配性较差，很难通过肠胃、呼吸道和皮肤吸收。

对白鼠的 90d 亚慢性毒性研究表明，NOAEL（观察到有害作用的剂量）值为 1000mg/kg。对白鼠和兔的发展毒性（developmental toxicity）研究发现，在剂量达 1250mg/kg 时仍然无毒性作用，也未观察到细胞变异。

对鱼初步毒性试验的结果表明，DBDPE 对鱼类生物没有显著毒性和累积性。对一种淡水橘红小鱼 48h 的 LC_{50} 值大于 50mg/L。在鲤鱼 8 个星期的生物累积性试验中，测试的结果为水中浓度 0.5mg/L 和 0.05ng/L 的生物累积因子分别小于 2.5 和 25。通商产业省初步结果预示，DBDPE 是一种在生物食物链中具有低累积性的物质，这可能源于其较大的分子量和体积、极低的水中溶解性和水/辛醇解离常数。

DBDPE 的毒物学和环境等方面的问题还有待进一步研究。据最新报道，由于 DBDPE 显示出与十溴二苯醚（decaBDE）相似的甲状腺激素干扰效应，以及肝脏、肾脏和神经毒性以及生殖发育毒性等，2019 年已被加拿大列入有毒物质清单。

2.3.3.4 国内动向

十溴二苯乙烷是十溴二苯醚的理想代用品。美国雅宝公司首先推出了十溴二苯乙烷生产工艺，早期因知识产权等问题限制我国的开发，但通过消化和自主创新以及合资等商业模式，我国的十溴二苯乙烷及其下游产业获得快速发展，2004 年工业规模试验成功，2005 年开始投放市场，到 2019 年我国十溴二苯乙烷年产能达 8 万吨以上。可以预见，十溴二苯乙烷以其优良的性能和特性，在国内外阻燃剂市场上将具有更加广阔的应用前景。但后期的安全和生态环境评估还会进行，值得行业人士高度关注。

2.4 溴代二苯醚类阻燃剂

可用于阻燃剂的溴代二苯醚类化合物有五溴二苯醚、八溴二苯醚和十溴二苯醚，十溴二苯醚是两个苯环上的氢被全部取代的产物，因此可以较容易地得到纯净的产品，而其他部分取代的产品均为以其中一种为主要成分的集中取代产物的混合物。

20 世纪 60 年代以来，石油化学工业迅速发展，三大合成材料得到了十分广泛的应用，合成材料成为 20 世纪主导材料，资源的极度开发应用换取了经济的迅速发展。自 20 世纪 70 年代末环境和资源问题得到了越来越多的重视，阻燃材料在减少了火灾危害的同时，伴随着一些新的使用和处理问题。最早的一起与阻燃有关的环境危害是美国芝加哥的一个生产溴系阻燃剂的工厂排放的污水造成的人员和水产动植物的中毒事件。20 世纪80 年代以来，溴代二苯醚类阻燃剂的毒性和环境问题引起了广泛关注，并先后进行和完成了有关评估测试报告。目前，多溴二苯醚包括十溴二苯醚在内已经全部被欧盟列入高度关注物质清单。

2.4.1 十溴二苯醚

十溴二苯醚（decaBDE）的 CAS 登记号为 1163-19-5，曾一度是应用最广泛的高效溴系阻燃剂。

欧盟于 2003 年 6 月发表的关于 decaBDE 的最终评估报告共 294 页。到 2014 年，欧盟在 REACH 中列出要求其浓度不得超过 0.05%。在中国等少数国家地区，一些阻燃材料行业还没有完全禁止使用 decaBDE。

2.4.2 溴化二苯醚的替代品

由于八溴二苯醚等溴化二苯醚被禁用，因此，近年来开发了一系列可以替代其用途的新型阻燃剂品种，表 2-9 列举了一些可替代八溴二苯醚（octaBDE）的阻燃剂及其基本性能。

表 2-9 可替代 octaBDE 的阻燃剂及其基本性能

项 目	TBBPA	溴化聚苯乙烯
概况		
CAS 登记号	79-94-7	88497-56-7
应用领域	ABS,HIPS,PC	PC,聚酯,PA
用量/(吨/年)	120000	
价格(与 octaBDE 相比)	1/2	稍高
物理性能		
分子量	543.92	约 80000
溴含量/%	58.8	68.5%
熔点/℃	181	180～195
沸点/℃	316	—
蒸气压/Pa	6.24×10^{-6}	2.00×10^{-5}
解离常数($\lg K_{ow}$)	5.9	
水中溶解性/(mg/L)	4.16(25℃)	不溶
降解性		
光降解	$T_{1/2}=130h$	
水降解	无	
生物降解	不易	
环境毒性/(mg/L)		
对鱼短期毒性	0.54(96h LC_{50})	
对鱼长期毒性	0.16(NOEC)	
无脊椎动物毒性(短期)	0.96(48h LC_{50})	
无脊椎动物毒性(长期)	<0.066(NOEC)	
海藻毒性	>0.56(72h/96h NOEC 和 EC_{50})	
累积性 BCF	0.81g/L(鱼中)	
毒性		
急性(经口)	3200mg/kg(大鼠)	>2000mg/kg(兔)
急性(皮肤)	>2000mg/kg(兔)	>3000mg/kg(兔)
再生毒性	无	NOAEL=150mg/kg (白鼠母性毒性)
发展毒性	<3000mg/kg 无显著致畸	NOAEL=100mg/ (kg·d)(白鼠胎儿)
皮肤刺激性(人)	无	轻微
眼刺激性(人)	无	轻微
过敏性(人)	无	无定论
重复剂量毒性(人)	NOAEL>100mg/kg	NOAEL=200mg/kg
基因变异(体外)	阴性	无突变(沙门菌)
基因变异(体内)	阴性	

项 目	1,2-双(2,4,6-三溴苯氧基)乙烷	十溴二苯乙烷
概况		
CAS 登记号	37853-59-1	84852-53-9
应用领域	ABS,HIPS,PC	ABS,HIPS
用量/(吨/年)		2500(欧洲)
价格(与 octaBDE 相比)		高 1/3

项　目	1,2-双(2,4,6-三溴苯氧基)乙烷	十溴二苯乙烷
物理性能		
分子量	687.6	971.2
溴含量/%	69.7	82.3
熔点/℃	223～238	345
沸点/℃	502	—
蒸气压/Pa	$3.20\times10^{-8}(25℃)$	$<10^{-4}(20℃)$
解离常数($\lg K_{ow}$)	9.15	3.2
水中溶解性/(mg/L)	不溶	0.00072
降解性		
光降解		未测
水降解	无	未测
生物降解	不易	不易
环境毒性/(mg/L)		
对鱼短期毒性	1410(96h LC_{50})	>50(48h)
对鱼长期毒性	0.16(NOEC)	
无脊椎动物毒性(短期)	0.96(48h LC_{50})	未测
无脊椎动物毒性(长期)	<0.066(NOEC)	
海藻毒性	>0.56(72h/96h NOEC 和 EC_{50})	未测
累积性 BCF	$27.1(0.3\times10^{-6}),43.6(0.03\times10^{-6})$	2.5(0.5mg/L),25～34(0.05mg/L)
毒性		
急性(经口)	$LC_{50}>10000$mg/kg	>5000mg/kg(白鼠)
急性(皮肤)	$LC_{50}>2000$mg/kg	>2000mg/kg(兔)
急性(其他)	$LC_{50}>36.68$mg/L	
皮肤刺激性(人)	无	
眼刺激性(人)	无	无
过敏性(人)	NOAEL=1%	无
重复剂量毒性	(90d 喂食肝大 10%)	NOAEL=1000mg/kg
	阴性	(白鼠,90d)
再生毒性	无致畸迹象	NOAEL 为 1250mg/(kg·d)
发展毒性		(白鼠和兔的母体和胎儿)
基因变异(体外)		阴性(基因突变和染色体测试)
基因变异(体内)		无

项　目	磷酸三苯酯	间苯二酚双(二苯基磷酸酯)
概况		
CAS 登记号	115-86-6	125997-21-9,57583-54-7
应用领域	PC/ABS	PC/ABS,HIPS
价格(与 octaBDE 相比)	便宜 0～25%	最终成本高
物理性能		
熔点/℃	49.5	13
沸点/℃	220	未测
蒸气压/Pa	3×10^{-5}	10(38℃)
解离常数($\lg K_{ow}$)	4.62	未测
水中溶解性/(mg/L)	0.75	<10

项　目	磷酸三苯酯	间苯二酚双(二苯基磷酸酯)
降解性 　光降解 　水降解 　生物降解	$100\%(1h,0.1mg/L)$ $T_{1/2}=3d,pH=9;$ $T_{1/2}>28d,pH=5,易$	未测 $T_{1/2}=17d,pH=7$ 易
环境毒性/(mg/L) 　对鱼短期毒性 　对鱼长期毒性 　无脊椎动物毒性(短期) 　无脊椎动物毒性(长期) 　海藻毒性	$0.32(96h\ LC_{50})$ $0.0014(90d\ NOEC)$ $1(48h\ LC_{50})$ $0.136(28d)$ $>0.26(4h\ EC_{50})$	$12.4(96h\ LC_{50}),3.0(96h\ NOEL)$ $0.76(48h\ EC_{50})(Akzo),$ $>48.6(GLCC)$ $48.6(NOAEL)(Akzo),$ $>121.6EC(10)(GLCC)$
累积性 BCF	$271(测试值),1800(计算值)$	
毒性 　急性(经口) 　急性(皮肤) 　急性(其他) 　皮肤刺激性(人) 　眼刺激性(人) 　过敏性(人) 　重复剂量毒性(人) 　再生毒性 　发展毒性 　基因变异(体外) 　基因变异(体内)	$1300mg/kg(大鼠)$ $7900mg/kg(兔)$ 无 轻微 $NOAEL>161mg/kg$ $(4个月,白鼠饮食)$ 阴性(致癌性试验) 未测 未测 无(白鼠 4 个月的饮食试验)	$>5000mg/kg(白鼠)$ $>200mg/kg(白鼠)$ $>4.14mg/L(白鼠吸入)$ 无 轻微 未测 $NOAEL=0.1mg/L(白鼠吸入),$ $5000mg/kg(大鼠,填喂式)$ 阴性 $NOAEL>200000\times10^{-6}$ $NOAEL=1000mg/kg$

2.5　溴化环氧树脂

溴化环氧树脂一般是指由四溴双酚 A 合成的环氧树脂。虽然作为阻燃剂应用开发有近 20 年的历史,但由于其溴含量相对较低而一直未得到应有的重视。近年来,由于其他溴系阻燃剂的性能、环境和健康等问题,溴化环氧树脂在一些领域的应用开始在国内外市场上受到重视。溴化环氧树脂由于具有优良的熔融流动性、较高的阻燃效率、优异的热稳定性和光稳定性,又能赋予被阻燃材料良好的力学性能,从而被广泛地应用于 PBT、PET、ABS、尼龙 66 和 PC/ABS 合金等的阻燃制品中。尤其是优异的耐紫外线性能使其在一些领域具有显著的应用优势,按照美国 ASTM 4459—86 标准测试,在同样的阻燃级别要求下,溴化环氧树脂所阻燃的 ABS 耐紫外线老化性能是四溴双酚 A 的 5 倍,是八溴二苯醚的 10 倍。此外,用其阻燃的制品没有喷霜现象,且能保持基材的耐热性能基本不降低。目前,国内虽有不少单位研究和生产溴化环氧树脂,但大多用于阻燃覆铜电路板和层压板,少数作为阻燃灌封、封装材料用于绝缘材料行业中,而作为阻燃塑料用的溴化环氧树脂,至今还未有国内企业以工业规模生产。近年来,美国等国家和地区在中国内地投资兴建的一些环氧树脂生产线可能会有这类产品投产。但笔者认为，他们首先抢占的应是电子电气领域的市场，这是因为按照国际电工组织的要求，这类产品的允许使用时间已经不多，而中国是最大的近期需求市场，所以国内开发塑料用溴化环氧树脂还有一定的发展空间。

2.5.1　合成方法

用于塑料的溴化环氧树脂按分子量大小分为低、中、高三大类。按端基结构又可分为基本（EP）型、封端（EC）型，它们的溴含量都在50%以上，基本（EP）型是由四溴双酚A与环氧氯丙烷反应合成的产物；而封端（EC）型是在前者基础上，用具有反应活性基团的物质对其端基进行封端后的产物，其结构如下：

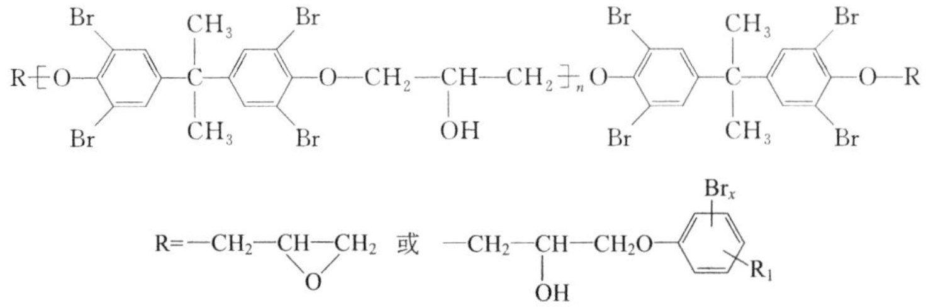

下面分别介绍其合成方法和路线。与双酚A环氧树脂的合成方法相似，四溴双酚A环氧树脂的合成有两种基本方法：一步法和二步法。

2.5.1.1　一步法

一步法以四溴双酚A与环氧氯丙烷为原料，在催化剂和碱的作用下发生缩合反应而制得，其反应可表示如下：

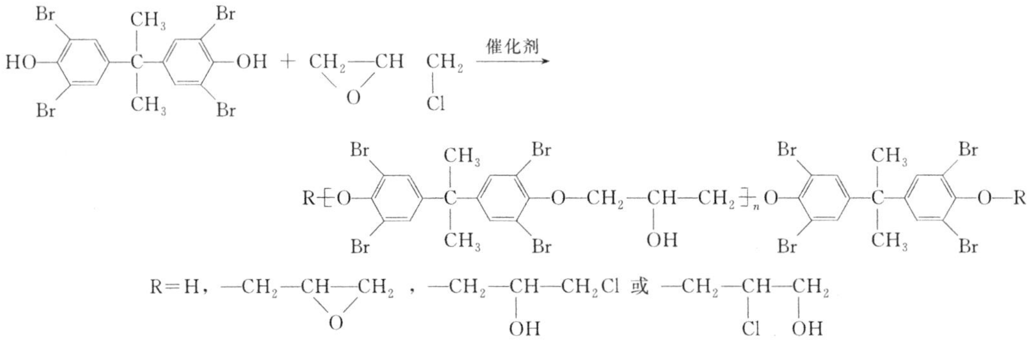

一步法合成工艺简便，反应物配比接近理论用量，因此原料消耗较少，但对原料质量要求高，产品质量较差，颜色较深，分子量分布宽。根据产品质量要求不同，一步法又分为催化剂和碱同时加入和分两步加入两种工艺。催化剂、溶剂、温度及反应时间等工艺条件和加料方式是优选工艺时必须首先考虑的因素。

2.5.1.2　二步法

二步法合成分两步进行，首先是四溴双酚A与环氧氯丙烷经过催化开环和碱性闭环反应生成四溴双酚A二缩水甘油醚（即中间体A），然后中间体A再与四溴双酚A进行聚合反应得到所需分子量的固体溴化环氧树脂。在二步法合成过程中，第一步的环氧氯丙烷要求大大过量于理论计量的 3～8 倍，这样才能得到纯度较高的四溴双酚 A 二缩水甘油醚（即中间体 A）。如果四溴双酚 A 二缩水甘油醚（即中间体 A）的纯度较低，则下一步的聚合反应所得产物的分子量分布很宽，分子量的提高也很困难。二步法合成的反应可表示如下：

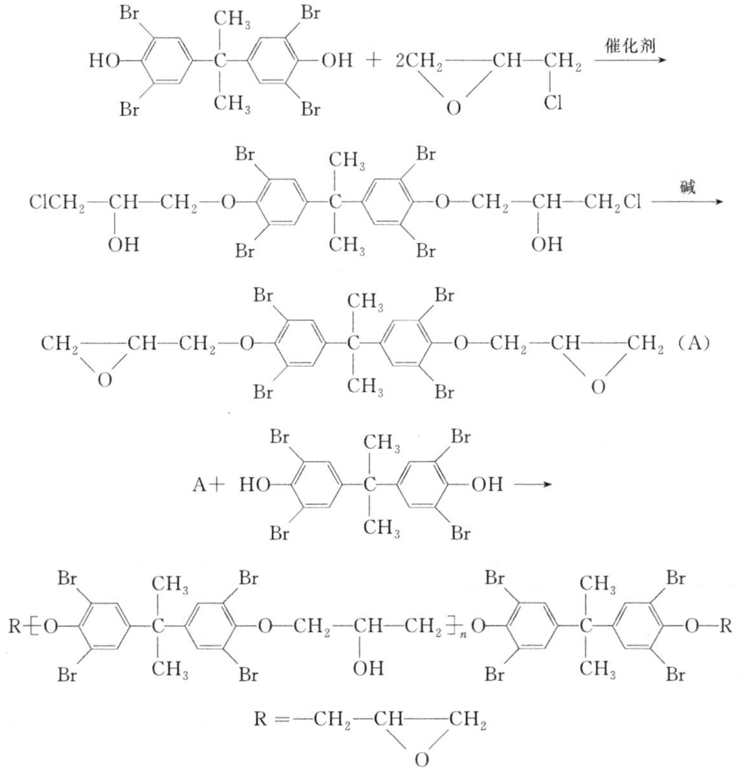

二步法合成路线具有分子量较容易控制、产品色泽好、质量稳定等特点，但由于原料大大过量，因此消耗较高，且合成工艺步骤繁杂，生产周期较长。

2.5.1.3 封端型溴化环氧树脂的合成

目前已获得工业应用的封端（end capped，EC）型溴化环氧树脂是采用三溴苯酚与溴化环氧树脂进行封端反应制备的。主要通过三溴苯酚的羟基与溴化环氧树脂分子链端羟基或环氧基的缩合或开环加成反应实现。其反应表示如下：

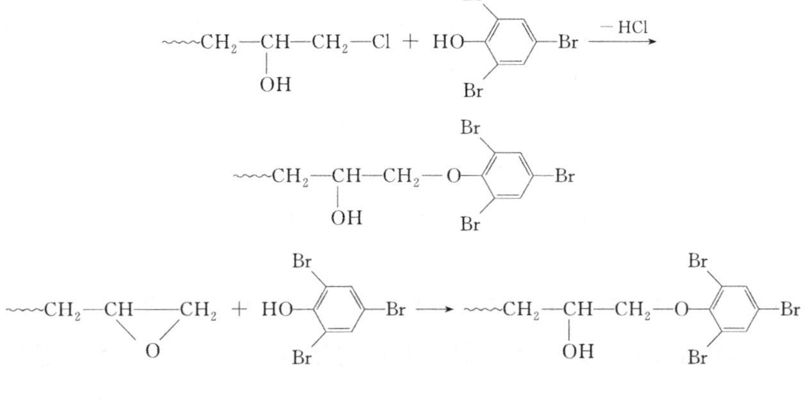

2.5.2 溴化环氧树脂的性能与应用

2.5.2.1 物理化学性能

根据溴化环氧树脂的分子量（M_w）不同，可以将 M_w 在10000以下的称为低聚物（oligomeric product），M_w 大于10000的称为聚合物。前者主要用于 ABS、HIPS 等苯乙烯系高聚物，后者主要用于聚酯、尼龙和聚碳酸酯（PC）等或其合金的阻燃。

表2-10和表2-11分别是日本 Sakamoto Yakuhin Kogyo 公司的 SR-T 系列溴化环氧树脂和以色列死海溴集团溴化环氧树脂的主要牌号和性能。

表2-10　日本 Sakamoto Yakuhin Kogyo 公司的 SR-T 系列溴化环氧树脂的牌号和性能

项　目	低聚物		聚合物		封端型	
牌号	SR-T1000	SR-T2000	SR-T5000	SR-T20000	SR-T3040	SR-T7040
外观	微黄色粉末	微黄色粉末	浅黄色颗粒	浅黄色颗粒	微黄色粉末	浅黄色颗粒
色度	1	2	1～2	1～2	1～2	1～2
环氧当量/(g/mol)	1000	2000	5000	15000	30000	40000
软化点/℃	130	160	190	＞200	170	200
分子量	2000	4000	10000	30000	6000	14000
溴含量/%	51	52	52	52	54	53
溶解性	不溶于水、甲醇等低级脂肪醇、甲苯等，可溶于 DMF、乙二醇甲醚等溶剂					

表2-11　以色列死海溴集团溴化环氧树脂主要牌号和性能

牌　号	F-2016	F-2300H	F-2400
外观	白色粉末	乳白色颗粒	乳白色颗粒
溴含量/%	49	50	50
分子量	1600	20000	40000
软化点/℃	105～115	130～150	145～155
热分解温度/℃	370	385	390

2.5.2.2 应用及相关性能

溴化环氧树脂可广泛用于 ABS、HIPS 和 PBT 等的阻燃剂中，以 PBT 的阻燃应用最为普遍，用量也最大。

（1）热性能

从图2-3中可以看出，溴化环氧树脂的起始分解温度高于四溴双酚 A（TBBPA），也高于十溴二苯醚，表明该产品具有优异的热稳定性能，且在380℃附近迅速分解，因此其阻燃效率较高。从图2-4的恒温热重曲线还可以看出，在240℃下经过20min后，溴化环氧树脂（日本 Sakamoto Yakuhin Kogyo 的 SR-T5000）几乎没有发生失重分解，而 TBBPA 的失重超过了7%。由此可见，溴化环氧树脂的热性能比 TBBPA 更优异。

（2）耐析出性

对分别采用十溴二苯醚和溴化环氧树脂阻燃的 PBT 进行120℃热处理，结果如图2-5所示。采用十溴二苯醚阻燃的 PBT 制品的拉伸强度明显小于溴化环氧树脂，且溴化环氧树脂

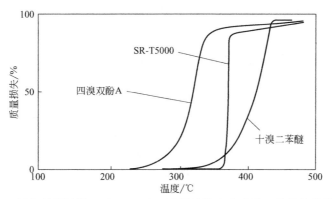

图 2-3　溴化环氧树脂（SR-T5000）、四溴双酚 A 和十溴二苯醚的热重曲线

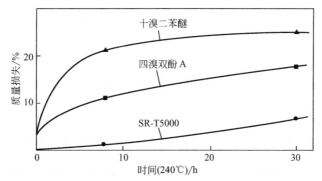

图 2-4　溴化环氧树脂（SR-T5000）、四溴双酚 A 和十溴二苯醚的恒温热重曲线

阻燃的制品具有良好的耐水煮性。对阻燃 ABS 的观察也得到相同的结论，不同溴系阻燃剂阻燃的 ABS 在自然环境条件下，经历 1 个月后发现，二（三溴苯氧基）乙烷的析出最严重，其次分别是 TBBPA 和八溴二苯醚。

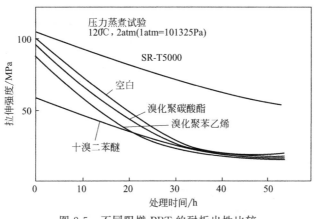

图 2-5　不同阻燃 PBT 的耐析出性比较

（3）光稳定性

图 2-6 为不同溴系阻燃剂阻燃 ABS 的耐 UV 性能测试结果。从图中可见，溴化环氧树脂的光稳定性明显优于溴化聚苯乙烯和十溴二苯醚，较低分子量的低聚物型溴化环氧树脂应用于苯乙烯系高聚物也表现出这种优异的光稳定性。经 250h 曝光后，以溴化环氧树脂（F-2016）的 DE 值变化最小。

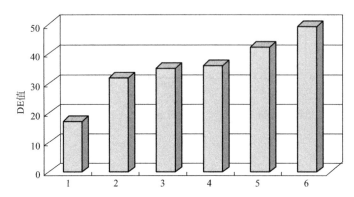

图 2-6　不同溴系阻燃剂阻燃 ABS 的耐 UV 性能测试结果

1—ABS；2—溴化环氧树脂（F-2016）；3—二(三溴苯氧基)乙烷（FF-680）；

4—改性溴化环氧树脂（F-2016M）；5—四溴双酚 A；6—八溴二苯醚（FR-1208）

（4）二次加工性

溴化环氧树脂与其他阻燃体系的阻燃 PBT 的二次加工性对比见表 2-12。

表 2-12　溴化环氧树脂与其他阻燃体系的阻燃 PBT 的二次加工性对比

项　目	SR-T5000		SR-T7040		BrPC		BrPS		BrPBA	
	1	2	1	2	1	2	1	2	1	2
配方/%										
PBT	58.8		58.9		59.6		60.5		61	
阻燃剂	8.8		8.7		8.0		7.1		6.7	
Sb_2O_3	2.4		2.4		2.4		2.4		2.3	
玻璃纤维	30		30		30		30		30	
助剂	0.3		0.3		0.3		0.3		0.3	
燃烧性能测试										
第一次/s	0~1	1	0~1	1	0~1	0~1	20~25	26~32	1~10	6~17
第二次/s	3~8	1~3	1~4	2~4	2~9	3~5	0~15	0~13	3~9	0~3
总燃烧时间/s	31	14	13	22	25	25	129	179	59	52
滴落	0/5	0/5	0/5	0/5	0/5	1/5	5/5	5/5	4/5	5/5
引燃脱脂棉	0/5	0/5	0/5	0/5	0/5	1/5	5/5	5/5	3/5	5/5
UL 94 等级	V-0	V-0	V-0	V-0	V-0	V-2	V-2	V-2	V-2	V-2
熔融指数/(g/10min)	2.5	2.8	2.6	2.6	2.0	2.2	4.2	5.0	4.0	4.9
拉伸强度/MPa	920	850	900	850	950	900	930	850	860	800
弯曲强度/MPa	1500	1450	1480	1450	1600	1485	1500	1400	1450	1350
冲击强度/(kJ/m^2)	4.5	3.6	4.2	4.0	5.0	4.2	5.5	4.0	6.5	4.5

（5）二噁英和呋喃衍生物分析

溴化环氧树脂裂解产生二噁英和呋喃衍生物的分析测试结果见表 2-13。

表 2-13　溴化环氧树脂裂解产生二噁英和呋喃衍生物的分析测试结果

被检测物质	SR-T5000		SR-T2040	
	可检测到的最低值/×(10^{-9})	测试结果	可检测到的最低值/(×10^{-9})	测试结果
2,3,7,8-TBDD	0.08	测不出	0.07	测不出
1,2,3,7,8-PeBDD	0.3	测不出	0.2	测不出
2,3,7,8-TBDF	0.06	测不出	0.05	测不出
2,3,4,7,8-PeBDF	0.4	测不出	0.2	测不出
1,2,3,7,8-PeBDF	0.5	测不出	0.3	测不出
1,2,3,4,7,8-HxBDD	0.6	测不出	0.6	测不出
1,2,3,6,7,8-HxBDD	0.6	测不出	0.6	测不出
1,2,3,7,8,9-HxBDD	0.9	测不出	0.7	测不出

从表 2-13 的测试结果可以看出，溴化环氧树脂裂解产生二噁英和呋喃衍生物的可能性非常小，目前还检测不到。

2.6　季戊四醇溴化物及衍生物

工业应用的季戊四醇溴化物主要是二溴新戊二醇和三溴新戊醇，它们都是由季戊四醇和溴化氢发生取代反应生成的产物。工业上以冰醋酸为溶剂，在加热条件下在季戊四醇中连续通入溴化氢气体或加入溴化氢溶液进行反应制得。由于季戊四醇分子中有四个等价可取代的羟基，所以反应产物是一、二、三甚至四取代物的混合物，其反应式如下：

$$\underset{\underset{CH_2OH}{|}}{\overset{\overset{CH_2OH}{|}}{HOH_2C-C-CH_2OH}} + HBr \xrightarrow{HAc} \underset{\underset{CH_2OH}{|}}{\overset{\overset{CH_2Br}{|}}{HOH_2C-C-CH_2OH}}$$

一溴新戊三醇

$$\underset{\underset{CH_2OH}{|}}{\overset{\overset{CH_2OH}{|}}{HOH_2C-C-CH_2OH}} + 2HBr \xrightarrow{HAc} \underset{\underset{CH_2Br}{|}}{\overset{\overset{CH_2OH}{|}}{HOH_2C-C-CH_2OH}}$$

二溴新戊二醇

$$\underset{\underset{CH_2OH}{|}}{\overset{\overset{CH_2OH}{|}}{HOH_2C-C-CH_2OH}} + 3HBr \xrightarrow{HAc} \underset{\underset{CH_2Br}{|}}{\overset{\overset{CH_2Br}{|}}{BrH_2C-C-CH_2OH}}$$

三溴新戊醇

控制反应工艺，可以得到以其中一种化合物为主的产物，经分离提纯得到目标产品。

2.6.1 二溴新戊二醇及其衍生物

二溴新戊二醇（dibromopentaerythritol）的 CAS 登记号为 3296-90-0，欧洲化学品管理局化合物目录数据库（EINECS）登记号为 221-967-7，EINECS 登记名称为 2,2-二（溴甲基)-1,3-丙二醇［英文为 2,2-bis（bromomethyl）propane-1,3-diol］。一般工业品的二溴新戊二醇含量为 79%～88%，另外还含有 3%～8% 的一溴新戊三醇（2-溴甲基-2-羟甲基-1,3-丙二醇）（CAS 登记号为 19184-65-7）和 8%～15% 的三溴新戊醇（CAS 登记号为 36483-57-5或 1522-92-5）以及微量的酯、醚及其他衍生物。牌号为 FR-522 的阻燃剂，二溴新戊二醇含量接近 100%。其主要理化性能指标因不同厂家而异。表 2-14 列出了具有代表性的产品性能指标。

表 2-14 二溴新戊二醇工业产品性能指标

性 能	FR-1138	FR-522
外观	灰白色粉末	白色固体或流动性粉末
熔点/℃	75～95	109～110
热分解温度/℃	235	235
溶解性	水:21g/L(25℃) 水:1000g/L(100℃) 丙酮:825g/L(25℃) 苯:70g/L(25℃)	水:20g/L(25℃)
纯度	纯度为 81.1%，杂质为 7.6%一溴新戊三醇和 11.3% 的三溴新戊醇	纯度约 100%
一般毒性	LD_{50}(公鼠):3458(2810～4257)mg/kg。在剂量高于 3160mg/kg 时没有观察到更严重的影响	LD_{50}(白鼠):1200mg/kg

有关二溴新戊二醇的环境评估报告可以从丹麦环境检测局（Danish Environmental Protection Agency）的有关网站上查到（http://www.mst.dk）。二溴新戊二醇主要用于不饱和树脂和聚氨酯等阻燃。已投入工业应用的二溴新戊二醇衍生物有科莱恩（Clariant）公司的 Sandoflam 5086 和二溴新戊二醇二缩水甘油醚。Sandoflam 5086 的合成反应式如下：

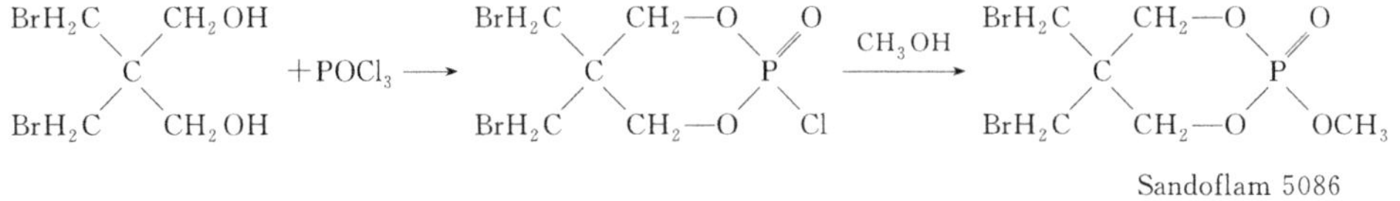

Sandoflam 5086

Sandoflam 5086 主要用于不饱和树脂、聚氨酯和织物阻燃整理等。

二溴新戊二醇二缩水甘油醚的合成反应分醚化和环化反应两步进行，其反应式如下：

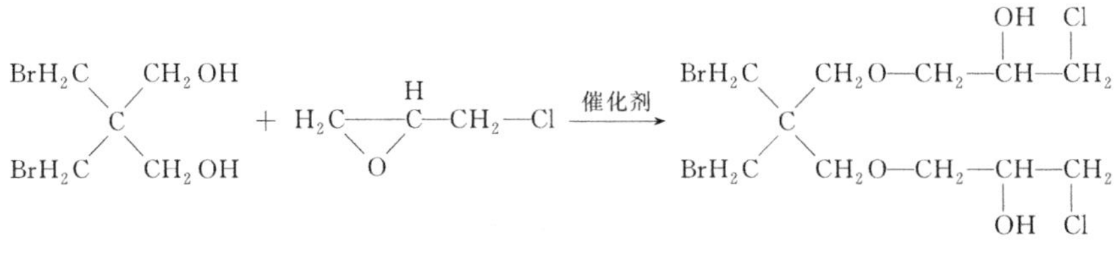

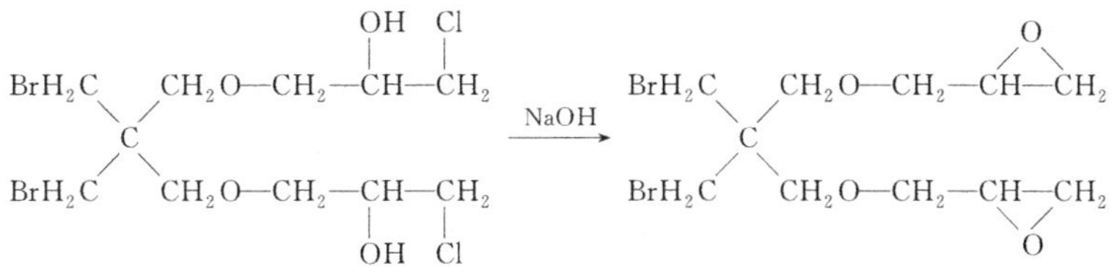

二溴新戊二醇二缩水甘油醚

二溴新戊二醇二缩水甘油醚的溴含量大于 40%，在 25℃下的黏度小于 0.5Pa·s，与通用环氧树脂具有良好的混溶性，在具有一定的稀释作用的基础上可赋予固化物良好的阻燃性能，可用于电子电气等部件的阻燃浇注或封装，也可用于建筑等领域的阻燃封堵材料。

2.6.2 三溴新戊醇及其衍生物

三溴新戊醇（TBNPA，以色列死海溴集团的商品牌号为 FR-513），CAS 登记号为 1522-92-5 或 36483-57-5，英文名称为 3-bromo-2,2-bis(bromomethyl)propanol 或 pentaerythritol tribromide 或 tribromoneopentyl alcohol。外观为白色结晶固体，熔点 62～67℃（FR-513），在水中的溶解度为 2g/L（25℃），理论溴含量为 73.86%。三溴新戊醇主要用于各种聚氨酯材料、不饱和树脂等阻燃，也是合成其他阻燃剂的重要单体，其与三氯氧磷反应合成的三(三溴新戊基)(TTBNP，商品名 FR-370) 磷酸酯已有工业产品（见本书第 3 章磷系阻燃剂）。由于三溴新戊醇具有含量很高的脂肪键合溴以及良好的光热稳定性，因此近年来引起了普遍关注。

早期的三溴新戊醇是作为精制二溴新戊二醇的副产物，后来由于发现其合成的磷酸酯有特殊应用价值而得到应用开发。为获得高收率的三溴新戊醇合成新工艺，笔者与夏浪平等以三溴化磷和季戊四醇为原料，创建了三溴新戊醇合成的新工艺，该技术获得中国发明专利授权（ZL 2015 1 0415910.0），并已经实现工业化生产。

2.6.2.1 TBNPA 合成路线及合成方法

以三溴化磷和季戊四醇为原料，路易斯酸为催化剂，在卤代烷烃中反应，然后与甲醇进行酯交换反应以合成出 TBNPA，其合成路线如下：

取代反应：

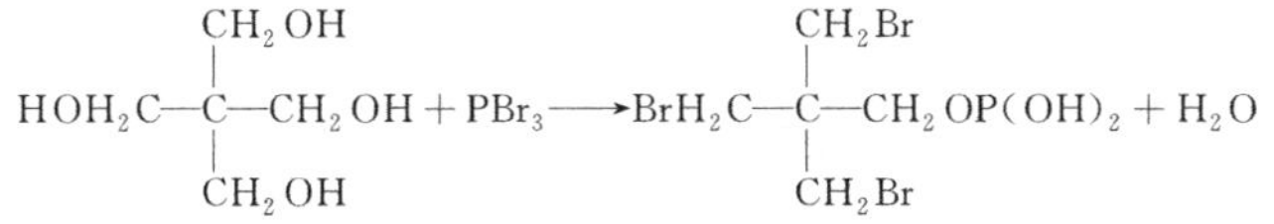

酯交换反应：

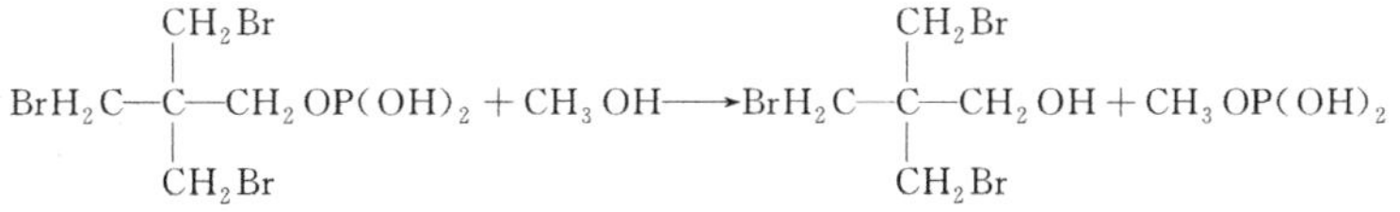

在 500mL 四口烧瓶先加入 200mL 氯代烷烃溶剂，然后加入 0.2mol 季戊四醇，当体系温度升到 100℃时，称取 0.2mol 三溴化磷并分为三份，缓慢滴加 1/3 的三溴化磷，滴加结束后继续反应 5h，再升温到 115℃并继续滴加 1/3 的三溴化磷，滴加结束后继续反应 5h，最后升温到

130℃并继续滴加剩余 1/3 的三溴化磷，滴加结束后继续反应 5h，最后在 146℃下减压蒸馏出溶剂四氯乙烷，得到三溴新戊醇酯化物。最后加入甲醇进行酯交换反应，所用甲醇与季戊四醇的摩尔比为 1∶1，酯交换反应的温度为甲醇的回流温度，回流时间为 5h，回流结束后对产物进行水洗，抽滤，用去离子水洗涤直到滤液的 pH 值为 7，然后晾干，晾干后在 50℃的真空烘箱中烘干 2h，得到产物为白色粉末。然后再用混合溶剂重结晶获得的高纯度的 TBNPA。

2.6.2.2 TBNPA 性能

① 红外光谱

图 2-7 是季戊四醇（PER）与 TBNPA 的红外光谱的对比图。由图可知季戊四醇（PER）的羟基吸收峰是单峰（3329cm^{-1}），而 TBNPA 的羟基峰是双峰（3335 cm^{-1} 和 3252 cm^{-1}），这是因为 OH⋯Br 之间形成了五元环状的分子内氢键而产生的特征峰。

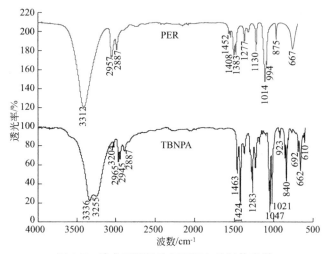

图 2-7 季戊四醇以及 TBNPA 的红外光谱

② 核磁共振

图 2-8 为 TBNPA 的 ^{1}H-NMR 图，从其分子结构式中可以看出，产物结构中有三种不同化学环境的 H，羟基上氢原子的化学位移是 5.28，与溴相连的亚甲基上的 6 个氢原子的化学位移在 3.49，与羟基相连的亚甲基上的 2 个氢原子的化学位移是 3.41。

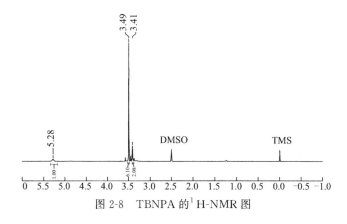

图 2-8 TBNPA 的 ^{1}H-NMR 图

图 2-9 为 TBNPA 的 ^{13}C-NMR，从其分子结构式中可以看出，产物结构中有三种不同化学环境的 C，羟基相连碳原子的化学位移为 60.28；与碳原子的化学位移为 44.28；季碳的化学位移在 35.75。

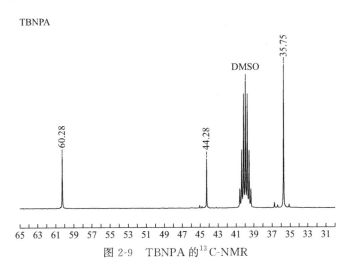

图 2-9　TBNPA 的 ^{13}C-NMR

2.7　溴化聚苯乙烯和聚溴化苯乙烯

2.7.1　溴化聚苯乙烯

溴化聚苯乙烯（brominated polystyrene，BPS）是聚苯乙烯（polystyrene，PS）的溴代产物，属于添加型高分子溴系阻燃剂。具有分子量大，溴含量高，热稳定性好，分解温度高，可在 320℃下稳定使用，而且与高聚物的相容性好，易于加工，不起霜等优点，因此可广泛应用于通用塑料和工程塑料的阻燃改性。溴化聚苯乙烯（BPS）分子结构中没有醚键，受热时不易产生多溴代二苯并二噁英（PBDD）和多溴代二苯并呋喃（PBDF）等有害物质，不受欧盟 RoHS 和 REACH 指令的限制，迎合了溴系阻燃剂向聚合物型阻燃剂发展的时代潮流。

溴化聚苯乙烯阻燃剂的初始分解温度高于 385℃，能满足多种工程塑料的加工温度要求。而且其分解温度范围较窄（失重区间 385～421℃），在燃烧时能在较短时间内释放出大量卤化氢等挥发性分解物，捕获高活性的自由基，适合于分解温度较高的耐热工程塑料的阻燃要求。表 2-15 为国内外主要生产商的溴化聚苯乙烯牌号及其产品指标。

表 2-15　溴化聚苯乙烯主要生产商及其产品指标

检测项目	产品标准	雅宝 7010	雅宝 3010	国内厂家 1	国内厂家 2
产品颜色	类白色粉末或颗粒	类白色颗粒	类白色颗粒	类白色颗粒	类白色颗粒
溴含量/%	64	67.28	61.57	69.3	65.5
熔点/℃	≥210	233～242	185.6～201.6	220～246	230～244

检测项目	产品标准	雅宝 7010	雅宝 3010	国内厂家 1	国内厂家 2
TGA(1%)/℃	≥335	345.9	330.6	332.1	340.0
TGA(5%)/℃	—	371.2	366.2	357.5	367.7
TGA(10%)/℃	—	381.9	378.5	372.8	380.1
TGA(50%)/℃	—	411.5	408.7	412.9	412.4
挥发分/%	≤0.3	0.02	—	—	—
热失重(280℃)/%	0.6	0.38	0.11	0.72	0.66
热失重(290℃)/%	≤0.8	0.39	0.18	0.80	0.70
热失重(300℃)/%	≤1	0.46	0.35	1.06	0.89

2.7.1.1 合成方法

通常溴化聚苯乙烯的制备分两步进行，首先合成一定分子量的聚苯乙烯，然后再溴化合成制得，溴化反应工艺分为溶剂法和非溶剂法。溶剂法是将聚苯乙烯配制成溶液，再与溴化剂反应，由于是均相体系，反应易于控制，溴化剂损耗量少，所得产品质量也好。非溶剂法是将聚苯乙烯悬浮于溴化剂中，直接加热溴代，此法操作工艺简单，但反应不易控制，溴代率低，产品质量较差。因此一般采用溶剂法。聚苯乙烯的溴化可以采用溴，但由于氯化溴是一种活性更高的溴化剂，因此从经济和效率方面考虑，采用氯化溴更为经济可行。

采用氯化溴作溴化剂合成溴化聚苯乙烯的反应式如下：

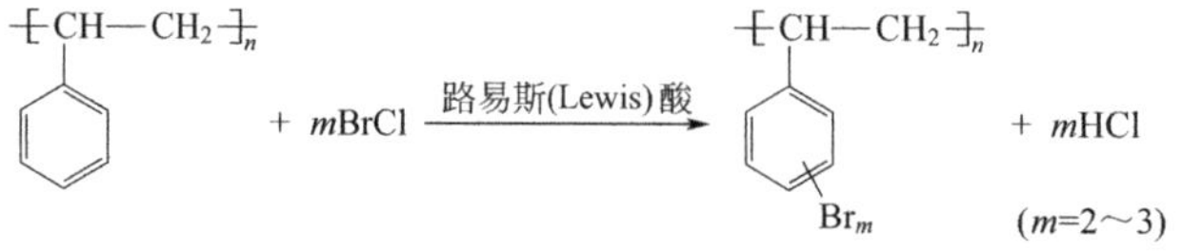

以聚苯乙烯合成的溴化聚苯乙烯的严重缺陷是产物中苯环 α 位上仲碳原子上的氢往往会被溴或氯取代。而这种仲碳上的氯或溴会大大降低其热稳定性，必须增加很大的成本来消除取代的溴或氯。此外，即使这种 α 位烷基溴（或氯）化物在产物中少量存在，但其在200℃左右发生分解会导致材料变色。即使在材料加工过程的中后期分解，但由于其会释放出溴化氢，既损害材料性能，又腐蚀设备。反应式如下：

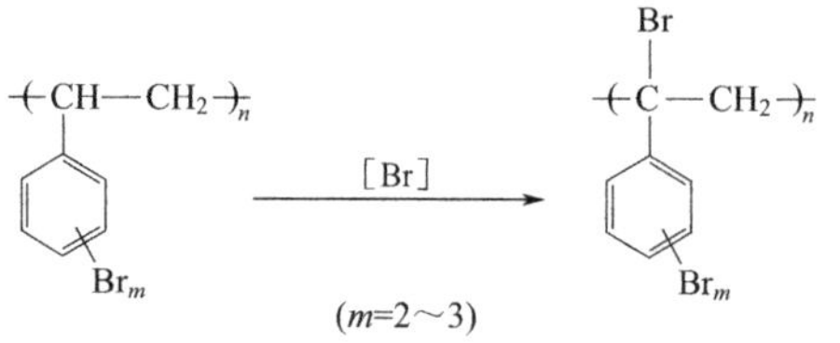

2.7.1.2 国内外溴化聚苯乙烯的生产现状

国外对溴化聚苯乙烯的研究始于20世纪60年代，进入21世纪发展迅速，该产品一直处于热销，有时还出现供不应求的状态。1980年，菲柔（Ferro）公司在美国专利（专利号为 4352909）中描述了商品名为 PyroChek-68PB 的溴化聚苯乙烯作为一种阻燃添加剂的合成方法。大湖化学（Great Lakes Chemical）公司于 1994 年在美国专利（专利号为 5369202）中提供了其商品 PDBS-80 溴化聚苯乙烯的合成方法。我国自 20 世纪 90 年代开始研制溴化聚苯乙烯，一般都是在国外研究的基础上进行仿制和技术改进。

目前，国外溴化聚苯乙烯的主要生产商有美国的科聚亚（Chemtura）公司（主要生产聚溴化苯乙烯）和雅宝（Albemarle）公司，以及以色列化工有限公司（Israel Chemicals Ltd，ICL-IP），我国有一些溴化合物公司在生产溴化聚苯乙烯，但质量还有待进一步提高。表 2-16 是国外溴化聚苯乙烯的热性能和分子量。

表 2-16　国外溴化聚苯乙烯的热性能和分子量

类　别	牌　号	厂　商	溴含量/%	5%热失重温度/℃	M_w
BPS	SAYTEX HP-3010	Albemarle	68.5	360	12000～15000
	SAYTEX HP-7010	Albemarle	68.5	375	约 63400
	FR-803P	ICL-IP	66	358	—

2.7.1.3　研究进展与应用

溴化聚苯乙烯是一种有机溴系阻燃剂，具有高阻燃性、热稳定性及光稳定性等良好的物理和化学性质，广泛应用于聚对苯二甲酸丁二醇酯、聚对苯二甲酸乙苯醇酯、聚苯醚、PA66 等工程塑料。

由于溴化聚苯乙烯的分子骨架是聚苯乙烯，因此与大多数工程塑料相容性好，对材料的力学性能影响小，其阻燃的高聚物有些可保持 90% 以上的力学性能。但应用研究表明，聚苯乙烯骨架的分子链太长，即分子量太大，对阻燃剂的分散不利，因此在合成时，控制苯乙烯的聚合度和分子量分布很关键。溴化聚苯乙烯在使用时需要和锑化物配合使用，其添加量根据增强与否和增强体添加量大小而不同。

华东理工大学辛忠等采用复合催化剂体系获得了改进性能的溴化聚苯乙烯。该方法以聚苯乙烯作原料，1,2-二氯乙烷作溶剂，五氧化二磷作脱水剂，以三氯化锑/锌粉复合体系作催化剂，液溴溴化得到溴化聚苯乙烯，产品收率为 95%，溴含量 68%，产品熔点 250℃，比传统方法产品熔点提高 30～50℃，使产品稳定性大大改进。

淮海工学院张田林等用氯代烃作溶剂，无水三氯化铝作催化剂，用硫黄作为微量水分的清除剂和自由基猝灭剂，使聚苯乙烯与溴发生亲电溴化反应制得溴化聚苯乙烯。本方法的特点在于采用硫黄替代传统方法中使用的水清除剂，同时硫黄的存在消除了聚苯乙烯溴化过程中可能发生的烷基链上的自由基溴化反应，从根本上保证了产品的稳定性。

重庆工商大学陈盛明等采用废旧聚苯乙烯泡沫塑料作原料，卤代烃作溶剂，以聚乙二醇作相转移催化剂，液溴作溴化试剂，制得了溴化聚苯乙烯。该方法避免了传统使用的路易斯酸催化剂-脱水剂这一苛刻反应体系，使生产过程简化、生产成本降低。合成过程采用回收的废旧原料，具有明显的环境效益和经济效益。

山东兄弟实业集团有限公司杨喜生以苯乙烯为原料，采用叔丁基钠作催化剂，通过苯乙烯的可控聚合反应，在溶液状态下制备聚苯乙烯，进而将处于溶液状态的聚苯乙烯进行溴化制备溴化聚苯乙烯。该方法省去了聚苯乙烯提取和精制过程，缩短了生产流程，降低了生产成本，并且根据需要可制得特定分子量的溴化聚苯乙烯产品。

刘琳等以苯乙烯为单体，以含有卤原子的有机卤代物为引发剂，低价金属卤化物作催化剂及配位体，通过原子转移自由基本体聚合得到低分子量聚苯乙烯。再经过烷基卤化铝催化以及五氧化二磷脱水，在卤代烃溶液中与溴反应得到低分子量溴化聚苯乙烯。同时，她还分别测定了在 PA6 中添加不同质量分数的 BPS 和 Sb_2O_3 时阻燃 PA6 的平衡扭矩、力学性能和阻燃性能，并与纯 PA6 作比较，研究结果见表 2-17。

表 2-17　BPS 和 Sb_2O_3 复合阻燃剂阻燃 PA6 的性能测试

序号	PA6 质量分数/%	BPS 质量分数/%	Sb_2O_3 质量分数/%	平衡时间 /s	平衡扭矩 /(N·m)	拉伸强度 /MPa	缺口冲击强度 /(kJ/m²)	阻燃性能
1	100	0	0	342	141	58.80	6.28×10^4	遇火燃烧
2	87	9.4	3.6	390	100	57.98	5.68×10^4	UL 94 V-1
3	84	11.5	4.5	420	94	56.65	5.43×10^4	UL 94 V-1
4	81	13.7	5.3	432	89	55.86	5.12×10^4	UL 94 V-0
5	78	15	6	480	79	55.08	4.88×10^4	UL 94 V-0
6	75	18	7	486	73	54.32	4.47×10^4	UL 94 V-0

从表 2-17 可以看出，随着 BPS 和 Sb_2O_3 含量的增加，阻燃 PA6 的平衡扭矩逐渐下降，达到平衡扭矩的时间则逐渐延长。在实际加工应用中，平衡扭矩对能量消耗的影响大于时间的影响，因而 BPS 和 Sb_2O_3 含量增加能减少能量消耗，有利于加工性能的改善。在阻燃性能方面：纯 PA6 遇火即燃烧，离火不能自熄，且燃烧时熔滴能引燃脱脂棉；而添加 BPS 和 Sb_2O_3 复合阻燃剂 13% 的 PA6（2 号）能达到 UL 94 V-1 级；添加复合阻燃剂 19% 的 PA6（4 号）能达到 UL 94 V-0 级。而且加入复合阻燃剂后 PA6 的拉伸强度变化不大，拉伸强度仅下降 2.94MPa，缺口冲击强度下降到 5.12×10^4，即 BPS 和 Sb_2O_3 的加入对 PA6 的力学性能影响不大，完全满足我国塑料阻燃相关规定的要求。

张效礼等人以高分子溴化聚苯乙烯（BPS）协同三氧化二锑（Sb_2O_3）作为复合阻燃剂，对聚对苯二甲酸丁二醇酯（PBT）进行改性，研究了复合阻燃剂对 PBT 的燃烧性能、电性能及力学性能的影响。阻燃 PBT 的力学性能、阻燃性能和电学性能见表 2-18 ［溴化聚苯乙烯复合阻燃剂配比为 m(溴化聚苯乙烯)∶m(三氧化二锑)=3∶1］。

由表 2-18 可以看出：未加入溴化聚苯乙烯复合阻燃剂的 PBT 遇火即燃烧，离火不能自熄，且燃烧时熔滴能引燃脱脂棉；随着溴化聚苯乙烯复合阻燃剂添加量的增加，PBT 材料的氧指数（LOI）值增大，材料的阻燃性能提高。当溴化聚苯乙烯复合阻燃剂质量分数为 20% 时，LOI 值为 28.0%，燃烧性能达到 FV-0 级，完全能满足我国塑料阻燃相关规定的要求。

表 2-18 加入 BPS 和 Sb$_2$O$_3$ 复合阻燃剂的阻燃 PBT 性能测试

序号	PBT质量分数/%	复合阻燃剂质量分数/%	弯曲强度/MPa	拉伸强度/MPa	断裂伸长率/%	悬臂梁(缺口)冲击强度/(kJ/m^2)	悬臂梁(无缺口)冲击强度/(kJ/m^2)	热变形温度/℃
1	100	0	79.10	51.04	204.0	4.94	117.20	53.75
2	90	10	84.10	50.37	18.4	4.43	45.02	55.25
3	85	15	85.10	50.17	9.8	4.41	37.43	57.90
4	80	20	85.41	47.68	4.0	4.29	37.20	61.65
5	75	25	86.18	47.53	3.8	4.26	27.49	66.85
6	70	30	88.40	45.37	2.0	3.97	18.86	68.90

序号	介电强度/(kV/mm)	相对介电常数	介质损耗因数/($\times 10^{-2}$)	表面电阻率/$\times 10^{16}$ Ω	体积电阻率/($\times 10^{16}$ Ω·cm)	氧指数/%	垂直燃烧
1	15.90	3.043	2.09	3.59	2.60	21.0	燃烧
2	16.60	3.053	1.83	2.94	2.33	22.0	FV-2
3	16.70	3.058	1.79	2.55	2.25	25.0	FV-1
4	16.75	3.060	1.74	2.12	1.79	28.0	FV-0
5	16.90	3.140	1.65	1.92	1.69	30.0	FV-0
6	16.95	3.142	1.56	1.75	1.63	32.0	FV-0

加入溴化聚苯乙烯复合阻燃剂后，除断裂伸长率下降较多外，PBT 材料的其他力学性能变化不大。当溴化聚苯乙烯复合阻燃剂质量分数达到 25% 时，弯曲强度上升 8.95%；缺口冲击强度下降 5.12%，断裂伸长率下降较大，拉伸强度下降 6.88%，热变形温度上升 13.1℃。溴化聚苯乙烯复合阻燃剂对 PBT 材料的介电性能影响较小，对介电强度、相对介电常数的影响不大，介质损耗因数则随着溴化聚苯乙烯复合阻燃剂的增加呈缓慢下降趋势，当溴化聚苯乙烯复合阻燃剂的添加量达到 20% 时，介质损耗因数仅下降了 16.75%；对表面电阻率和体积电阻率的影响不大，所有数值均 >1×10^{14}，全部达到绝缘料性能要求。

2.7.2 聚溴化苯乙烯

聚溴化苯乙烯 [poly(brominated styrene)，PBS] 是溴化苯乙烯的聚合物，一般为处于苯环上的 2、4 两个位置上的氢被溴取代的产物。聚溴化苯乙烯是一种添加型高分子溴系阻燃剂，外观为琥珀色片状固体，软化点为 224~245℃，相对密度为 2.0，一般分子量约为 60000。具有热稳定性好、分解温度高、低毒及阻燃效果佳等优点，已广泛应用于 PET、PBT、聚苯醚、尼龙 66、尼龙 6、聚酰亚胺以及间规聚苯乙烯、不饱和聚酯和环氧树脂等热固性塑料的阻燃。

聚溴化苯乙烯相对于溴化聚苯乙烯有下列几个优点：首先，由于其主链烷烃上没有卤原子，因此具有更优异的热稳定性和色彩稳定性。其次，在聚合时分子量可控，因此可以得到一系列不同分子量和溴含量的产物。再次，溴化苯乙烯可以在无溶剂的情况下实现本体聚合，这为工业上更经济的连续生产提供了可能性。

2.7.2.1 合成方法

聚溴化苯乙烯的合成分两步进行，首先苯乙烯溴化合成溴化苯乙烯，然后在一定条件下溴化苯乙烯聚合得到产物。其反应表示如下：

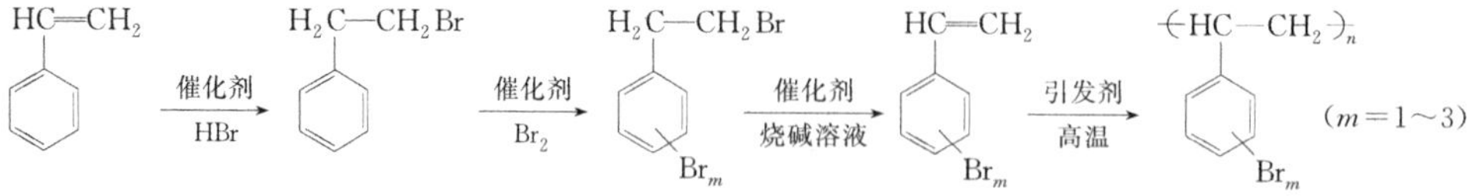

聚溴化苯乙烯与溴化聚苯乙烯最大的不同是苯环 α 位的碳原子上没有卤素原子，所以具有相对更高的热稳定性。

2.7.2.2 国内外聚溴化苯乙烯的生产与研究现状

在全球，目前聚溴化苯乙烯只有科聚亚公司（现为朗盛公司）生产，其牌号和性能见表2-19。

表 2-19 朗盛公司聚溴化苯乙烯的主要牌号及性能

类　别	牌　号	厂　商	溴含量/%	5%热失重温度/℃	M_w
PBS	PDBS-80	Chemtura	59	368	约60000
	PBS-64HW	Chemtura	64	356	约60000
溴化苯乙烯共聚物	CP-44HF	Chemtura	64~65	347	—

根据溴化苯乙烯分子组成计算，一溴化苯乙烯的溴含量为 43.71%，二溴化苯乙烯的溴含量为 61.06%，三溴化苯乙烯的溴含量可达 70.38%。而上述商业化产品中的溴含量不与任何一种化合物吻合，这说明产品是两种或多种单体共聚得到的。

美国 Great Lakes Chemical 公司于 1994 年首先公开了聚溴化苯乙烯的合成方法（美国专利号为 5369202），其商品聚溴化苯乙烯的牌号为 PDBS-80。国内对聚溴化苯乙烯的研究主要集中于先聚合后溴化这条工艺路线。

侯小敏、唐林生等研究了溴化聚苯乙烯（BPS）和聚溴化苯乙烯（PBS）的合成方法，并对两者用于阻燃 PBT 的阻燃性能进行了对比，研究结果表明，PBS 比 BPS 的热稳定性要好，采用 UL 94 垂直燃烧测试的阻燃性能 BPS 稍好于 PBS，而 CONE 测试的热释放量和释放效率 PBS 稍优于 BPS，但阻燃性能相差不大。

2.7.3 溴化苯乙烯-丁二烯共聚物

溴化苯乙烯-丁二烯共聚物（简称溴化 SBS，分子中的苯乙烯和丁二烯比例不同，是以丁二烯为主的嵌段共聚物）是 2012 年由陶氏化学开发和推广的一种新型大分子溴系阻燃剂，具有不出霜、不迁移等特点，由于其结构与苯乙烯系聚合物（如 PS、HIPS、ABS、AS 和 SBS）有一定相似性，因此可以广泛应用于上述聚合物的阻燃，美国安全保护署已经确认用溴化 SBS 替代 HBCD。以色列化工（ICP）的商品牌号是 FR-122P。我国的一些溴系阻燃剂厂商也在批量生产。

2.8　2,4,6-三(三溴苯氧基)-1,3,5-三嗪

2,4,6-三(三溴苯氧基)-1,3,5-三嗪，英文名称为 2,4,6-tris(tribromophenoxy)-1,3,5-triazine，CAS 登记号为 56362-01-7，分解温度为 315℃，熔点为 228~230℃。其商品名为溴代三嗪，知名牌号有 FR-245，是含溴、氮且耐迁移的三嗪类添加型阻燃剂。分子结构式为：

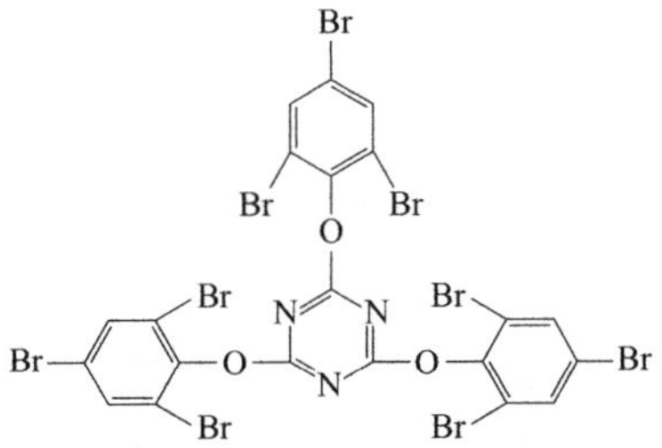

2.8.1　合成工艺技术

FR-245 的合成工艺路线有两种：三溴苯酚法和苯酚法。

2.8.1.1　三溴苯酚法

该方法以 2,4,6-三溴苯酚和三聚氯氰为主要原料，在有机溶剂介质中溶解后可以进行均相合成，或采用非均相体系进行相转移催化合成。由于均相法所用溶剂价格高，回收难，同时还存在环保和安全性等问题，因此近年来开发了相转移催化合成方法。其反应式如下：

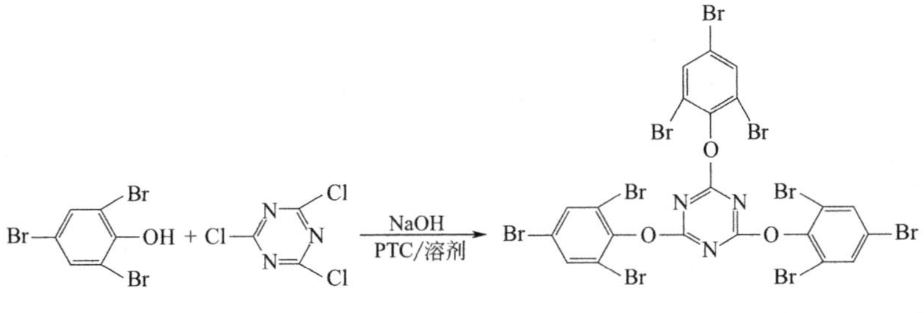

2.8.1.2　苯酚法

该方法以苯酚和三聚氯氰为主要原料，先合成得到三苯氧基三嗪，然后再溴化制备得到目标产物。该方法溴的利用率高，污染少。目前为多数生产厂家使用。其反应式如下：

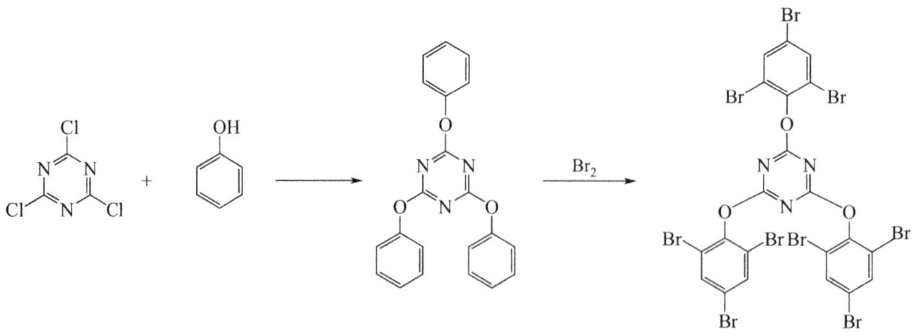

2.8.2　开发与应用

2,4,6-三(三溴苯氧基)-1,3,5-三嗪最早由以色列死海溴集团开发，因此目前全球仍然沿用其商品牌号 FR-245。20 世纪 90 年代，我国浙江化工研究院研究了其合成工艺。目前，我国有多家溴化合物生产公司也在生产该产品。

FR-245 具有以下优点。

① 外观洁白，流动性好，添加 FR-245 阻燃剂后加工流动性能优于十溴二苯乙烷，产品白度高。

② 分子量大，分解温度高，具有良好的 UV 稳定性，不黄变，耐迁移。

③ 环保，不含游离溴，符合 RoSH 环保规定，在加工中有极好的流动性，具有良好的热稳定性和 UV 稳定性，产品阻燃性好，冲击强度等力学性能优良。因此适用于 ABS、HIPS、PC/ABS、PC 等塑料的阻燃，其最大的应用领域是阻燃 ABS。

2.9　四溴双酚类阻燃剂

2.9.1　四溴双酚 A 双(2,3-二溴丙基)醚（八溴醚）

四溴双酚 A 双(2,3-二溴丙基)醚，简称八溴醚（英文缩写 BDDP），英文名称 tetrabro-mobisphenol A bis(2,3-dibromopropylether)，CAS 号 21850-44-2，外观为白色粉末或颗粒，熔点 107～120℃，理论溴含量 67.7%，能溶于丙酮、甲苯、二氯乙烷，微溶于甲醇、热水，是最早投入使用的四溴双酚类衍生物阻燃剂。由于其析出问题，随后相继开发了八溴 S 醚和甲基八溴醚等。

八溴醚的合成分两步：首先，四溴双酚 A 与烯丙基氯反应合成四溴双酚 A 二烯丙基醚，然后再溴加成合成制备得到八溴醚。

八溴醚可广泛用于聚丙烯（PP）、聚乙烯（PE）、聚苯乙烯（PS）、ABS 树脂、橡胶、纤维等高分子材料阻燃，尤其适用于阻燃聚丙烯和高熔融指数 PE 等薄壁器件的阻燃，如接插件、圣诞树叶等，以及拉丝、薄膜。近年来由于其阻燃聚合物的析出问题，一些应用被八溴 S 醚或甲基八溴醚所替代。李向梅、杨荣杰等仔细研究了其析出的动力学机理和改善方法。

2.9.2　四溴双酚 S 双(2,3-二溴丙基)醚 (八溴 S 醚)

四溴双酚 S 双(2,3-二溴丙基)醚，商品名为八溴 S 醚或 FR-640。分子式为 $C_{18}H_{14}O_4SBr_8$，分子量为 965.60，CAS 登记号为 21850-44-2，白色或淡黄色粉末，熔点为 85～105℃，不溶于水和乙醇，可溶于苯、丙酮。结构式如下：

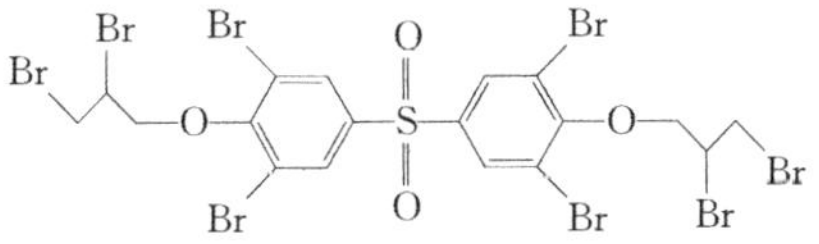

四溴双酚 S 双(2,3-二溴丙基)醚是八溴醚的替代新产品，当初设计合成时是为了解决四溴双酚 A 双(2,3-二溴丙基)醚 (八溴醚) 的析出问题。尽管分子中引入强极性的砜基代替亚异丙基，但在解决起霜、滴落等阻燃材料问题方面，仍然不理想，因此近年来其市场增长放缓。

2.9.2.1　合成方法

四溴双酚 S 双(2,3-二溴丙基)醚的合成是从四溴双酚 S 开始的。四溴双酚 S 与烯丙基氯发生醚化反应，生成四溴双酚 S 二烯丙基醚，然后四溴双酚 S 二烯丙基醚与溴发生加成反应生成四溴双酚 S 双(2,3-二溴丙基)醚。其反应式如下：

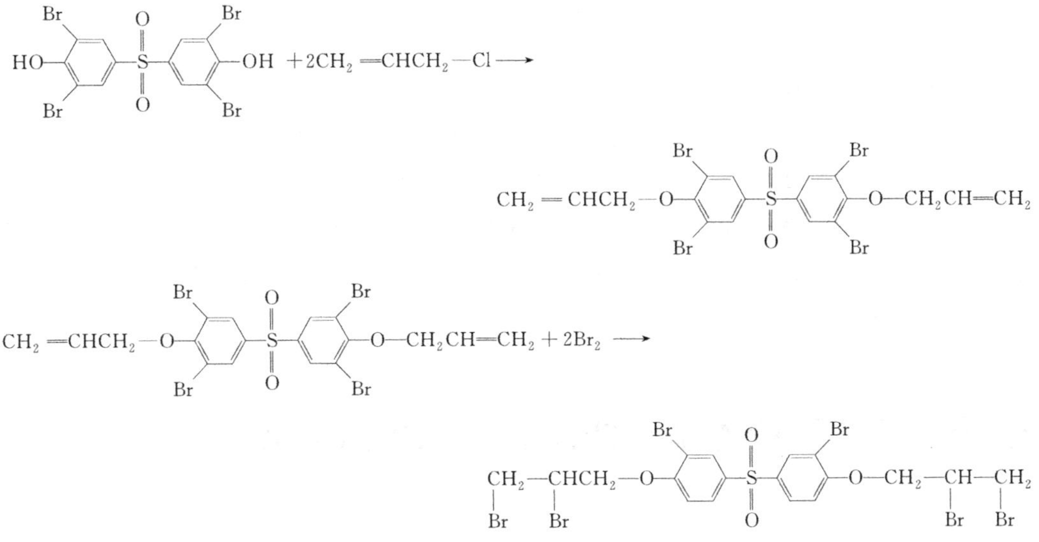

2.9.2.2　八溴 S 醚的应用

四溴双酚 S 双(2,3-二溴丙基)醚是一种既含芳香溴，又含脂肪溴的新型阻燃剂，其应用领域与八溴醚类同，可广泛用于聚丙烯 (PP)、聚乙烯 (PE)、聚苯乙烯 (PS)、ABS 树脂、橡胶、纤维等高分子材料及家电、电子制造业，但由于价格比八溴醚高，因此市场消费量不大。

2.9.3 四溴双酚 A 双(2,3-二溴-2-甲基丙基)醚 (甲基八溴醚)

四溴双酚 A 双(2,3-二溴-2-甲基丙基)醚又称甲基八溴醚，英文名称为 tetrabromobis-phenol A bis(dibromomethylpropyl ether)，CAS 号 97416-84-7，外观为白色粉末，溴含量大于 65%，熔点 102～110℃，热失重温度（1%）大于 240℃，不溶于水，易溶于苯乙烯、甲醇等，是溴系阻燃剂中的重要品种，是一种既具有芳香族溴又具有脂肪族溴的高分子有机阻燃剂，广泛用于工程塑料及环氧树脂方面的阻燃，属添加型阻燃剂。主要用于各种牌号的聚丙烯、丙纶纤维、丁苯橡胶、顺丁橡胶等，阻燃效果显著，可用于外墙保温阻燃剂，替代六溴环十二烷，产品质量稳定，产品具有极高的阻燃效率，极小的用量即可达到优良的阻燃效果。

合成路线与八溴醚相似，采用四溴双酚 A 与 2-甲基烯丙基氯反应后，再用溴素加成制得。反应式如下：

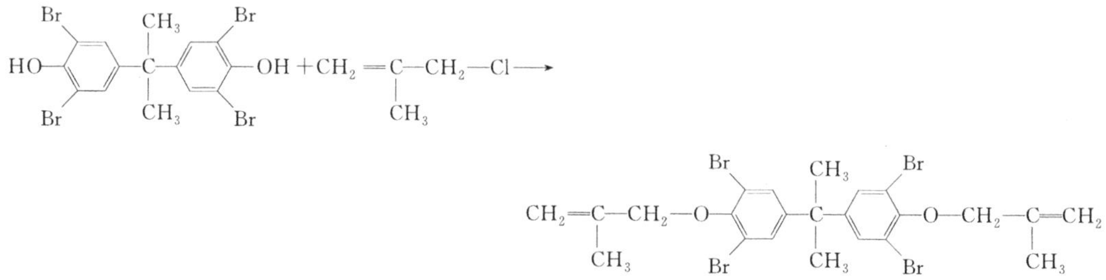

（MeTBBPA）

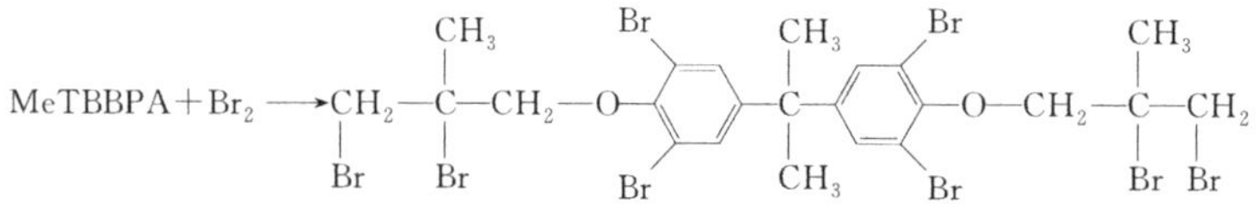

主要用途：可用于 EPS、XPS 板材，阻燃聚烯烃类（如 PP、PE、聚丁烯等）和热塑性高弹性体材料，聚丙烯塑料和纤维，聚苯乙烯泡沫塑料的阻燃，也可用于涤纶织物阻燃后整理和维纶涂塑双面革的阻燃。同时适用于聚苯乙烯、不饱和聚酯、聚碳酸酯、聚丙烯、合成橡胶等，是目前阻燃剂六溴环十二烷的优良替代品。

2.10 N,N'-亚乙基双四溴邻苯二甲酰亚胺

N,N'-亚乙基双四溴邻苯二甲酰亚胺（BT-93）是一种添加型阻燃剂，熔点大于 450℃，CAS 号 32588-76-4，EINECS 号 2511186，MITI 号 5-5550。其最大特点是具有优良的光热稳定性，不挥发、不析出，以及优异的耐热性，可满足各种聚酯、聚酰胺等工程塑料高温加工要求，对制品的其它性能影响小。该阻燃剂含溴量 67.7%，因此具有较高的阻燃性能。该产品可应用于聚烯烃、HIPS 和热塑性聚酯（PBT、PET 等），以及 PC 和弹性体的

阻燃。雅宝（Albemarle）公司推出 2 款产品分别是 SAYTEX BT-93 和 BT-93W（本文中简称 BT-93）。

表 2-20 比较了 BT-93 与十溴二苯乙烷（DBDPE）的热性能。从表中失重比例和对应温度可以明显看出，BT-93 具有比 DBDPE 更优异的耐热性。

表 2-20　BT-93 与十溴二苯乙烷（DBDPE）的热失重温度对比

失重/%	失重温度/℃	
	BT-93	DBDPE
失重 1%	321	290
失重 5%	407	326
失重 10%	424	344
失重 50%	455	389

注：TGA 仪器为 2950 型；气氛：氮气；升温速率：10℃/min。

2.10.1　合成路线及合成方法

BT-93 有 2 种合成工艺路线：

① 采用四溴苯酐（TBPA）和乙二胺反应合成，反应式如下：

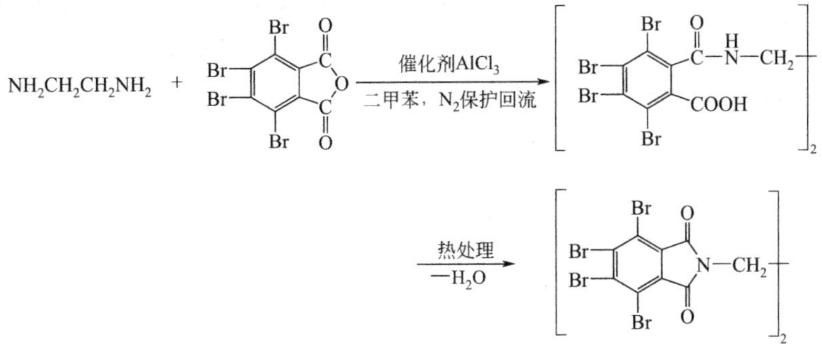

以四溴苯酐为原料的路线，还可以采用先用等物质的量甲醇酯化后再与乙二胺反应制备 BT-93。

② 第二种方法分两步进行，首先采用苯酐与乙二胺反应制备 N,N'-亚乙基双邻苯二甲酰亚胺中间体，然后该中间体再用溴素溴化制备得到 BT-93，反应式如下：

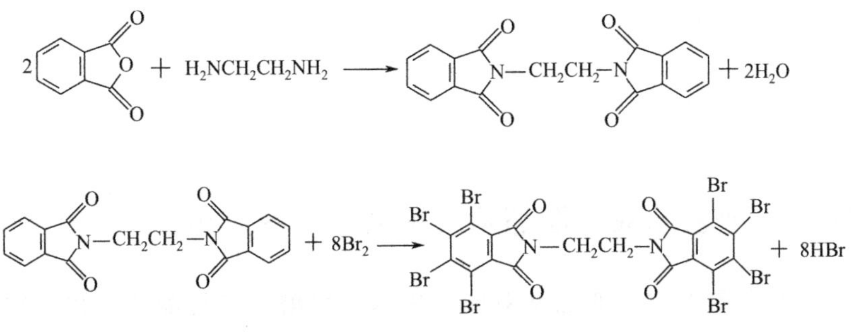

笔者与刘会阳等采用第一种合成路线研究了 BT-93 的合成工艺，并以合成得到的 BT-93

用于 LDPE 的阻燃，结果如表 2-21、表 2-22。

表 2-21　N,N'-亚乙基双四溴邻苯二甲酰亚胺阻燃 LDPE 材料配方（质量分数/%）

材料	0-1 号	1 号	2 号	3 号	4 号	0-2 号	5 号	6 号	7 号
A	0	6	9	9	12	0	15	18	21
Sb_2O_3	0	2	3	4.5	4	0	5	6	7
KH550	0	0.3	0.3	0.3	0.3	0	0.3	0.3	0.3
LDPE-1	100	92	88	86.5	84	0	0	0	0
LDPE-2	0	0	0	0	0	100	80	76	72

注：A 表示自制 N,N'-亚乙基双四溴邻苯二甲酰亚胺，LDPE-1 为 L2102TX00 工业级，LDPE-2 为 2426k 工业级。

表 2-22　不同配方的阻燃 LDPE 的 LOI 测试结果

项　目	0-1 号	1 号	2 号	3 号	4 号	0-2 号	5 号	6 号	7 号
垂直燃烧级别	—	—	V-2	V-2	V-2	—	V-2	V-2	V-2
LOI/%	18.9	24.5	25.1	24.5	25.3	17.6	21.8	22.4	23.2

注："—"为不灭或无等级。

图 2-10 为 TBPA 和目标产物 N,N'-亚乙基双四溴邻苯二甲酰亚胺的红外光谱图，从图中可以明显看出，产物在 1773cm^{-1}、1398cm^{-1} 和 1711cm^{-1} 有新的特征峰出现。其中 TBPA 中 1764cm^{-1} 为酸酐中 C＝O 键不对称的伸缩振动，而目标产物出现 1773cm^{-1}、1711cm^{-1} 环状双酰亚胺的伸缩振动峰，N,N'-亚乙基双四溴邻苯二甲酰亚胺中 1563 cm^{-1} 为芳环骨架拉伸收缩振动峰。

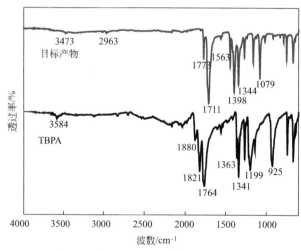

图 2-10　TBPA 和 N,N'-亚乙基双四溴邻苯二甲酰亚胺的红外光谱图

2.10.2　N,N'-亚乙基双四溴邻苯二甲酰亚胺的应用

笔者与刘会阳等将 N,N'-亚乙基双四溴邻苯二甲酰亚胺复配三氧化二锑，设计阻燃 LDPE 配方，并测试不同配方下的阻燃效果，具体配方如表 2-21 所示，测试结果见表 2-22。

从极限氧指数数据可知，随 N,N'-亚乙基双四溴邻苯二甲酰亚胺和 Sb_2O_3 加入量的增加，阻燃 LDPE 极限氧指数呈现递增规律，当添加阻燃剂 N,N'-亚乙基双四溴邻苯二甲酰亚胺相同量时，Sb_2O_3 的添加量并不是呈现越多阻燃效果越好，而是在一定范围才能达到最佳阻燃效果。研究结果还表明，BT-93 对 LDPE 的阻燃效率与 LDPE 的熔融指数有关。

BT-93 主要用于户外光电缆和帐篷阻燃，也有少量用于工程塑料。

2.11　高分子溴系阻燃剂的开发与应用

含溴高分子阻燃剂由于具有优异的耐热性和耐化学品性以及与被阻燃基材良好的相容性，在制品中不析出、不起霜等优点而受到广泛重视。除了前面所介绍的溴化环氧树脂、溴化聚苯乙烯以外，近年来一些含溴高分子阻燃剂越来越受到人们的关注，虽然它们中很多品种的生产与应用早已有报道，但一直没有受到重视或应用领域很窄，这可能是由价格问题导致的。其主要品种和性能见表 2-23。

表 2-23　含溴高分子阻燃剂主要品种和性能

项目	聚丙烯酸五溴苄酯	聚 2,6-二溴苯醚	聚 2,4,5-三溴苯乙烯	四溴双酚 A 聚碳酸酯
外观	白色粉末	浅褐色粉末	黄色至棕色粉末	白色粉末
分子量	30000~80000	6000	1000~12000	—
溴含量/%	70.5	62.5	67	58
密度/(g/cm³)	2.05	2.25	2.10	—
软化温度/℃	205~215	210~240	215~225	230~260
5%热失重温度(空气)/℃	338	400	374	430
10%热失重温度(空气)/℃	339	460	—	450

在上述含溴高分子阻燃剂中，四溴双酚 A 聚碳酸酯有两种基本产品，一种是高分子链端基没有取代的产物，另一种是采用三溴苯酚等封端的产物，表 2-23 中所列的产品为封端产品。

聚 2,4,5-三溴苯乙烯的合成：

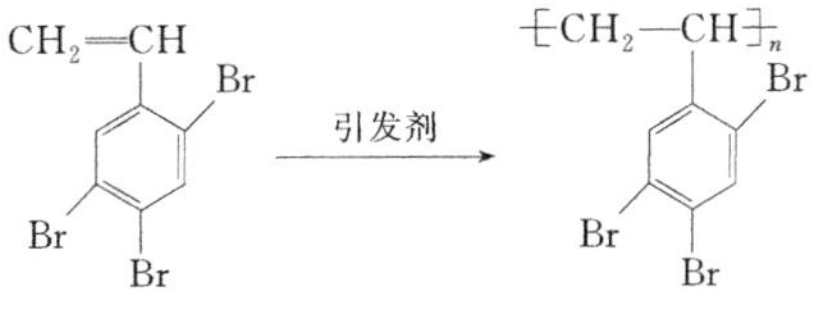

下面以近年来用量迅速增长的 PC/ABS 合金阻燃为例，说明含溴高分子阻燃剂的应用效果。表 2-24 为不同阻燃体系阻燃 PC/ABS 的性能。

从表 2-24 所列结果可见，四溴双酚 A 聚碳酸酯与十溴二苯醚和三苯基磷酸酯相比，具有更好的综合性能。如能以溴化环氧树脂替代四溴双酚 A 则效果更佳。

表 2-24 不同阻燃体系阻燃 PC/ABS 的性能

性　能	配　方		
	1	2	3
PC/份	70	70	70
ABS/份	30	30	30
Sb_2O_3/份	3	3	3
十溴二苯醚/份	—	—	15
四溴双酚 A 聚碳酸酯/份	5	—	—
四溴双酚 A/份	10	—	—
三苯基磷酸酯/份	—	15	—
拉伸强度/MPa	54	52	59
断裂伸长率/%	52	46	36
弯曲强度/MPa	96.5	90.2	111.5
弯曲模量/MPa	2386	2345	2423
缺口冲击强度/(J/m)	69.5	58.4	51.8
UL 94(4mm)	V-0	V-2	V-0
维卡耐热温度/℃	123	118	126
熔体流动速率(260℃,5000g)/(g/10min)	23.6	25.8	24.4

　　近年来，高分子溴系阻燃剂在稳步增长，如朗盛公司的溴化聚苯醚，牌号为 Emerald1000、Emerald2000 和 Emerald3000 等已经扩产。国内多家溴系阻燃剂厂家也在扩产溴化环氧树脂、溴化聚碳酸酯等高分子溴系阻燃剂。

第**3**章

磷系阻燃剂

3.1　概述

　　含磷阻燃剂的应用可追溯到 19 世纪初。伴随着现代阻燃化学的发展，有机磷阻燃剂应运而生，第二次世界大战后至 20 世纪 70 年代初，有机磷阻燃剂在美国的阻燃剂市场上占到其总销售量的一半以上，主要用于 PVC 和不饱和树脂的阻燃增塑。随着聚氨酯、聚烯烃以及各种工程塑料的发展和对其阻燃要求的提出，有机磷阻燃剂新品种的研究开发日趋活跃，其研究开发的趋势是提高热稳定性和阻燃效率以及改善与其他阻燃要素的复配技术，从而出现了一系列性能优良、应用广泛的无卤或含卤有机磷阻燃剂。20 世纪 90 年代末以来，基于对电子电气行业所用的溴系阻燃塑料可能引起的卫生、环境和腐蚀性等问题的关注，制造者们正在将一些耐热性能较高的磷系阻燃剂应用于这些领域，同时也推动了磷系阻燃剂的进一步深入开发研究，其市场用量也在逐步增长，用于这些领域的磷系阻燃剂不仅要求有良好的热稳定性，同时也要解决与聚合物的相容性、耐渗析性、加工和其他性能等问题。

　　根据在高分子材料中的状态不同，磷系阻燃剂可分为添加型和反应型两种，根据组成不同可分为非卤代磷酸酯、非卤代多磷酸酯、卤代磷酸酯、卤代多磷酸酯、磷酸盐、聚磷酸盐、有机次膦酸盐、无机次磷酸盐、红磷等，根据化合物分类分为无机磷阻燃剂、有机磷阻燃剂。磷系阻燃剂可单独使用，或磷-氮、磷-卤素及磷-金属化合物等复合应用。其中磷-氮复合的膨胀阻燃体系是热塑性树脂阻燃改性的一个热点研究课题，将在第 5 章介绍。

　　磷系阻燃剂品种多，用途广，开发历史久远，应用稳步增长。其中应用量最大的是用于聚氨酯阻燃的各种磷酸酯。当前，磷系阻燃剂的开发研究热点是可应用于热塑性塑料的高热稳定性、耐析出、低毒的磷酸酯、磷酸盐和次磷酸盐，而在聚氨酯等传统应用领域主要开发研究高效低毒、不挥发、反应型的磷酸酯，总之，磷系阻燃剂仍然向多品种、专用化、高性能方向发展。

3.2　脂肪族磷酸酯

3.2.1　无卤脂肪族磷酸酯

　　脂肪族磷酸酯由于热稳定性较差，挥发性大，很少用作阻燃剂，少数分子量较大的脂肪族磷酸酯可以作为辅助光热稳剂，但因磷含量很低而很难表现出阻燃的功能，不过一些含有两个或两个以上羟基的磷酸酯（通常称为含磷二元醇或含磷多元醇）可作为聚氨酯和不饱和聚酯树脂的反应型阻燃剂，这类化合物已商业应用的新品种有 Vircol 82、Fyrol 6 及 Plurarol 648 等。

3.2.2　卤代脂肪族磷酸酯

卤代脂肪族磷酸酯已开发的品种较多，大多数用于聚氨酯、不饱和聚酯树脂等阻燃。随着有机合成技术的发展，近年来开发了一些具有高热稳定性的卤代脂肪族磷酸酯，其中已得到人们普遍重视并已商业应用的是三(2,2-二溴甲基-3-溴丙基)磷酸酯（TTBNP），其分子结构式如下：

$$
\begin{array}{c}
CH_2Br \qquad\qquad O \qquad\qquad CH_2Br \\
BrH_2C-C-CH_2-O-P-O-CH_2-C-CH_2Br \\
CH_2Br \qquad\qquad O \qquad\qquad CH_2Br \\
CH_2 \\
BrH_2C-C-CH_2Br \\
CH_2Br
\end{array}
$$

TTBNP 的主要性能见表 3-1。

表 3-1　TTBNP 的主要性能

性　能	指　标	性　能	指　标
外观	白色粉末	分解温度/℃	282（失重 1%）
熔点/℃	180～182	溶解性	不溶于水以及一般芳香烃和卤代脂肪烃溶剂，微溶于醇和丙酮
磷含量/%	3.0		
溴含量/%	70.6		

该产品由日本大八公司于 1995 年首先商业开发应用，当年使用量约 100t，商品牌号为 CR-900。同期美国富美实（FMC）公司也开发了此产品，其商品牌号为 BP-370。而后以色列死海溴集团、中国宜兴中正化学公司等都有该产品面世。美国陶氏化学公司于 1986 年开发了具有商业利用价值的合成技术。生产该产品所需的三溴新戊醇最早来自生产二溴新戊二醇时的副产品，因来源有限而未引起重视，在应用性能测试和应用研究后发现，该化合物是一种性能十分优异的含溴脂肪族磷酸酯阻燃剂，笔者在欧育湘老师指导下曾进行了较深入的其合成及阻燃聚丙烯的应用研究。

用一般磷酸酯合成的方法制备 TTBNP 的收率很低，没有商业应用价值。1986 年由陶氏化学公司采用金属卤化物等金属盐作催化剂，由三溴新戊醇与三氯氧磷反应得到了较高收率的 TTBNP。在此基础上作者进一步完善了其合成工艺，使 TTBNP 的最高收率达到 96%。

TTBNP 由三溴新戊醇与三氯氧磷在催化剂作用下反应制得。其合成反应式如下：

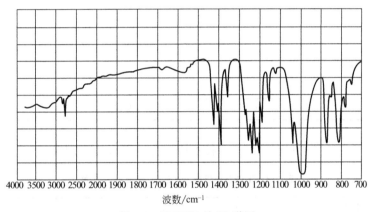

三溴新戊醇与三氯氧磷反应合成 TTBNP 的催化剂有叔胺和季铵盐类化合物，氯化亚锡、四氯化钛、三氯化铝等金属氯化物，氧化铝等金属氧化物，但 Lewis 酸的催化效果比 Lewis 碱要好，反应可以在四氯乙烷等多氯代脂肪烃、二氯甲苯等氯代芳香烃和一些极性有机溶剂中进行，溶剂选择的关键是对反应原料有良好的溶解性而对 TTBNP 不溶，这样反应结束后 TTBNP 以固体结晶的形式析出，后处理比较方便，收率也高。TTBNP 的 IR 谱图如图 3-1 所示。

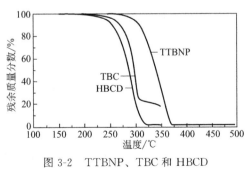

图 3-1　TTBNP 的 IR 谱图

比较 TTBNP、三(2,3-二溴丙基)异氰尿酸酯（TBC）和六溴环十二烷（HBCD）的热稳定性，三者的热失重（TG）和恒温热失重（ITG）曲线分别如图 3-2 和图 3-3 所示。

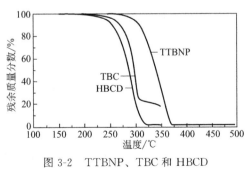

图 3-2　TTBNP、TBC 和 HBCD
热稳定性的 TG 曲线

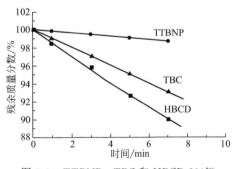

图 3-3　TTBNP、TBC 和 HBCD 230℃
的 ITG 曲线

从 TG 曲线可以看出，TTBNP、TBC 和 HBCD 失重 1% 的温度分别为 282℃、220℃和 202℃，可见 TTBNP 的起始分解温度分别比 TBC 和 HBCD 高出 58℃和 80℃。在

230℃的ITG曲线上可以观察到HBCD和TBC明显的失重过程，在同样经历5min后，HBCD和TBC失重分别达7%和4.5%，而TTBNP仅失重0.3%。由此可见，TTBNP具有比TBC和HBCD更为优异的热稳定性，完全可以满足PP等聚烯烃的挤出和注塑成型加工的温度要求。作者在应用评价中发现，TTBNP阻燃PP的加工过程无气味，对挤出注塑设备无腐蚀，阻燃制品表面光洁。表3-2列出了上述三种阻燃剂的基本性能和热性能对比结果。

表3-2　TTBNP、TBC和HBCD的性能比较

性能指标		TTBNP	TBC	HBCD
外观		白色粉末	白色粉末	白色粉末
熔点/℃		180～182	102～106	178～186
溴含量/%		70.6	65.8	74.7
磷含量/%		3.0	—	—
失重温度/℃	失重1%	282	220	202
	失重5%	310	265	260
	失重10%	325	280	264
	失重20%	340	305	280
价格比较		高	较低	中等

表3-3列出了笔者将TTBNP用于一种本体聚合生产的阻燃PP的配方和主要性能。

表3-3　TTBNP阻燃PP的配方和主要性能

配方及性能	1	2	3	4	5
配方/%					
PP	100	90	95	90	80
TTBNP	0	10	3.75	7.5	15
Sb_2O_3	0		1.25	2.5	5
熔体流动速率(210℃)/(g/10min)	11.8	30.6	30.7	21.6	24.4
弯曲强度/MPa	47.9	51.8	54	51.3	48.1
弯曲模量/MPa	1521	1656	1667	1628	1511
冲击强度/(kJ/m²)	75	38.7	41.2	36.8	32.4
缺口冲击强度/(kJ/m²)	5.2	4.3	4.9	4.1	3.5
LOI/%	17.4	25.6	24.8	26.5	27.6

从上述试验结果可以看出，TTBNP阻燃PP的熔体流动速率比纯PP要高，说明TTBNP可以改善PP的流动性，其阻燃PP的弯曲强度和模量无下降而稍有提高，冲击强度有所下降，缺口冲击强度下降不显著，但无缺口冲击强度下降比较多。TTBNP阻燃PP的LOI值随添加量增加而增大。

TTBNP阻燃PP的垂直燃烧试验结果见表3-4。

表 3-4　TTBNP 阻燃 PP 的垂直燃烧试验结果

配方及结果	1	2	3	4	5
配方/%					
PP	95	90	95	90	80
TTBNP	5	10	3.75	7.5	15
Sb_2O_3			1.25	2.5	5
UL 94(1.6mm)	B/—	2/B	B/—	1/0	0/0
	B/—	12/B	B/—	3/2	1/0
	B/—	5/B	B/—	3/2	0/0
	B/—	1/B	B/—	0/2	0/0
	B/—	1/B	B/—	4/1	0/0
	N	N	N	V-2	V-2
UL 94(0.8mm)	B/—	1/1	13/1	1/3	1/1
	B/—	1/1	2/4	2/3	1/2
	B/—	1/1	7/3	6/2	1/0
	B/—	1/0	B/—	1/1	1/0
	B/—	3/1	B/—	10/0	1/0
	N	V-2	N	V-2	V-2

　　垂直燃烧试验结果说明，在同样添加 10% 总用量时，单独使用 TTBNP 阻燃 PP 达不到 UL 94 V-2 级，而使用 7.5% TTBNP 和 2.5% Sb_2O_3 阻燃的 PP 可以达到 UL 94 V-2 级。这表明在相同添加量的情况下，单独使用 TTBNP 阻燃 PP 的效果比 TTBNP/Sb_2O_3（质量比为 3:1）阻燃 PP 要差，这也说明 TTBNP 与 Sb_2O_3 有协同阻燃效应。

　　TTBNP 不仅对聚烯烃具有良好的阻燃性，且光热稳定性和耐化学药品性优良。表 3-5 列出了其阻燃 HDPE、PP、ABS、HIPS 的上述性能，并对比了不同溴系阻燃剂阻燃 PP 的这些性能。

表 3-5　TTBNP 阻燃聚烯烃的阻燃、光热稳定性和耐化学药品性能

树　脂	阻燃剂添加量/%	Sb_2O_3添加量/%	试验结果			
			UL 94	耐变色性	表面光泽性	耐化学药品性
PP	TTBNP/4.0	1.5	V-2	好	优	好
PP	A/4.0	1.5	V-2	好	优	好
PP	B/4.0	1.5	V-2	一般	良	好
PP	C/4.0	1.5	V-2	差	差	好
PP	D/15	5.0	V-2	好	很差	好
PP	E/4.0	1.5	V-2	差	一般	好
HDPE	TTBNP/4.0	1.5	V-2	好	优	好
ABS	TTBNP/4.0	1.5	V-2	好	优	差
HIPS	TTBNP/4.0	1.5	V-2	好	优	一般

　　注：阻燃剂 A 为三(2,2-二溴甲基丙基)磷酸酯；阻燃剂 B 为四溴双酚 A 双(2,3-二溴丙基)醚；阻燃剂 C 为四溴双酚 S 双(2,3-二溴丙基)醚；阻燃剂 D 为十溴二苯醚；阻燃剂 E 为三(2,3-二溴丙基)异氰尿酯（TBC）。

笔者还曾仔细研究了 TTBNP 阻燃 PP 的加工流变性能，其不同添加量下黏流活化能的测试结果见表 3-6。

表 3-6　TTBNP 阻燃 PP 的黏流活化能

阻燃体系及用量	剪切速率幂级	黏流活化能/(kJ/mol)	相关系数
10%TTBNP	10^2	21.16	0.9600
	10^3	6.46	0.9872
3.75%TTBNP 1.25%Sb_2O_3	10^2	20.35	0.9714
	10^3	9.76	0.9035
7.5%TTBNP 2.5%Sb_2O_3	10^2	23.41	0.9895
	10^3	14.24	0.9865
15%TTBNP 5%Sb_2O_3	10^2	22.00	0.9598
	10^3	35.79	0.9781
空白（文献值）	10^2	14.28	
	10^3	15.68	

从测试结果可见，不同用量 TTBNP 或 TTBNP/Sb_2O_3 阻燃 PP 在剪切速率相同时的黏流活化能比较接近，因而熔体黏度对温度的敏感程度相近，但均比纯 PP 的要高，说明温度升高有利于改善 TTBNP 阻燃 PP 的流动性。从表中还可以看出，不同 TTBNP 或 TTBNP/Sb_2O_3 阻燃 PP 的黏流活化能随剪切速率的变化而变化，当阻燃剂用量较低时，黏流活化能随剪切速率的增大而减小，即在较高剪切速率下熔体黏度对温度的敏感性变小；然而随着 TTBNP 的用量增加，其阻燃 PP 的熔体黏度对温度的敏感度增大。由此可见，TTBNP 或 TTBNP/Sb_2O_3 阻燃体系可以改善 PP 的加工流动性，因此可节省能耗，提高生产效率。

3.3　芳香族磷酸酯

近年来，高稳定性的芳香族磷酸酯越来越引起人们的关注，主要应用领域是一些加工比较困难的热塑性工程塑料如 PC、PPS 和 PPE（或 PPO）、PBT 等以及它们的合金，因为磷酸酯不仅有阻燃作用，而且还可以作为增塑剂改善它们的加工性能。较早作为阻燃增塑剂而广泛应用的品种有三苯基磷酸酯，20 世纪 80 年代开发了间苯二酚双磷酸酯、双酚 A 二磷酸酯等较高热稳定性的磷酸酯阻燃剂。由于芳香族磷酸酯的品种较多，在国内出版的阻燃方面的专著中大多有介绍，没有新内容的品种在此就不赘述，下面就近年来开发及应用稳步增长的芳香族磷酸酯作简要介绍。

3.3.1　三苯基磷酸酯

三苯基磷酸酯又称磷酸三苯酯，英文名称为 triphenyl phosphate（TPP）。该产品具有良好的阻燃性、耐热性、耐水和耐油性，挥发性低，与 PVC 具有一定的相容性，因此大量用作阻燃增塑剂，其用途日益广泛，用量稳步增长。20 世纪 90 年代中期以来，日本每年的消费量约 5500t，其中在酚醛树脂中的用量占 70％～80％，摄影薄膜中的用量占 15％～20％，其他用途占 5％～10％。主要用于酚醛树脂、PVC 和涂料等领域，近年来，该产品在 PPO、PPS、PC 等工程塑料及其合金中的应用受到重视，在国内也为越来越多的高分子工程技术人员所认识。TPP 的主要性能指标见表 3-7。

表 3-7　TPP 的主要性能指标

项　目	指　标	项　目	指　标
外观	白色片状固体	自燃点/℃	220(密闭式)
密度/(kg/m³)	1185	溶解性	不溶于水,溶于一般有机溶剂
熔点/℃	48.4～49		

3.3.2　间苯二酚双(二苯基磷酸)酯

间苯二酚双(二苯基磷酸)酯，英文名称为 resorcinol bis(diphenylphos-phate)，缩写为 RDP。RDP 的耐热性能良好，可以满足 PC、PPS、PPO 等工程塑料及合金的加工要求。RDP 在 300℃以下稳定，其密度为 $1300kg/m^3$，常温下为黏稠液体，因此配料使用不是很方便。该产品由阿克苏诺贝尔（Akzo）、日本大八公司等生产，其中日本大八化学公司正积极扩大该产品在欧美国家地区的市场，并通过以色列死海溴集团在亚洲以外的销售市场代理其产品，国内也有一些厂家在大量生产。其合成方法如下：

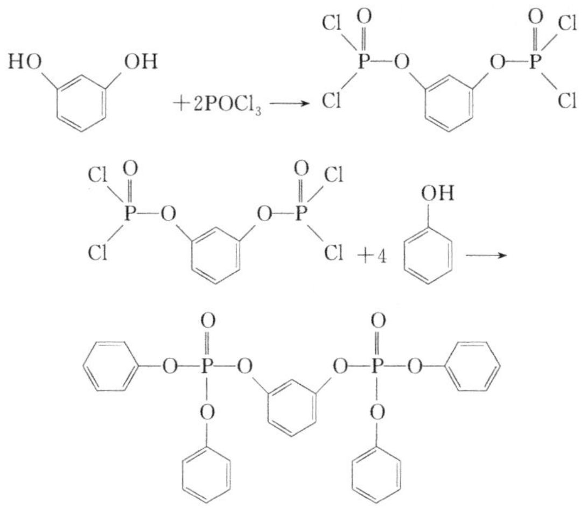

RDP

在三氯氧磷大大过量的反应条件下进行第一步反应合成中间体，然后脱去过量的三氯氧磷再与苯酚反应即可制得 RDP。

日本报道了使间苯二酚的一个羟基磷酸酯化后的产品，其分子结构如下：

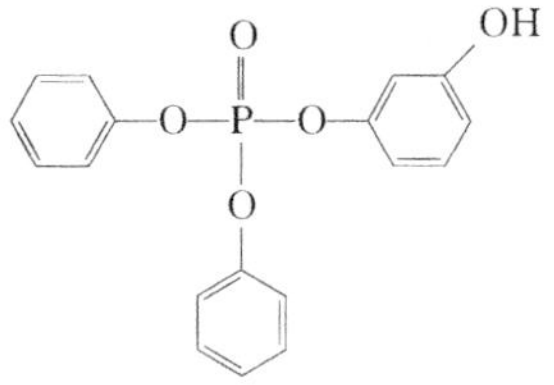

（反应型 RDP）

该产品阻燃的酚醛树脂具有良好的综合性能，见表 3-8。

表 3-8　反应型 RDP 阻燃酚醛树脂的性能

性　能	处理方法（JIS C6481）	反应型 RDP	TPP
绝缘电阻/Ω	C-96/20/65	8×10^{11}	7×10^{13}
	C-96/20/65，D2/100	6×10^8	2×10^8
耐湿性（煮沸）	5min	好	差
	10min	好	差
耐热性（200℃）	20min	好	好
	40min	好	差
耐焊接性（260℃）	20s	好	差
	40s	好	差
阻燃性（UL 94）		V-0	V-0

注：磷酸酯添加量为 15%。

3.3.3　双酚A二磷酸酯（BDP, BBC）

双酚 A 二磷酸酯有两种：一是双酚 A 二(二苯基磷酸)酯（BDP），二是双酚 A 二(甲苯基磷酸)酯（BBC），其分子结构如下所示。

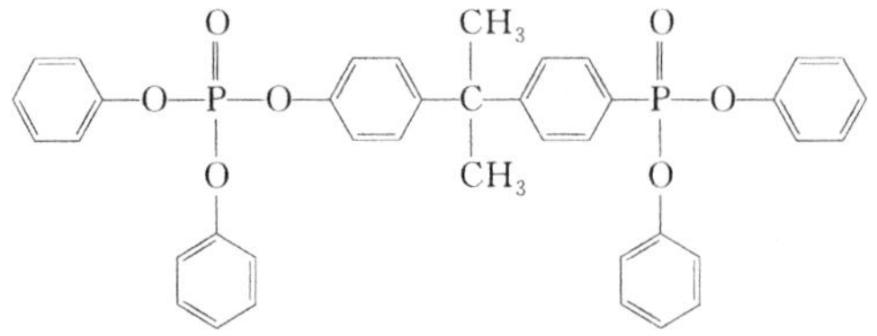

（BDP）

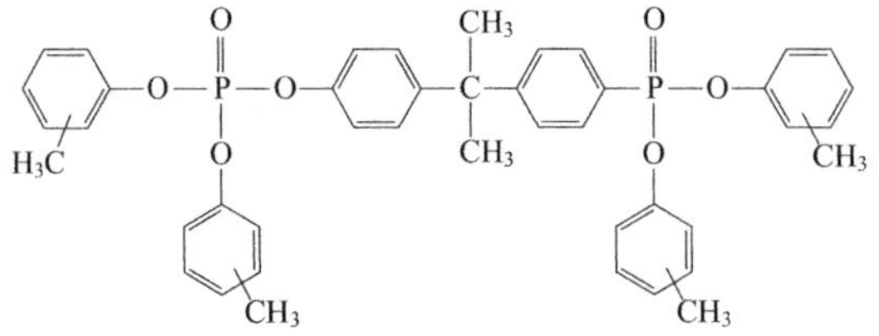

（BBC）

BDP 和 BBC 的合成方法与 RDP 相似。

3.3.4　多聚芳基磷酸酯

多聚芳基磷酸酯是一种固体磷酸酯阻燃剂。

多聚芳基磷酸酯首先由日本大八化学公司开发，是 BDP 和 RDP 的升级替代品，用作 PC、PC/ABS、PPO 等无卤阻燃剂。

该化合物的最大特点是其为一种固体磷酸酯，外观为白色粉末，具有对 PC/ABS 等阻燃效率高、添加量小等特点。商品化产品的主要性能如表 3-9 所示。

表 3-9　商品化产品的主要性能

项 目	指 标
外观	白色粉末
颜色(APHA)	<100
熔点/℃	>95
磷含量/%	>10.5
TPP 含量/%	<2
苯酚含量/$\times 10^{-6}$	<500
水的质量分数/%	$\leqslant 0.1$
酸值/(mgKOH/g)	$\leqslant 0.1$

PX200 的特点如下。

① PX200 与 PC 等工程塑料的相容性好。PX200 为熔点 100℃左右的固体，添加方便，在工程塑料加工温度下可以熔化，易于分散，且混炼塑料的流动性较高，故具有阻燃高效及加工便利的优点。

② PX200 是一种固体的缩聚型无卤磷酸酯阻燃剂，与一般的液体磷酸酯阻燃剂（RDP、BDP）相比，具有磷含量高、热稳定性好、耐水性好等优点。

③ PX200 作为无卤型阻燃剂可广泛用于 PC/ABS、PPO/HIPS 和其他聚合物。

④ PX200 也常用于环氧树脂及丙烯酸树脂中，具有较佳的阻燃效果。

同类产品我国已经有生产，牌号为 PX220。

3.3.5　含氮多芳烃磷酸酯

含氮多芳烃磷酸酯品种较多，主要有日本旭化成公司开发的 1,4-哌嗪二(二苯基磷酸)酯（商品牌号为 SP-670）和环己基亚氨基二苯基磷酸酯（商品牌号为 SP-703），这些产品可广泛应用于环氧树脂、PBT、PET、PC/ABS、改性 PPE 等各种树脂和塑料。其主要性能分别见表 3-10 和表 3-11。

表 3-10　1,4-哌嗪二(二苯基磷酸)酯的主要性能

性 能	指 标	性 能	指 标
外观	白色粉末	磷含量/%	11
分子量	550	熔点/℃	184
氮含量/%	5	分解温度(失重 5%)/℃	300

表 3-11　环己基亚氨基二苯基磷酸酯的主要性能

性　能	指　标	性　能	指　标
外观	白色粉末	磷含量/%	9
分子量	330	熔点/℃	130
氮含量/%	4	分解温度（失重 5%）/℃	260

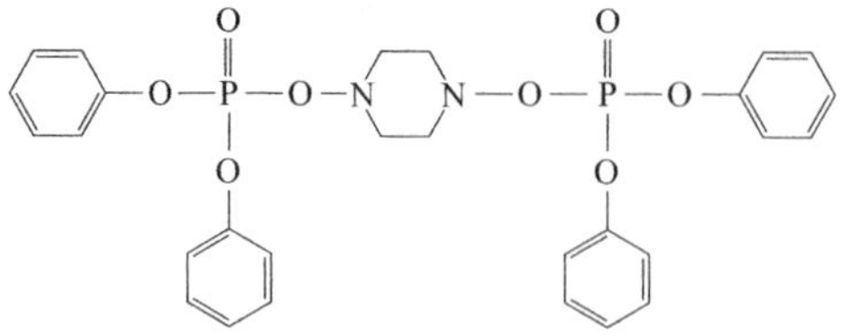

1,4-哌嗪二（二苯基磷酸）酯 (SP-670)

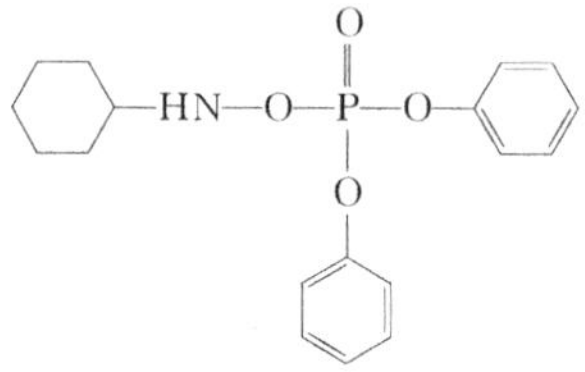

环己基亚氨基二苯基磷酸酯 （SP-703）

3.3.6　含直链脂肪烃的芳香族磷酸酯

这类产品主要由日本大八化学公司推出市场，其品种较多，这类化合物的分子结构式如下（其中 R 表示脂肪基）：

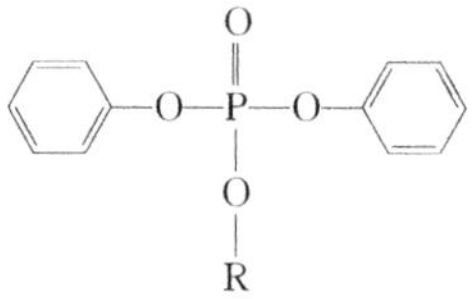

近年来，建筑装饰材料除要求具有阻燃功能外，还要求具有抑烟效果，即要求在火灾发生时其烟雾释放量要少。人们发现，一些单脂肪基二芳香基磷酸酯与阻燃剂复配使用后具有良好的抑烟效果，而三芳香基磷酸酯和二脂肪基单芳香基磷酸酯却没有这种效果，一些单脂肪基（R）二芳香基磷酸酯在阻燃 PVC 中的阻燃抑烟效果见表 3-12。

表 3-12　单脂肪基（R）二芳香基磷酸酯在阻燃 PVC 中的阻燃抑烟效果

R	NBS 烟密度（D_S）	LOI/%	相容性
$n\text{-}C_4H_9$	46	29.8	好
$n\text{-}C_8H_{17}$	30.6	29.4	好
2-乙基己基	32.5	28.9	好
$n\text{-}C_{10}H_{21}$	28.2	29.4	好
$i\text{-}C_{10}H_{21}$	28.1	28.9	好
$n\text{-}C_{12}H_{25}$	24.8	28.9	好
$n\text{-}C_{18}H_{37}$			差
TOP-TPP(3∶1)	83		一般
DOP	75	23.2	好

注：配比为 PVC 100 份，阻燃剂或增塑剂 50 份，稳定剂 2 份。

从上述结果可以看出，随着脂肪基碳链的增长，抑烟效果增强，且直链脂肪基比异构化脂肪基的效果好，但当脂肪基链长达到一定程度时其与 PVC 的相容性变差，如十八烷基二苯基磷酸酯与 PVC 的相容性差。

下面介绍两种有一定用量的品种，即十二烷基二苯基磷酸酯（LDPP）和 2-乙基己基二苯基磷酸酯（EHDP）。前者主要用于 PPE、ABS、PET、PBT 等的阻燃增塑剂，近年来，在 PC/ABS 和改性 PPE 等工程塑料中的应用也在推广，在农用 PVC 薄膜的增塑剂以及酚醛树脂层压板中也有应用。Akzo 公司提供该类产品，在日本年用量 600t 以上。后者主要用于 PVC、赛璐珞、丙烯酸酯和合成胶乳等的阻燃增塑剂，在日本年用量 100t 左右。上述产品的主要性能和特点见表 3-13。

表 3-13　LDPP 和 EHDP 的主要性能和特点

项　目	LDPP	EHDP
外观	淡黄色液体	黄色液体
密度/(kg/m^3)	1303	1090
凝固点/℃	-10	-50
自燃点/℃	300	224
黏度(25℃)/($\times 10^{-3}$Pa·s)	630	18
折射率 n_D(25℃)	1.575	1.510
磷含量/%		8.5
挥发分(105℃)/%	$<$0.1	$<$0.5
特点	高耐热,低挥发,能耐受高的加工温度	低黏度,光热稳定性好,与高分子的相容性好

3.3.7　卤代芳香基磷酸酯

具有工业应用价值的卤代芳香基磷酸酯主要是溴代物，其主要品种有三(2,4-二溴苯基)磷酸酯（TDBPP）和三(2,4,6-三溴苯基)磷酸酯（TTBPP），其分子结构如下：

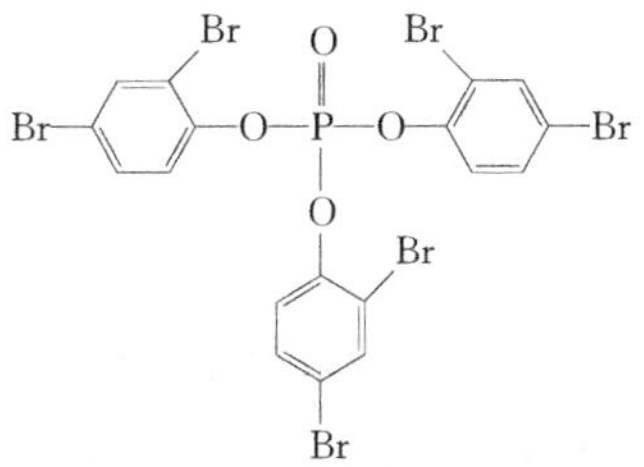

TDBPP 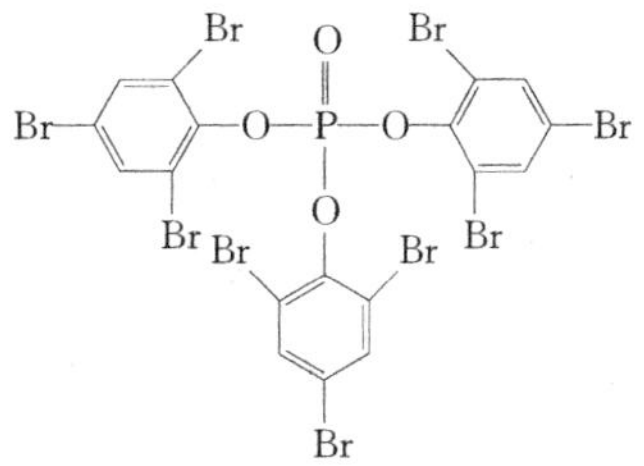　　　　　　　　　　　　TTBPP

TDBPP 和 TTBPP 的主要性能见表 3-14。

表 3-14　TDBPP 和 TTBPP 的主要性能

项　目	TDBPP	TTBPP
外观	白色粉末	白色粉末
熔点/℃	110～112	224～225(DSC 法)
磷含量/%	4	3.0
溴含量/%	60	70.0
分解温度/℃	300	345
溶解性		不溶于水,不溶于醇、酮、芳香烃、DMSO 等有机溶剂

这两种化合物可以采用溴代苯酚与三氯氧磷在无水金属卤化物催化剂作用下，进行磷酸酯化合成，其反应式如下：

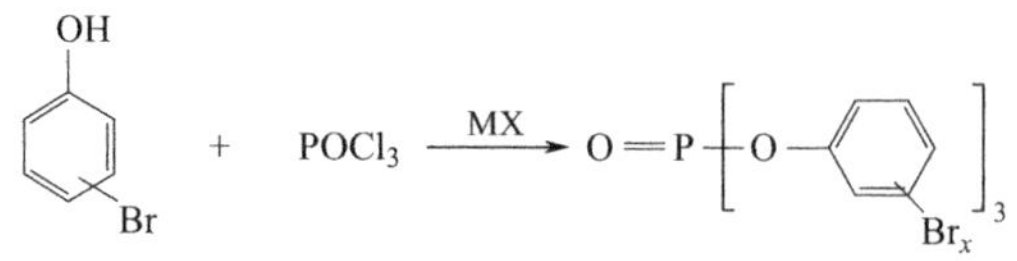

MX 表示金属卤化物，x 等于 2 时为 TDBPP，等于 3 时为 TTBPP。TDBPP 首先由美国 FMC 公司推向市场，其商品名为 PB-460，我国安徽省化工研究院、铁道科学研究院等单位进行过该产品的合成与应用研究。据报道，该产品不仅可以用作阻燃剂，而且还具有防霉和避鼠作用，因此可以用于车辆和仓储等篷布的添加剂，使之具有阻燃、防霉和避鼠等功能。TTBPP 首先由日本大八化学公司推向市场，其商品名为 X-999，笔者曾研究了其合成方法和在 PP 中的阻燃性，没有发现其 P-Br 对 PP 阻燃的协效作用。

这两种产品在 20 世纪 90 年代中期曾是阻燃新品种的热点产品之一，但其应用推广并没有当初想象得那么好，笔者分析可能的原因：一是阻燃效率与传统的溴系阻燃剂相近，且其他性能没有明显特色；二是在阻燃 ABS、PBT 等工程塑料时没有解决析出问题；三是价格比十溴二苯醚、四溴双酚 A 还高，阻燃成本增加。此外，产品的气味也是影响应用推广的主要因素。

3.4　环状磷酸酯

环状磷酸酯有两种结构形式：一种是由二元醇如新戊二醇、二溴新戊二醇等为原料合成的环状含磷化合物；另一种是由季戊四醇为原料合成的螺环含磷化合物。

有关环状磷酸酯的研究报道较多，在国内，北京理工大学欧育湘教授近年来一直从事这方面的研究并取得了一系列研究成果。目前工业化应用的环状磷酸酯还较少，早期得到工业应用的典型品种是德国科莱恩（Clariant）公司的 Sandoflam 5060，该产品主要用于黏胶纤维，少数用于 PE 等透明薄膜。科莱恩公司还有一系列的类似产品，这类产品都以新戊二醇或二溴新戊二醇为原料合成。

3.4.1　新戊二醇基环状磷酸酯

三(5,5-二甲基-1,3-二氧杂己内磷酰亚甲基)胺 [又称 5,5,5′,5′,5″,5″-六甲基三(1,3-二氧杂己内磷酰亚甲基)-2,2′,2″-三氧基胺，英文名称为 5,5,5′,5′,5″,5″-hexamethyltris (1,3,2-dioxaphophorinanemethan)amine 2,2′,2″-trioxide]，由美国孟山都（Monsanto）公司开发，商品名为 XPM-1000。据报道该产品可以与三聚氰胺复配用于阻燃 PBT，与三聚氰胺磷酸盐或三聚氰胺聚磷酸盐复配可以用于 EVA、PP 等聚烯烃的阻燃，其结构如下：

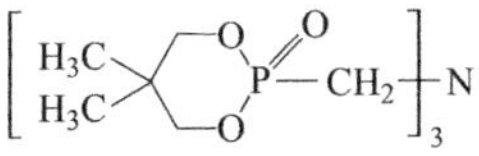

$$\left[\begin{array}{c} H_3C \\ H_3C \end{array}\right.\left.\begin{array}{c} O \\ P-CH_2 \\ O \end{array}\right]_3 N$$

以二溴新戊二醇为原料合成的工业品级环状磷酸酯有德国科莱恩公司的 Sandoflam 5086，其结构式如下：

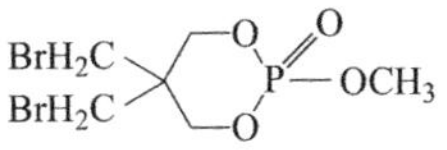

$$\begin{array}{c} BrH_2C \\ BrH_2C \end{array}\begin{array}{c} O \\ P-OCH_3 \\ O \end{array}$$

具有工业开发价值的另一个品种是二溴新戊二醇磷酸酯三聚氰胺盐（DBNPM），其分子结构式如下：

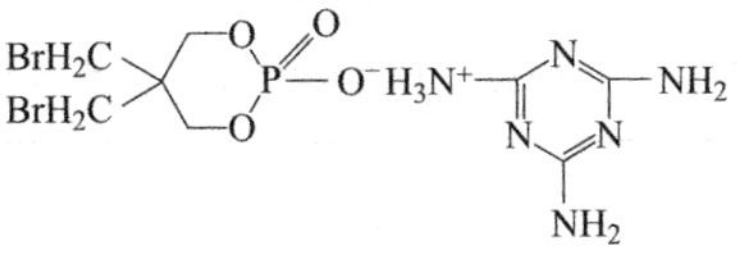

该产品的主要性能见表 3-15。

表 3-15　二溴新戊二醇磷酸酯三聚氰胺盐的主要性能

项　目	性　能	项　目	性　能
外观	白色粉末	氮含量/%	18.6
磷含量/%	6.8	分解温度/℃	300
溴含量/%	35.5	溶解性	不溶于水,不溶于一般有机溶剂

该产品在一个分子内同时具有磷、溴和氮三种阻燃元素，具有较高的阻燃效率，对聚烯烃、聚氨酯等有良好的阻燃性。

王会娅等以 1,2,3-三(5,5-二甲基-1,3-二氧杂己内磷酸酯基)苯（TMHP）制备了无卤阻燃 PP 材料，考察了阻燃剂对 PP 阻燃性能及力学性能的影响。从表 3-16 的测试结果看出，PP 中添加 25% 该阻燃剂可以获得良好的阻燃效果，极限氧指数可达到 25.5%。平均热释放速率下降了 22.5%，有效燃烧热平均值下降了 61.0%。扫描电镜观测发现，阻燃 PP 燃烧后形成了致密的焦化炭层。

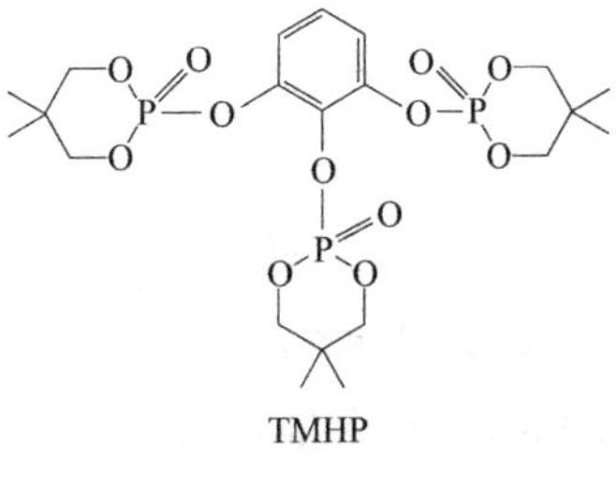

TMHP

表 3-16　TMHP 阻燃 PP 的阻燃性能

序　号	PP/%	TMHP/%	磷含量/%	LOI/%
1	100	0	0	19.7
2	95	5	0.84	19.9
3	90	10	1.68	21.5
4	85	15	2.70	22.2
5	80	20	3.36	24.0
6	75	25	4.20	25.5
7	70	30	5.04	25.7

笔者合成了如下两种环状磷酸酯，其基本性能见表 3-17。

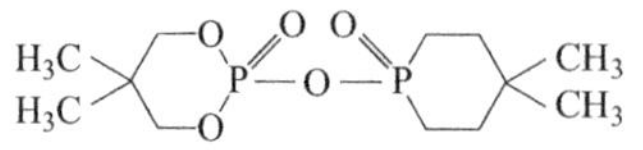

TMPO

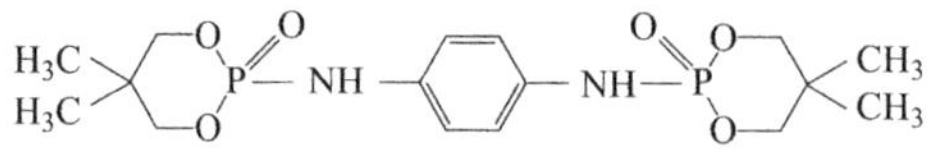

TMBPN

表 3-17　TMPO 和 TMBPN 的基本性能

项　目	TMPO	TMBPN
外观	白色片状晶体	灰白色固体
磷含量/%	19.7	15.3
氮含量/%		6.9
熔点/℃	181～182	318～320(分解)
分解温度/℃	210(失重 5%)	315(失重 5%)
溶解性	不溶于水,溶于丙酮 等极性有机溶剂	不溶于水、乙醇、丙酮、苯和卤代烃等溶剂, 溶于 DMF、DMSO 等极性溶剂

3.4.2　季戊四醇基环状磷酸酯

以季戊四醇为原料合成的螺环磷酸酯以美国大湖化学公司开发的 Char-Guard CN329 为代表。但据笔者所知，大湖化学公司已经不生产该产品，而改为开发其他磷酸酯阻燃剂。

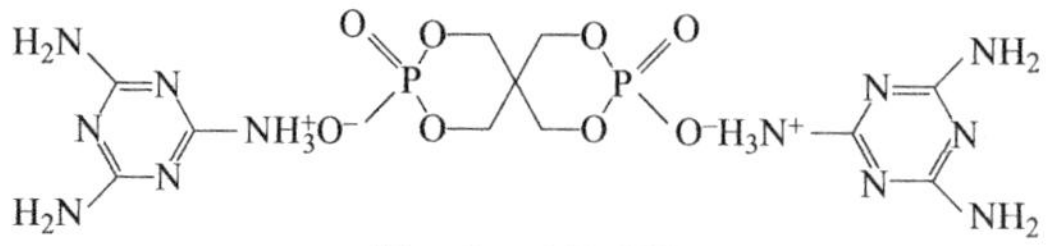

Char-Guard CN329

作者与朱新军、曲媛等以季戊四醇和甲基膦酸二烷基酯等为原料，通过酯交换反应制备一种双螺环磷酸酯阻燃剂：3,9-二甲基-3,9-二氧代-2,4,8,10-四氧杂-3,9-二磷杂二螺 [5,5] 十一烷（DMDP），英文名称为 3,9-dimethyl-2,4,8,10-tetraoxa-3,9-diphosphaspiro-5,5-undecane-3,9-dioxide，CAS 号 3001-98-7，磷含量高达 24.2%。该化合物结构式如下：

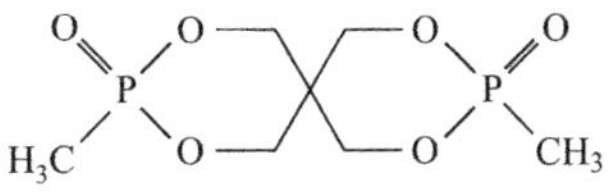

将合成的 DMDP 阻燃剂与三聚氰胺氰尿酸盐（MCA）等助剂复配后应用于热塑性聚酯弹性体（TPEE）的阻燃，并对其阻燃性能进行了测试。

德国 THOR Speyer 公司推出了同一化学结构的商业产品，牌号为 AFLAMMIT PC900。

3.4.2.1　DMDP 合成路线及方法

以季戊四醇和甲基膦酸二烷基酯为原料，通过酯交换反应制得：

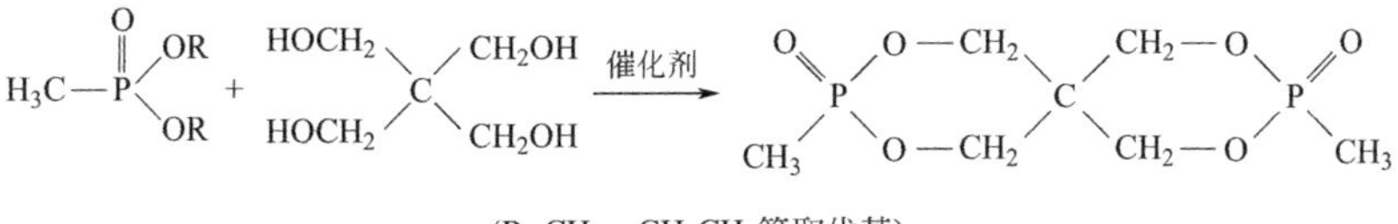

（R=CH₃，CH₂CH₃等取代基）

将计量的季戊四醇、甲基膦酸二甲酯及催化剂四丁基溴化铵加入洁净干燥的四口烧瓶中，以 1,4-二噁烷为溶剂，升温至 150～170℃，反应过程中常压分馏出生成的甲醇，持续反应一定时间后，减压蒸馏 2～3h，蒸馏出剩余溶剂及未反应物，结束反应。将产物溶于水等溶剂中，使用正己烷或二氯乙烷萃取，充分振荡后静置 30～60min，分层后收集有机相，蒸出有机溶剂得到目标化合物。

3.4.2.2　DMDP 的表征及热性能

图 3-4 是合成原料季戊四醇、甲基膦酸二甲酯和产物 DMDP 的红外谱图。从图 3-4 中可以看出，季戊四醇谱图曲线上羟基吸收峰（波数在 3329cm⁻¹ 处）在产物 DMDP 谱图曲线中已完全消失。甲基膦酸二甲酯谱图曲线上的 P＝O 吸收峰（波数在 1313cm⁻¹ 处），在 DMDP 的谱图曲线上仍存在（波数在 1315cm⁻¹ 处），并且在 DMDP 的谱图曲线上多出了环内 P—O—C 的吸收峰（波数在 1056cm⁻¹、827cm⁻¹ 处）。由原料和产物的红外谱图对比可知，产物 DMDP 有所预期合成化合物的分子结构基团的特征吸收峰。

图 3-5 为 DMDP 阻燃剂的 TG/DTG 曲线。从图 3-5 中可以看到，DMDP 在 260℃之前，失重仅为 2%，而失重 5% 的温度达到 300℃。DTG 曲线显示，有两个失重较快的温度区域，其中一个区域在 300℃附近，另一个区域在 380℃附近。两失重较快的温度区域均介于一般塑料的加工温度与分解温度之间。DMDP 在 500℃ 时的失重残留量达 36.8%，表明其具有较好的热稳定性和成炭性，由此可知 DMDP 阻燃剂适合大多数塑料的共混添加使用。

3.4.2.3　DMDP 复配阻燃体系在 TPEE 中的应用

采用 DMDP 与三聚氰胺和氰尿酸三聚氰胺盐（商品名 MCA）作为复配阻燃体系的阻燃剂，设计了如表 3-18 所示的无卤素阻燃 TPEE 的阻燃配方。比较了不同配方下阻燃 TPEE 材料的阻燃性能及热性能。

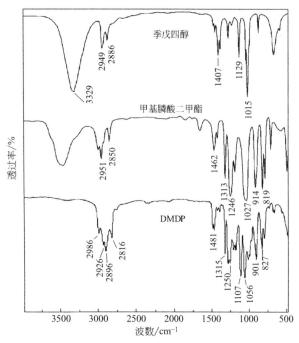

图 3-4　DMDP、季戊四醇和甲基膦酸二甲酯的红外谱图

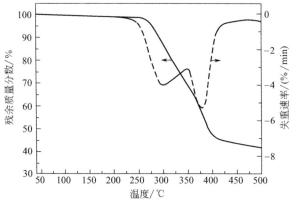

图 3-5　DMDP 阻燃剂的 TG/DTG 曲线

表 3-18　无卤素阻燃 TPEE 配方设计方案

试验编号	TPEE 质量/g	DMDP		MCA		LOI/%
		质量/g	含量/%	质量/g	含量/%	
1	2000	0	0	250	12.5	20.2
2	2000	50	2.5	200	10	28.2
3	2000	100	5	150	7.5	30.6
4	2000	150	7.5	100	5	33.5
5	2000	200	10	50	2.5	33.0
6	2000	250	12.5	0	0	32.6

注：含量为占 TPEE 的质量分数。

（1）试样制备

将原料 TPEE 在 100℃真空干燥 3h，按照表 3-18 配方，将各物料混合均匀后加入双螺杆挤出机喂料口挤出造粒，料条通过水槽冷却，切粒机切粒后收集备用。挤出工艺为：螺杆转速 60r/min；机头到加料口温度：一区 200℃，二区 210℃，三区到七区温度在 220～230℃调整，加料口 160℃。挤出造粒时收集的粒子在 100℃真空干燥 3h，加入注塑机料斗，设定工艺，注塑出测试用标准样条。

（2）性能测试

图 3-6 为阻燃 TPEE 的氧指数与阻燃剂份数比之间的关系。从图 3-6 中可以看出，阻燃 TPEE 的氧指数随着 DMDP 添加量的增加先快速增大而后缓慢上升。在保持总用量为 12.5%（质量分数）的前提下，当 DMDP 与 MCA 的配比为 3：2（质量比）时，阻燃 TPEE 的氧指数达到 33.5%，阻燃效果最好，是 DMDP 复配阻燃 TPEE 的最佳配比。

表 3-19 为复配体系确定配比下添加量与阻燃性能的试验结果，根据表 3-19

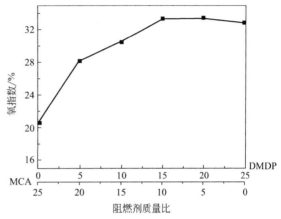

图 3-6　阻燃 TPEE 的氧指数与
阻燃剂份数比之间的关系

的试验结果，绘制了如图 3-7 所示的阻燃 TPEE 的氧指数（LOI）与阻燃剂用量之间的关系曲线。

表 3-19　DMDP 与 MCA 复配阻燃 TPEE 配方设计

试验编号	TPEE 质量/g	DMDP/MCA(质量比为 15：10) 添加量/%	LOI/%
0	2000	0	20.2
7	2000	10	28.1
8	2000	15	34.2
9	2000	20	35.5
10	2000	25	36.3

从图 3-7 中可以看到，阻燃 TPEE 的 LOI 随着复配阻燃剂的添加量增加而增大，添加量为 10% 时，材料的 LOI 已达到了 28.1%，添加量为 15% 时，LOI 达到了 34.2%。总的来看，随着阻燃剂用量的增多，LOI 值逐渐增大，但是增大趋势变缓，当复配阻燃剂的用量为 25% 时，阻燃 TPEE 的 LOI 值达到了 36.3%，已具有非常好的阻燃性。

3.4.3　含溴双环磷酸酯

笔者与丁文科等以季戊四醇（PER）、三氯氧磷、三溴新戊醇等为原料合成了一种含磷、

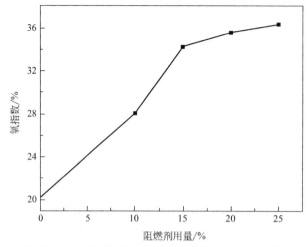

图 3-7　阻燃 TPEE 的氧指数（LOI）与阻燃剂用量之间的关系曲线

溴的新型阻燃剂——季戊四醇双螺环磷酸双三溴新戊醇酯（VCC），并评价了其阻燃聚丙烯的阻燃性能。分子结构式如下：

VCC

（1）合成路线

采用的合成方法分两步进行，第一步由三氯氧磷与季戊四醇反应生成中间体季戊四醇双螺环磷酰氯（PDD），第二步将提纯好的三溴新戊醇加入至中间体中，生成目标化合物季戊四醇双螺环双三溴新戊醇酯。

第一步：

PDD

第二步：

VCC

（2）合成操作及步骤

第一步，将季戊四醇与三氯氧磷以 1∶（5～6）的摩尔比加入带有搅拌器和尾气吸收装置的反应容器中，在氮气的保护下，先于 58～62℃ 搅拌 1～1.5h，然后升温至 103～107℃ 回流 9～11h，反应结束后，减压蒸馏出过量的三氯氧磷。

第二步，待容器中无三氯氧磷存在后加入吡啶，再加入三溴新戊醇，三溴新戊醇的加入量与季戊四醇的摩尔比为（1.5～1.6）:1，搅拌下，在氮气保护下加热至80～83℃回流4～6h。

反应结束后用0～10℃的水冷却至室温，然后用甲苯洗涤2～3次，再用蒸馏水洗涤2～3次；干燥即得到季戊四醇双磷酸双三溴新戊醇酯。

（3）表征及性能测试

图3-8为季戊四醇双螺环磷酰氯（PDD）与季戊四醇双螺环磷酸双三溴新戊醇酯（VCC）两种结构的红外谱图，从图中可以看出，季戊四醇的羟基吸收峰（波数在3300cm^{-1}附近）在中间体和最终产物中几乎完全消失。而在中间体PDD与产物VCC谱图上可以看到1037cm^{-1}处P—O—C的伸缩振动峰，1277cm^{-1}处则为P═O键的振动峰。与中间体PDD相比，产物VCC的谱图中于610cm^{-1}处出现了C—Br键的振动峰。

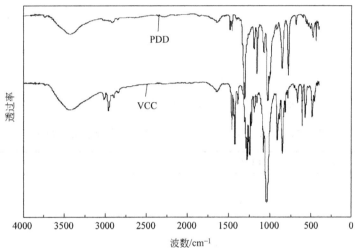

图 3-8　季戊四醇双螺环磷酰氯（PDD）与季戊四醇双螺环磷酸
双三溴新戊醇酯（VCC）两种结构的红外谱图

图3-9为季戊四醇双螺环磷酸双三溴新戊醇酯的TG与DTG曲线，由TG图可以看出，

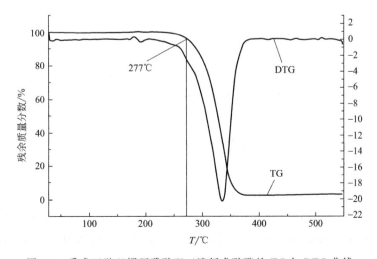

图 3-9　季戊四醇双螺环磷酸双三溴新戊醇酯的 TG 与 DTG 曲线

该物质的起始分解温度在 277℃，表明该阻燃剂具有较好的热稳定性，且其分解最快的区域为 340℃ 左右，处于多数聚合物分解温度之前，因此可以预见能用于多数聚合物的阻燃。

（4）VCC 阻燃剂在聚丙烯中的应用

将三聚氰胺与 VCC 阻燃剂复配，同时为发挥溴的阻燃作用，添加少量的氧化锑作为协效剂，根据阻燃剂本身的热失重结果，添加部分碳源（DiPER），并测试不同配方下的阻燃效果。表 3-20 是阻燃 PP 材料的配方设计。

表 3-20   阻燃 PP 材料的配方设计（质量分数）   单位：%

编号	PP	VCC	Mel	Sb$_2$O$_3$	DiPER
0	100	—	—	—	—
LH-1	83	12	4	1	—
LH-2	83	9	3	1	4

表 3-21 为 VCC 复配体系阻燃 PP 的氧指数及垂直燃烧级别。可以看出所合成的阻燃剂 VCC 与三聚氰胺、Sb$_2$O$_3$ 等复配后对 PP 有良好的阻燃效果，氧指数达到 30% 左右，垂直燃烧试验通过 UL 94 V-0 级，具有良好的阻燃效果。

表 3-21   VCC 复配体系阻燃 PP 的氧指数及垂直燃烧级别

项 目	LH-1	LH-2	纯 PP
氧指数(LOD)/%	30.3	31.1	17.4
垂直燃烧级别	UL 94 V-0	UL 94 V-0	—

3.5   笼状磷酸酯

3.5.1   概述

当今有机磷化学的发展与碳化学的历史发展进程相似，即从直链化合物向环状化合物迅速扩展，其中笼状化合物因其独特的分子结构和性能而备受关注。自 1960 年 Verkade 第一次合成具有新颖结构的季戊四醇双环笼状磷酸酯，即 1-氧代-4-羟甲基-1-磷杂-2,6,7-三氧杂双环[2,2,2]辛烷（PEPA）化合物后，由于其分子呈高度对称的笼形结构而引起人们的极大兴趣，现已发现它的一些衍生物可用作杀虫剂、杀菌剂和除草剂等；还有一些衍生物可用于高分子材料的光热稳定剂以及石油添加剂；在有机合成方面一些衍生物还可作为络合物配体等。20 世纪 80 年代初，Halpern 首先将这类笼状磷酸酯用于聚烯烃的阻燃，此后，这类化合物在阻燃材料中的应用和研究引起了广泛重视，并取得了一些工业上的实际效果。随着 20 世纪 80 年代以来无卤阻燃化材料的呼声日高，这类化合物因其优异的热稳定性而备受青睐。

3.5.2　无卤素笼状磷酸酯

3.5.2.1　1-氧代-4-羟甲基-1-磷杂-2,6,7-三氧杂双环［2,2,2］辛烷（PEPA）的合成

经典合成方法可以参阅欧育湘老师编著的《阻燃剂——制造、技术及应用》一书，在此基础上笔者等采用卤代烃、石油化工的副产品—氯代或多氯代烃混合物等为溶剂，进行了合成工艺改进，使合成技术更为成熟，制造成本更低，该技术已经申请了中国专利并于 2002 年 6 月获得中国发明专利授权，其专利名称为《一种季戊四醇与三氯氧磷反应制备季戊四醇磷酸酯的方法》，专利号为 ZL 99 1 15493.2，国际专利主分类号为 C07F 9/6574，授权公告日为 2002 年 6 月 19 日。

PEPA 的 IR 和 ^{1}HMR 谱分别如图 3-10 和图 3-11 所示。热分析结果见图 3-12。

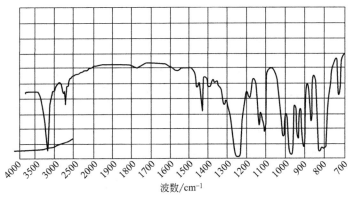

图 3-10　PEPA 的 IR 谱

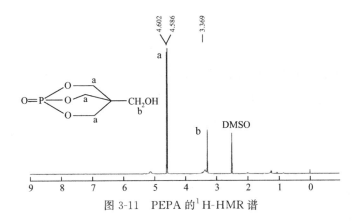

图 3-11　PEPA 的 ^{1}H-HMR 谱

3.5.2.2　双(1-氧代-4-亚甲基-1-磷杂-2,6,7-三氧杂双环［2,2,2］辛烷)磷酸酯(2,4,6-三氨基-1,3,5-三嗪)盐（Melabis）

自 20 世纪 80 年代以来，人们围绕膨胀型阻燃体系在阻燃剂分子设计、膨胀型阻燃体系中各要素的复配技术和方法等方面进行了广泛深入的研究，其中具有优异热稳定性的笼状结构的磷酸酯及其衍生物引起了阻燃界的广泛关注。美国大湖化学公司、博格华纳公司以及北京理工大学国家阻燃材料实验室等厂商和研究机构近年来一直努力于这方面的研究工作，合

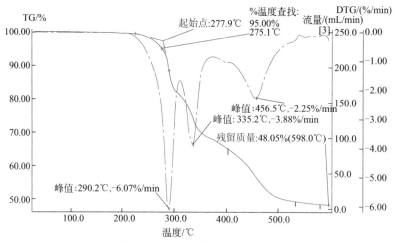

图 3-12 PEPA 的 TG 和 DTG

成了一系列的含笼状结构的磷酸酯阻燃剂。其中以磷、氮为主的集膨胀型阻燃体系三要素于一体的化合物最为引人注目。而后，美国 Borg-Warner 化学品公司从 1-氧代-4-羟甲基-1-磷杂-2,6,7-三氧杂双环 [2,2,2] 辛烷（PEPA）出发，设计合成了笼状磷酸酯三聚氰铵盐——Melabis：

PEPA

Melabis

从 Melabis 的分子结构可见，这种膨胀型阻燃剂具有丰富的碳源和酸源。但从所见的文献报道得知，这种阻燃剂的合成收率较低、制造成本高，从而至今尚未工业化。为此，笔者较深入地研究了其中间体和它自身的合成工艺，找到了合成 Melabis 的较佳工艺路线，使合成收率比文献值提高了约 11%。下面简述其合成工艺。

（1）Melabis 合成反应

Melabis 的合成从 PEPA 出发，通过下面三个反应实现：

PEPA
（Ⅰ）

（Ⅱ）

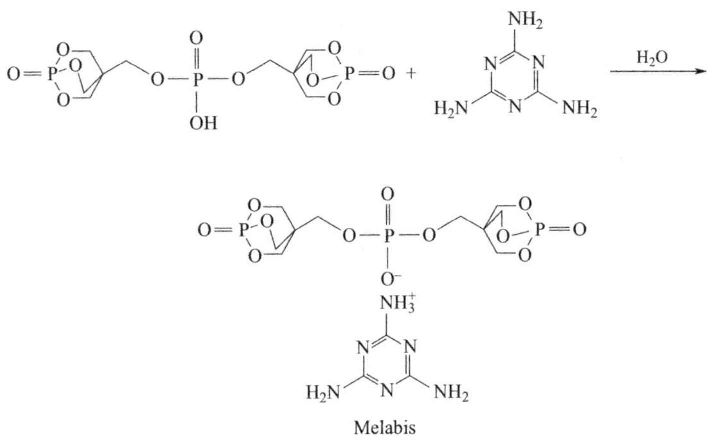

Melabis

（2）Melabis 的合成工艺研究

① 中间体（Ⅰ）的合成操作要点。在装配有增力搅拌器、滴液漏斗、通氮气导管和回流冷凝管（其上端出口处与无水氯化钙干燥管和氯化氢吸收液相连）的四口烧瓶中，按试验设计要求加入计量的乙腈、PEPA 和三氯氧化磷，在氮气保护下维持一定温度，反应至规定时间停止反应，浓缩反应液至约为起始体积的 50%，冷却，过滤，滤饼干燥后，称量，测熔点。

② 合成工艺条件试验。按上述操作要点于不同条件下合成中间体（Ⅰ）的试验结果见表 3-22。

表 3-22　加料方式等反应条件对中间体（Ⅰ）合成收率的影响

试验编号	加料方式	反应时间/h	反应温度/℃	收率/%	熔点/℃
1	PEPA 一次加入	10	75～80	76.0	245～249
2	先加 PEPA，POCl$_3$ 在 1h 内滴加完	10	75～80	72.6	246～249
3	PEPA 分 5 次在 2h 内加入	10	75～80	78.2	247～250
4	PEPA 分 5 次在 2h 内加入	14	75～80	83.6	
5	PEPA 分 5 次在 2h 内加入	20	75～80	84.3	
6	PEPA 分 5 次在 2h 内加入	14	81～83（回流）	85.6	
文献[1]		26		37.0	249～251
文献[2]		20		75.7	225

（3）Melabis 的合成与工艺条件的优化

① Melabis 合成操作要点。在装配有增力搅拌器、温度计和回流冷凝管的三口烧瓶中，按试验设计要求加入计量的中间体（Ⅰ）、三聚氰胺和蒸馏水搅拌加热至回流，反应一定时间后按试验要求处理，冷却结晶，过滤干燥后得成品。

② 合成工艺条件试验。按上述操作要点于不同条件下合成 Melabis 的试验结果见表 3-23。

表 3-23　反应时间和后处理方式对 Melabis 合成收率的影响

试验编号	反应时间/h	后处理方式	总收率/%
1	0.5	反应完毕直接冷却	73.0
2	1.0	反应完毕直接冷却	78.1
3	2.0	反应完毕直接冷却	78.9
4	1.0	反应完毕用碳酸钠溶液中和至 pH=5 再冷却结晶	81.5
文献[1]			70.0
文献[2]			59.0

注：总收率以 PEPA 计。

③ Melabis 的分子结构表征。Melabis（$C_{13}H_{23}N_5O_{12}P_3$）的元素分析结果（%）为：C，27.52（28.48）；H，4.11（4.23）；N，15.47（15.33）。IR（KBr，cm^{-1}）：3350，1660，1510（—NH—）；1050，1020，990，850 [$P(OCH_2)C$]；1325（P=O）。^1H NMR，δ_H：4.60～4.70（12H，d，环内亚甲基）；3.55～3.60（4H，d，环内亚甲基）；三嗪环上的氨基质子由于与重水氘的交换而观察不到。

Melabis 的 FTIR 和 ^1H NMR 谱分别如图 3-13 和图 3-14 所示。

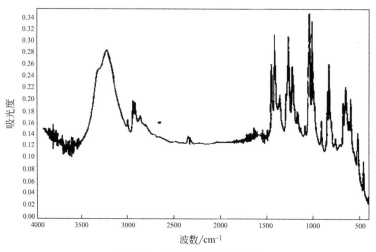

图 3-13　Melabis 的 FTIR 谱

（4）Melabis 合成结果与讨论

① 加料方式对反应时间和收率的影响。从表 3-22 中的试验结果可见，由 PEPA 合成中间体（Ⅰ）时，PEPA 分次加入有利于中间体（Ⅰ）的生成，这是因为若 PEPA 一次加入，将使反应体系中 PEPA 的局部浓度较大，从而有可能发生 PEPA 与 $POCl_3$ 按 3∶1 的物质的量比例进行反应，使得反应后期 PEPA 的量相对较少而发生副反应，从而降低了中间体（Ⅰ）的合成收率。此外，表 3-22 的试验结果还表明，由 PEPA 与 $POCl_3$ 反应合成中间体（Ⅰ）时，反应时间超过 14h 后继续延长反应时间合成收率几乎没有再提高，若使反应维持在回流状态下进行，则合成反应的时间可缩短，这是因为处于回流状态下的反应体系有利于

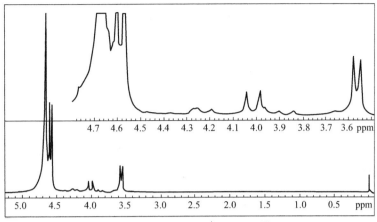

图 3-14 Melabis 的 ^{1}H NMR 谱

生成的氯化氢气体逸出，从而可加速反应的进行。因此加料方式的改变使反应时间较文献 [2] 和文献 [1] 分别缩短了 10h 和 16h。

② 过滤及干燥方法对中间体（Ⅰ）熔点的影响。从表 3-23 的合成结果可见，按本文的过滤干燥方法所得中间体（Ⅰ）的熔点与文献 [1] 所报道的熔点一致，但却与文献 [2] 的不同。经深入研究发现，造成这一现象的原因是本文及文献 [1] 与文献 [2] 所采用的过滤及干燥方法不同。文献 [2] 所报道的中间体（Ⅰ）是从反应体系中经真空过滤和真空干燥处理所得的，其氯含量为 5.57%（理论氯含量为 8.06%）；而本文所得中间体（Ⅰ）是在空气中过滤干燥的，经元素分析其氯含量为 0.8%，这种处理方法与文献 [1] 所报道的一致。从上述两种处理方法所得中间体的氯含量可以判断，试验中所得的中间体其实是中间体（Ⅰ）和中间体（Ⅱ）的混合物，而造成两种处理方法所得的中间产物的熔点不同的原因是中间体（Ⅰ）被水解的量不同，使得中间产物中中间体（Ⅰ）和中间体（Ⅱ）的含量各异，按本文和文献 [1] 的方法处理，中间产物在空气中被水解的量较文献 [2] 的要多，从其氯含量可知约 90% 为中间体（Ⅱ），正是由于羟基取代了氯，因此分子间的作用力增大，熔点升高。

③ 后处理方式对 Melabis 合成收率的影响。按本文所述方法合成的中间产物其实是少量磷酰氯和相应的酸的混合物，当与三聚氰胺在水介质中反应时，将伴生少量的盐酸使反应体系呈酸性，导致 Melabis 的溶解性增大；同时盐酸还将与三聚氰胺发生反应生成盐，因此导致收率降低。为此采用碳酸钠溶液进行部分中和后再冷却结晶的新工艺，提高了 Melabis 的合成收率。

3.5.2.3 三(1-氧代-4-亚甲基-1-磷杂-2,6,7-三氧杂双环 [2,2,2] 辛烷)磷酸酯（Trimer）和双(1-氧代-4-亚甲基-1-磷杂-2,6,7-三氧杂双环 [2,2,2] 辛烷)磷酸酯 [2,4,6-三（N-羟甲基氨基)-1,3,5-三嗪] 盐（Bistrin）

欧育湘、彭治汉等从季戊四醇出发，以 PEPA 为中间体，设计合成了新型磷酸酯化合物——Trimer 和 Bistrin。

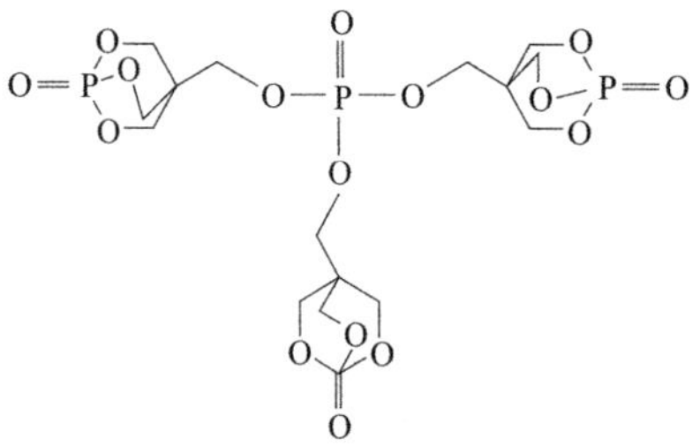

Trimer 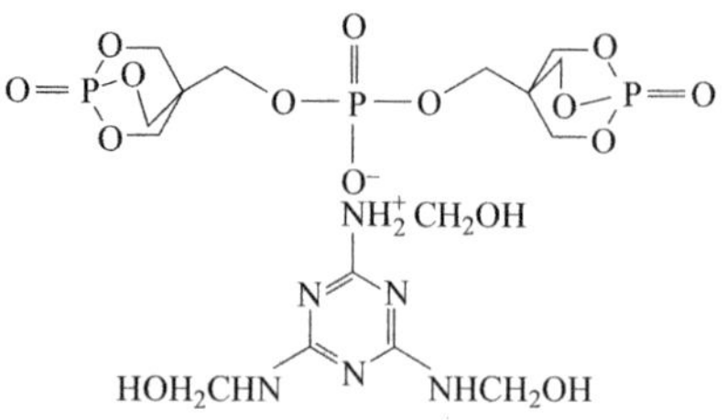   Bistrin

下文以 Trimer 为例简述其合成方法，同时还评价了 Melabis、Trimer 和 Bistrin 三种磷酸酯化合物对聚丙烯的阻燃和物理等性能，利用 TG、DSC 和 XPS 等分析方法探讨了它们对聚丙烯的阻燃作用机制，采用锥形量热法分析了 Melabis 和 Bistrin 阻燃聚丙烯的燃烧行为。

（1）合成路线

Trimer 的合成反应式为：

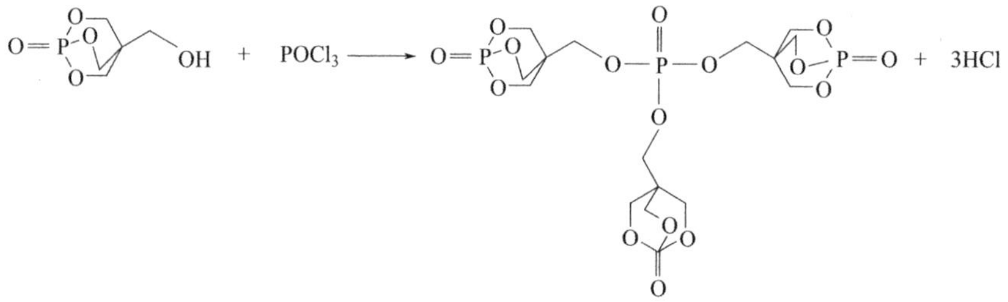

在 Trimer 的合成反应过程中，可能发生下述副反应：

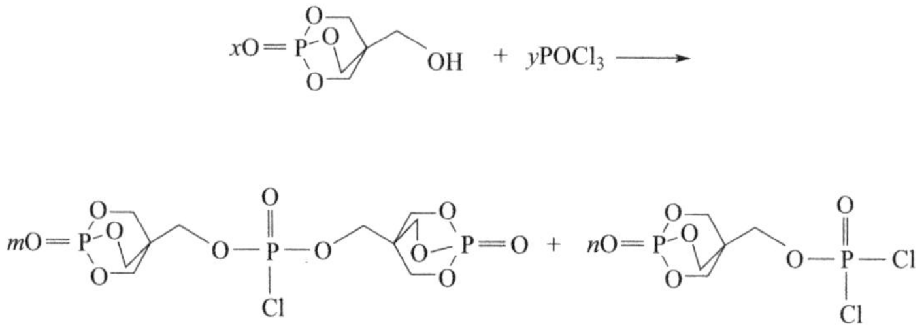

$x=2m+n$，$y=m+n$

（2）合成操作及步骤

在装配有滴液漏斗、温度计、通氮气导管和回流冷凝管（其上端出口处与无水氯化钙干燥管和氯化氢吸收液相连）的四口烧瓶中加入 54.0g（0.3mol）PEPA，200mL 无水乙腈，在氮气保护下，搅拌加热至 PEPA 溶解并产生回流时开始滴加 15.3g（0.1mol）$POCl_3$，在 1h 内滴加完后，再维持回流反应 12h。反应完毕后缓慢冷却至室温，过滤，滤饼以 20mL 乙腈分两次洗涤后，再用 10mL 的 95% 乙醇洗涤一次。干燥得粗产品 45.0g，收率 77.0%。在粗产品中加入 200mL 冷的蒸馏水于 10℃±2℃搅拌 1h 后，过滤，滤饼分别用适量的水和丙酮洗涤至中性，干燥后得白色粉末固体 38.0g，总收率为 65.1%。

（3）Trimer 的物化性能和分子结构表征

Trimer 的分子式为 $C_{15}H_{24}O_{16}P_4$，分子量为 584.22，外观为流散性的白色粉末，不溶于水、丙酮、乙腈，微溶于二甲基亚砜和 N,N-二甲基甲酰胺，于显微熔点仪下未观测到其熔点，而在 349～350℃时产物迅速变黄、变黑。

元素分析结果（％）为：C，29.24（30.98）；H，4.00（4.11）。

Trimer 的 FTIR 谱和^{1}H NMR 谱分别如图 3-15 和图 3-16 所示。

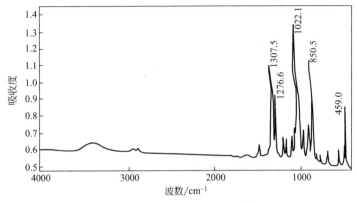

图 3-15　Trimer 的 FTIR 谱

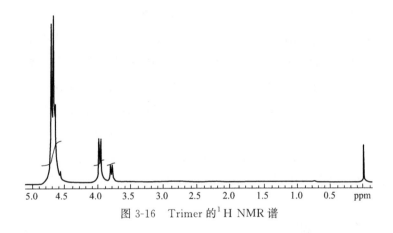

图 3-16　Trimer 的^{1}H NMR 谱

3.5.2.4　Melabis、Trimer 和 Bistrin 阻燃聚丙烯的性能

根据 G. Camino 等人的研究结果，膨胀型阻燃体系中酸源、碳源和气源三种组分的比例为磷原子：季戊四醇结构单元：三聚氰胺（P：PER：M）＝1：0.5：0.3 时，具有最佳的阻燃效果。Melabis 分子中 P：PER：M＝1：0.67：0.33 接近这一比值；Trimer 分子中 P：PER：M＝1：0.75：0，表现为酸源不足，而气源没有，因此性能应用评价中将考察它与聚磷酸铵（酸源）和三聚氰胺（气源）的复配阻燃效果；Bistrin 分子中 2,4,6-三（N-羟甲基氨基)-1,3,5-三嗪可视为与三聚氰胺相似，则 P：PER：M＝1：0.67：0.33。

基于上述考虑而设计的 Melabis、Trimer 和 Bistrin 阻燃聚丙烯的配方和试验结果见表 3-24，同时还对比观察了经典的聚磷酸铵-季戊四醇-三聚氰胺（APP-PER-M）阻燃体系的阻燃性。

表 3-24　Melabis、Trimer 和 Bistrin 阻燃聚丙烯的配方和阻燃试验结果

阻燃配方及性能	Melabis			Trimer		Bistrin		APP-PER-M
	1	2	3	1	2	1	2	
PP	85	80	80	80	75	85	80	70
Melabis	15	20	15					
Trimer				11.6	14.5			
Bistrin						15	20	
APP				4.2	5.25			15.3
M			5	4.2	5.25			5.2
PER								9.5
P∶PER∶M	1∶0.67∶0.33	1∶0.67∶0.33	1∶0.67∶0.7	1∶0.5∶0.3	1∶0.5∶0.3	1∶0.67∶0.33	1∶0.67∶0.33	1∶0.5∶0.3
LOI/%	24.5	26.5	25.4	26.1	29.0	24.3	26.4	32.0
UL 94 (3.2mm)	V-2	V-0	V-2	V-1	V-0	V-2	V-0	V-0

从表 3-24 中可以看出，Melabis 和 Bistrin 在阻燃聚丙烯中用量为 20％，Trimer-APP-M 的用量为 25％时，阻燃性能可达到 UL 94 V-0 级，且没有出现滴落现象，这对于传统的溴系阻燃体系是难以做到的，而经典的 APP-PER-M 膨胀阻燃体系用量需在 30％以上方可达到 UL 94 V-0 级。从 Melabis 的对比试验结果可见，P∶PER∶M 在 1∶0.5∶0.3 比值附近时阻燃体系表现出良好的阻燃效果，而当三者的比值偏离这一值时则阻燃效果降低。上述试验结果验证了 G. Camino 等人的结论。此外，试验中还发现在相同用量的情况下，Bistrin 和 Melabis 阻燃剂的阻燃效果较 Trimer-APP-Melamine 体系要好，这可能缘于 Bistrin 和 Melabis 的膨胀阻燃三要素是在同一分子内，从而可发挥更好的协同阻燃效果。

3.5.3　含硅笼状磷酸酯

笔者与周易等合成了具有如下结构的含硅 PEPA 衍生物（EPSi），并对其进行阻燃性能的评价。EPSi 的分子结构如下：

3.5.3.1　合成工艺路线

在氮气保护条件下，向三口烧瓶中加入一定量的 PEPA，在一定温度油浴中加热溶解，

恒温并用漏斗滴加乙烯基三氯硅烷，反应若干时间，然后加热至回流，回流若干小时后将所得产物抽滤、水洗、干燥、粉碎。反应过程如下：

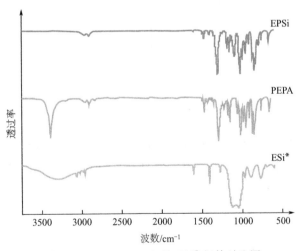

3.5.3.2　表征与热性能

（1）红外谱图

图 3-17 为产物 EPSi 与原料 PEPA 及乙烯基三氯硅烷（水解）的红外谱图，此处 ESi* 是指乙烯基三羟基硅烷。3400cm^{-1} 处 PEPA 原有的反应官能团羟基的吸收峰完全消失，说明羟基被完全反应；1603cm^{-1} 处新出现的峰在 ESi* 上也存在，为连接在 Si 上的 C＝C 的伸缩振动峰，是乙烯基的特征峰，相对于 ESi* 红外图其强度更弱；EPSi 在 1096cm^{-1} 处产生了一个新峰，该峰为 Si—O—C 的骨架伸缩振动峰，说明 Si—O—C 在产物中形成，证明了 ESi* 的 Cl 原子被 PEPA 所取代，表明含硅笼状磷酸酯具备了目标产物基团的红外特征吸收峰。

图 3-17　EPSi、PEPA 及 ESi* 红外对比图

（2）核磁谱图

图 3-18 是产物 EPSi 的氢谱（^{1}H-NMR），结构式中 a 处的 C＝C 上 3 个氢原子化学位移在 6 左右；而结构式中 b 处相同的 9 个亚甲基上的 18 个氢原子的化学位移在 4.6 左右；而图中化学位移 3.6 处对应的是结构式中与 c 处环境相同的 3 个亚甲基上的 6 个氢原子。从积分面积上也可以看出，a、b、c 三处峰的积分面积基本符合 18∶3∶6 的关系，与目标化合物的结构式相符。

图 3-19 是产物 EPSi 的磷谱（^{31}P-NMR），该产物仅在 −6.0561 处有一个明显的单峰，说明产物纯度高，反应副产物少。

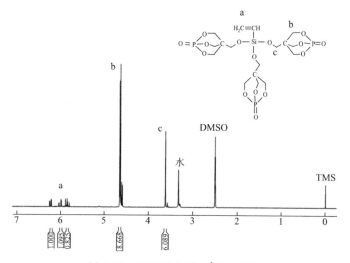

图 3-18　EPSi 的氢谱（^{1}H-NMR）

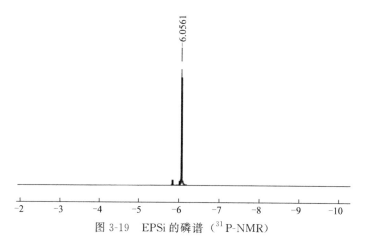

图 3-19　EPSi 的磷谱（^{31}P-NMR）

图 3-20 是产物 EPSi 的硅谱（^{29}Si-NMR），产物仅在 −57.53 处有一个单峰，说明该产物含硅且产物纯度高，进一步表明乙烯基三氯硅烷反应完全，没有一取代或二取代物产生，也没有水解产物或副产物生成。

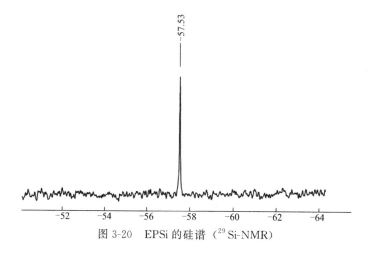

图 3-20　EPSi 的硅谱（^{29}Si-NMR）

（3）EPSi 的热失重分析

图 3-21 是目标产物 EPSi 的 TG 曲线，EPSi 在氮气和空气中的起始分解温度分别为 349.1℃及 309.4℃，分解温度较高，热稳定好，远高于常见高分子材料的使用与加工温度；700℃时，EPSi 在氮气中残余质量达到 54.5%，即使在空气条件下残余质量也达到 36.9%，表明 EPSi 具有良好的热稳定性和较高的成炭率。

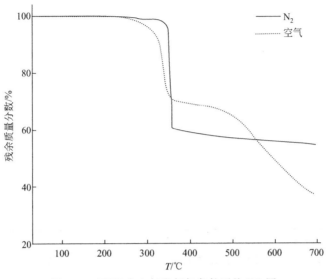

图 3-21　EPSi 在空气和氮气条件下的 TG 图

3.5.3.3　含硅笼状磷酸酯阻燃剂在 PA66 中的应用

将 EPSi、二乙基次磷酸铝（ADP）、三聚氰胺氰尿酸盐（MCA）、次磷酸钙与三聚氰胺聚磷酸盐（MPP）按照不同的比例复配作为 PA66 的阻燃剂，表 3-25 为阻燃 PA66 配方表。测试不同配方下的阻燃效果，阻燃效果见表 3-26。

表 3-25　阻燃 PA66 配方表

试样 编号	PA66 含量/%	EPSi 含量/%	ADP 含量/%	MCA 含量/%	次磷酸钙 含量/%	MPP 含量/%
0	100	—	—	—	—	—
1	75	25	—	—	—	—
2	75	20.8	2.8	1.4	—	—
3	75	16.6	5.6	2.8	—	—
4	75	16.6	—	8.4	—	—
5	75	16.6	—	—	—	8.4
6	75	16.6	—	—	2.8	5.6
7	75	—	—	—	25	—
8	75	—	—	—	—	25
9	75	—	—	25	—	—
10	75	—	25	—	—	—

表 3-26　阻燃 PA66 的 UL 94 等级和极限氧指数 （LOI）

试样编号	第一次燃烧平均时间/s	第二次燃烧加余辉平均时间/s	是否滴落	是否引燃	UL 94阻燃等级	LOI/%
0	不自熄	—	是	是	—	23.5
1	1	5	否	否	V-0	27
2	1	5	否	否	V-0	29
3	0	0	否	否	V-0	31
4	不自熄	—	是	是	无	29
5	不自熄	—	是	是	无	31
6	3	6	是	否	V-1	28
7	1	3	否	否	V-1	24.5
8	1	7	否	否	V-1	30
9	0	1	是	是	V-2	24
10	0	0	否	否	V-0	40

从表 3-26 中可以看出，EPSi 在阻燃 PA66 中添加 25% 就可以达到 UL 94 V-0 级的阻燃等级，阻燃效果较好，点燃后能迅速熄灭，且燃烧无滴落产生。EPSi 与磷、氮系阻燃剂的复配体系总添加量 25% 的情况下，上述试样比例中阻燃等级有所差异。将阻燃体系 25% 的 EPSi 中 1/3 替换成氮系阻燃剂 MCA （即 4 号样）或 MPP （即 5 号样），阻燃效果均大幅降低。

3.5.4　三羟甲基丙烷笼状磷酸酯 （TMPP） 和其衍生物

该化合物是合成一系列高磷含量阻燃剂的重要中间体。英文名称为 trimethylopropane phosphite 或 4-ethyl-1-phospha-2,6,7-trioxabicyclo[2,2,2]octane 或 2-ethyl-2-(hydroxymethyl)-1,3-propanediol cyclic phosphite，CAS 登记号为 824-11-3，EINECS 登记号为 212-523-3，常温下为蜡状固体，熔点为 52~55℃，剧毒。传统的合成方法是采用三羟甲基丙烷与三氯化磷反应制备。

笔者与惠银银以三羟甲基丙烷 （TMP） 和亚磷酸三甲酯为原料合成了笼状磷酸酯，并对其结构性能进行了测试和评价。

（1）合成路线及方法

将一定配比的三羟甲基丙烷和亚磷酸三甲酯加入反应容器中，加入少量的三乙胺，通入氮气并加热搅拌 2h，升温至 120℃回流反应 10h 后，采用回流蒸馏装置，在 100℃下使反应物在回流蒸馏反应过程中反应完全，并将反应生成的甲醇蒸馏完全后，得到笼状磷酸酯。其合成反应式如图 3-22 所示。

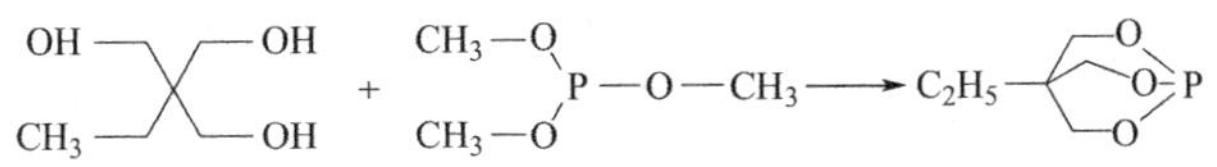

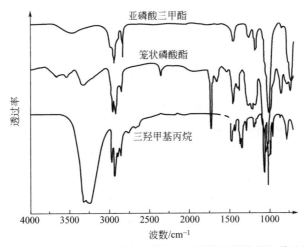

图 3-22　笼状磷酸酯的合成反应式

（2）结构表征及热性能

① 红外分析　图 3-23 为笼状磷酸酯与亚磷酸三甲酯、三羟甲基丙烷的红外比较图。由图可看出，与原料三羟甲基丙烷相比，产物笼状磷酸酯的红外图谱中在 $3347cm^{-1}$ 左右无明显的羟基伸缩振动峰，且在 $3018cm^{-1}$、$2965cm^{-1}$ 处出现—CH_2 的伸缩振动峰，在 $1237cm^{-1}$ 左右出现明显的 P—O—C 基团吸收峰。同时在 $858cm^{-1}$ 和 $843cm^{-1}$ 处可以看到笼状磷酸酯的特征吸收峰。

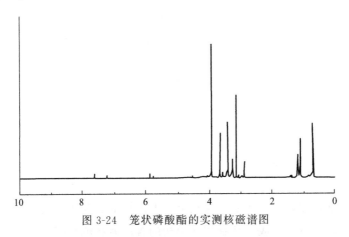

图 3-23　笼状磷酸酯与亚磷酸三甲酯、三羟甲基丙烷的红外比较图

② 核磁分析　图 3-24 为笼状磷酸酯的实测核磁谱图，由图中可以看出该化合物的结构式中有四个不同环境的 H，即为 CH_2O 上两个化学环境不同的 H，—CH_2—上的 H，以及端基—CH_3 上的 H。

图 3-24　笼状磷酸酯的实测核磁谱图

③ 质谱（MS）分析　TMPP 的质谱（MS）图如图 3-25 所示。图 3-25 中位于上面的 MS

图是合成产物的实测谱图，下面的是 TMPP 的标准谱图，从图中可以看到 TMPP 的分子离子峰 162，以及裂解产生的 132 和 68 等碎片离子峰，且合成产物实测谱图与标准化合物吻合。

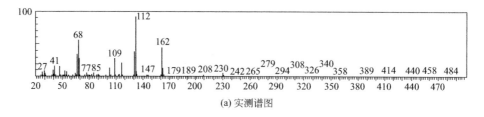

(a) 实测谱图

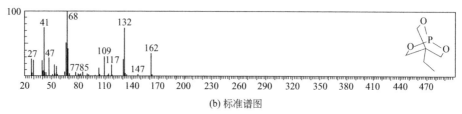

(b) 标准谱图

图 3-25　TMPP 的 MS 图

④　热分析　图 3-26 为笼状磷酸酯的 DSC 曲线。由图 3-26 可以得到 TMPP 的熔点 T_m 为 53.07℃，该笼状磷酸酯化合物可以作为有效的磷酸酯阻燃剂中间体使用。TMPP 最主要用于合成具有如下结构的双环磷酸酯（CAS 号 42595-45-9），早期的牌号有 ANTIBLAZE 1045。

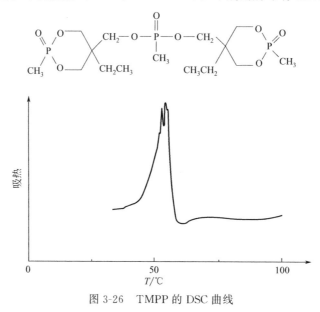

图 3-26　TMPP 的 DSC 曲线

3.5.5　含溴笼状磷酸酯

北京理工大学欧育湘教授多年来一直从事新型阻燃剂的合成，设计合成了一系列新型阻燃剂，笔者在他的指导下，合成了具有如下结构的含溴笼状磷酸酯。

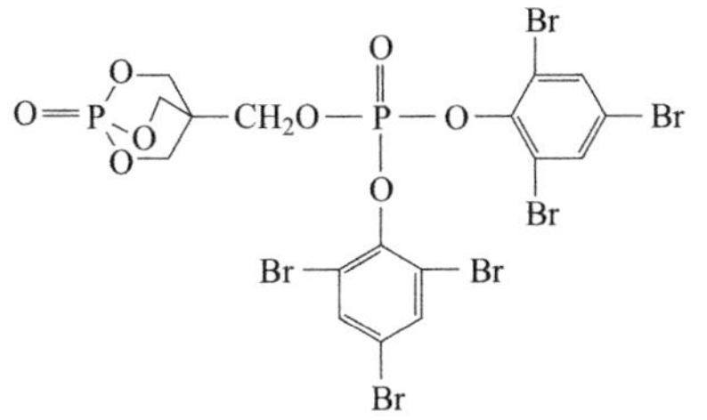

DTBPP 的化学名为双(三溴苯基)(1-氧代-2,6,7-三氧杂-1-磷杂双环 [2,2,2] 辛烷-4-亚甲基)磷酸酯，TBDPP 的化学名为三溴苯基双(1-氧代-2,6,7-三氧杂-1-磷杂双环 [2,2,2] 辛烷-4-亚甲基)磷酸酯，其主要性能见表 3-27。

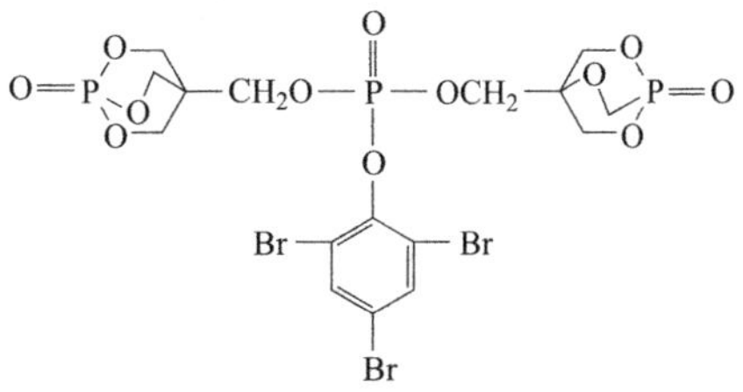

表 3-27 DTBPP 和 TBDPP 的主要性能

性　能	DTBPP	TBDPP
外观	白色粉末	白色粉末
磷含量/%	7.0	12.6
溴含量/%	54.1	32.6
熔点/℃	231～233	342(分解)
分解温度/℃	350	345
溶解性	不溶于水及一般有机溶剂,可溶于 DMSO、DMF	不溶于水及一般有机溶剂,可溶于 DMSO、DMF

DTBPP 的合成方法：在四口烧瓶中加入 16.6g 三溴苯酚、3.8g 三氯氧磷及 50mL 乙腈，在氮气保护下于 15～20℃搅拌溶解后，在 1.5h 内缓慢滴加 2.5g 三乙胺，滴加完毕后于 15～20℃维持反应 2h；然后加入 4.5g PEPA，待溶解后在 2h 内加入 5.0g 三乙胺，再升温至 40℃维持反应 2h；过滤，滤饼用乙腈洗涤 2 次后晾干，加入 50mL 水溶盐，过滤，用水、乙醇洗涤滤饼；干燥后用二甲基甲酰胺（DMF）与水的混合溶剂（体积比为 85：15）重结晶，得到无色晶体，产物收率 58.3%。其元素分析、IR 和 ^{1}H NMR 表征结果见表 3-28。

表 3-28 DTBPP、TBDPP 的元素分析、IR 和 ^{1}H NMR 表征结果

项　目	DTBPP	TBDPP
元素分析		
分子式	$C_{17}H_{12}Br_6O_8P_2$	$C_{16}H_{18}Br_3O_{18}P_3$
分子量	885.51	734.77
磷含量/%	22.24(23.05)	26.98(26.15)
氮含量/%	1.18(1.35)	2.44(2.45)
溴含量/%	54.12(54.14)	31.43(32.62)

续表

项　目	DTBPP	TBDPP
IR/cm^{-1}		
双环 P—O—(C)	1025	1055
P—O—(C)	995	990
双环特征峰	865	880
双环 P＝O	1325	1325
P＝O 特征峰	1295	1300
P—O—(芳香基)	1225	1240
^{1}H NMR		
苯环质子	8.15(s,4H)	8.03(s,4H)
环外—CH$_2$—	4.30~4.40(d,2H)	4.15~4.25(d,4H)
环内—C(OCH$_3$)—	4.50~4.60(d,6H)	4.65~4.80(d,12H)

TBDPP 的合成方法：在四口烧瓶中加入 6.6g 三溴苯酚、3.1g 三氯氧磷及 50mL 乙腈，在氮气保护下于 15~20℃ 搅拌溶解后，在 1.5h 内缓慢滴加 2.0g 三乙胺，滴加完毕后于 15~20℃ 维持反应 2h；然后加入 7.2g PEPA，待溶解后在 2h 内加入 4.0g 三乙胺，维持反应 2h 再升温至 40℃ 维持反应 3h；过滤，滤饼用乙腈洗涤 2 次后晾干，加入 50mL 水溶盐，过滤，用水、乙醇洗涤滤饼；干燥后用二甲基亚砜（DMSO）与水的混合溶剂（体积比为 90：10）重结晶，得到白色固体，产物收率 54.4%。其元素分析、IR 和 ^{1}H NMR 表征结果见表 3-28。有关谱图如图 3-27~图 3-30 所示。

DTBPP、TBDPP 和三(三溴苯酚)磷酸酯（TTBPP）热分析的 TG 和 DSC 曲线分别如图 3-31~图 3-34 所示。

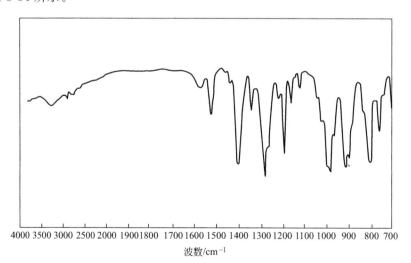

图 3-27　DTBPP 的 IR 谱

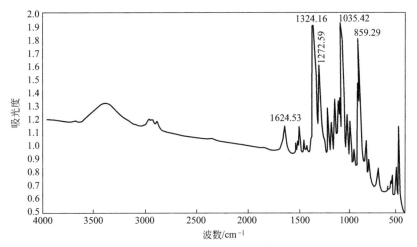

图 3-28　TBDPP 的 IR 谱

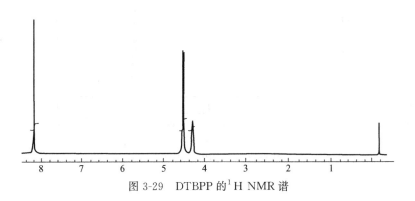

图 3-29　DTBPP 的 ^{1}H NMR 谱

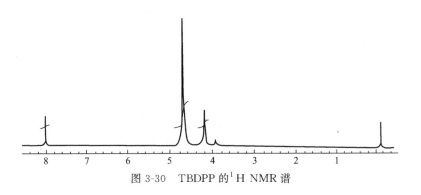

图 3-30　TBDPP 的 ^{1}H NMR 谱

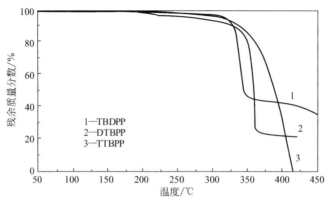

图 3-31　DTBPP、TBDPP 和 TTBPP 的 TG 曲线

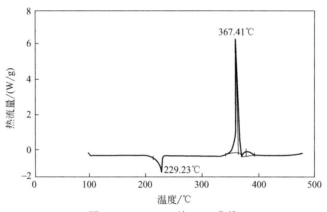

图 3-32　DTBPP 的 DSC 曲线

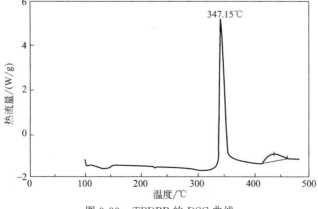

图 3-33　TBDPP 的 DSC 曲线

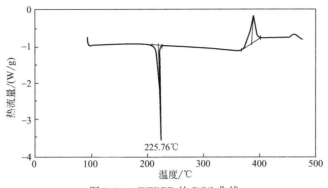

图 3-34　TTBPP 的 DSC 曲线

DTBPP、TBDPP 和三(三溴苯酚)磷酸酯（TTBPP）阻燃 PP 的阻燃效果见表 3-29。

表 3-29　DTBPP、TBDPP 和 TTBPP 阻燃 PP 的阻燃效果

阻燃剂	添加质量分数/%	LOI/%	阻燃剂	添加质量分数/%	LOI/%
TBDPP	5	20.2	DTBPP	15	26.4
	10	23.6		20	28.5
	15	25.5	TTBPP	5	19.5
	20	27.6		10	22.2
DTBPP	5	20.6		15	24.6
	10	24.2		20	26.5

从上述试验结果可以看出，具有笼状结构的 TBDPP 和 DTBPP 对聚丙烯的阻燃效果优于没有此结构的 TTBPP。为此，作者提出了笼状磷酸酯结构与溴、磷的协同阻燃机理，并对其进行了理论探索研究，详细内容在本书第 7 章介绍。

3.6　有机膦化合物

3.6.1　概述

有机膦化合物是指分子中具有磷-碳键的含磷化合物，用作阻燃剂的主要有膦化合物和膦酸酯，前者分子中没有磷-氧键，后者分子中至少有一个磷-氧键，其结构通式表示如下：

$$O{=}P{<}\substack{R_1 \\ R_2 \\ R_3}$$

膦化合物

$$O{=}P{<}\substack{R_x \\ (OR')_{3-x}}$$

膦酸酯

其中 R_1、R_2 和 R_3 可以相同也可以不同，但大多数是含有羟基或羧基以及氨基等活性基团的脂肪基或芳香基；x 可以为 1 或 2；R' 可以是氢、脂肪基或芳香基。

有机膦化合物具有良好的耐水解性，但因合成制备较一般磷酸酯复杂，因此售价比较高，在工业上获得应用的品种见表 3-30。

表 3-30　一些工业应用的有机膦化合物及磷含量

名称	商品名	结构式	磷含量/%
正丁基双（羟丙基）氧化膦	FR-D	HOH₂CH₂CH₂C—P(=O)(C₄H₉)—CH₂CH₂CH₂OH	13.95
三羟丙基氧化膦	FR-T	HOH₂CH₂CH₂C—P(=O)(CH₂CH₂CH₂OH)—CH₂CH₂CH₂OH	13.81
对二（二氰乙基氧化膦甲基）四甲基苯	FR-699	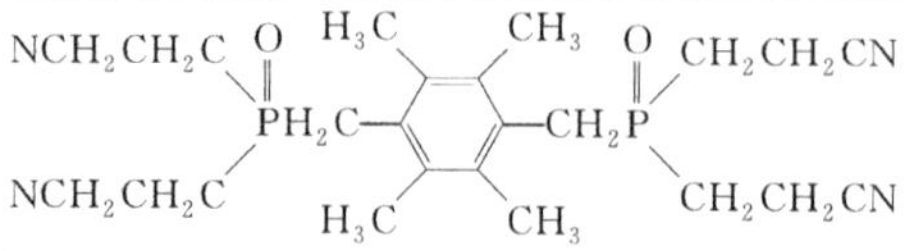 （见结构式）	13.17
苯基二（4-羧苯基）氧化膦	BCPPO	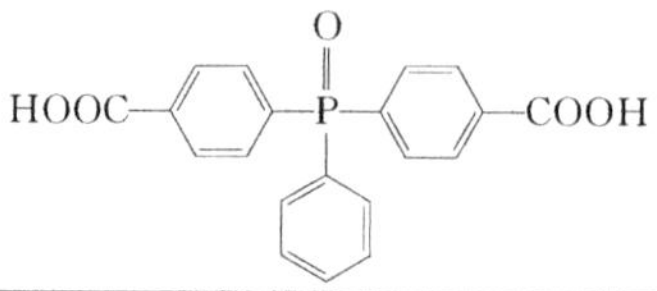 HOOC—C₆H₄—P(=O)(C₆H₅)—C₆H₄—COOH	8.45
双（3-氨基苯基）甲基氧化膦	BAMPO	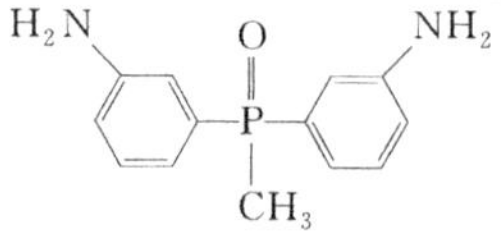 （H₂N-C₆H₄）₂P(=O)CH₃	
三（3-氨基苯基）氧化膦	TAPO	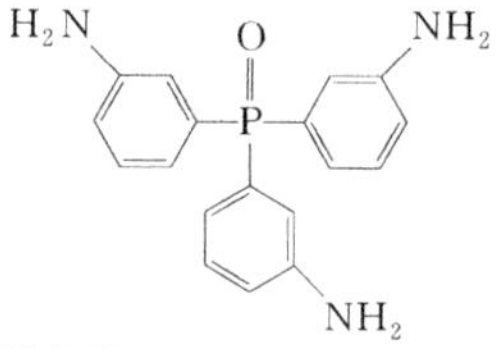 （H₂N-C₆H₄）₃P=O	
三苯基氧化膦	TPPO	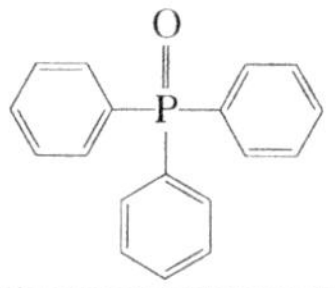 （C₆H₅）₃P=O	11.2
苯基二（4-氨基苯基）膦酸酯	BDAPO	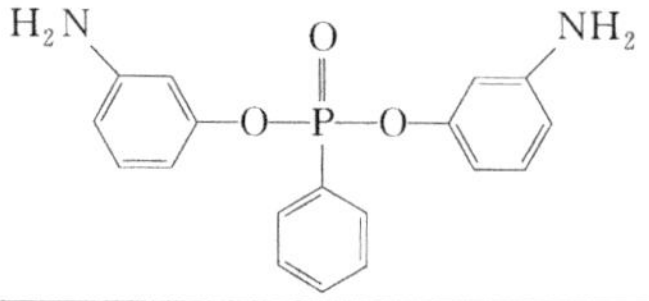 （见结构式）	
双（3-羟基苯基）甲基氧化膦	DBMPO	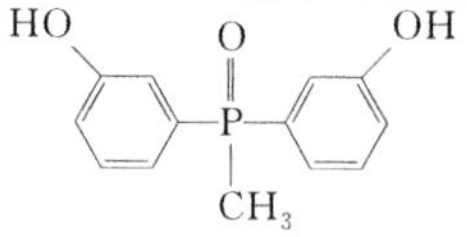 （HO-C₆H₄）₂P(=O)CH₃	
2-羧乙基苯基次膦酸	CEPPA	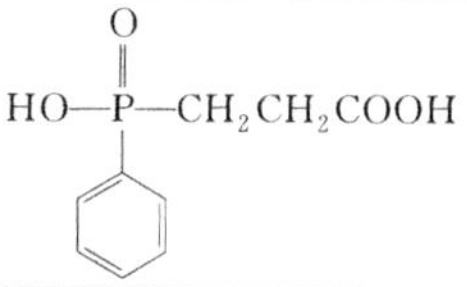 HO—P(=O)(C₆H₅)—CH₂CH₂COOH	
9,10-二氢-9-氧-10-氧杂膦菲	DOPO	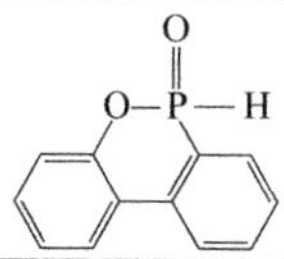 （见结构式）	

FR-D、FR-T 和 FR-699 主要用于聚氨酯、不饱和聚酯树脂等阻燃，BCPPO 可以用于共聚型阻燃涤纶，但因合成成本较高而没有产业化。

BAMPO、TAPO 和 BDAPO 等含氨基的氧化膦可以用作反应型阻燃环氧树脂固化剂。

DBMPO 可以用于合成具有如下结构的含磷环氧树脂：

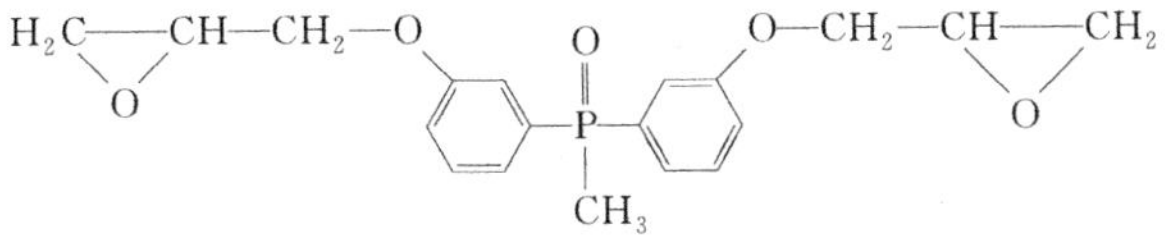

CEPPA 是阻燃涤纶的重要阻燃剂，该产品由德国科莱恩（Clariant）公司生产，由赫司特（Hochest）公司生产牌号为 Trevira S 的阻燃涤纶，是目前国际上应用最广，用量最大的阻燃涤纶品种，在国内有工业规模生产。

DOPO 是一个重要的含磷中间体，最早由日本东洋纺织公司开发用于生产阻燃涤纶，方法是用 DOPO 与衣康酸合成如下结构的二元羧酸，然后与 PET 树脂单体共聚。

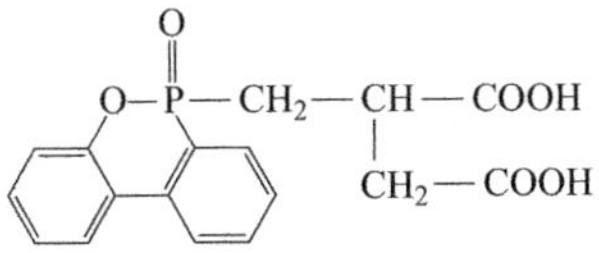

近年来，中国台湾有学者从 DOPO 中间体出发合成具有如下结构的对苯二酚衍生物，用于合成新型无卤素阻燃环氧树脂。同时将对苯二酚分子中的羟基置换成氨基等也可以作为环氧树脂的固化剂使用，有关这一领域的研究在热固性环氧树脂无卤素阻燃电子电气封装材料和印刷电路板等领域受到广泛关注，在不远的将来将会取得很多实用的研究成果。

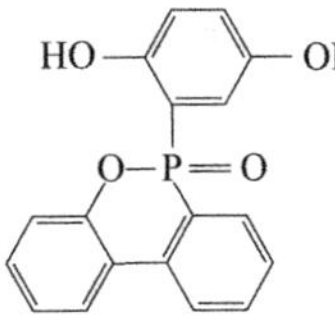

值得一提的还有以单苯基磷酰氯为基础的一系列分子量在 $500\sim2000$ 的低聚物在聚酯等织物阻燃整理中的开发应用，代表性的品种有如下几种。

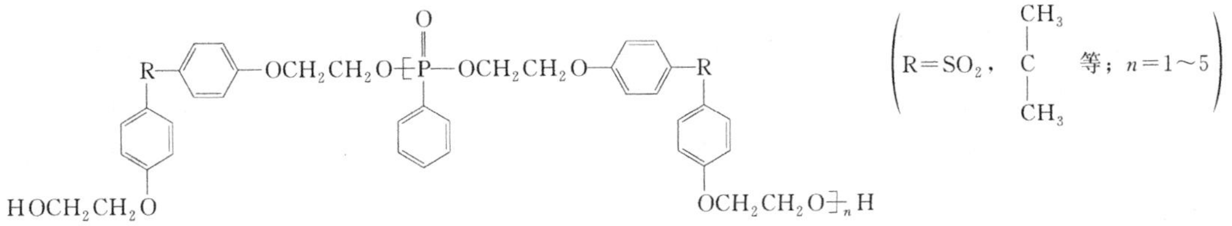

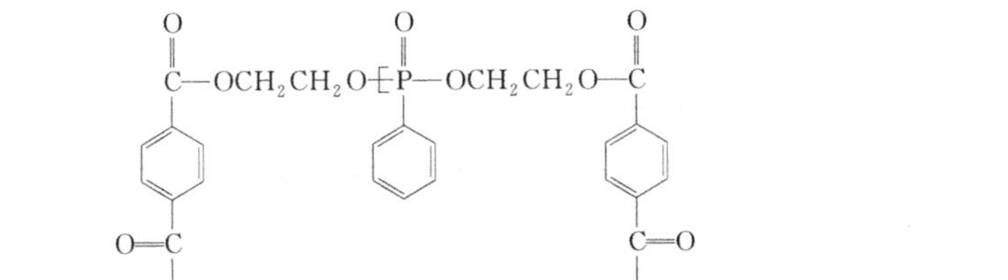

此外，一些双膦酸酯化合物阻燃剂也值得关注。如具有如下结构的 1,2-亚乙基双膦酸四甲酯，分子中不含有卤素，是无卤环保型阻燃剂。

$$H_3CO-\overset{\overset{O}{\|}}{\underset{\underset{OCH_3}{|}}{P}}-CH_2CH_2-\overset{\overset{O}{\|}}{\underset{\underset{OCH_3}{|}}{P}}-OCH_3$$

杨锦飞等合成了具有如下结构的双膦酸酯类阻燃剂：

$$RO-\overset{\overset{O}{\|}}{\underset{\underset{OR}{|}}{P}}-CH_2CH_2CH_2CH_2-\overset{\overset{O}{\|}}{\underset{\underset{OR}{|}}{P}}-OR$$

$$RO-\overset{\overset{O}{\|}}{\underset{\underset{OR}{|}}{P}}-CH_2-\underset{}{\bigcirc}-CH_2-\overset{\overset{O}{\|}}{\underset{\underset{OR}{|}}{P}}-OR$$

$$RO-\overset{\overset{O}{\|}}{\underset{\underset{OR}{|}}{P}}-CH_2CH=CHCH_2-\overset{\overset{O}{\|}}{\underset{\underset{OR}{|}}{P}}-OR$$

$$RO-\overset{\overset{O}{\|}}{\underset{\underset{OR}{|}}{P}}-CH_2\underset{}{\left[CH-CH\right]_n}CH_2-\overset{\overset{O}{\|}}{\underset{\underset{OR}{|}}{P}}-OR$$

3.6.2 有机次膦酸及其盐

2001 年德国 Clariant 公司推出了一种新型有机次膦酸盐阻燃剂，其分子结构式如下：

$$\left[\underset{R_1}{\overset{R_1}{P}}\overset{O}{\underset{}{-O}}\right]_n^- M^{n+}$$

德国 Clariant 公司开发的该类产品中最具代表性的是二乙基次膦酸铝，CAS 登记号为 225789-38-8，磷含量为 23.8%，产品商品名称为 Exolit OP935。其外观是一种白色固体粉末，自 320℃ 开始分解，350℃ 的热失重率为 2%。据报道，该产品可用于各种工程塑料的阻燃。该阻燃剂可单独使用，也适合与含氮化合物复配使用。有机膦酸及衍生物类阻燃剂复合符合欧洲的 EU、TSCA 和 MITI 等相关法规，德国 Clariant 公司从 2000 年开始建立中试基地用于开发这类阻燃剂，此后多次扩建工业生产装置，以二乙基次膦酸铝的产量最大、应用最广。

以二乙基次膦酸铝为基础复配的 Exolit OP1310（TP）、Exolit OP1240 等可以用于阻燃玻璃纤维增强 PA6 和 PA66 等，其阻燃等级和添加量见表 3-31。该系列产品近年来销售量一直持续增长。

表 3-31　**Exolit OP1310 阻燃玻璃纤维增强 PA6 和 PA66 的阻燃性能**

基础材料	添加质量分数/%	标　准	结果和等级
PA6-25%玻璃纤维	15	LOI	28%(3.2mm)
PA6-25%玻璃纤维	15～20	UL 94	V-0(1.6mm)
PA66-25%玻璃纤维	15	LOI	31%(3.2mm)
PA66-25%玻璃纤维	15～20	UL 94	V-0(1.6mm)

　　Exolit OP1310（TP）的缺点是与聚磷酸铵复配的膨胀阻燃体系具有与红磷相似的吸湿性，因此在储运和使用中要注意防潮，挤出成型时要注意排气。Exolit OP1310（TP）阻燃玻璃纤维增强 PA66 与不阻燃的同等 PA66 的主要性能对比见表 3-31。

　　从表 3-32 可以看出，膦酸盐阻燃剂具有优异的阻燃性和其他综合性能，特别是 CTI 性能。

表 3-32　**Exolit OP1310（TP）阻燃玻璃纤维增强 PA66 的性能**

项　目	增强 PA66	阻燃增强 PA66
配方		
PA 66	70	60
玻璃纤维	30	25
Exolit OP1310(TP)	—	15
阻燃性能		
LOI/%	21	31
UL 94(3.2mm)	—	V-0
UL 94(1.6mm)	—	V-0
拉伸模量/MPa	9161	9234
断裂强度/MPa	153	122
断裂伸长率/%	5.2	2.9
漏电起痕指数(CTI)/V	600	450/500

　　国内有学者在有机次膦酸盐领域进行一些新的开发。陈佳等以甲基次膦酸单丁酯（BMP）为原料，通过三步简单的合成工艺制备出甲基环己基次膦酸铝/锌/镁/钙/铁/亚铁/铋这七种金属盐阻燃剂，该类化合物具有如下结构：

$$\left[H_3C-\overset{\overset{\displaystyle O}{\parallel}}{\underset{\underset{\displaystyle \bigcirc}{|}}{P}}-O \right]_n^- M^{n+}$$

　　式中，M^{n+} 为 Al^{3+}、Zn^{2+}、Fe^{3+}、Fe^{2+}、Ca^{2+}、Mg^{2+}、Bi^{3+} 等金属离子。

　　将所合成的七种阻燃剂应用于环氧树脂（EP）的阻燃性能见表 3-33，从表中测试结果可以看出，甲基环己基次膦酸铝［Al(MHP)，MHP 代表甲基环己基次膦酸根］具有最优异的阻燃效果，阻燃剂质量分数为 15% 的 Al(MHP)/EP 复合材料的极限氧指数（LOI）达到 28.7%，垂直燃烧测试通过 UL 94 V-0 级别。

表 3-33　甲基环己基次膦酸盐阻燃环氧树脂的阻燃性能

阻燃剂质量分数为 15%	阻燃性能	
	LOI/%	UL 94(3.2mm)
空白	19.9	V-0
Al(MHP)	28.7	—
Zn(MHP)	25.4	—
Mg(MHP)	25.8	V-2
Ca(MHP)	26.1	—
Fe(Ⅲ)(MHP)	22.8	—
Fe(Ⅱ)(MHP)	22.3	—
Bi(MHP)	20.9	—

3.6.2.1　二羟甲基次膦酸及其阻燃纺织品

笔者与孙黎明以次磷酸钠为基础原料，加入甲醛有机小分子引入羟基作为特征基团，制得含有多羟基和次膦酸特征基团的有机磷系阻燃剂二(羟甲基)次膦酸（DHPPA）。并将其应用于棉织物阻燃整理，通过垂直燃烧测试、极限氧指数测试等方法进行阻燃性能评价，探讨 DHPPA 对棉织物的阻燃效果。

DHPPA 分子合成路线如下所示：

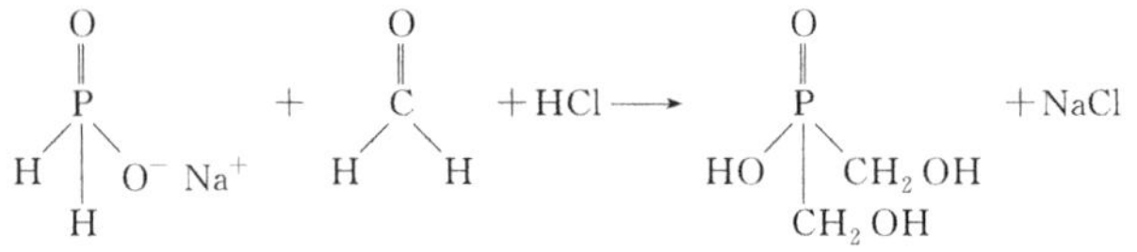

DHPPA

具体实验步骤为：在装有水银温度计，机械搅拌装置，冷凝装置的四口烧瓶中，依次加入一定比例的 $NaH_2PO_2 \cdot H_2O$、HCHO 溶液与适量去离子水，搅拌使 $NaH_2PO_2 \cdot H_2O$ 完全溶解。然后加入 HCl 并将反应体系保持在 100℃恒温反应 5h，此时烧瓶中仍为无色透明溶液。接着，将上述透明溶液加热蒸发，直至得到淡黄色黏稠状液体且底部有大量 NaCl 析出，将体系降温，过滤出 NaCl 副产物，得到最终产品，为淡黄色黏稠状液体。

图 3-35 为 HCHO、$NaH_2PO_2 \cdot H_2O$ 及 DHPPA 的红外光谱图。从图中可以看出，相对于 $NaH_2PO_2 \cdot H_2O$ 谱图，产物红外谱图 2319cm^{-1} 处 P—H 键的伸缩振动峰消失，说明 NaH_2PO_2 已完全参与反应，1154 cm^{-1} 处 P＝O 的特征吸收峰得以保留，说明产物中含有此特征基团；此外，产物在 3315cm^{-1} 处为醇羟基 R—OH 的伸缩振动吸收宽峰，2700～2560cm^{-1} 为 P—OH 的氢键吸收宽峰，初步表明 DHPPA 的成功合成。

图 3-36 为 DHPPA 的 ^{1}H-NMR 谱图，其中 $\delta=1.1$ 和 $\delta=2.5$ 分别为—CH_2OH 基团的质子峰，$\delta=7.2$ 为 P—OH 的质子峰，结合红外图谱，进一步证明合成了目标产物。

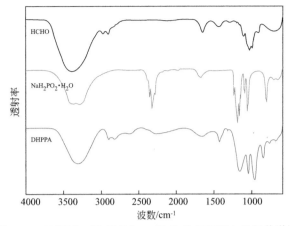

图 3-35　HCHO、NaH$_2$PO$_2$·H$_2$O 及 DHPPA 的红外谱图

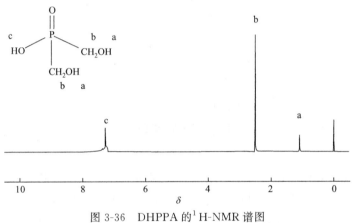

图 3-36　DHPPA 的 ^{1}H-NMR 谱图

　　DHPPA 的元素分析结果如表 3-34 所示，C、H、P 各元素的理论值与实测值虽有偏差，但是都在合理测试范围内，进一步证明了 DHPPA 的成功合成，且 DHPPA 的纯度较高。

表 3-34　DHPPA 元素分析结果

样品名称	C 元素/%	H 元素/%	P 元素/%
DHPPA（理论值）	19.05	5.08	24.60
DHPPA（实际值）	19.03	4.91	24.86

　　图 3-37 为 DHPPA 的 TG 和 DTG，表 3-35 为相关的数据，从图中可以看出，DHPPA 的初始分解温度（5% 的热失重，$T_{-5\%}$）为 200℃，较低的分解温度有利于其受热初期快速分解产生含磷小分子，如 HP·、PO·等，以猝灭聚合物分解时产生的含氢自由基，阻断聚合物燃烧的链式反应，并且阻燃剂分解吸热，产生的水蒸气可以稀释火焰周围的氧气浓度，有利于提高阻燃效果。并且，从表中数据可以得到 DHPPA 的分解温度范围较宽，在 200～500℃ 之间，这可以保证 DHPPA 在受热时可以持续分解并发挥阻燃作用，使阻燃效果最大化。

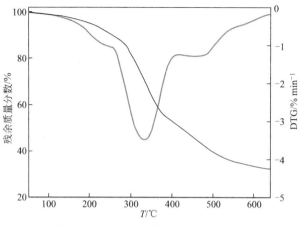

图 3-37 DHPPA 的 TG 和 DTG 图谱

表 3-35 DHPPA 的 TG 数据

项目	$T_{-5\%}$/℃	T_{max1}/℃	V_{max1}/%·min^{-1}	T_{max2}/℃	V_{max2}/%·min^{-1}	650℃残炭量/%
DHPPA	200	345	−3.49	469	−1.83	32.16

注：$T_{-5\%}$为物料在加热环境下损失 5% 质量时所对应的温度。

此外，DHPPA 在 650℃的残余量为 32.16%，具有较高的质量保持率，说明 DHPPA 在分解之后可以形成炭层，形成的炭层有利于隔断聚合物与外界的热量传递和空气流通，以达到阻燃的目的。

采用二浸二轧法对棉织物进行阻燃整理，步骤如下：首先，配制 20g/L 的 NaOH 溶液对棉织物进行漂洗，对织物表面进行脱浆处理，烘干备用。配制多种比例的 DHPPA 溶液，将棉织物充分浸泡后，通过轧车，保持轧余率为 85%±2%，重复浸轧两次。将浸轧后的棉布首先于 150℃下烘干 2min，然后在 100℃下烘干 3min，得到阻燃棉织物。

经不同浓度 DHPPA 整理后棉织物垂直燃烧的测试结果如表 3-36 所示，0 号为空白对照样，未经整理的棉织物起燃后火焰猛烈且燃烧时间长，并且会持续阴燃至棉织物燃烧尽为止，燃烧后形成灰白色灰烬；当棉织物中 DHPPA 的含量为 5.41% 时，棉布就具有一定的阻燃性能，虽具有阴燃的现象，但燃烧后形成一层较薄的炭层，并没有燃为灰烬；当棉织物中 DHPPA 的含量提高至 29.72% 时，棉织物离火自熄，没有续燃或阴燃现象，成炭效果好；随着 DHPPA 含量进一步提高至 34.86%，棉织物阻燃效果更好，织物损毁长度最小。表明 DHPPA 能够有效地提高棉织物的阻燃性能，减少火灾发生的可能性。

表 3-36 DHPPA 整理后棉织物垂直燃烧测试结果

编号	DHPPA/H$_2$O 溶液浓度/%	DHPPA 含量/%	续燃时间/s	阴燃时间/s	成炭长度/mm
0	—	—	74	96	—
1	2	5.41	26	33	136
2	5	15.24	11	13	87
3	10	29.72	0	0	53
4	15	34.86	0	0	34

经不同浓度 DHPPA 整理后棉织物极限氧指数的测试结果如图 3-38 所示，从图中可以看出，未经 DHPPA 整理的纯棉织物的极限氧指数（LOI）仅为 17.3％，属于易燃材料。随着棉织物中 DHPPA 含量的提高，棉织物的极限氧指数也随之提升。当 DHPPA 的含量为 34.86％时，棉织物的 LOI 值为 32.9％，但是 0 号～3 号样品中，随着棉织物 DHPPA 含量的提高，LOI 值增速较快，其中 2 号和 3 号样品 LOI 值增加了 4.9％，但是 3 号和 4 号样品 LOI 值仅增加了 2.2％。说明棉织物中 DHPPA 含量超过 29.72％之后，对 LOI 值增加促进作用减弱。

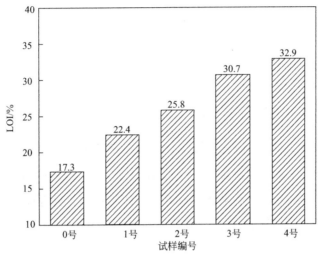

图 3-38　DHPPA 整理后棉织物极限氧指数测试结果

DHPPA/棉织物复合材料 TG 与 DTG 曲线如图 3-39 所示，相应的数据见表 3-37。结合图表可以看出，未添加 DHPPA 的纯棉织物 0 号样品的 650℃残炭量仅为 18.09％，随着 DHPPA 含量的提高，棉织物的残炭量明显提高，3 号样品的 DHPPA 含量为 29.72％，残炭量达 50.83％，凝聚相阻燃效果显著。之后随着 DHPPA 含量的增加至 34.86％，棉织物残炭量为 51.49％，增加值不足 1％。说明 DHPPA 含量超过 29.72％后对棉织物成炭促进作用降低。

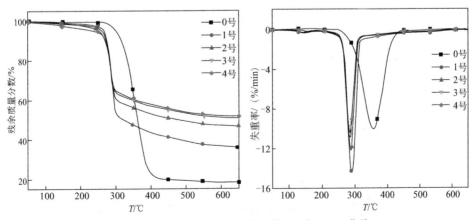

图 3-39　DHPPA/棉织物复合材料 TG 与 DTG 曲线

表 3-37　DHPPA/棉织物复合材料 TG 与 DTG 数据

编号	DHPPA 含量/%	$T_{5\%}$/℃	T_{max}/℃	V_{max}/(%/min)	650℃残炭量(质量分数)/%
0	—	302.0	354.0	10.01	18.09
1	5.41	268.3	288.1	14.20	35.89
2	15.24	263.2	286.7	12.07	46.54
3	29.72	258.7	283.3	10.86	50.83
4	34.86	239.6	281.6	10.14	51.49

而棉织物复合材料的最大分解速率（V_{max}）随着 DHPPA 添加量的增加呈先增大后减小的趋势，但总体高于纯棉织物的最大分解速率，这是因为 DHPPA 的分解温度较低，导致棉织物复合材料的分解速率总体增加。但是 DHPPA 受热会快速分解产生含磷小分子，以猝灭聚合物分解时产生的含氢自由基，阻断聚合物燃烧的链式反应，并且分解吸热，产生的水蒸气也可以稀释火焰周围的氧气浓度，达到气相阻燃效果。

3.6.2.2　(6-氧代-6H-二苯并［c,e］［1,2］氧磷杂己环-6-基)丁二酸(DDP)亚锡盐

笔者与李换换等以（6-氧代-6H-二苯并［c,e］［1,2］氧磷杂己环-6-基)丁二酸（DDP）、氢氧化钠（NaOH）和二水合氯化亚锡（$SnCl_2 \cdot 2H_2O$）为原料合成了 DDP 亚锡盐 SDDP。将合成的阻燃剂用于 PA6 阻燃，并对其进行阻燃性能的评价。SDDP 分子结构式如下：

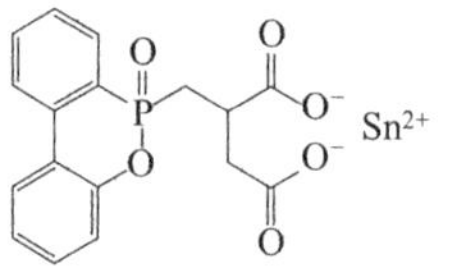

SDDP 的合成工艺路线如下：

称量一定量的 DDP、氢氧化钠和去离子水加入四口烧瓶中，搅拌加热至 60℃，反应 1h。将二水合氯化亚锡完全溶解于无水乙醇后，将溶液移入恒压滴液漏斗，并逐滴加入四口烧瓶中，滴加完毕后继续反应 6h。经抽滤、洗涤与干燥后得白色固体粉末，即为最终产物。反应过程如下图所示：

第一步：

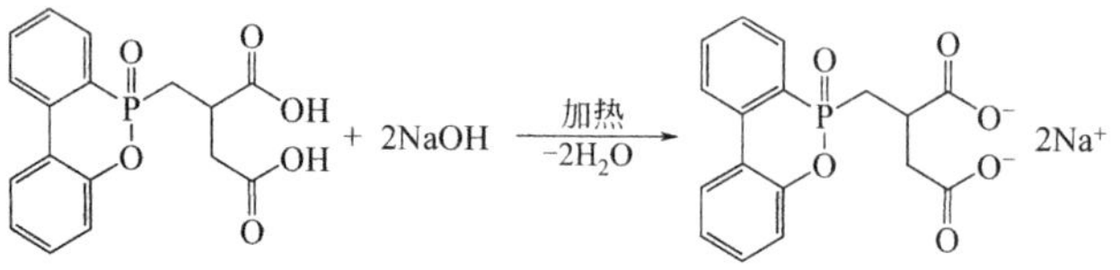

第二步：

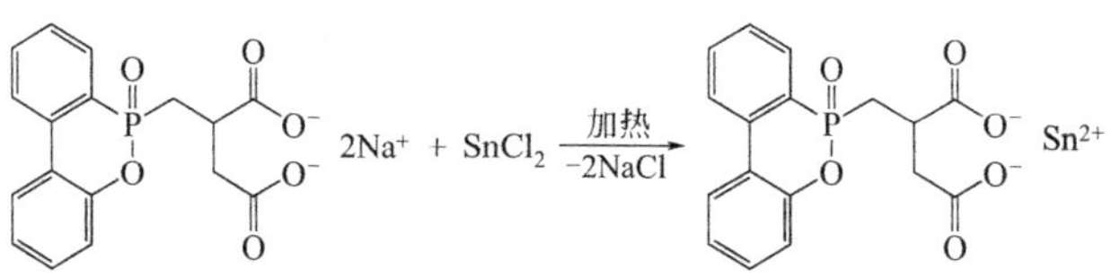

　　图 3-40 为 DDP 及 SDDP 的红外谱图。在 DDP 和 SDDP 的红外谱图的对比中可以看出，特征峰对应的基团基本一致，但 $3405cm^{-1}$ 处的羟基的吸收峰消失，羧酸上 C＝O 的振动峰由 $1706cm^{-1}$ 变成 $1588cm^{-1}$，这是羧酸盐的典型特征变化，显示 SDDP 发生了预期反应。

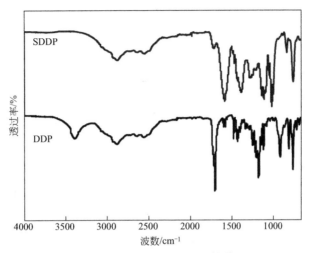

图 3-40　DDP 及 SDDP 的红外谱图

　　图 3-41 为 SDDP 的 TG 与 DTG 图，TG 曲线可知，SDDP 的热失重主要出现在 300～400℃之间，其初始分解温度是 309℃，随着温度的上升，SDDP 快速分解，在 750℃ 时结束，残留质量为 65.92%。从 TG 和 DTG 的曲线图可知 SDDP 阻燃剂具有良好的热稳定性，对于某一个聚合物材料来说，若要将阻燃剂应用到聚合物材料中，则阻燃剂的分解温度必须介于材料的加工温度和分解温度之间，而 SDDP 的起始分解温度为 309℃，可将 SDDP 应用于 PA6 中。

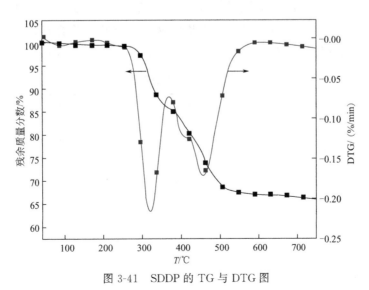

图 3-41　SDDP 的 TG 与 DTG 图

　　以自主合成的新型锡基阻燃剂 SDDP 为阻燃剂，设计不同阻燃 PA6 配方，各物质添加量如表 3-38 所示，并测试不同配方下的阻燃效果，测试结果见表 3-39。

表 3-38　SDDP 阻燃 PA6 的配方设计

编号	SDDP 含量/%	KH-550 含量/%	PA6 含量/%
0	—	0.3	99.7
1	5	0.3	94.7
2	10	0.3	89.7
3	15	0.3	79.7
4	20	0.3	69.7

注："—"为不灭或无等级。

从表 3-39 可以看出，纯 PA6 的 LOI 为 21%，阻燃 PA6 的 LOI 值随着 SDDP 含量增加而逐渐升高，但上升趋势比较平缓。当 SDDP 的添加量为 5%（质量分数）时，LOI 为 23.3%，比纯 PA6 的 LOI 提高 2.3%；当 SDDP 的添加量为 30%（质量分数）时，LOI 值为 24.7%，比纯 PA6 的 LOI 提高 3.7%，表明 SDDP 可以在一定程度上提高 PA6 的阻燃性。

表 3-39　不同配方的阻燃 PA6 材料阻燃测试结果

编号	0	1	2	3	4
垂直燃烧级别	—	—	—	—	V-0
LOI/%	21	23.3	23.8	24.5	24.7

3.6.2.3　2-羧乙基苯基次膦酸（CEPPA）盐

（1）2-羧乙基苯基次膦酸盐

笔者与翟一霖等以 2-羧乙基苯基次膦酸（CEPPA），氢氧化钠和金属盐溶液为原料，采用复分解反应制备三种添加型有机磷系阻燃剂，即 2-羧乙基苯基次膦酸钙（CEPCA）、2-羧乙基苯基次膦酸铝（CEPAL）和 2-羧乙基苯基次膦酸锡（CEPSN）。将合成的阻燃剂用于 PA6 阻燃，并对其进行阻燃性能的评价。三种 2-羧乙基苯基次膦酸盐的分子结构如表 3-40 所示。

表 3-40　2-羧乙基苯基次膦酸盐分子结构

名称	结构式
CEPCA	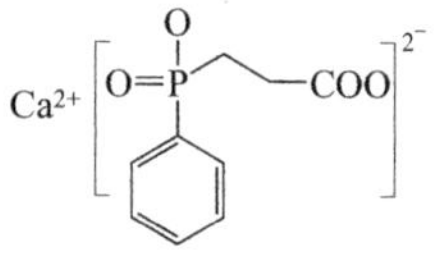
CEPAL	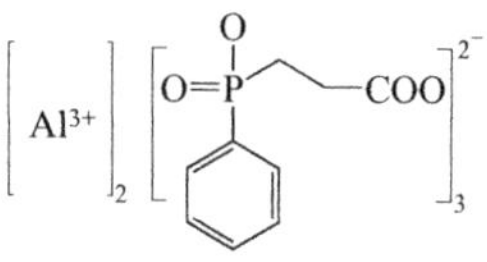
CEPSN	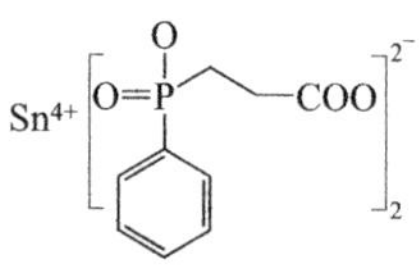

（2）合成工艺路线

CEPCA、CEPAL 和 CEPSN 的合成工艺路线如下：

称取一定量的 CEPPA 和去离子水加入四口烧瓶中，再加入 2 倍物质的量的 NaOH，使 CEPPA 快速溶解，随后升温至 80℃搅拌 30min。待溶液完全澄清后，向上述体系逐滴滴加相应的盐溶液（氯化钙或硫酸铝或氯化锡），滴加完毕后保温反应 4h。沉淀经抽滤、洗涤、干燥和粉碎后得到白色粉末，即 CEPCA 或 CEPAL 或 CEPSN。反应过程如下图所示：

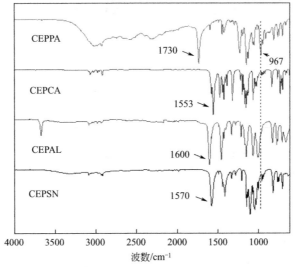

（3）表征及热性能

① 红外光谱分析。

图 3-42 为 CEPPA、CEPCA、CEPAL 与 CEPSN 红外谱图。从图中可以看出，与 CEPPA 相比，CEPCA、CEPAL 和 CEPSN 在 $967cm^{-1}$ 和 $2700\sim2200cm^{-1}$ 处的吸收峰都消失，表明次膦酸基团发生了反应；另外，三种盐在 $1730cm^{-1}$ 出现的 C=O 特征峰消失并在 $1553cm^{-1}$、$1600cm^{-1}$ 和 $1570cm^{-1}$ 处出现强峰，这是羧酸生成羧酸盐的典型表现，说明金属离子与羧酸基团发生了反应。上述对比表明 CEPPA 中 P—OH 与—COOH 都和金属离子发生了反应，生成了所需目标产物。

图 3-42　CEPCA、CEPAL、CEPSN 与 CEPPA 的红外谱图

② 热失重分析。

图 3-43 为 CEPCA、CEPAL、CEPSN 与 CEPPA 在 N_2 氛围下的热失重曲线图，从 TG 图中可以看出 CEPPA 初始分解温度（失重 5%）为 223.4℃，低于 PA6 的加工温度，难以共混用于 PA6 阻燃。CEPCA、CEPAL 和 CEPSN 的热分解温度分别为 539.1℃、429.3℃ 和 335.8℃，较 CEPPA 显著提高，满足 PA6、PA66 以及 PET 等材料的高温加工要求。此外，CEPCA、CEPAL 和 CEPSN 在 750℃ 下的残余量分别为 56.55%、62.53%、54.46%，相比 CEPPA 的 1.34% 大幅提高，表明 2-羧乙基苯基次膦酸盐在高温下具有良好的成炭特性。

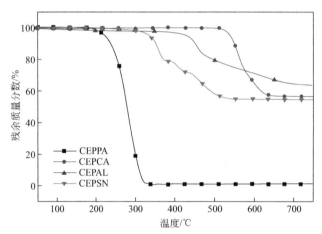

图 3-43　CEPPA、CEPCA、CEPAL 与 CEPSN 的 TG 曲线

（4）2-羧乙基苯基次膦酸盐阻燃 PA6 应用

将以上合成的三种 2-羧乙基苯基次膦酸盐阻燃剂 CEPCA、CEPAL 和 CEPSN 分别单独应用于 PA6 中，设计表 3-41、表 3-42 和表 3-43 所列的阻燃 PA6 配方，并测试不同配方下的阻燃效果，测试结果见表 3-44。

表 3-41　CEPCA/PA6 阻燃复合材料配方

编号	CEPCA 含量/%	KH-550 含量/%	PA6 含量/%
0	—	0.3	99.7
1	5	0.3	94.7
2	10	0.3	89.7
3	15	0.3	84.7
4	20	0.3	79.7

表 3-42　CEPAL/PA6 阻燃复合材料配方

编号	CEPAL 含量/%	KH-550 含量/%	PA6 含量/%
5	5	0.3	94.7
6	10	0.3	89.7
7	15	0.3	84.7
8	20	0.3	79.7

表 3-43　CEPSN/PA6 阻燃复合材料配方

编号	CEPSN 含量/%	KH-550 含量/%	PA6 含量/%
9	5	0.3	94.7
10	10	0.3	89.7
11	15	0.3	84.7
12	20	0.3	79.7

注：每个配方的总质量都是 1500g，之后的配方也是总质量相同。

表 3-44　不同配方的阻燃 PA6 材料阻燃测试结果

编号	0	1	2	3	4	5	6	7	8	9	10	11	12
垂直燃烧级别	—	—	—	—	V-2	—	V-2	V-2	V-1	—	—	—	—
LOI/%	21.5	22.8	23.1	24.5	25.4	24.7	25.8	27.6	32.1	22.8	23.2	23.5	23.8

注："—"为不灭或无等级。

表 3-44 结果显示 2-羧乙基苯基次膦酸盐的加入改善了 PA6 的阻燃性能，其中 CEPAL 的阻燃效果最佳。当阻燃剂的添加量为 20%（质量分数）时，CEPAL/PA6 复合材料通过了 UL 94V-1 等级，极限氧指数（LOI）为 32.1%；CEPCA/PA6 复合材料通过了 UL 94V-2 等级，LOI 值为 25.4%；CEPSN/PA6 复合材料则无阻燃等级，LOI 值提高也不明显。

3.7　磷杂菲类阻燃剂

9,10-二氢-9-氧杂-10-磷杂菲-10-氧化物（DOPO）是近年来受到广泛关注的一种磷系阻燃剂，由于其具有磷杂菲基团所特有的含磷、非共平面性、与分子内或分子间基团的相互作用性等特征，因而作为合成反应中间体用于构建新型功能化合物或聚合物，可赋予新型化合物或聚合物以阻燃特性、独特的聚集态结构、发光性能和良好的有机相容性等性能。在新型无卤阻燃剂、无卤阻燃环氧树脂、阻燃聚酯，以及发光材料和液晶高分子等功能材料等领域具有广阔的应用前景。

DOPO 作为新型反应型阻燃剂中间体，其 P—H 键与其他不饱和化合物发生加成反应，或与醇或酚发生醚化反应等，使磷杂菲基团能够容易地引入到其他分子中，构建成新型化合物或聚合物。新构建的分子由于结构上的明显变化以及磷杂菲基团的引入，物理化学性质也将发生极大的改变。因此，DOPO 在各种功能高分子材料领域具有广阔的应用与研究前景。

3.7.1　9,10-二氢-9-氧杂-10-磷杂菲-10-氧化物

DOPO 的英文名称为 10-Dihydro-9-oxa-10-phosphorylphenanthrene-10-oxide。其 CAS 登记号为 35948-25-5，EINECS 登记号为 252-813-7，分子式为 $C_{12}H_9O_2P$。结构如下：

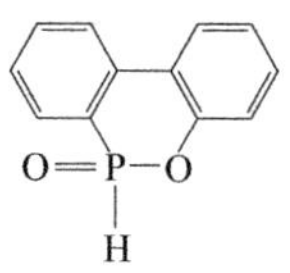
O=P—O
H
DOPO

由于分子内具有活泼的 P—H 键，因此易于均裂产生 H·、DOPO·自由基，后者能够猝灭氧自由基而作为抗氧剂来使用。

从分子结构看，DOPO 结构中含有联苯基骨架和环状 C—P—O 键，且磷原子直接连接在联苯基骨架上，因此具有良好的化学稳定性和热稳定性。DOPO 分子中的 P—H 键具有活泼的反应性，因此可以较方便地设计合成出一系列新型化合物或聚合物，已被广泛应用于合成纤维、电子电气用树脂、电路板和半导体封装材料等的阻燃。同时 DOPO 由于其本身的特殊功能，还可用于高分子材料的化学改性。DOPO 还可作为杀虫剂、杀菌剂、固化剂、抗氧剂、稳定剂、光引发剂、黏结剂、有害金属离子的封锁剂、有机物的淡色剂、紫外光吸收剂、有机发光材料的母体等使用。

由于分子结构中存在 P—C 键，因此阻燃性能比一般的磷酸酯更好。它和衣康酸、衣康酸酯或衣康酸酐的反应产物可广泛用作聚酯纤维的反应型共聚阻燃剂。

DOPO 是由 Saito 等人最早合成出来的。日本、德国以及美国对其合成进行了比较深入的研究，我国虽然起步比较晚，但也已经取得了一定的成果。总体看来，研究的内容都是在工艺上，其原理还是不变的。DOPO 的合成原理如下所示。

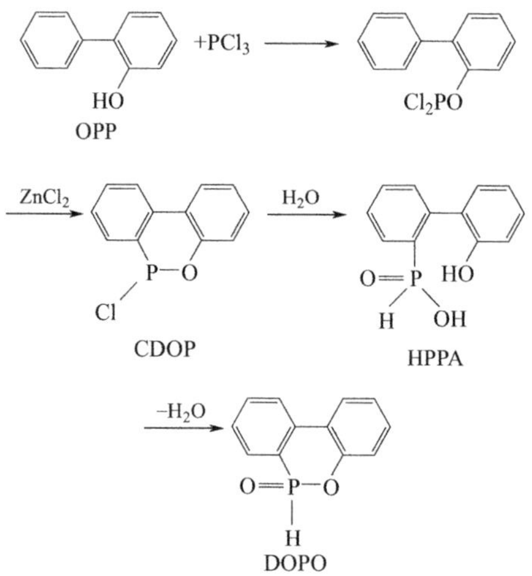
+PCl3
HO
OPP
Cl2PO
ZnCl2
P—O
Cl
CDOP
H2O
O=P HO
H OH
HPPA
-H2O
O=P—O
H
DOPO

合成 DOPO 的原料是邻苯基苯酚和三氯化磷，其中还要使用氯化锌作为催化剂，具体步骤如下。

① 邻苯基苯酚（OPP）和三氯化磷进行酯化反应生成（2-苯基）苯基亚磷酰二氯。

② （2-苯基）苯基亚磷酰二氯在氯化锌等催化作用下进行分子内酰基化反应生成 6-氯-(6*H*)二苯并-(*c*,*e*)-氧磷杂己环（CDOP）。

③ CDOP 水解生成 2′-羟基联苯-2-基亚膦酸（HPPA）。

④ HPPA 进行脱水反应生成 DOPO。

3.7.2　含磷-碳键的 DOPO 衍生物

近年来的研究发现，DOPO 中的 P—H 键能够与许多不饱和基团发生加成反应，如醌、醛、酮、碳碳双键和三键以及环氧基团等。其反应具有以下优点：反应条件简单，只需要加热，不需要催化剂，而且反应迅速。这些优点既符合绿色化学要求，也使人们将磷杂菲基团引入各种材料变得异常容易。

DOPO 与苯醌和萘醌等醌类化合物在甲苯、乙氧基乙醇、四氢呋喃等溶剂中反应时，反应的产率接近 100%。得到的产物如下所示：

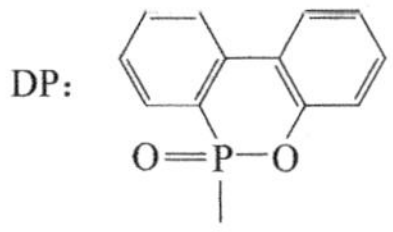

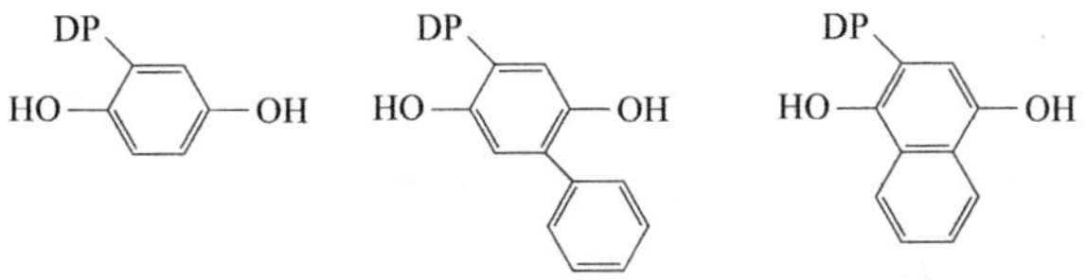

这些产物可以作为制备酯类或环氧树脂化合物的重要原料，能够将磷杂菲基团引入到其中，以赋予酯类或环氧树脂化合物新的特性。

再者，DOPO 与另一类不饱和化合物醛酮也能比较容易地发生反应。如甲醛和苯甲醛，反应温度是 90~110℃，溶剂是甲苯或二甲苯。能够制备出含磷杂菲的羟基类化合物，其结构式如下：

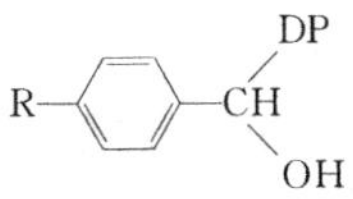

在 160~180℃时，DOPO 能与酮直接发生反应，制备出含磷杂菲基团的酚类和氨基类化合物，其结构式如下：

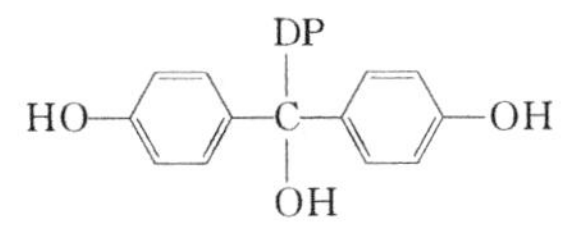

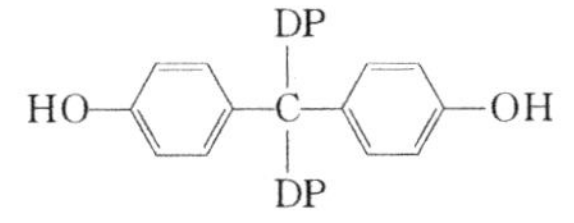

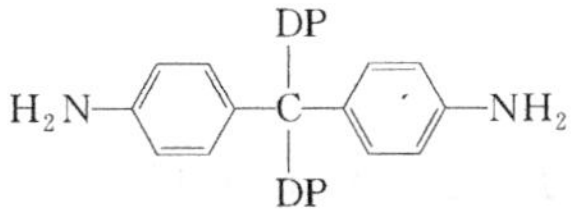

由于醛酮化合物通常带有羟基或氨基等活泼基团，因此反应后可能得到芳香胺或芳香酚类化合物。这类化合物可以作为酚醛树脂固化剂或环氧树脂的酚类反应单体以及制备聚酰胺的反应单体，并将磷杂菲基团引入其中以获得新的特性。

此外王春山将 DOPO 分别与衣康酸、马来酸和苯醌反应得到三种 DOPO 衍生物，其结构式分别如下所示：

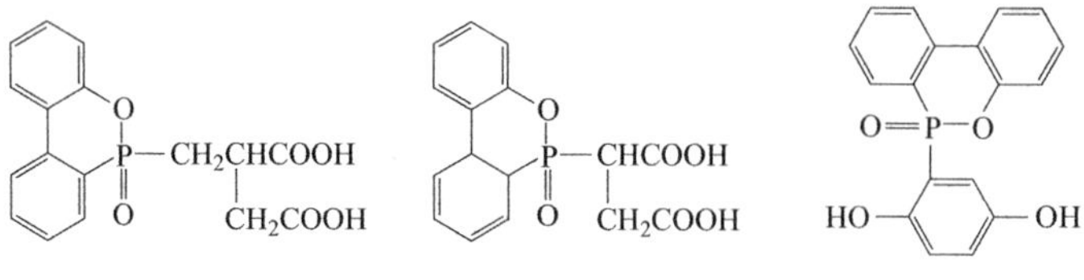

3.7.3 含磷-氮键的 DOPO 衍生物

笔者与姚坤成以 DOPO 为原料，依据 Atherton-Todd 反应，将其分别与氨基化合物（三聚氰胺、乙二胺、无水哌嗪和 2-氨基苯并噻唑）发生反应，合成了四种不同 P-N 协效 DOPO 氨基衍生物阻燃剂，（DOPO-MEL、DOPO-EDA、DOPO-PI 和 DOPO-ABZ），并评价了其阻燃聚酰胺 6 的阻燃性能。

3.7.3.1 DOPO-MEL、DOPO-EDA、DOPO-PI 和 DOPO-ABZ 的合成工艺路线

称取一定量的 DOPO 添加到装有冷凝回流装置四口烧瓶中，加入溶剂二氯甲烷（CH_2Cl_2），冰浴条件下搅拌使其分散；随后量取三乙胺（Et_3N）加入四口烧瓶中，溶液迅速澄清。向上述澄清溶液内分别加入计量的三聚氰胺（MEL），乙二胺（EDA）或无水哌嗪（PI），并开始向烧瓶内逐滴加入四氯化碳（CCl_4），控制滴加温度在 15℃以下。滴加完毕后在室温下反应 12h。抽滤得白色或淡黄色滤饼，经乙醇与去离子水多次洗涤后得最终白色固体产物。具体反应过程如下所示：

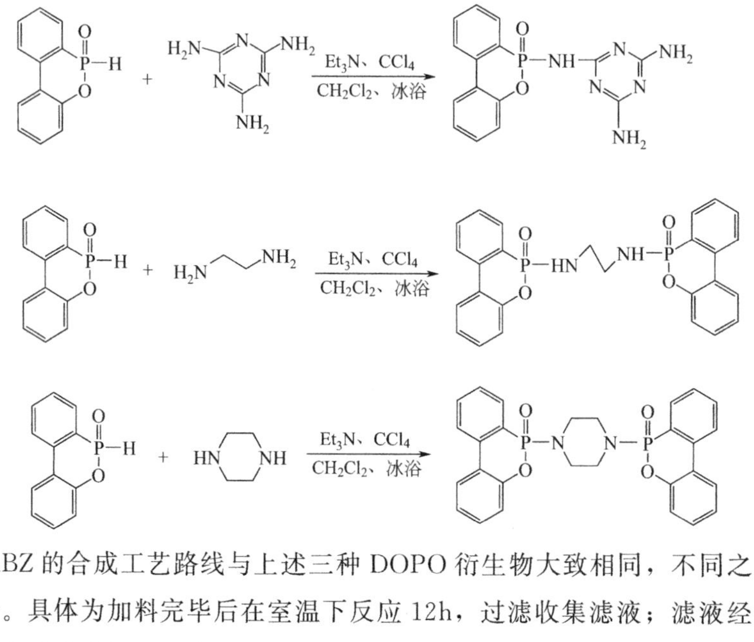

DOPO-ABZ 的合成工艺路线与上述三种 DOPO 衍生物大致相同，不同之处在于反应完后的处理方法。具体为加料完毕后在室温下反应 12h，过滤收集滤液；滤液经旋蒸至呈黏稠状态，随后向滤液内加入一定量的饱和 $NaHCO_3$ 溶液和丙酮试剂，此时有大量固体颗粒析出。过滤、去离子水和乙醇洗涤至滤饼呈白色干燥即为 DOPO-ABZ 阻燃剂，反应过程如

下所示：

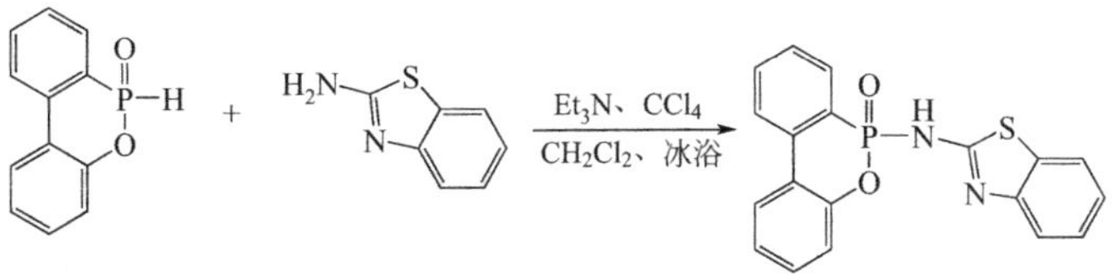

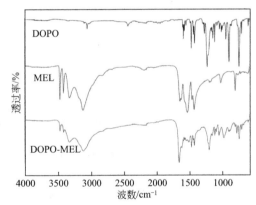

3.7.3.2　表征与热性能

（1）DOPO-MEL 表征与热性能

① 红外光谱分析。

DOPO、MEL 与产物 DOPO-MEL 的红外光谱图如图 3-44 所示。在 DOPO 中，$2440cm^{-1}$ 处为 P—H 键的伸缩振动峰，$1234cm^{-1}$ 处为 P＝O 的伸缩振动峰，$904cm^{-1}$、$755cm^{-1}$ 处为 P—O—Ph 的特征吸收峰；在 MEL 中，$3468cm^{-1}$ 和 $3416cm^{-1}$ 处为—NH$_2$ 的两个伸缩振动峰产物，$1651cm^{-1}$ 处为—NH$_2$ 的弯曲振动峰；产物 DOPO-MEL 中 $2440cm^{-1}$ 处的 P—H 的伸缩振动峰消失并在 $979cm^{-1}$ 处出现 P—N 键的吸收特征峰，这是目标产物被合成的显著特征；另外，$1205cm^{-1}$ 和 $752cm^{-1}$ 处为 DOPO 上 P＝O 和 P—O—Ph 的特征吸收峰；同时产物中—NH$_2$ 的一系列特征峰明显削弱，表明目标产物 DOPO-MEL 具有预期分子结构。

图 3-44　DOPO、MEL 与产物 DOPO-MEL 的红外光谱

② 核磁共振分析。

图 3-45 分别为 DOPO-MEL 的 ^{1}H-NMR 和 ^{31}P-NMR 谱图。^{1}H-NMR 中化学位移 $\delta＝0$ 和 $\delta＝2.51$ 为 TMS 和 DMSO 特征峰；$\delta＝6.34$ 和 $\delta＝6.77$ 处分别为三聚氰胺上—NH$_2$ 的特征质子峰和磷酰胺的特征质子峰；$\delta＝7.1\sim8.0$ 出现的多重峰为苯环的质子峰；^{31}P-NMR 谱图中 $\delta＝15.48$ 处出现了唯一的单峰，表明产物纯度较高。

③ 热性能分析。

DOPO-MEL 在 30～820℃ 范围内的 TG 和 DTG 曲线如图 3-46 所示。从 TG 曲线来看，DOPO-MEL 的热分解主要分为两个部分，第一个部分是 DOPO 在 260～580℃ 的温度范围内的分解，该过程伴随着三嗪结构的初步分解，释放出 N$_2$ 等不燃性气体；第二个部分 DOPO-

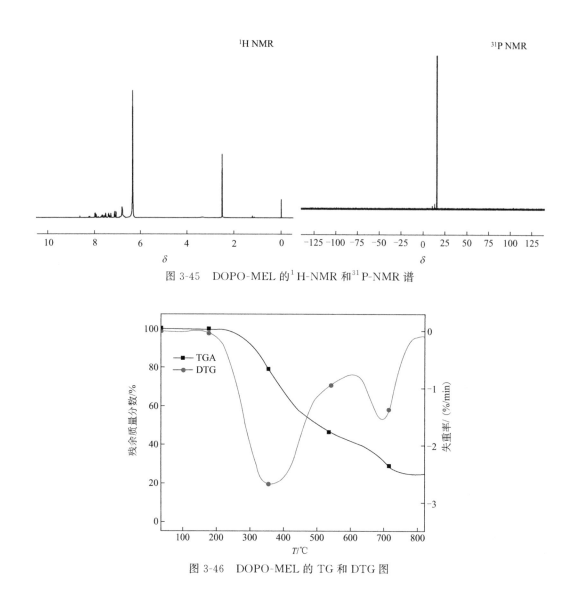

图 3-45　DOPO-MEL 的 ^{1}H-NMR 和 ^{31}P-NMR 谱

图 3-46　DOPO-MEL 的 TG 和 DTG 图

MEL 在 650℃时的残留量为 38.1%（质量分数），继续升高温度至 820℃，残留量降至 24.7%（质量分数），DOPO-MEL 在第二区域（650～820℃）发生的分解则是炭结构由不稳定态向稳态的转变。

（2）DOPO-EDA 和 DOPO-PI 表征与热性能

① 红外光谱分析。

图 3-47 为 DOPO-EDA 和 DOPO-PI 的红外光谱图。从图中可以看出原料 DOPO 的主要特征峰（如 1594cm^{-1}、1479cm^{-1} 处的苯环特征峰和 1234cm^{-1} 处的 P=O 键特征峰）在产物 DOPO-EDA、DOPO-PI 红外光谱图中均有体现；但 DOPO 分子中 2440cm^{-1} 处的 P—H 键特征峰消失，对应的在两种产物红外光谱图中，分别在 1021cm^{-1} 和 969cm^{-1} 处出现了新生成的 P—N 键特征峰。另外，2700～3000cm^{-1} 处出现的特征峰为桥联化合物中亚甲基上 C—H 键的伸缩振动峰，表明 DOPO-EDA 和 DOPO-PI 具有了预期的桥联结构。

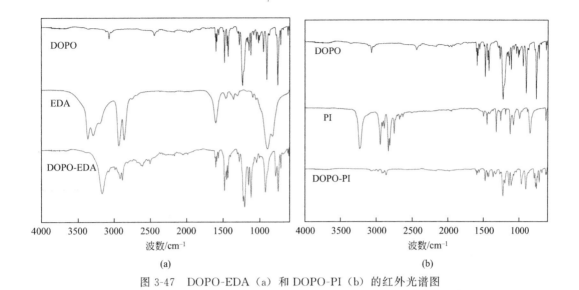

图 3-47 DOPO-EDA（a）和 DOPO-PI（b）的红外光谱图

② 核磁共振分析。

DOPO-EDA 和 DOPO-PI 的 ^{1}H-NMR 谱及 ^{31}P-NMR 谱如图 3-48、图 3-49 所示。DO-PO-EDA 以 DMSO 为氘代试剂，其 ^{1}H-NMR 谱图中 $\delta=0$ 和 $\delta=2.51$ 处分别为 TMS 和 DMSO 的特征峰，$\delta=3.34$ 为桥联化合物乙二胺上亚甲基的特征质子峰，$\delta=5.75$ 为磷酰胺的特征质子峰；DOPO-PI 以 CDCl$_3$ 为氘代试剂，^{1}H-NMR 谱图中化学位移 $\delta=0$ 和 $\delta=7.28$ 处分别为 TMS 和 CDCl$_3$ 特征峰，$\delta=3.26$ 为桥联化合物哌嗪上亚甲基的特征质子峰；DO-PO-EDA 和 DOPO-PI 在化学位移 7.0~8.5 之间出现的多重峰为 DOPO 上苯环的特征质子峰，^{1}H-NMR 谱结果符合预期。

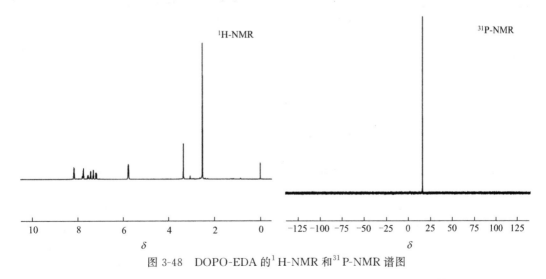

图 3-48 DOPO-EDA 的 ^{1}H-NMR 和 ^{31}P-NMR 谱图

相较于 ^{1}H-NMR 谱，DOPO-EDA 和 DOPO-PI 的 ^{31}P-NMR 谱都只出现了唯一的单峰，表明结构中只含有磷酰胺一种结构；结合 ^{1}H-NMR 表明两种桥联 DOPO 氨基衍生物制备方法具有良好的可行性。

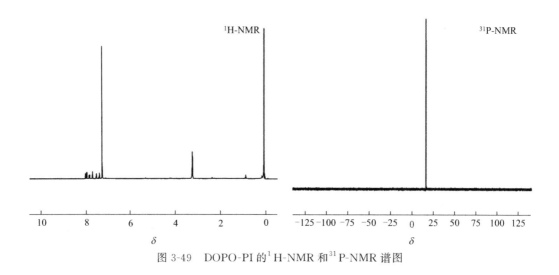

图 3-49　DOPO-PI 的 ^{1}H-NMR 和 ^{31}P-NMR 谱图

③ 热性能分析。

DOPO-EDA 和 DOPO-PI 在 30～650℃ 范围内的 TG 和 DTG 曲线如图 3-50 所示。从图中可看出，DOPO-EDA 和 DOPO-PI 的 TGA 曲线只包含一个热降解过程。且二者初始分解温度相差较大，DOPO-PI 的起始分解温度高达 421.5℃，而 DOPO-EDA 仅为 374.1℃，说明含脂肪族六元环稳定结构的 PI 作为桥联化合物时产物的热稳定性更高。两种阻燃剂的最大热分解速率温度相差也较大，DOPO-PI 对应的热分解速率温度高于 DOPO-EDA。从残留质量则可以看出 DOPO-EDA 拥有更好的成炭性能，其残留量约是 DOPO-PI 的两倍。

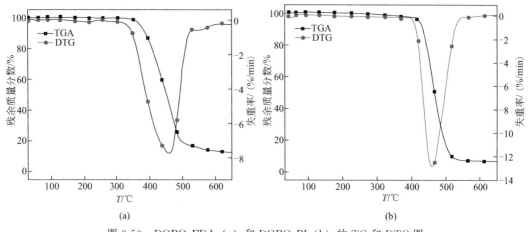

图 3-50　DOPO-EDA（a）和 DOPO-PI（b）的 TG 和 DTG 图

（3）DOPO-ABZ 表征及热性能

① 红外光谱分析。

DOPO、ABZ 和产物 DOPO-ABZ 的红外光谱如图 3-51 所示。如同前述三种 DOPO 衍生物类似，除原有 DOPO 结构得到保留外，反应产物中还出现了新生成的 P—N 特征峰，DOPO-ABZ 具有预期的分子结构。

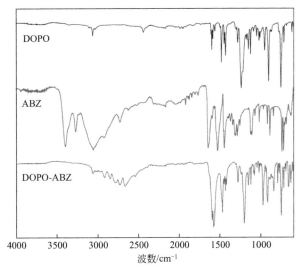

图 3-51　DOPO、ABZ 和产物 DOPO-ABZ 的红外光谱图

② 核磁共振分析。

DOPO-ABZ 的[1]H-NMR 和[31]P-NMR 谱图如图 3-52 所示。DOPO-ABZ 以 DMSO 为氘代试剂，^{1}H-NMR 谱图中 $\delta=0$ 和 $\delta=2.51$ 处分别为 TMS 和 DMSO 特征峰，$\delta=5.46$ 为磷酰胺的特征质子峰；δ 介于 $7.0\sim8.5$ 之间出现的多重峰为 DOPO 和 ABZ 上苯环的特征峰，^{1}H-NMR 谱结果符合预期。^{31}P-NMR 谱图中 $\delta=9.27$ 处只出现了唯一的单峰，表明 DOPO-ABZ 中只含有单一磷酰胺结构。

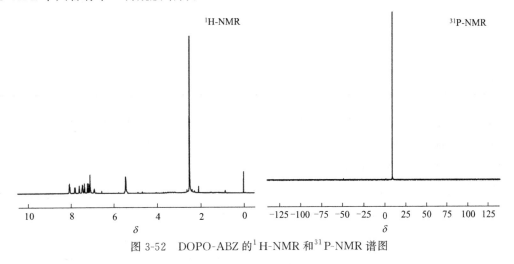

图 3-52　DOPO-ABZ 的[1]H-NMR 和[31]P-NMR 谱图

③ 热性能分析。

DOPO-ABZ 在 30~650℃ 范围内的 TG 和 DTG 曲线如图 3-53 所示。从图中可看出，DOPO-ABZ 的 TG 曲线只包含一个热降解过程，初始热分解温度为 309.8℃。经完全分热降解后，DOPO-ABZ 在 650℃ 残留量为 6.69%（质量分数）。

3.7.3.3　DOPO 衍生物阻燃剂阻燃 PA6 应用

① DOPO-MEL 阻燃 PA6 应用。

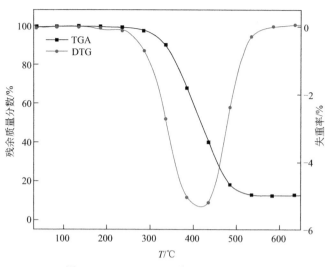

图 3-53　DOPO-ABZ 的 TG 和 DTG 图

将 DOPO-MEL 用于阻燃 PA6，设计出 4 种不同配方，并与纯 PA6 样品做对比，阻燃性能测试结果如表 3-45 所示。

表 3-45　DOPO-MEL 阻燃 PA6 复合材料阻燃性能测试结果

试样编号	PA6 含量/%	DOPO-MEL 含量/%	KH550 含量/%	UL 94 等级	LOI/%
0	99.7	0	0.3	—	21.3
1	94.7	5	0.3	V-2	27.1
2	89.7	10	0.3	V-2	29.3
3	84.7	15	0.3	V-2	30.4
4	79.7	20	0.3	V-0	34.0

DOPO-MEL 可显著提高 PA6 的阻燃性能，当 DOPO-MEL 用量为 20%（质量分数）时，复合材料的 LOI 值达 34.0%，垂直燃烧等级提升至 UL 94 V-0 级。

② DOPO-EDA 阻燃 PA6 应用。

将 DOPO-EDA 用于阻燃 PA6，设计出 4 种不同配方，并与纯 PA6 样品做对比，阻燃性能测试结果如表 3-46 所示。

表 3-46　DOPO-EDA 阻燃 PA6 复合材料阻燃性能测试结果

试样编号	PA6 含量/%	DOPO-EDA 含量/%	KH550 含量/%	UL 94 等级	LOI/%
0	99.7	0	0.3	—	21.3
5	94.7	5	0.3	V-2	22.9
6	89.7	10	0.3	V-2	24.1
7	84.7	15	0.3	V-0	27.8
8	79.7	20	0.3	V-0	30.9

当阻燃剂用量达到 20％（质量分数）时，DOPO-EDA 阻燃 PA6 复合材料的 LOI 值达到 30.9％，垂直燃烧等级为 UL 94 V-0。

③ DOPO-PI 阻燃 PA6 应用。

将 DOPO-PI 用于阻燃 PA6，设计出 4 种不同配方，并与纯 PA6 样品做对比，阻燃性能测试结果如表 3-47 所示。

表 3-47　DOPO-PI 阻燃 PA6 复合材料阻燃性能测试结果

试样编号	PA6 含量/％	DOPO-PI 含量/％	KH550 含量/％	UL 94 等级	LOI/％
0	99.7	0	0.3	—	21.3
9	94.7	5	0.3	V-2	24.0
10	89.7	10	0.3	V-2	24.4
11	84.7	15	0.3	V-2	25.1
12	79.7	20	0.3	V-2	25.9

当阻燃剂用量达到 20％（质量分数）时，DOPO-PI 阻燃 PA6 复合材料的 LOI 值达到 25.9％，垂直燃烧等级为 UL 94 V-2。

④ DOPO-ABZ 阻燃 PA6 应用。

将 DOPO-ABZ 用于阻燃 PA6，设计出 4 种不同配方，并与纯 PA6 样品做对比，阻燃性能测试结果如表 3-48 所示。

表 3-48　DOPO-ABZ 阻燃 PA6 复合材料阻燃性能测试结果

试样编号	PA6 含量/％	DOPO-ABZ 含量/％	KH550 含量/％	UL 94 等级	LOI/％
0	99.7	0	0.3	—	21.3
13	94.7	5	0.3	V-2	22.9
14	89.7	10	0.3	V-2	25.7
15	84.7	15	0.3	V-2	26.3
16	79.7	20	0.3	V-0	29.4

DOPO-ABZ 改善了 PA6 材料的阻燃性能，当阻燃剂用量为 20％（质量分数）时，DOPO-ABZ 阻燃 PA6 复合材料的 LOI 值高达 29.4％，垂直燃烧等级达 UL 94-V-0 级。

3.7.4　DOPO 衍生物阻燃剂的应用

3.7.4.1　阻燃聚乳酸

聚乳酸（PLA）是由乳酸合成的无毒、可完全生物降解的聚合物，具有与丙烯腈/丁二烯/苯乙烯共聚物（ABS）相当的机械强度和刚性。但是，PLA 耐热性能差，容易燃烧，并伴有熔滴现象，如果将 PLA 应用于电子电气、汽车、家电等产品的零部件，则必须对其进行阻燃改性。目前国内外有关 PLA 阻燃的研究报道还较少。

通过 DOPO 与苯醌反应合成了 DOPO 衍生物 10-(2,5-二羟基苯基)-10-二氢-9-氧杂-10-磷杂菲-10-氧化物（DOPO-HQ）。DOPO-HQ 具有高效的阻燃性。由于有 P—C 键存在，该衍生物化学稳定性好，耐水，能永久阻燃且不迁移，在提高高分子材料的阻燃性、热稳定性和有机溶解性的同时，还能够保持或部分改变高分子材料的力学性能。DOPO-HQ 可以通过共聚键入聚酯、聚醚、聚酰胺中，提高聚合物的阻燃性和热稳定性。因 DOPO-HQ 与聚酯相容性良好，所以对阻燃体系力学性能的影响较小。

DOPO 反应阻燃 PLA 的氧指数与 DOPO 含量的关系如图 3-54 所示。由图可知，当 DOPO 的质量分数为 10% 时，氧指数达到 37%，这表明 DOPO 具有明显的阻燃效果。DOPO 有效阻燃 PLA 的原因可能是 DOPO 熔点较低（约 120℃），在加工温度 180℃下为熔融状态，能与 PLA 发生反应，并连接到 PLA 的主链上。

DOPO-HQ/DCP 反应阻燃 PLA 的氧指数与 DOPO-HQ 含量的关系如图 3-55 所示。从图中可以看出，DCP 与 DOPO-HQ 复配阻燃的 PLA 体系的氧指数高于未加 DCP 体系，且当 DOPO-HQ 质量分数为 5% 时，氧指数达到最大值。这可能是因为 DCP 可促进 DOPO-HQ 反应接枝 PLA，从而使得阻燃效果更明显。比较图 3-54 和图 3-55 可见，DOPO-HQ 的阻燃效果比 DOPO 差，原因是 DOPO-HQ 在加工温度下不能熔融，混合的均匀程度明显低于 DOPO 阻燃体系，难以有效阻燃 PLA。

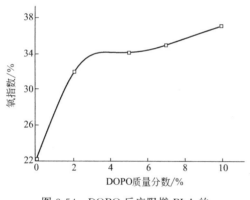

图 3-54　DOPO 反应阻燃 PLA 的
氧指数与 DOPO 含量的关系

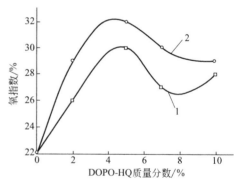

图 3-55　DOPO-HQ/DCP 反应阻燃 PLA
的氧指数与 DOPO-HQ 含量的关系
1—DOPO-HQ 阻燃 PLA；2—DOPO-
HQ/DCP 阻燃 PLA

从上述试验结果可看出 DOPO 及 DOPO-HQ 均可作为 PLA 的阻燃剂，只是两者的反应机理不同。前者是直接与 PLA 亲核加成反应接枝，后者是在过氧化物引发下通过自由基共聚反应接枝。添加质量分数 5% 的 DOPO 后 PLA 的氧指数达 32%，阻燃效果优良；5% DOPO-HQ/0.5% DCP 反应阻燃 PLA 的氧指数达 32%，阻燃效果良好。

3.7.4.2　阻燃环氧树脂

含 DOPO 环氧树脂的合成主要有以下两种途径。

① 通过 EP 和 DOPO 直接反应得到产物，其反应过程如下：

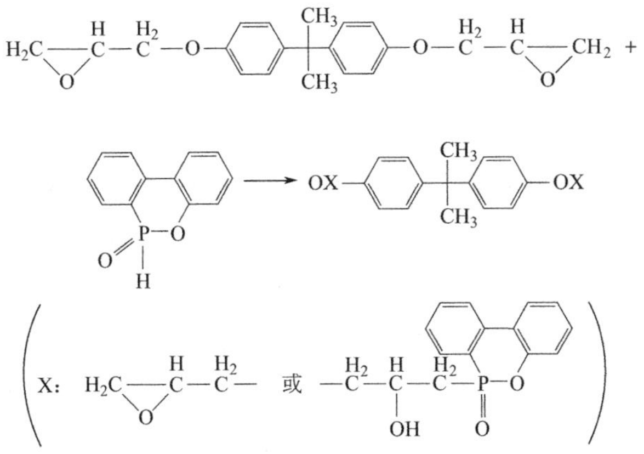

② DOPO 和醛在一定条件下反应得到含磷中间体，然后将中间体与 EP 反应得到含磷 EP，中间体的合成反应如下：

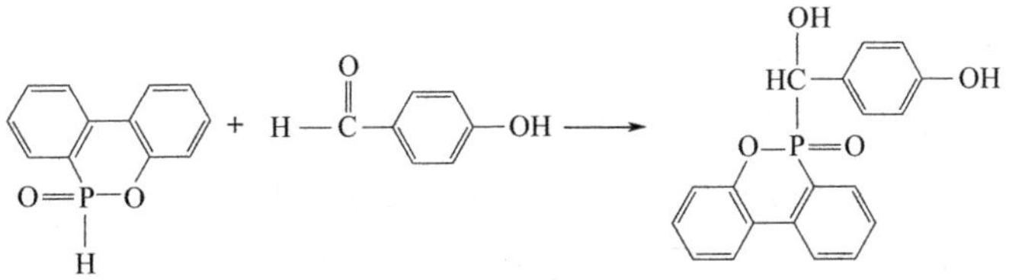

3.7.4.3　DOPO 衍生物作为阻燃固化剂

将 DOPO、4-羟基苯甲醛（4-HBA）和甲苯等搅拌 5h，冷却至室温，过滤并洗涤沉淀后得到对羟基苯甲醇基-9,10-二氢-9-氧杂-10-磷杂菲-10-氧化物（DOPO-HB）；然后将 DOPO-HB 溶于四氢呋喃中，再加入己二酸，加热反应液并回流 4h；最后用 $w(\mathrm{NaOH})=5\%$ 的溶液中和反应体系，得到的产物为含磷羟基类固化剂对羟基苯甲烷基-9,10-二氢-9-氧杂-10-磷杂菲-10-氧化物（DOPO-PN）。将 DOPO-PN 作为邻甲酚 PF-EP(CNE200) 的固化剂，当 $w(\mathrm{磷})\approx1.45\%\sim5.05\%$ 时，体系的 T_g 随磷含量的增加而降低（$T_g\approx160℃$），因此，体系具有较高的 T_g；在 $\mathrm{N_2}$ 中，体系的分解温度 T_d（体系质量损失为 1%）在 $324℃$ 以上，$800℃$ 时的残炭率在 34.4% 以上，体系具有优良的热稳定性；体系的 LOI 值随磷含量的增加而增大，从 25% 增大到 35%；当 $w(\mathrm{磷})=2\%$ 时，体系的阻燃性能达到了 UL 94 V-0 级，体系具有很好的阻燃性能。因此，DOPO-PN 可以作为 EP 的一种反应型阻燃剂在绿色电子材料中使用。

3.8　磷腈类阻燃剂

磷腈类化合物是以 P、N 为基本骨架交替排列的无机-有机化合物，聚磷腈的结构通式为 $(\mathrm{N}=\mathrm{PR_1R_2})_n$，其中 R_1、R_2 代表有机基团，可以是氨基、芳香基、脂肪族烷氧基、芳香族烷氧基等有机单元，$n\geqslant3$，可分为环状聚磷腈和线型聚磷腈，其主要结构如下：

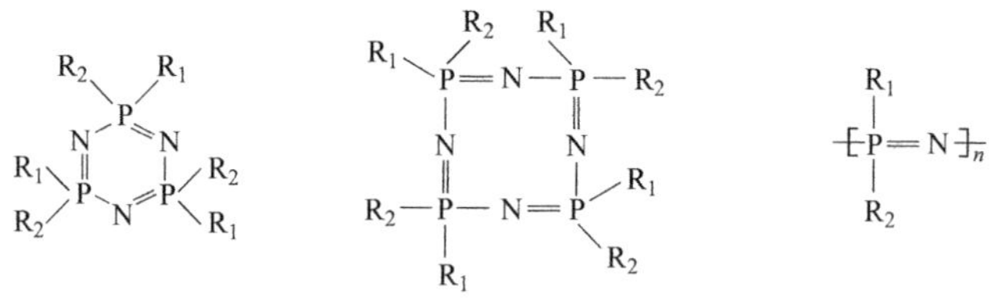

其中环状磷腈产品以五氯化磷、氯化铵为主要原料制备六氯环三磷腈，六氯环三磷腈进一步与其他化合物发生氯化氢脱除反应制备环三磷腈阻燃剂；线型磷腈产品同样采用五氯化磷和氯化铵为原料通过直接聚合或者先成环三磷腈再开环聚合制备。磷腈阻燃剂不仅具有磷系阻燃剂良好的阻燃性能，而且具备氮化合物阻燃增效和协同阻燃的作用，另外还具有热稳定性好、无毒、发烟量小和自熄的优点。事实上，聚磷腈作为磷-氮阻燃剂研究可以追溯到 20 世纪 70 年代初期，但由于其合成过程中易产生剧毒副产物，因此研究进展比较缓慢。

聚磷腈分子中富含磷、氮元素，具有很好的协同阻燃作用，因此聚磷腈材料是非常好的阻燃材料。以无机磷腈为骨架的树脂材料具有优异的耐高温阻燃性，此类物质主要以芳香族为侧基的环状聚磷腈为主，表现为极限氧指数高、排烟量低、放出的气体无腐蚀性、低毒性。此外，许多以芳香基为侧基的线型聚磷腈也是很好的阻燃材料。

磷腈衍生物可以通过添加法或反应法接枝到聚合物中，赋予聚合物良好的阻燃性。其中，六苯氧基环三磷腈已经有商品出售。

3.8.1 羟基环三磷腈阻燃剂

羟基环三磷腈既是重要的反应中间体，又可直接用作阻燃剂。Modesti 等合成了两种含羟基环三磷腈化合物，用于改性聚氨酯泡沫体。研究表明，随磷腈化合物加入量的增加，材料的耐热性、成炭性能以及阻燃性能得到了明显提高。高维全等用丙氧基、乙醇氨基取代六氯环三聚磷腈，制备了三丙氧基-三乙醇氨基环三磷腈，并将该衍生物与其他助剂复配，对棉织物进行阻燃整理，发现阻燃棉织物的 LOI 值可达 30.5%，显示了其优越的阻燃性能。

Liu Ran 等经两步反应制备了六(4-羟基苯氧基)环三磷腈，其结构式如下：

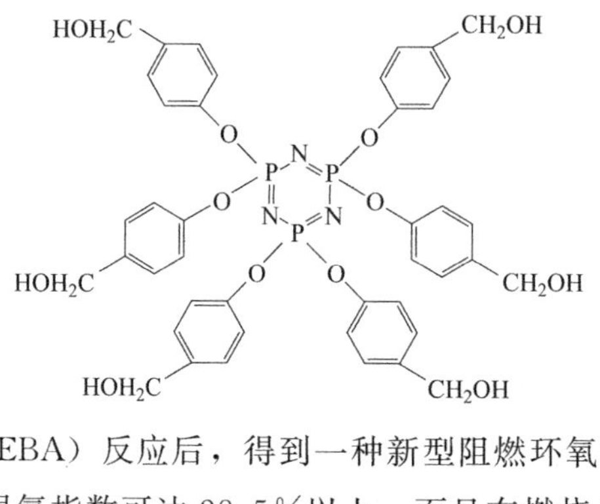

与二缩水甘油醚（DGEBA）反应后，得到一种新型阻燃环氧树脂（PN-EP），采用 4 种固化剂固化后，发现其极限氧指数可达 28.5% 以上，而且在燃烧过程中材料没有熔滴滴落，

残炭率也有极大提高。结果表明，PN-EP 比 DGEBA 具有更好的热稳定性与阻燃性。此外他还合成了二(4-羟基-4,4-二苯砜)四苯氧基环三磷腈（CPEP），与环氧氯丙烷醚化反应后，得到一种新型阻燃环氧树脂。将其与双酚 A 型环氧树脂（E-51）混合，采用 DDM（4,4-二氨基二苯甲烷）对其进行固化，制得的复合环氧树脂具有较好的热稳定性和成炭能力，极大地提高了 E-51 的阻燃性能。当 CPEP 与 E-51 的比例为 1∶1 时，UL 94 测试可达 V-0 级，说明该复合环氧树脂可用于阻燃涂层材料。

Qian Lijun 等制得一种含膦菲结构的新型环磷腈化合物——六(膦菲-羟甲基苯氧基)环三磷腈，经测试，其在 600℃下有 50% 以上的残炭率。将其用于环氧树脂的阻燃，固化后的阻燃树脂表现出优异的阻燃性。

Tao Kang 等以六氯环三磷腈、季戊四醇为原料，制备了一种新型环簇磷腈聚合物（PCPP），并将其用于聚交酯（PLA）的阻燃。当 PCPP 的添加量仅为 5%（质量分数）时，阻燃 PLA 便可达 UL 94 V-0 等级。

3.8.2 含氨基环三磷腈阻燃剂

含氨基环三磷腈是一种同时具备合成和应用性能的磷腈化合物。时虎等制备了三邻苯二氨基环三磷腈，与水合氧化镁复配应用于聚乙烯（PE）阻燃。结果表明，磷腈化合物与水合氧化镁相匹配使用可有效减少燃烧产生的烟气，减慢热释放速率，提高了 PE 的阻燃性能。

孙德等合成了六(氨基苯基)环三磷腈（HPACTPZ），其结构式如下：

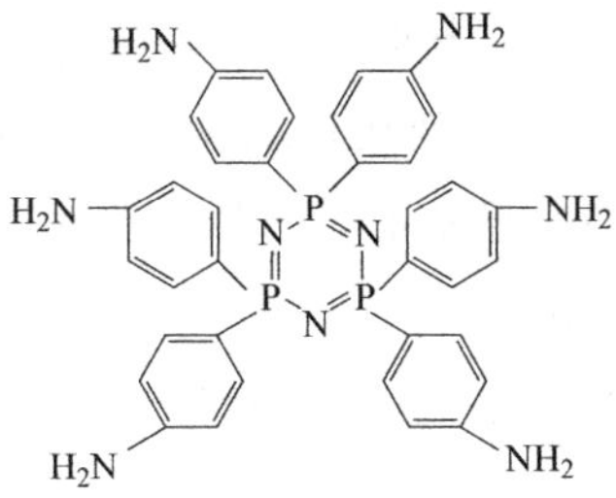

HPACTPZ

并与 ABS 树脂共混制备了阻燃 ABS 树脂，发现磷腈阻燃剂的加入不但可以提高 ABS 树脂的 LOI 值，并且可以改善树脂的力学性能。

杨明山等采用滴加工艺合成了 HPACTPZ，并用其作为阻燃剂，制备了无卤阻燃环氧树脂模塑料（EMC）。结果表明，HPACTPZ 的阻燃作用优异，阻燃后 EMC 可达 UL 94 V-0 等级，LOI 值为 35.8%。同时，HPACTPZ 可加快环氧树脂的固化速率。姚淑焕等将 HPACTPZ 加入聚乙烯醇中共混纺丝，制备了阻燃聚乙烯醇纤维（PVA）。随阻燃剂添加量的增加，阻燃 PVA 纤维的 LOI 值及残炭量都随之提高。当添加量在 10%~15%（质量分数）时，PVA 纤维的 LOI 值将大于 28%，并具有良好的力学性能。

Levchik 等报道了三种含氨基的环三磷腈，并将其作为阻燃剂和固化剂用于环氧树脂中。热重分析数据显示，用这几种氨基环三磷腈固化后的树脂热稳定温度为 340～350℃，在氮气和空气中残炭量较高，LOI 值可达 55％，明显高于一般环氧体系，是一种良好的阻燃层压材料基体树脂。

3.8.3　含双键环三磷腈阻燃剂

具有不饱和双键的环磷腈化合物，交联固化后有利于形成更加稳定的聚合物本质阻燃结构，制备高耐热及高阻燃性材料。Kuan 等制备了六（烯丙氨基）环三磷腈阻燃剂（HACTP），其结构式如下：

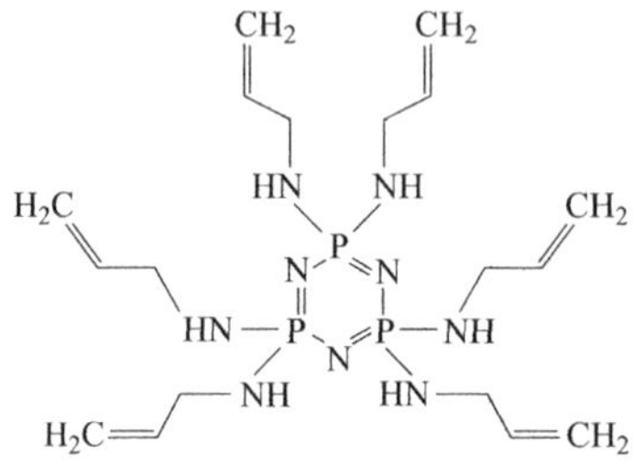

HACTP

将其作为阻燃剂加入不饱和聚酯中，不饱和聚酯的 LOI 值从 20.5％提高至 25.2％，大大提高了材料的自熄性。

Lim 等用 4-羟基苯乙烯取代六氯环三磷腈，合成出含双键的环三磷腈阻燃剂。将其在150℃下交联，得到具有很好阻燃性能的低聚物，LOI 值可达 49％，TG 结果显示 470℃时，其质量损失仅为 5％。

林锐彬等分别合成了甲氧基和乙氧基取代环三磷腈丙烯酸酯衍生物。将两种衍生物乳液共聚后，用于棉织物的阻燃整理，阻燃剂在棉织物表面交联形成网状结构，覆盖于织物表面。燃烧测试显示当两种阻燃剂磷含量基本相同时，甲氧基取代环三磷腈丙烯酸酯的阻燃效果优于乙氧基取代环三磷腈丙烯酸酯。

元东海等制备了（2-烯丙基苯氧基）五苯氧基环三磷腈（APPCP），与丙烯酸丁酯、丙烯酸异辛酯等单体采用共聚法，开发出一种新型丙烯酸酯（PSA）压敏胶。研究结果表明，当 APPCP 含量为 10％（质量分数）时，PSA 的粘接性能相对较好，且热稳定性能不错，UL 94 等级可达 V-0 级，LOI 值为 27.9％，且满足环保型无卤阻燃 PSA 的使用要求。此外，他们还将 APPCP 与丙烯酸酯单体共聚制备阻燃丙烯酸酯树脂，当 APPCP 用量为 20％（质量分数）时，阻燃树脂的热稳定性能和阻燃性能得到了极大的提高，LOI 值可达31.2％，UL 94 等级为 V-0，在空气中 600℃时残炭量为 23.3％。

3.8.4　含硝基环三磷腈阻燃剂

六(4-硝基苯氧基)环三磷腈（HNCP）一般采用催化加氢法制备，在提纯粗产物时，会形成黑色黏稠不溶物，污染产物，并影响产率。传统合成此类衍生物的方法，通常需要两步反应，首先将亲核试剂与金属钠反应制备钠盐，然后再与六氯环三磷腈进行取代反应。这种方法不仅步骤多，而且反应时间也长。东华大学张璇等采用以 K_2CO_3 作缚酸剂、丙酮或四氢呋喃为溶剂的新体系来合成六(4-硝基苯氧基)环三磷腈。其合成方法如下：将 4.0g（0.0115mol）六氯环三磷腈，10.78g（0.0775mol）4-硝基苯酚，5.56g（0.0400mol）碳酸钾，100mL 丙酮加入 250mL 三口瓶中，80℃下回流搅拌 1.5h。反应结束后，抽滤，所得滤渣用冰水洗至乳白色，再用丙酮、甲醇清洗。在真空烘箱中于 100℃ 干燥，得到乳白色固体粉末 8.9g，产率为 93%。合成路线如下：

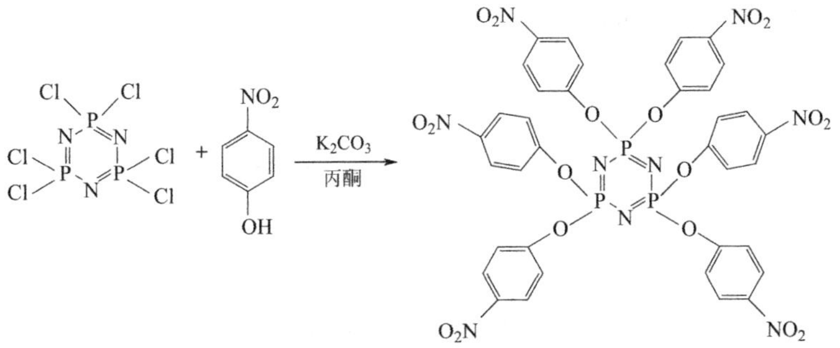

HNCP 对 PET 的热稳定性的影响测试结果见表 3-49。

表 3-49 PET、HNCP 和 PET/HNCP 在氮气中的热稳定性参数

样　品	T_{onset}/℃	T_{max}/℃	600℃ 实际残炭量/%	600℃ 理论残炭量/%
PET	410	437	10.86	
HNCP	382	391	53.58	
PET/5%[①] HNCP	399	428	17.62	13.00
PET/10%[①] HNCP	379	418	21.93	15.31
PET/15%[①] HNCP	357	406	22.32	17.26

① HNCP 含量为质量分数。

从表 3-49 的数据中可以看到，PET/HNCP 复合材料的残炭量随 HNCP 含量的增加而增加。HNCP 的加入有利于改善 PET 的成炭过程，从而提高聚合物的热稳定性能，在 600℃ 下，PET/HNCP 复合材料的残炭量远高于纯 PET，且与理论残炭量相比，实际残炭量可高出 5% 左右。

表 3-50 为 HNCP 对 PET 的阻燃性能试验测试结果，从表中可以看出，HNCP 的加入，可极大地提高 PET 的阻燃性能。当 HNCP 的含量为 10%（质量分数）时，其 LOI 值可增大到 35.1%。UL 94 垂直燃烧试验中，HNCP 的加入量仅为 5%（质量分数）时，PET/HNCP 复合材料的阻燃效果就可以达到 UL 94 V-0 等级。尽管添加 HNCP 并没有减轻 PET 的熔滴现象，但与纯 PET 相比，所有 PET/HNCP 复合材料的熔滴均不能引燃脱脂棉，这有助于降低在燃烧时由熔滴引发火焰蔓延的风险。

表 3-50　PET/HNCP 复合物的 LOI 值及 UL 94 等级

样　品	LOI/%	是否燃尽	熔滴是否点燃棉花	UL 94
PET	26.8	否	是	V-2
PET/5%[①] HNCP	32.0	否	否	V-0
PET/10%[①] HNCP	35.1	否	否	V-0
PET/15%[①] HNCP	34.4	否	否	V-0

① HNCP 含量为质量分数。

3.8.5　含醛基环三磷腈阻燃剂

六(4-醛基苯氧基)环三磷腈（HAPCP）由对羟基苯甲醛取代六氯环三磷腈制得，本身具有良好的热稳定性、阻燃性能以及较高的成炭量。东华大学张璇等以 K_2CO_3 作缚酸剂，Pd/C 为催化剂，在丙酮或四氢呋喃为溶剂中，用水合肼还原法替代传统加氢法，合成了六(4-醛基苯氧基)环三磷腈。该工艺不但降低了催化剂成本，而且消除了粗产物提纯过程中黑色黏稠物的影响，使得后处理过程简便易行。其合成步骤如下：将 5.0g（0.0144mol）六氯环三磷腈，12.21g（0.1000mol）对羟基苯甲醛，9.95g（0.0720mol）碳酸钾，200mL 四氢呋喃依次加入 500mL 三口烧瓶中，升温至 80℃，回流搅拌反应 48h。反应结束后，用旋转蒸发仪浓缩反应液至 1/4 体积，将其倾入蒸馏水中，静置，得到白色絮状沉淀，抽滤，用蒸馏水洗涤数次，于真空干燥箱中干燥得粗产品。用乙酸乙酯重结晶提纯，可得浅黄色针状晶体 8.67g，产率 70%。合成路线如下：

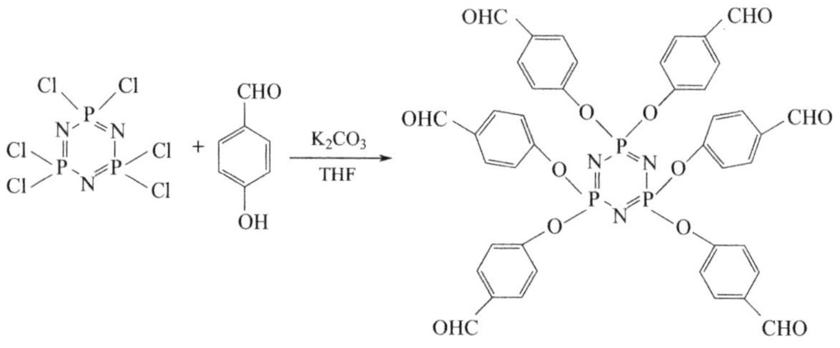

HAPCP

3.8.5.1　HAPCP 对 PET 的热稳定性

从表 3-51 可看出，600℃ 下 PET/HAPCP 复合材料的实际残炭量均高于理论残炭量，且实际残炭量随 HAPCP 添加量的增加逐渐增加。这说明 HAPCP 的加入有利于促进 PET 成炭，提高 PET 的热稳定性能。

表 3-51　PET、HAPCP 和 PET/HAPCP 在氮气中的热稳定性参数

样　品	T_{max}/℃	600℃ 实际残炭量/%	600℃ 理论残炭量/%
PET	437	10.86	
HAPCP	287	82.71	
PET/5%[①] HAPCP	415	20.39	14.45

样　品	T_{max}/℃	600℃实际残炭量/%	600℃理论残炭量/%
PET/10%[①] HAPCP	392	23.95	18.05
PET/15%[①] HAPCP	382	27.15	21.64

① HAPCP 含量为质量分数。

3.8.5.2　PET/HAPCP 阻燃性能

表 3-52 为 PET/HAPCP 复合材料的 LOI 值及 UL 94 测试评价等级。由表中可以看出，HAPCP 的加入，可极大地提高 PET 的 LOI 值。当 HAPCP 的含量为 10%（质量分数）时，其 LOI 值可达 34.3%；随 HAPCP 含量的继续增加，LOI 值呈下降趋势。这是由于 HAPCP 含量越高，在 PET 中的分散性越差，因此在燃烧过程中，不能形成有效的保护层，从而降低了复合材料的阻燃性能。UL 94 垂直燃烧试验中 PET/HAPCP 的优势不明显，只有 HAPCP 加入量为 10%（质量分数）的样品产生的熔滴不引燃脱脂棉，达到 UL 94 V-0 等级，其余样品均为 V-2 等级，但与纯 PET 相比，所有样品的余焰及余燃时间有所缩短。

表 3-52　PET/HAPCP 复合材料的 LOI 值及 UL 94 等级

样　品	LOI/%	是否燃尽	熔滴是否点燃棉花	UL 94
PET	26.8	否	是	V-2
PET/5%[①] HAPCP	30.2	否	是	V-2
PET/10%[①] HAPCP	34.3	否	否	V-0
PET/15%[①] HAPCP	30.6	否	是	V-2

① HAPCP 含量为质量分数。

对 PET/HAPCP 复合材料热稳定性能和阻燃性能的研究结果表明，HAPCP 对 PET 起到了阻燃作用，制备的复合材料为阻燃复合材料。

3.8.6　其他环三磷腈阻燃剂

六氯环三磷腈分子中还可引入其他活性基团，制备性能优异的阻燃衍生物。唐安斌等合成了六苯氧基环三磷腈（HPCTP），徐建中等将阻燃剂 HPCTP 用于 PC/ABS 合金体系中，当阻燃剂含量为 20%（质量分数）时，LOI 值可达 25.7%，UL 94 测试可达 V-0 等级。HPCTP 的加入可促进 PC/ABS 合金形成更稳定的炭层。

肖啸等合成出六(4-醛基苯氧基)环三磷腈，热重分析显示，其在 400℃ 左右有明显失重，800℃时残炭量仍有 78%，说明其耐热性极为优异，可用于固体火箭推进剂绝热包覆层。邴柏春将制得的六(4-醛基苯氧基)环三磷腈，经高锰酸钾氧化醛基，合成出六(4-羟基苯氧基)环三磷腈。其对 ABS 树脂具有很好的阻燃性，当添加量为 30%（质量分数）时，ABS 的 LOI 值可增大到 25%。

陈胜等以自制的烷氧基环三磷腈为阻燃剂，共混改性黏胶纤维，当添加量为 8.2%（质量分数）以上时，改性纤维的 LOI 值超过 28％。其热分解机理表明，阻燃剂具有催化脱水作用，促使纤维素提前脱水炭化。

靳霏霏等人研究了含氟环磷腈的合成及棉织物阻燃整理应用，即以六氯环三磷腈、八氟戊醇为原料，利用八氟戊氧基对六氯环三磷腈进行部分取代合成了一种含氟环三磷腈衍生物阻燃剂，并应用于棉织物阻燃整理，产生了良好的效果。

3.9　三羟甲基氧化膦缩水甘油醚

笔者与李心良以四羟甲基硫酸膦（THPS）和氢氧化钡［Ba(OH)$_2$］为原料合成了三羟甲基氧化膦（THPO），然后以 THPO 和环氧氯丙烷（ECH）为原料，设计合成了三羟甲基氧化膦缩水甘油醚（THPE），并对其结构和性能进行表征与测试。

3.9.1　THPE 合成工艺路线

THPE 的合成工艺分为两步，第一步是将计量的 Ba(OH)$_2$ 加到四口烧瓶中，加热搅拌使其完全溶解，随后取等物质的量的 THPS 逐滴滴加至烧瓶内，加料结束后在 60℃反应 4h；过滤除去 BaSO$_4$ 沉淀。接着，将计量的 H$_2$O$_2$ 逐滴加入滤液中，机械搅拌并常温反应 5h；最后，加入氯仿除杂，减压蒸馏除水，得到 THPO（挥发控制在 0.05％以下）。

第二步是以甲苯为溶剂，将计量的 THPO 溶解在四口烧瓶中，随后逐滴滴加 ECH，滴完后将升温至 80℃反应 4h。之后降温至 35℃，并加入 NaOH 继续反应 4h。反应过程如下所示。

第一步：

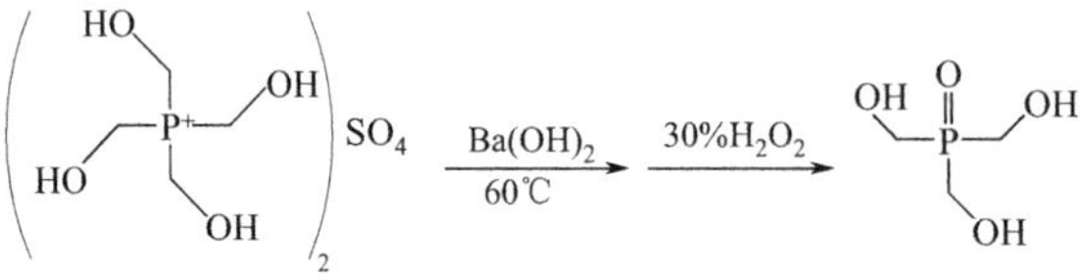

第二步：

开环醚化

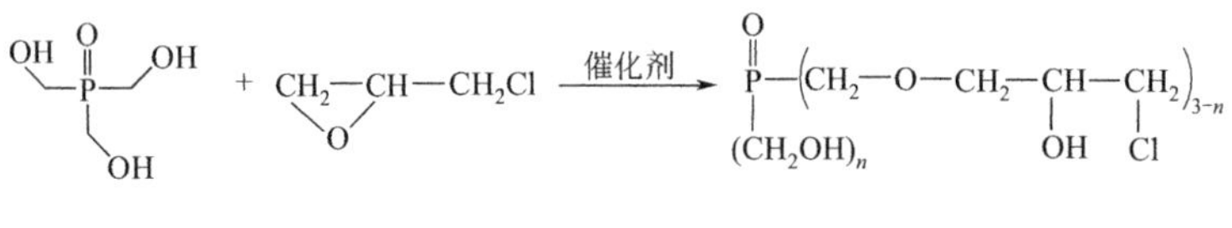

闭环反应

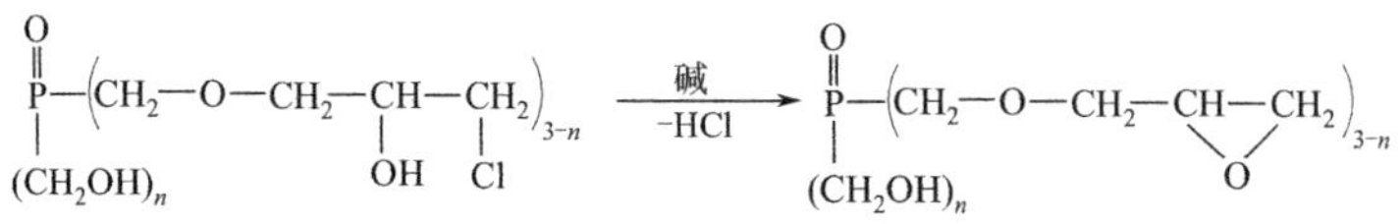

THPE

上述结构式中 $n = 0$，1，2。

3.9.2　THPE 的表征与热性能

（1）THPO 的结构表征

① 红外光谱分析。

THPO 作为环保型有机磷阻燃剂，CAS 号为 1067-12-5，通过 SCIFinder 查到该化合物的红外谱图，原始数据来源于日本国家先进工业科学与技术研究所 [National Institute of Advanced Industrial Science and Technology (Japan)]，如图 3-56 所示。

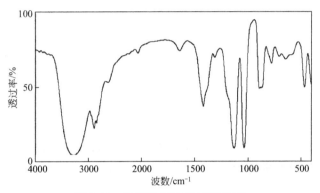

图 3-56　数据库 THPO 红外谱图

图 3-57 为实验条件下测得的 THPO 红外谱图，对比两个谱图可以看出，各区出峰的波数以及峰强度都一致。其特征峰为：$3256 cm^{-1}$ 对应—OH 键的伸缩振动峰，$2897 cm^{-1}$、$2820 cm^{-1}$ 对应—CH_2 键的伸缩振动峰，$1136 cm^{-1}$ 对应 P=O 键的伸缩振动峰。

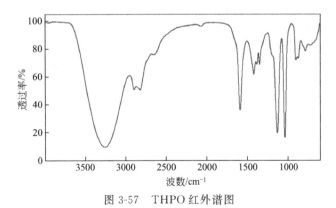

图 3-57　THPO 红外谱图

② 核磁谱图分析。

通过 SciFinder 查到该化合物的核磁磷谱图，原始数据来源于日本国家先进工业科学与技术研究所，如图 3-58 所示。图 3-59 为实验条件下测得的 THPO 的核磁磷谱。对比两个谱图，可知两者的出峰位置及强度几乎一致，图中 49.72 的化学位移为 P=O 键上的磷原子。

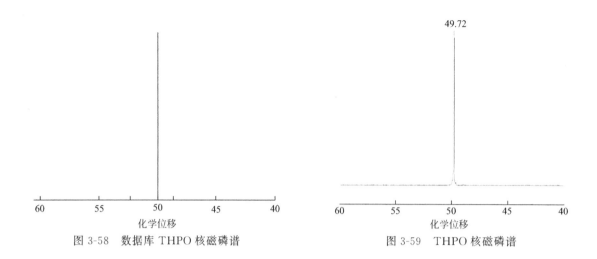

图 3-58　数据库 THPO 核磁磷谱　　　　图 3-59　THPO 核磁磷谱

（2）THPE 的结构表征

① 红外谱图分析。

图 3-60 为产物 THPE 与 THPO 的红外谱图。在产物的红外谱图上可见如下特征峰：$3345cm^{-1}$ 为—OH 的伸缩振动峰；$1110cm^{-1}$ 为 P＝O 的伸缩振动峰；$1160cm^{-1}$、$1046cm^{-1}$ 为开链醚 C—O—C 的伸缩振动峰；$1230cm^{-1}$ 为环醚 C—O—C 的伸缩振动峰；$875cm^{-1}$ 为三元醚环的骨架振动吸收峰。

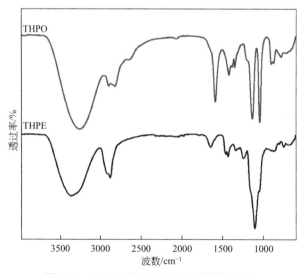

图 3-60　THPE 与 THPO 的红外谱图对比

② 核磁谱图分析。

图 3-61 为 THPE 的核磁磷谱。从磷谱中可以看出，有四处明显的峰，且都出现了位移，这是产物中存在三羟甲基氧化膦一缩水甘油醚、二缩水甘油醚、三缩水甘油醚以及未反应的原料导致的。

③ THPE 热性能分析。

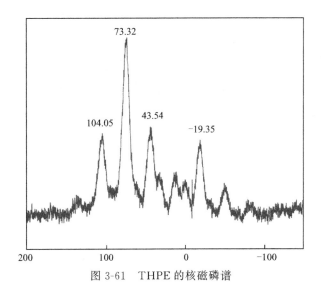

图 3-61　THPE 的核磁磷谱

图 3-62 为 THPE 的 TG 与 DTG 曲线图。从图中可以看出，THPE 的起始分解温度为 288.4℃，分解温度较高。阻燃剂可以在燃烧时先于聚合物分解从而起到阻燃保护作用。THPE 在 650℃时的残留质量为 42.01%，残炭量较高，具有良好的质量保持率。

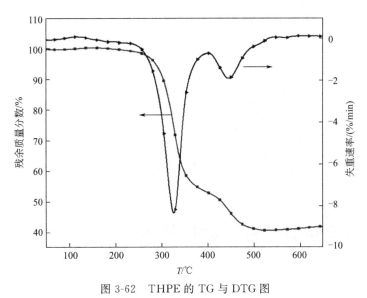

图 3-62　THPE 的 TG 与 DTG 图

3.10　大分子磷酸酯阻燃剂

高分子磷酸酯含有磷酯键及大分子结构，因而赋予了其特定的功能和特性，不仅具有良好的阻燃性、生物相容性和电负性；同时其分子链极性差异还表现出较好的分子表面活性作用，在材料阻燃、药物缓释/输送、表活、金属加工和电子电器等方面，都展现出极好的应用前景。另外，某些专利还描述了高分子磷酸酯在抗氧化、耐紫外和抗静电等方面的潜在应用价值。

本章前面介绍的 BDP、RDP 等磷酸酯阻燃剂其实也是不同磷酸酯化产物的混合物。

由于三(2-氯乙基)磷酸酯（TCEP）等低分子量磷酸酯逐渐被限制，近年来聚氨酯用无卤阻燃剂 FR-PNX 受到青睐，其结构是无卤低聚磷酸酯阻燃剂，磷含量 19％，微黄色易溶于水的透明液体，分子结构如下：

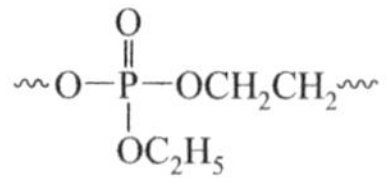

$$\sim O-\overset{\displaystyle O}{\underset{\displaystyle OC_2H_5}{P}}-OCH_2CH_2\sim$$

目前中国市场主要依赖进口，价格较高。已经有一些国内公司正在开发合成技术。其主要用途在高档汽车海绵和高档家具海绵，因为 PNX 分子量大，结构稳定，耐热性好，挥发性低，特别适用于生产低雾气的汽车海绵和高档家具海绵。另外还适用于无纺布无卤阻燃，一般用水溶液浸泡或浸轧并烘干或晾干即可有良好的阻燃效果。

此外，具有如下结构的大分子阻燃剂也受到关注。总之，大分子磷酸酯阻燃剂是目前聚氨酯泡沫、聚酯纤维和发泡材料等阻燃聚合物正在寻求的阻燃剂。

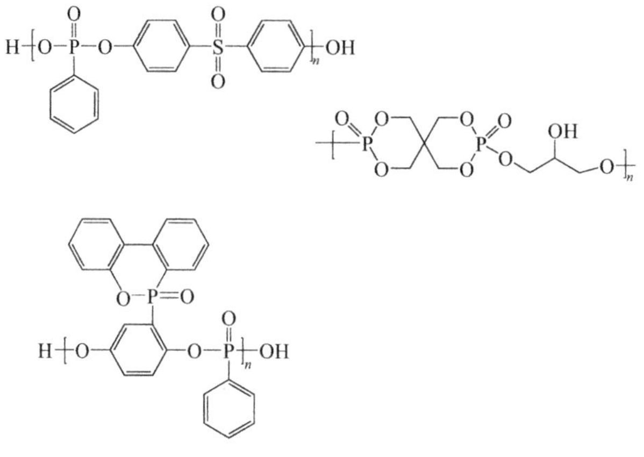

3.11　无机次磷酸盐及其改性技术

无机次磷酸盐是一类新型的无机磷系阻燃剂，近十年来受到极大关注。其分子通式为 $[H_2POO]_n^- M^{n+}$，M^{n+} 为金属离子，如 Al^{3+}、Ca^{2+} 等。结构式如下：

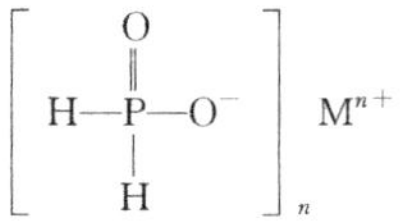

$$\left[H-\overset{\displaystyle O}{\underset{\displaystyle H}{P}}-O^- \right]_n M^{n+}$$

无机次磷酸盐含磷量高，具有热稳定性好、水溶性小、阻燃效率高等优点，目前已有研究应用于聚烯烃、聚烯烃弹性体、尼龙 6、聚乙烯醇（PVA）、聚乳酸（PLA）、玻纤增强聚对苯二甲酸丁二醇酯（PBT）及玻纤增强聚对苯二甲酸乙二醇酯（PET）等，取得了较好的阻燃效果。常见无机次磷酸盐磷含量见表 3-53。

表 3-53 常见无机次磷酸盐磷含量

产品	磷含量/%	产品	磷含量/%
次磷酸钙	36.5	次磷酸钇	32.8
次磷酸铝	41.8	次磷酸铈	30.1
次磷酸镁	40.3	次磷酸镨	31.0
次磷酸镧	27.8		

3.11.1 次磷酸钙和次磷酸铝

目前，已经商业化应用的是次磷酸钙和次磷酸铝。

3.11.1.1 次磷酸钙

次磷酸钙，英文名称 calcium hypophosphite，化学式 $Ca(H_2PO_2)_2$，分子量 170.06，磷含量 36.46%，CAS 号 7789-79-93，EINECS 号 232-190-8。早期用于化学电镀和动物营养剂。外观为白色结晶粉末，溶于水，不溶于醇。常温时在水中的溶解度为 16.7g/100g。其水溶液呈现弱酸性。

近年来，开始用于一些聚合物的阻燃。此前，主要开发用于医药、化学镀镍等，也可以用作动物营养剂、药物合成试剂。例如：Scott 牌鱼肝油营养补充剂，每 15mL 中含有次磷酸钙 414mg。

3.11.1.2 次磷酸铝

次磷酸铝，英文名称 aluminium hypophosphite，化学式为 $Al(H_2PO_2)_3$，分子量 221.96，磷含量 41.89%，CAS 号 7784-22-7。外观为白色结晶粉末，微溶于水，不溶于乙醇等有机溶剂，25℃时在水中的溶解度为 1.36g/100g 水，其水溶液呈现弱酸性。

该产品在韩国和欧洲一些国家不允许作为阻燃剂使用。

由于中国还没有明文规定不允许，因此该产品在国内用于聚烯烃、尼龙 6 和 PBT 的阻燃剂。

该产品的热稳定性比次磷酸钙差，因此在剧烈撞击、静电、与聚合物熔融改性时存在风险。

3.11.2 次磷酸钙和次磷酸铝的微胶囊化技术和应用

由于次磷酸钙和次磷酸铝属于易燃固体，为了提高其热稳定性，笔者与谭逸伦以次磷酸铝（AlHP）、次磷酸钙（CaHP）、三环氧丙基异氰尿酯（TGIC）、双酚 A 型环氧树脂（E-51）等为原料，分别制备了三种微胶囊化次磷酸盐 T-AlHP、T-CaHP 以及 E-AlHP，并对所修饰改性的阻燃剂进行了结构表征，评价了其对玻纤增强尼龙 6（GFPA6）的阻燃性能。AlHP 和 CaHP 微胶囊化前进行超细化处理，使粒径 D50 达到 $3\mu m$ 以下，D98 达到

$8\mu m$ 以下。

3.11.2.1 微胶囊化次磷酸盐的制备

（1）TGIC 微胶囊化 AlHP 的制备

以计量的乙醇为溶剂，将计量的 AlHP 和 TGIC 加入圆底烧瓶中，搅拌并升温至 60℃加热 2h，然后将计量的二亚乙基三胺（DETA）乙醇溶液逐滴加入烧瓶中，滴加完成之后，继续反应 6h 后抽滤，用乙醇洗去未反应的 TGIC 及 DETA，110℃下干燥 3h 后收集，得白色粉末状 TGIC 微胶囊化 AlHP（T-AlHP）。

（2）TGIC 微胶囊化 CaHP 的制备

以计量的乙醇为溶剂，把计量的 CaHP 和 TGIC 加入圆底烧瓶中，搅拌并升温至 60℃加热 2h，然后将计量的 DETA 乙醇溶液逐滴加入烧瓶中，滴加完成之后，继续反应 6h 后抽滤，用乙醇洗去未反应的 TGIC 及 DETA，110℃下干燥 3h 后收集，得白色粉末状 TGIC 微胶囊化 CaHP（T-CaHP）。

（3）E-51 环氧树脂微胶囊化 AlHP 的制备

把计量的 E-51 环氧树脂溶于计量的乙醇，而后将计量的 AlHP 加入圆底烧瓶中，搅拌并升温至 60℃加热 2h，然后将计量的 DETA 乙醇溶液逐滴加入烧瓶中，滴加完成之后，继续反应 6h 后抽滤，用乙醇洗去未反应的 TGIC 及 E-51 环氧树脂，110℃下干燥 3h 后收集，得白色粉末状环氧树脂微胶囊化 AlHP（E-AlHP）。

3.11.2.2 微胶囊化次磷酸盐的表征及热性能

（1）红外光谱

图 3-63 是反应原料 TGIC、AlHP 以及产物 T-AlHP 的红外谱图，从包覆和未包覆的次磷酸钙或/和次磷酸铝中都可以看出 AlHP 中 P—H 键伸缩振动峰（波数在 2408cm^{-1} 和 2383cm^{-1} 处），P＝O 键伸缩振动峰（波数在 1186cm^{-1} 处），P—O 键伸缩振动峰（波数在 1078cm^{-1} 处）以及 P—H 键弯曲振动峰（波数在 830cm^{-1} 处）均在产物 T-AlHP 中得到体现。

图 3-64 是反应原料 TGIC、CaHP 以及产物 T-CaHP 的红外谱图。CaHP 中 P—H 键伸缩振动峰（波数在 2366cm^{-1} 处），P＝O 键伸缩振动峰（波数在 1183cm^{-1} 处），P—O 键伸缩振动峰（波数在 1040cm^{-1} 处）以及 P—H 键弯曲振动峰（波数在 812cm^{-1} 处）也均在产物 T-CaHP 中得到体现。

此外，从图 3-63 和图 3-64 中还可以看到，在 T-AlHP 和 T-CaHP 的 FTIR 谱图中出现了原料 TGIC 骨架结构中的环状双酰胺 C—N 的伸缩振动峰（波数 1689cm^{-1} 处）和环状双酰胺 C＝O 伸缩振动峰（波数 1467cm^{-1} 处），同时波数约在 3600cm^{-1} 与 3100cm^{-1} 之间存在宽且弱吸收的形成氢键的 O—H 键和 N—H 键的伸缩振动峰，说明产物 T-AlHP 和 T-CaHP 中存在 TGIC 与 DETA 固化产物。

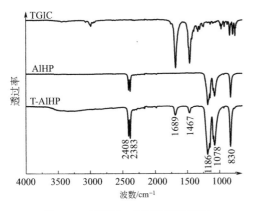

图 3-63　TGIC、AlHP 以及产物
T-AlHP 的红外谱图

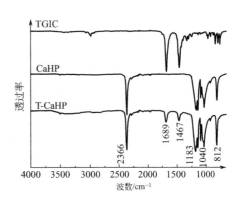

图 3-64　TGIC、CaHP 以及产物
T-CaHP 的红外谱图

图 3-65 是反应原料 E-51 环氧树脂、AlHP 以及产物 E-AlHP 的红外谱图。AlHP 中 P—H 键伸缩振动峰（波数在 2408cm^{-1} 和 2383cm^{-1} 处），P = O 键伸缩振动峰（波数在 1186cm^{-1} 处），P—O 键伸缩振动峰（波数在 1077cm^{-1} 处）及 P—H 键弯曲振动峰（波数在 829cm^{-1} 处）均在产物 E-AlHP 中得到体现。而且，E-AlHP 中明显出现了苯环中 C = C 第二组峰主峰伸缩振动峰（波数在 1509cm^{-1} 处），这是双酚 A 型环氧树脂中苯环上的特征吸收峰，同时波数约在 3600cm^{-1} 与 3100cm^{-1} 之间存在宽且弱吸收的形成氢键的 O—H 键和 N—H 键的伸缩振动峰，说明 E-AlHP 中存在 E-51 环氧树脂与 DETA 固化产物。

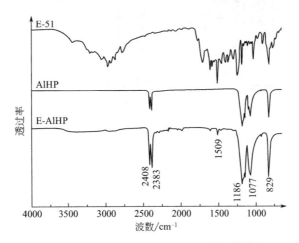

图 3-65　E-51、AlHP 与 E-AlHP 的红外谱图

（2）透射电镜分析

图 3-66 为原料次磷酸盐及产物微胶囊化次磷酸盐的透射电镜图。由图 3-66 可以看出，微胶囊化前的 AlHP［图 3-66(a)］呈片状结构，且边界明显；TGIC 微胶囊化后的 AlHP［图 3-66(b)］结构不规则，且边界放大后，可以较清晰地看到表面有颜色较浅的一层膜，说明 TGIC 在 AlHP 表面固化并形成囊壁材料，但是囊层较薄且并不均匀；E-51 环氧树脂微胶囊化后的 AlHP［图 3-66(c)］呈团状，边界十分模糊，放大后可以十分清晰地看到较

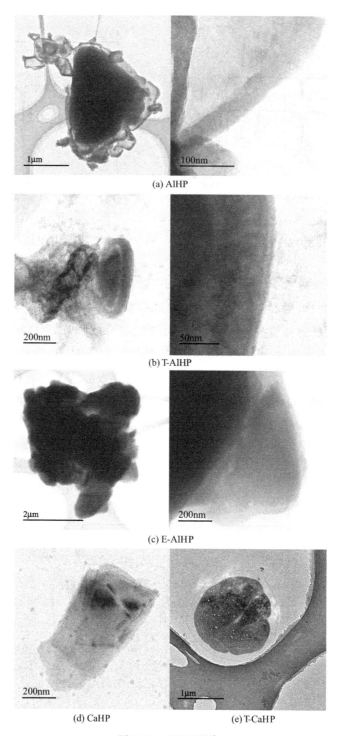

(a) AlHP

(b) T-AlHP

(c) E-AlHP

(d) CaHP   (e) T-CaHP

图 3-66　TEM 照片

厚的一层颜色较浅的囊壁膜，微胶囊化效果较好；TGIC 微胶囊化后的 CaHP［图 3-66(e)］与微胶囊化前的 CaHP［图 3-66(d)］相比，也可以清晰地看到一层颜色很浅近透明的囊壁膜，说明微胶囊化效果较好，囊壁较厚。根据透射电镜图可以看出，次磷酸盐经微胶囊化处理之后，均形成了囊芯结构，其中以 T-CaHP 的囊壁最厚，T-AlHP 最薄，E-AlHP 则在二者之间。

（3）包覆次磷酸盐的光电子能谱（XPS）分析

笔者与谭逸伦等采用 XPS 宽谱及原子灵敏因子法求得了 AlHP 和 T-AlHP 的表面元素组成。以污染碳 C 1s 为 284.8eV 定标，由图 3-67 和表 3-54 可知，微胶囊化后，T-AlHP 在 131.9eV 处的 P 2p 峰以及 189.7eV 处的 P 2s 峰没有微胶囊化的 AlHP 明显减弱，表面含量由 35.27％下降至 8.14％；在 73.7eV 处的 Al 2p 峰以及 118.7eV 处的 Al 2s 峰基本消失，表面含量由 8.91％下降至 2.96％。同时，T-AlHP 在 399.9eV 处出现的峰是由囊壁材料引起的 N 1s 峰，表面含量由 0.88％上升至 13.93％。由于 XPS 的探测深度小于 10nm，因此可以证明 T-AlHP 的表面存在一层囊壁材料，然而可能因囊层厚薄不均匀或存在缺陷，从而使得 T-AlHP 的 XPS 谱图中仍然检出 P 和 Al 元素。

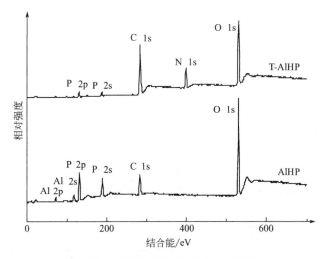

图 3-67　AlHP 和 T-AlHP 的 XPS 宽谱

表 3-54　AlHP 和 T-AlHP 的表面元素组成

样　品	元素组成(质量分数)/%				
	C 1s	N 1s	O 1s	P 2p	Al 2p
AlHP	16.11	0.88	38.83	35.27	8.91
T-AlHP	43.39	13.93	31.58	8.14	2.96

图 3-68 是使用 XPSPEAK 软件对 N 1s 窄谱进行分峰所得的结果，可以看出主要存在两种状态的 N，其中 398.0eV 处的 N1 峰来自 DETA 中的 C—N，而 399.8eV 处的 N 2 峰则来自 TGIC 中的 O=C—N—C=O。这可以证明 T-AlHP 的囊壁材料是 TGIC 与 DETA 反应得到的。

图 3-69 及表 3-55 揭示了微胶囊化前后 AlHP 和 T-AlHP 的 P 2p 电子结合能变化。由表 3-55 中可以看出，微胶囊化后 P 2p 的电子结合能减小了 0.92eV，这是因为囊层的存在产生屏蔽效应，使得 P 2p 的电子结合能均向低能位移，结合上文可知，AlHP 的表面存在囊层。

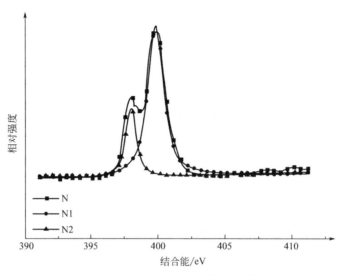

图 3-68 T-AlHP 的 N 1s 窄谱分峰图

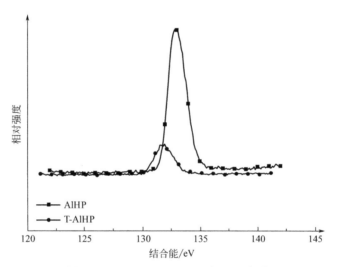

图 3-69 AlHP 和 T-AlHP 的 P 2p 窄谱

表 3-55 AlHP 和 T-AlHP 的 P 2p 的电子结合能

样　品	电子结合能/eV
AlHP	132.83
T-AlHP	131.91

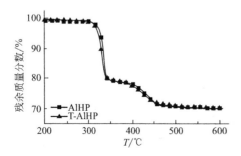
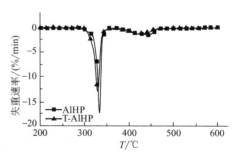

图 3-70 AlHP 和 T-AlHP 在氮气氛围中的 TG 和 DTG 曲线

（4）热失重分析

图 3-70 和图 3-71 分别是 AlHP 和 T-AlHP 在氮气和空气氛围中的 TG/DTG 曲线，主要 TG 和 DTG 数据见表 3-56。

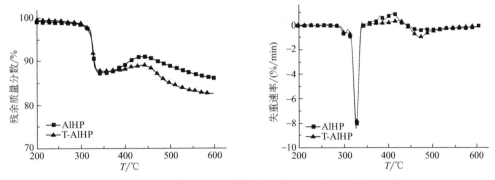

图 3-71　AlHP 和 T-AlHP 在空气氛围中的 TG 和 DTG 曲线

表 3-56　氮气和空气氛围下 AlHP 和 T-AlHP 的 TG 和 DTG 数据

氛围	样品 名称	$T_{5\%}$[①] /℃	T_{max1}[②] /℃	T_{max1} 时失重速率 /（%/min）	T_{max2}[③] /℃	T_{max2} 时失重速率 /（%/min）	残余质量分数 /%
氮气	AlHP	325.5	333.8	−16.99	438.7	−1.52	70.35
	T-AlHP	320.4	329.8	−12.71	424.4	−1.27	70.42
空气	AlHP	322.8	326.1	−8.33	—	—	86.10
	T-AlHP	323.5	326.7	−7.89	466.3	−1.01	82.47

① 失重 5% 时的温度。

② 第一步最大失重速率对应的温度。

③ 第二步最大失重速率对应的温度。

由图 3-70 可见，在氮气氛围中，TGIC 微胶囊化后的 AlHP 热分解过程基本上没有变化，但是，其起始热分解温度比微胶囊化前提前 5.1℃，第一步最大失重速率下降 4.28%/min，这说明由于囊层的存在，使 AlHP 的热分解相对于微胶囊化前更平缓。而在图 3-71 的空气氛围中，TGIC 微胶囊化后的 AlHP 氧化增重现象比微胶囊化前明显减弱，这是由于囊层的存在使得氧气的扩散得到抑制，T-AlHP 的热氧化稳定性可以得到有效提高。因此可以得出结论，TGIC-DETA 囊层的存在对 AlHP 在阻燃方面的应用加工是有利的。

图 3-72 和图 3-73 分别是 AlHP 和 E-AlHP 在氮气和空气氛围中的 TG/DTG 曲线，主要 TG 和 DTG 数据见表 3-57。

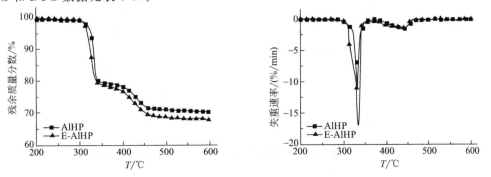

图 3-72　AlHP 和 E-AlHP 在氮气氛围中的 TG 和 DTG 曲线

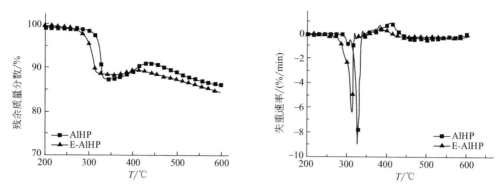

图 3-73　AlHP 和 E-AlHP 在空气氛围中的 TG 和 DTG 曲线

表 3-57　氮气和空气氛围下 AlHP 和 E-AlHP 的 TG 和 DTG 数据

氛围	样品名称	$T_{5\%}$[①] /℃	T_{max1}[②] /℃	T_{max1} 时失重速率 /(%/min)	T_{max2}[③] /℃	T_{max2} 时失重速率 /(%/min)	残余质量分数/%
氮气	AlHP	325.5	333.8	−16.99	438.7	−1.52	70.35
	E-AlHP	318.3	329.1	−11.30	432.4	−1.47	67.87
空气	AlHP	322.8	326.1	−8.33	—	—	86.10
	E-AlHP	301.5	311.3	−6.44	—	—	84.66

① 失重 5% 时的温度。
② 第一步最大失重速率对应的温度。
③ 第二步最大失重速率对应的温度。

由图 3-72 可见，在氮气气氛中，环氧树脂微胶囊化 AlHP 的起始热分解温度比微胶囊化前提前了 7.2℃，第一步最大失重速率减小 5.69%/min，这说明由于环氧树脂囊层的存在，AlHP 的热分解相对于微胶囊化前更平缓，且 E-AlHP 起始分解温度满足一般聚合物的加工要求。由图 3-73 可见，在空气气氛中，环氧树脂微胶囊化后的 AlHP 起始分解温度比微胶囊化前提前 21.3℃，这是由环氧树脂囊层的分解造成的。而氧化增重现象的明显减弱，同样说明囊层使得 E-AlHP 的热氧化稳定性得到了提高，有利于提高 E-AlHP 在材料加工过程中的耐热性。

图 3-74 和图 3-75 分别是 CaHP 和 T-CaHP 在氮气和空气氛围中的 TG/DTG 曲线，主要 TG 和 DTG 数据见表 3-58。

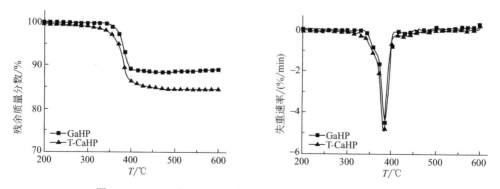

图 3-74　CaHP 和 T-CaHP 在氮气氛围中的 TG 和 DTG 曲线

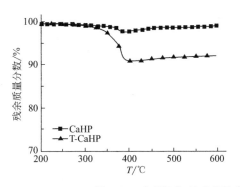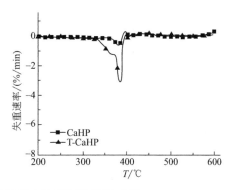

图 3-75 CaHP 和 T-CaHP 在空气氛围中的 TG 和 DTG 曲线

表 3-58 氮气和空气氛围下 CaHP 和 T-CaHP 的 TG 和 DTG 数据

氛围	样品 名称	$T_{1\%}$① /℃	T_{max}② /℃	T_{max} 时失重速率 /(%/min)	残余质量分数 /%
氮气	CaHP	356.9	385.1	−4.50	89.19
	T-CaHP	301.8	382.9	−5.06	84.60
空气	CaHP	335.4	378.6	−0.65	99.20
	T-CaHP	298.4	382.2	−3.07	92.01

① 失重 1% 时的温度。

② 最大失重速率对应的温度。

由图 3-74 可见，在氮气氛围中，TGIC 微胶囊化后的 CaHP 分解温度提前了 55.1℃，这说明 TGIC 囊层提前于 CaHP 分解。但 T-CaHP 的起始分解温度仍在 300℃ 以上，高于一般聚合物的加工温度。由图 3-75 可见，在空气气氛中，TGIC 微胶囊化后的 CaHP 氧化增重现象比微胶囊化前明显减弱，说明囊层的存在有效地提高了 T-CaHP 的热氧化稳定性，即 T-CaHP 在阻燃材料加工过程中的耐热性得到了提高。

以上分析表明，囊层的存在对次磷酸盐在阻燃方面的应用是有利的。同时，三种微胶囊化次磷酸盐在空气或氮气氛围中的起始热分解温度（失重 5%）均在 300℃ 以上，表明具有良好的热稳定性。

3.11.2.3 微胶囊化次磷酸盐在阻燃玻纤增强 PA6 中的应用

采用协同复配技术对三种微胶囊化次磷酸盐分别设计了系列配方，采用三聚氰胺盐类与微胶囊化次磷酸盐组成复配体系，并加入少量助剂，比较了不同配方下阻燃 GF/PA6 材料的阻燃性能及热性能，具体配方见表 3-59。

表 3-59 微胶囊化次磷酸盐阻燃 GF/PA6 材料具体配方（质量分数）　　　单位:%

编号	PA6	GF	T-AlHP	T-CaHP	E-AlHP	MCA	MPP	EAPM	助剂
0	70	30							
1	49	30	20						1
2	49	30	15			5			1
3	49	30	10			10			1
4	49	30	5			15			1
5	49	30		20					1

编号	PA6	GF	T-AlHP	T-CaHP	E-AlHP	MCA	MPP	EAPM	助剂
6	49	30		15			5		1
7	49	30		10			10		1
8	49	30		5			15		1
9	49	30			20				1
10	49	30			15			5	1
11	49	30			10			10	1
12	49	30			5			15	1

表 3-60 是 T-AlHP 阻燃 GF/PA6 各配方垂直燃烧试验结果。1 号样品中 T-AlHP 的添加量在 20%（质量分数）时，阻燃材料不仅可达到 UL 94 V-0 级（1.6mm），且燃烧时不产生滴落，具有良好的阻燃性能。此外，随配方中协效剂 MCA 含量的增加，样品总余焰时间增加，材料阻燃性能下降，说明 MCA 与 T-AlHP 之间没有明显的协效作用。

表 3-61 是 T-CaHP 阻燃 GF/PA6 各配方垂直燃烧试验结果。由表 3-61 可知，5 号到 13 号样品均达不到 UL 94（3.2mm）评级标准。其中只有 7 号样品能自熄，余焰不会蔓延至夹具。这说明 T-CaHP 与 MPP 在阻燃 GF/PA6 中存在协同作用，但可能由于复配体系的总添加量不足而导致阻燃材料达不到评级标准。

表 3-60　T-AlHP 阻燃 GF/PA6 各配方垂直燃烧试验结果

编号	UL 94(3.2mm)	t_f/s	有无滴落	UL 94(1.6mm)	t_f/s	有无滴落
0	NR[①]	—[②]	有	NR	—	有
1	V-0	10.7	无	V-0	19.8	无
2	V-0	12.2	无	V-0	21.3	无
3	V-0	47.7	无	V-1	93.1	有
4	V-1	98.4	无	NR	—	有

① 无评级。

② 不自熄。

表 3-61　T-CaHP 阻燃 GF/PA6 各配方垂直燃烧试验结果

编号	UL 94(3.2mm)	有无滴落	是否蔓延至夹具	是否自熄
0	NR[①]	有	是	否
5	NR	无	是	否
6	NR	无	是	否
7	NR	无	否	是
8	NR	有	是	否
13	NR	有	是	否

① 无评级。

表 3-62 是 E-AlHP 阻燃 GF/PA6 各配方垂直燃烧试验结果。由表 3-62 可知，添加 20%（质量分数）E-AlHP 和 1%（质量分数）KH-560 时，材料阻燃性能较佳，可达 UL 94 V-1 级（1.6mm），E-AlHP 复配体系各配方阻燃性能没有明显提高，协效阻燃作用不明显。

表 3-62　E-AlHP 阻燃 GF/PA6 各配方垂直燃烧试验结果

编号	UL 94(3.2mm)	t_f/s	有无滴落	UL 94(1.6mm)	t_f/s	有无滴落
0	NR[①]	—[②]	有	NR	—	有
9	V-0	11.8	无	V-1	49.8	无
10	V-1	71.5	无	V-2	66.1	有
11	V-0	26.5	无	V-2	56.2	有
12	NR	—	有	NR	—	有

① 无评级。

② 不自熄。

图 3-76 是氮气氛围下 T-AlHP 阻燃 GF/PA6 各配方的 TG 及 DTG 曲线。与纯 GF/PA6 相比，1 号样品失重 5%时的温度以及最大失重速率对应温度大幅下降，分别提前了 57.7℃ 及 86.9℃，但同时残余质量分数从 26.11%提高到 51.48%，最大失重速率从－16.18%/min 下降到－9.54%/min，说明 T-AlHP 提前于 PA6 分解，起到保护基体材料的作用，并有效地促进基体成炭。而随着 MCA 加入比例的增大，阻燃 GF/PA6 的分解温度提前，残余质量下降，DTG 中第一步最大失重峰增强，说明 MCA 后于 T-AlHP 分解，从而不利于形成膨胀炭层，也解释了二者为何没有明显的协效阻燃作用。

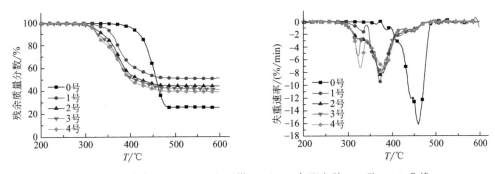

图 3-76　氮气氛围下 T-AlHP 阻燃 GF/PA6 各配方的 TG 及 DTG 曲线

图 3-77 是空气氛围下 T-AlHP 阻燃 GF/PA6 各配方的 TG 及 DTG 曲线。阻燃材料的 TG 及 DTG 数据变化规律与氮气氛围下的类似，随 MCA 加入比例的增大，样品残余质量及起始分解温度下降，DTG 曲线中第一步最大失重峰明显增强，说明在空气氛围中 T-AlHP 与 MCA 也没有体现出协效阻燃作用。

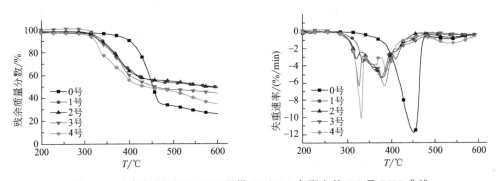

图 3-77　空气氛围下 T-AlHP 阻燃 GF/PA6 各配方的 TG 及 DTG 曲线

图 3-78 和图 3-79 分别是氮气和空气氛围下 T-CaHP 阻燃 GF/PA6 各配方的 TG 及 DTG 曲线。在氮气及空气氛围中，5 号样品中因 T-CaHP 先于 GF/PA6 分解，使最大失重速率下降，并提高了基体的成炭性。5 号样品的残余质量与 1 号样品相近，7 号样品残余质量最小，但 7 号样品的阻燃性能却优于 5 号样品，这说明阻燃性能的优劣不仅与成炭量有关，更取决于炭层的结构及质量。在 DTG 曲线中，MPP 的加入并没有出现明显的两步失重峰，结合前文中阻燃性能结果分析可知，MPP 与 T-CaHP 的分解区间重合，有利于二者发挥协效阻燃作用。

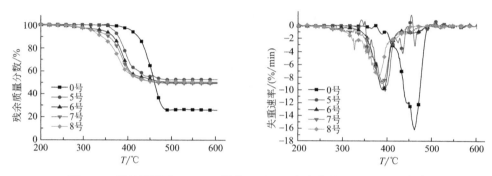

图 3-78 氮气氛围下 T-CaHP 阻燃 GF/PA6 各配方的 TG 及 DTG 曲线

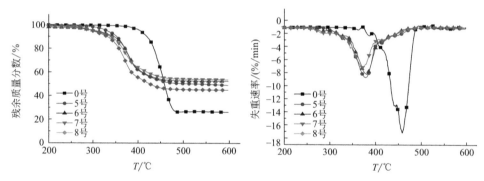

图 3-79 空气氛围下 T-CaHP 阻燃 GF/PA6 各配方的 TG 及 DTG 曲线

图 3-80 和图 3-81 分别是氮气及空气氛围下 E-AlHP 阻燃 GF/PA6 各配方的 TG 及 DTG 曲线。9 号与 1 号样品相比，失重 5％时的温度和残余质量均有所下降，这与二者阻燃性能的差异相对应。在空气及氮气氛围中，9 号到 12 号样品的残余质量及最大失重速率表现出

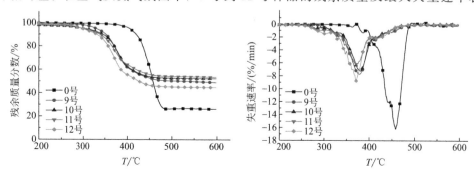

图 3-80 氮气氛围下 E-AlHP 阻燃 GF/PA6 各配方的 TG 及 DTG 曲线

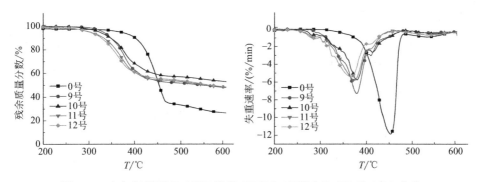

图 3-81　空气氛围下 E-AlHP 阻燃 GF/PA6 各配方的 TG 及 DTG 曲线

不同的变化规律，11 号样品在氮气氛围中残余质量最大而在空气氛围中残余质量最小，说明复配体系在不同气氛中的分解行为发生了较大的改变。而在 DTG 曲线中，没有出现两步失重峰，这可以证明 E-AlHP 与 EAPM 的分解区间重合，却没有体现出明显的协效阻燃效应。

此外，国内外还有很多学者也研究次磷酸盐作为阻燃剂用于尼龙 6 的应用性能。

金雪峰等以次磷酸盐/增强尼龙 66（PA66）为阻燃体系，研究了氧化铁（Fe_2O_3）对该体系阻燃性能的影响。通过锥形量热分析、热失重分析以及形貌分析等，发现 Fe_2O_3 对次磷酸盐阻燃增强 PA66 体系有明显的促进分解作用，该体系在热氧降解过程中可形成稳定的炭化层，有效阻隔可燃气体的释放及热量的传递，显著降低体系的热释放速率。当 Fe_2O_3 添加量为 0.5%、次磷酸盐为 15% 时，该体系对增强 PA66 的阻燃等级可以达到 UL 94 V-0 级。

3.11.3　无机有机双层包覆次磷酸铝及其应用

为了进一步改进次磷酸钙和次磷酸铝的微胶囊效果，笔者与秦铭俊还研究了无机有机双胶囊包覆技术，并评价了其应用效果。无机/有机单层微胶囊次磷酸铝的合成及其阻燃 PA6 的应用，结果表明无机囊材 MCA 可以提高 AHP 的热稳定性，并且以囊核比为 1∶4 合成得到 MAHP2 添加到 PA6 达到最佳的阻燃效果，但由于 MCA 为刚性粒子，对基材 PA6 的力学性能影响较大，使拉伸强度和断裂伸长率下降明显。两种有机微胶囊材双酚 A 型环氧树脂（E-51）与酚醛环氧树脂（F-51）可以提高 AHP 在 650℃ 时的残余量，两者以囊核比为 1∶10 合成得到 EAHP2 和 FAHP2 添加到 PA6 中，达到的阻燃效果最佳，但综合阻燃效果较 MAHP2 略差。有机囊材可改善 AHP 与基材 PA6 之间的相容性，使阻燃 PA6 复合材料的力学性能有所提高。

笔者与秦铭俊以次磷酸铝（AHP）为内核，以三聚氰胺氰尿酸盐（MCA）为无机微胶囊层，以双酚 A 型环氧树脂（E-51）和酚醛环氧树脂（F-51）为有机微胶囊层，分别制备了无机单层微胶囊次磷酸铝（MAHP）、有机单层微胶囊次磷酸铝（EAHP、FAHP）与无机-有机双层微胶囊次磷酸铝（EMAHP、FMAHP）。对合成的五种无机有机包覆次磷酸铝结构以及热性能进行了表征，并用于 PA6 的阻燃改性。

3.11.3.1　合成工艺路线

MAHP 的合成工艺路线如下：在四口烧瓶内加入一定量的去离子水和氰尿酸，升温使其溶解后再加入一定量的 AHP，然后搅拌 30min。最后，加入三聚氰胺（MEL），90℃反应 4h。抽滤、洗涤、烘干、粉碎得白色固体产物 MAHP。

EAHP 和 FAHP 的合成工艺路线如下：向四口烧瓶中加入一定量的 E-51 或 F-51，并使其溶解于合适溶剂中（乙醇或二甲苯）。随后，再向上述体系内加入一定量的 AHP 和十二烷基硫酸钠，混合搅拌 1h。最后，升温进行固化反应（E-51 体系需加入二乙烯三胺固化剂）。反应结束后经抽滤、洗涤、干燥、粉碎得到淡黄色产物。

EMAHP 和 FMAHP 的合成工艺路线如下：向四口烧瓶中加入一定量的 E-51 或 F-51，并溶解在合适溶剂中。随后，搅拌条件下加入自制的 MAHP 和十二烷基硫酸钠，充分混合后进行升温固化反应（E-51 需加入二乙烯三胺固化剂）。产物经抽滤、洗涤、干燥、粉碎，得到淡黄色粉末。

3.11.3.2　表征与热性能

（1）红外光谱分析

① 单层包覆次磷酸铝红外光谱分析。

图 3-82 为 AHP、MAHP、EAHP 和 FAHP 的红外谱图。在 MAHP 的红外谱图上看出，其结构中出现了 AHP 在 $2408cm^{-1}$ 和 $2383cm^{-1}$ 处的 P—H 键的伸缩振动峰以及 MCA 的—NH_2 伸缩振动峰。EAHP 的红外谱图在 $1509cm^{-1}$ 处出现了苯环内 C═C 键的伸缩振动峰，代表 E-51 中苯环上的特征峰，说明 EAHP 中保留着 E-51 成分。此外，AHP 的特征吸收峰也得到了相应的保留。与 EAHP 类似，FAHP 的红外谱图中也存在 AHP 的特征峰，同时 FAHP 在 $1509cm^{-1}$ 处出现了苯环内 C═C 键的伸缩振动峰，为 F-51 中苯环上的特征峰，说明 FAHP 中存在 F-51 成分。

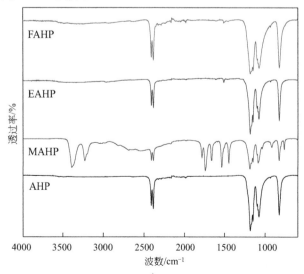

图 3-82　AHP、MAHP、EAHP、FAHP 的红外谱图

② 双层包覆次磷酸铝红外光谱分析。

图 3-83 为 MAHP、EMAHP 与 FMAHP 的红外谱图。MAHP 的特征峰都在 EMAHP 和 FMAHP 的红外谱图上有所表现，同时 EMAHP 和 FMAHP 在 $1509cm^{-1}$ 处出现了苯环内 C＝C 键的伸缩振动峰，验证了两种环氧树脂的存在。二者结合说明，EMAHP 与 FMAHP 中有着无机有机两种包覆结构。

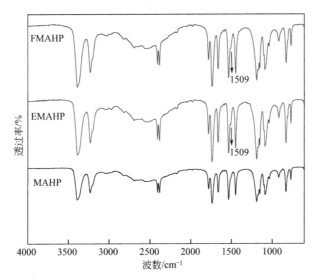

图 3-83　MAHP、EMAHP 与 FMAHP 的红外谱图

（2）EDS 能谱分析

图 3-84 为 EDS 能谱分析，对应表 3-63 为 EDS 能谱分析得出不同阻燃剂表面所含元素及其含量。图 3-84（a）为 AHP 的 EDS 能谱，图上显示 AHP 表面含有 O、Al、P 三种元素（H 元素无法测出）。图 3-84（b）为 MAHP 的 EDS 能谱，显示 MAHP 表面含有 C、N、O、Al、P 五种元素，且 N 元素含量较多，为 24.80％（质量分数），说明 MCA 成功包覆于 AHP 表面。图 3-84(c) 和 (d) 分别为 EAHP 与 FAHP 的 EDS 能谱，EAHP 与 FAHP 表面都含有 C、O、Al、P 四种元素，且 C 元素含量较高，分别为 35.54％（质量分数）和 27.84％（质量分数），说明 E-51 与 F-51 在 AHP 表面成功包覆并固化。

表 3-63　AHP、MAHP、EAHP 与 FAHP 的 EDS 能谱分析结果

阻燃剂	C 元素含量/％	N 元素含量/％	O 元素含量/％	Al 元素含量/％	P 元素含量/％
AHP	0	0	44.81	12.56	42.63
MAHP	28.46	24.80	33.77	3.15	9.82
EAHP	35.54	0	38.43	6.43	19.60
FAHP	27.84	0	36.59	8.61	26.96

（3）热失重分析

① 单层包覆次磷酸铝热失重分析。

图 3-85 为 AHP、MAHP、EAHP 与 FAHP 的热失重曲线。AHP 的初始热分解温度为

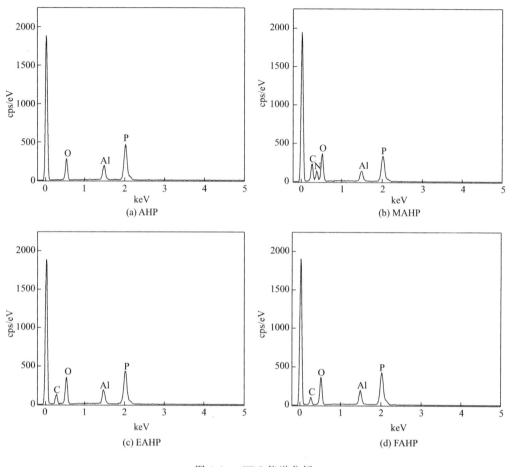

图 3-84　EDS 能谱分析

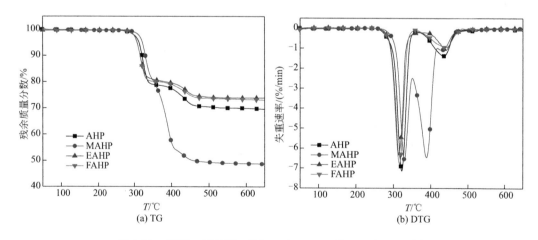

图 3-85　AHP、MAHP、EAHP 与 FAHP 的 TG 和 DTG 图

311.8℃，650℃残炭量为 69.55%。MAHP 的初始热分解温度为 320.7℃，相比 AHP 的有所提升，残炭量为 48.69%，相比 AHP 出现下降。EAHP 与 FAHP 的初始热分解温度分别为 306.9℃和 307.3℃，相比 AHP 有轻微降低。

② 双层包覆次磷酸铝热失重分析。

图 3-86 为 MAHP、EMAHP 与 FMAHP 的 TG 曲线与 DTG 曲线，与 MAHP 相比，EMAHP 与 FMAHP 的起始热分解温度均有所降低，分别下降 9.8℃与 13.7℃。在 650℃时，EMAHP 与 FMAHP 的残余量明显高于 MAHP，从 MAHP 的 48.69％分别提高至 60.11％和 57.55％，说明 MAHP 经过再一次有机微胶囊包覆处理后有更好的质量保持效果。

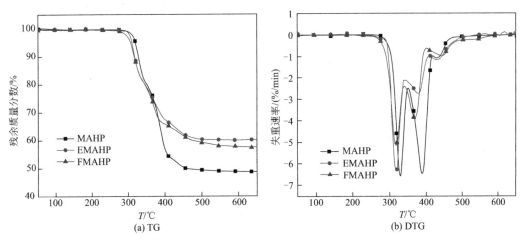

图 3-86　MAHP、EMAHP 与 FMAHP 的 TG 和 DTG 图

3.11.3.3　无机有机包覆次磷酸铝在 PA6 中的应用

① 单层包覆次磷酸铝阻燃 PA6 应用。

将 MAHP、EAHP、FAHP 作为阻燃剂单独应用于 PA6 中，设计了表 3-64 所示的配方，并测试了不同配方下的阻燃效果，阻燃效果如表 3-65 所示。

表 3-64　单层包覆次磷酸铝阻燃 PA6 配方设计

编号	PA6 含量/%	阻燃剂及含量/%	KH550 含量/%
0	99.7	—	0.3
1	79.7	AHP(20)	0.3
2	79.7	MAHP(20)	0.3
3	79.7	EAHP(20)	0.3
4	79.7	FAHP(20)	0.3

表 3-65　单层包覆次磷酸铝阻燃 PA6 性能测试结果

编号	0	1	2	3	4
垂直燃烧等级	—	V-0	V-0	V-0	V-0
LOI/%	21.5	25.3	27.1	26.8	26.3

注："—"为不灭或无等级。

从表 3-65 可以看出，相比普通次磷酸铝，三种无机有机单层包覆次磷酸铝对 PA6 的阻燃性能有一定的提升。以 MAHP 的阻燃效果最好，PA6/MAHP(20) 的 LOI 达到了

27.1％，为难燃级别，垂直燃烧等级为 V-0 级。

② 双层包覆次磷酸铝阻燃 PA6 应用。

将 EMAHP、FMAHP 作为阻燃剂单独应用于 PA6 中，设计了表 3-66 所示的配方，并测试了不同配方下的阻燃效果，阻燃效果如表 3-67 所示。

表 3-66　双层包覆次磷酸铝阻燃 PA6 配方设计（质量分数）

编号	PA6/％	EMAHP/％	FMAHP/％	KH550/％
5	81.7	18	—	0.3
6	79.7	20	—	0.3
7	81.7	—	18	0.3
8	79.7	—	20	0.3

表 3-67　双层包覆次磷酸铝阻燃 PA6 性能测试结果

编号	5	6	7	8
垂直燃烧等级	V-0	V-0	V-1	V-0
LOI/％	26.8	27.4	26.2	26.7

从表 3-67 可以看出，双层包覆次磷酸铝的两种阻燃剂中 EMAHP 的阻燃效果最好，添加量同为 20％时，PA6/EMAHP20 复合材料的 LOI 达到 27.4％，相比 MAHP 有了一定的提升，表明有机微胶囊层的存在可以进一步提高 MAHP 的阻燃效果。

3.11.4　次磷酸盐在阻燃聚乳酸中的应用

聚乳酸（PLA）是一种以可再生资源为原料制备的可降解聚合物。由于其优良的力学性能和生物相容性，被公认为是最具有发展潜质的非石油基聚合物。但是由于燃烧过程中产生大量有毒烟气，并且伴随着熔滴现象，因此制约了其应用。研究发现次磷酸盐类阻燃剂可以有效提高聚乳酸的阻燃性能。唐刚等分别将次磷酸铝（AlHP）、次磷酸钙（CaHP）以及作为协效剂的可膨胀石墨（EG）与次磷酸铝复配应用于聚乳酸中，结果分别见表 3-68、表 3-69 和表 3-70。

表 3-68　AlHP 阻燃 PLA 的性能

样　品	PLA 含量/％	AlHP 含量/％	LOI/％	UL 94(3.2mm)	
				是否滴落	级别
PLA	100	0	19.5	是	—
PLA/10AlHP	90	10	25.5	是	V-2
PLA/15AlHP	85	15	27.5	是	V-2
PLA/20AlHP	80	20	28.5	否	V-0
PLA/30AlHP	70	30	29.5	否	V-0

表 3-69　次磷酸钙在 PLA 中的应用

样　品	PLA 含量/%	CaHP 含量/%	LOI/%	UL 94(3.2mm)	
				是否滴落	级别
PLA	100	0	19.5	是	—
PLA/5CaHP	95	5	24	是	V-2
PLA/10CaHP	90	10	25	是	V-2
PLA/15CaHP	85	15	25.5	是	V-2
PLA/20CaHP	80	20	25.5	是	V-1
PLA/25CaHP	75	25	26	是	V-1
PLA/30CaHP	70	30	26.5	否	V-0

表 3-70　次磷酸铝/可膨胀石墨在 PLA 中的应用

样　品	含量/%			LOI/%	UL 94(3.2mm)	
	PLA	AlHP	EG		是否滴落	级别
PLA	100	0	0	19.5	是	—
PLA/10EG	90	0	10	28.5	是	—
PLA/15EG	85	0	15	36	是	V-2
PLA/20EG	80	0	20	41	是	V-1
PLA/15AlHP/5EG	80	15	5	31	否	V-0
PLA/10AlHP/10EG	80	10	10	34	否	V-0
PLA/5AlHP/15EG	80	5	15	43	是	V-1

20%的次磷酸铝即可使得复合材料极限氧指数迅速提高并同时达到 UL 94 V-0 级别。对其力学性能研究发现：次磷酸铝的加入能明显提高聚乳酸/次磷酸铝复合材料的结晶性能，降低冷结晶温度，明显提高复合材料的结晶度。次磷酸铝的加入使得聚乳酸/次磷酸铝复合材料的力学性能降低，但是次磷酸铝可以有效提高复合材料的储能模量。

30%的次磷酸钙可以有效提高复合材料的氧指数，完全抑制聚乳酸的滴落，达到 UL 94 V-0 级别。

3.11.5　次磷酸铝与 Trimer 协效阻燃 PBT

刘欣等研究了将 $Al(H_2PO_2)_3$（AlHP）和 Trimer 添加到 PBT 中的阻燃性能，表 3-71 是 AlHP 与 Trimer 复配阻燃 PBT 的阻燃测试结果。

表 3-71　AlHP 与 Trimer 复配阻燃 PBT 的阻燃性能

样品编号	PBT 含量/%	AlHP 含量/%	Trimer 含量/%	LOI/%	UL 94(3.2mm)	
					是否滴落	级别
1	100	—	—	19.8	是	—
2	85	15	—	26.3	是	V-2
3	80	20	—	27.6	是	V-2
4	75	25	—	27.8	否	V-1
5	75	—	25	23.8	是	V-2
6	75	12.50	12.50	22.3	是	—
7	75	18.75	6.25	24.2	是	V-2
8	75	20.83	4.17	25.2	否	V-0
9	75	21.88	3.12	25.9	否	V-0
10	75	22.50	2.50	25.7	否	V-0

Trimer 的结构式：

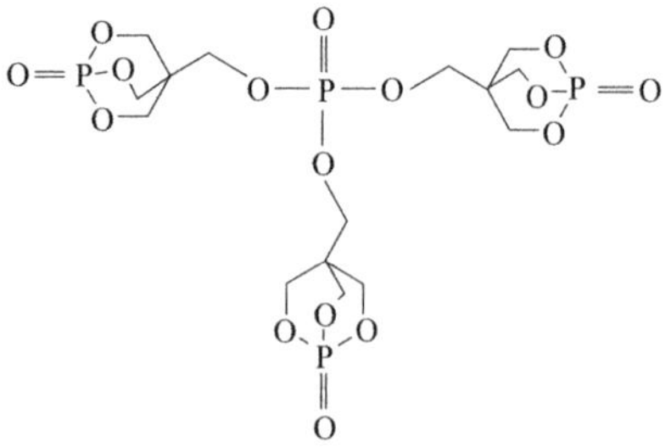

单独 AlHP 的添加量为 25％时，LOI 为 27.8％，样品达到了 V-1 级别。单独添加 Trimer，LOI 从 19.8％提高到 23.8％，垂直燃烧等级为 UL 94 V-2 级。当 AHP∶Trimer＝5∶1、7∶1、9∶1 时，阻燃 PBT 的垂直燃烧等级均达到 V-0 级，说明二者一定配比范围内可有效提高 PBT 的阻燃性能。

3.11.6　次磷酸铝阻燃热塑性弹性体

李斌等以环烷油改性的 SEBS 和 PP 的共混物（O-SEBS/PP）为基体，以三嗪系成炭发泡剂（CFA）、聚磷酸铵（APP）及 SiO$_2$ 复配出膨胀阻燃剂，用于 O-SEBS/PP 体系的阻燃。单独的 IFR 体系不易解决 O-SEBS/PP 材料的阻燃问题，添加 35％（质量分数）IFR 的 O-SEBS/PP/IFR 体系垂直燃烧仅能通过 UL 94（1.6mm）V-1 级。将 IFR 和次磷酸铝（AlHP）以质量比为 8∶1 进行复配用于 O-SEBS/PP 材料的阻燃，添加总量 28％（质量分数）时，厚度为 1.6mm 的 O-SEBS/PP/FR 材料就可以通过 UL 94 V-0 级，材料的 HHR、THR 等参数都得到了大幅度的降低。

膨胀阻燃剂添加量对 O-SEBS/PP 材料阻燃性能的影响见表 3-72。其中膨胀阻燃 O-SEBS/PP 复合材料中基体树脂含量约为 64％～99％，O-SEBS 和 PP 的质量比为 2∶1。复合材料中膨胀阻燃剂（IFR）添加量为 0～35％，其中 CFA 和 APP 的质量比为 1∶4，SiO$_2$ 作为协效剂占 IFR 体系的 5％，抗氧剂 1010 为 0.5％，硬脂酸锌为 0.5％。

表 3-72　不同膨胀阻燃剂含量 O-SEBS/PP/IFR 体系的 LOI 和 UL 94 等级

IFR/%	LOI/%	UL 94(1.6mm)		
		平均燃烧时间/s	有无熔滴	UL 94 等级
0	17.0	＞50	有	—
20	26.5	＞50	有	—
22	27.4	＞50	有	—
25	28.0	＞50	有	—
28	30.2	＞50	有	—
30	31.3	＞50	有	—
33	31.8	＞50	有	—
35	32.1	20.6	有	V-1

结果表明 O-SEBS/PP 复合材料很难阻燃，IFR 单独作为阻燃剂对 O-SEBS/PP 复合材料的阻燃效率不高。

为了提高 IFR 对该体系的阻燃效率，将次磷酸铝引入到该体系中。阻燃 O-SEBS/PP 复合材料中基体含量约为 69%，其中 SEBS（50%充油率）含量为 46%，PP 含量为 23%。复合材料中总阻燃剂（IFR＋AlHP）添加量为 30%，其中 CFA 和 APP 的质量比为 1∶4，SiO_2 的添加量为 IFR 质量的 5%，其余为不同质量配比的 AlHP 和 IFR。抗氧剂 1010 为 0.5%，硬脂酸锌为 0.5%。

表 3-73 给出了含有不同 AlHP∶IFR 质量配比的阻燃 O-SEBS/PP 复合材料阻燃性能数据。从表中可以看出，随着 IFR 质量的增加，阻燃材料的 LOI 值呈现出先增大后减小的趋势，均能通过 UL 94（1.6mm）V-0 级。当 AlHP 与 IFR 质量比为 1∶8 时，复合材料的 LOI 值达到最高值 34.8%，垂直燃烧时间为 1.5s，这也说明此时为 AlHP 与 IFR 的最佳配比。当 AlHP 和 IFR 的质量配比为 1∶0 时，阻燃复合材料的 LOI 仅为 23.0%，此时阻燃复合材料不能通过垂直燃烧测试，这说明 AlHP 单独作为阻燃剂对 O-SEBS/PP 体系的阻燃效果不理想。随着 IFR 质量的增加，IFR 含量逐渐增大，阻燃复合材料中 IFR 的成炭能力逐渐增强，膨胀炭层逐渐变得更加致密，同时适量的 AlHP 能在气相中发挥很好的阻燃作用，二者共同作用使阻燃复合材料的阻燃效果大幅度提高。因此，AlHP 与 IFR 在一定质量比范围内表现出协同阻燃作用。

表 3-73　不同比例 AlHP/IFR 复配阻燃的 O-SEBS/PP 的 LOI 和 UL 94 等级

AlHP∶IFR	LOI/%	UL 94(1.6mm)		
		平均燃烧时间/s	有无熔滴	UL 94 等级
1∶0	23.0	>50	有	—
1∶1	27.9	6.4	无	V-0
1∶2	28.4	4.6	无	V-0
1∶3	30.6	3.8	无	V-0
1∶4	31.5	2.1	无	V-0
1∶5	32.8	2.6	无	V-0
1∶6	33.5	2.3	无	V-0
1∶7	34.1	2.8	无	V-0
1∶8	34.8	1.5	无	V-0
1∶9	34.2	4.8	无	V-0
1∶10	33.5	5.9	无	V-0

3.11.7　次磷酸铝阻燃 ABS 树脂

ABS 树脂的无卤素阻燃技术近年来备受关注。Ningjing Wu，Zhaoxia Xiu 和 Jiyu Du 等采用不同摩尔比的三聚氰胺（MEL）与甲醛（F）反应制备的三聚氰胺甲醛树脂包覆次磷酸铝（MF-AHP），然后用于阻燃 ABS 树脂。结果见表 3-74 和表 3-75。

表 3-74　为 MF-AHP 阻燃剂阻燃 ABS 的阻燃测试结果

阻燃聚合物成分	MEL：F 比例	水煮前		70℃ 水煮 72h	
		LOI	UL 94	LOI	UL 94
ABS/22％AHP	—	24.0	V-1	23.0	V-2
ABS/25％AHP	—	25.0	V-0	24.0	V-1
ABS/20％MFAHP1	1：3	24.0	V-1	23.0	V-1
ABS/22％MFAHP1	1：3	25.0	V-0	24.0	V-0
ABS/25％MFAHP1	1：3	26.0	V-0	25.5	V-0
ABS/22％MFAHP2	1：6	26.0	V-0	25.5	V-0

表 3-75　为 MF-AHP 阻燃剂阻燃 ABS 的力学性能

阻燃聚合物成分	拉伸模量/MPa	拉伸强度/MPa	断裂伸长率/%	缺口冲击强度/(kJ/m²)
ABS	62.6	38.0	10.0	17.0
ABS/20％MFAHP1	68.5	40.2	2.6	2.6
ABS/22％MFAHP1	67.9	41.2	2.4	2.5
ABS/25％MFAHP1	67.1	41.0	2.0	2.6
ABS/22％MFAHP2	68.3	40.3	2.2	2.7

3.12　聚磷酸铵合成与改性新技术

聚磷酸铵（ammonium polyphosphate，APP）是一种重要的无卤磷系阻燃剂，其分子中同时含有磷、氮两种元素，在阻燃过程中磷、氮具有协同阻燃效应，因而阻燃效果优于单含磷阻燃剂或单含氮阻燃剂。APP 通式为 $(NH_4)_{n+2}P_nO_{3n+1}$，呈白色粉末状。APP 作为膨胀型阻燃剂的基础材料被广泛应用于阻燃领域，随着全球阻燃剂朝无卤化方向发展，以 APP 为主要原料的膨胀型阻燃剂成为研究开发的热点。APP 主要有五种晶型，表 3-76 是五种晶型转化的温度。

表 3-76　APP 晶型及转化温度

晶型转化	转化温度/℃
Ⅰ型→Ⅱ型	200～375
Ⅰ型→Ⅲ型（亚稳态）→Ⅱ型	300
Ⅰ型→Ⅴ型	330～420
Ⅱ型→Ⅴ型	385
Ⅳ型→Ⅱ型	300～370
Ⅴ型→Ⅰ型＋Ⅱ型	110～200
Ⅴ型→Ⅱ型	250～300

3.12.1　聚磷酸铵合成新技术

目前，APP 的合成工艺主要有以下几种。

① 磷酸和尿素缩合法。将磷酸和尿素按一定比例混合，加热到一定温度搅拌反应后，得到澄清透明的液体，继续加热，经发泡、聚合和固化即可得到白色固体，冷却后得到 APP。

② 磷酸法。磷酸以沸腾状态进入反应器，通入氨气并使氨气与五氧化二磷的物质的量比保持在（0.5～0.6）∶1，反应器温度在 180℃左右，此时局部氨化的磷酸将进入浓缩器内浓缩，保持氨气与五氧化二磷混合物的含量在 70%左右，再进入绝热氨化器内继续氨化，此时混合物中氨气与五氧化二磷的含量不少于 77%，最后在辅助氨化器内进行氨化以得到一定规格的产品。

③ 磷酸二氢铵与尿素缩合法。将磷酸二氢铵和尿素按一定物质的量比进行混合，放入箱式聚合炉内在 220℃左右高温下缩合反应 1h，经冷却，粉碎得到 APP 产品。该反应需要加入一定量的氨化剂和助熔剂，通常选用氨气。

④ 磷酸铵与五氧化二磷聚合法。采用正磷酸铵或磷酸氢二铵、磷酸二氢铵与五氧化二磷聚合，在氨气环境中加热（280～300℃），保持反应时间为 1.5～2h。该方法可制得以 Ⅱ-型聚磷酸铵为主的 APP。

⑤ 其他合成法。如聚磷酸铵化法、正聚磷酸铵与氨气高温中和法等。

3.12.2　聚磷酸铵改性技术

目前，APP 改性技术主要有微胶囊化包覆技术、脂肪酸及其金属盐和表面活性剂改性、三聚氰胺改性、偶联剂改性以及与某种醇反应合成聚磷酸酯。

（1）微胶囊化包覆技术

微胶囊化包覆技术是指在一定条件下采用天然的或合成的高分子材料包覆 APP，使 APP 微粒表面形成一层封闭膜，以提高 APP 的热稳定性、耐水性以及相容性。微胶囊的外形可以是球状的结构，也可以是不规则的形状；胶囊外表可以是光滑的，也可以是折叠的；微胶囊的囊膜既可以是单层结构，也可以是双层或多层结构。微胶囊技术的优势在于形成微胶囊时，囊芯被包覆而与外界环境隔离，在适当条件下壁材被破坏时又能将囊芯释放出来，发挥其应有的作用。微胶囊化的目的主要是降低阻燃剂的水溶性，增加阻燃剂与材料的相容性，改变阻燃剂的外观及状态，提高阻燃剂的热裂解温度等。其制备方法主要有化学法、物理化学法、机械法。

（2）脂肪酸及其金属盐和表面活性剂改性

APP 用碳原子数为 14～18 的脂肪酸及其金属盐或其混合物（镁盐、锌盐、钙盐、铝盐）处理后，其吸水性会显著降低。此外，也可以利用阳离子或非离子表面活性剂对 APP 进行改性。改性后的 APP 防水性能可得到提高。

（3）三聚氰胺改性

廖凯荣等研究了三聚氰胺改性 APP 的方法，采用三聚氰胺与 APP 在一定温度下发生反应，交换一部分 APP 分子上的氨基，所得到的三聚氰胺改性后的 APP，其耐水、耐热等性能大幅提升。

（4）偶联剂改性

通常可用于改性 APP 的偶联剂有硅烷、钛酸酯、磷酸酯、铝酸酯等，APP 用偶联剂改性处理后，具有一定的疏水性，能改善 APP 阻燃材料的韧性、耐热性，降低吸水率。有些偶联剂改性后的 APP，其表面也可以形成微胶囊化的囊材。

3.12.3 哌嗪改性聚磷酸铵

3.12.3.1 哌嗪改性聚磷酸铵的合成

笔者与刘会阳以哌嗪和聚磷酸铵（APPⅡ）为原料，采用液相和固相两种工艺路线合成哌嗪改性聚磷酸铵（Pi-APP）。将合成的阻燃剂与三聚氰胺聚磷酸盐复配后用于阻燃聚烯烃，并对其进行阻燃性能的评价。Pi-APP 分子结构如下：

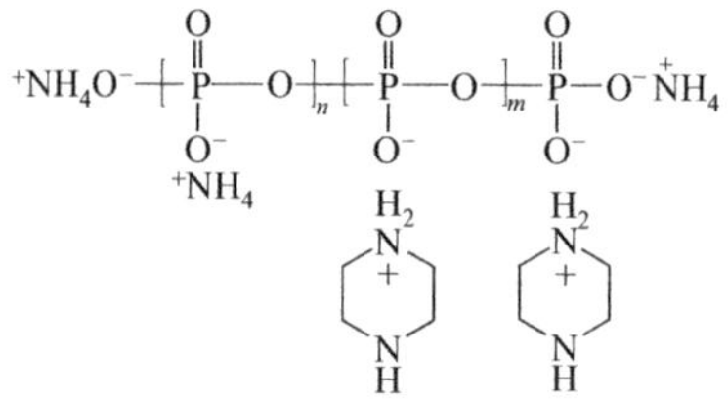

其中 n、m 为 $\geqslant 1$ 的整数。

3.12.3.2 合成工艺路线

（1）液相工艺路线

称取一定量的哌嗪，并将其溶解于去离子水和酒精的混合溶剂中。随后再向上述体系内加入 APPⅡ，加热回流反应一定时间。反应结束后趁热过滤得最终产物 L-Pi-APP。

（2）固相工艺路线

称取一定质量的哌嗪和 APPⅡ于高速粉碎机内粉碎混合，随后将混合物在 120~160℃分梯度加热升温，反应时间控制在 2~12h 范围内，反应产物冷却并用乙醇和去离子水洗涤。抽滤、干燥、粉碎后得到 S-Pi-APP。Pi-APP 合成路线如下：

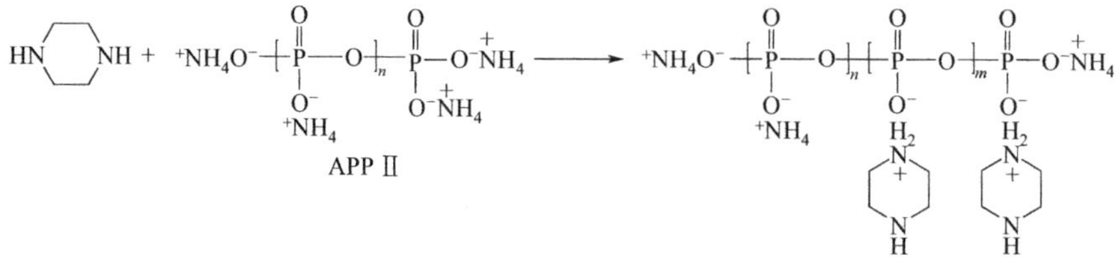

其中，n、m 为大于等于的整数。

3.12.3.3 表征与热性能

（1）红外分析

图 3-87 为原料 APP Ⅱ、L-Pi-APP 和 S-Pi-APP 的红外谱图。从图中可以看出，两种工艺路线合成 Pi-APP 红外谱图出峰位置基本上一致，其中，L-Pi-APP 在 $2702cm^{-1}$ 和 S-Pi-APP 在 $2693cm^{-1}$ 处都有明显的伸缩振动峰，表明产物中存在—NH_2^+—，产物具有预期结构。

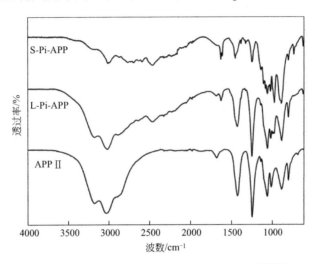

图 3-87　APP Ⅱ、L-Pi-APP 和 S-Pi-APP 的红外谱图

（2）核磁分析

图 3-88 为产物 Pi-APP 在 D_2O 的 ^{13}C-NMR 谱图，从其分子结构中可以看出，产物结构中仅有一种环境的碳，单独的哌嗪在 D_2O 中的碳谱峰值为 45.92，而固相和液相改性的 Pi-APP 在 D_2O 中的碳谱峰值为分别为 40.65 和 40.85，排除了最终目标产物为物理混合的影响，两种方法得到的 Pi-APP 碳谱峰值几乎一致，并和理论目标产物碳谱个数一致，印证产物具有较高纯度。

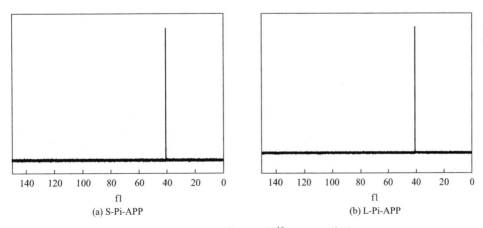

图 3-88　Pi-APP 在 D_2O 的 ^{13}C-NMR 谱图

（3）热失重分析

图 3-89 为 APP Ⅱ和两种 Pi-APP 的热失重曲线图。从图中可以看出，S-Pi-APP 和 L-Pi-APP 的

初始热分解温度相比纯 APP Ⅱ 发生了下降，而 650℃ 的残炭量则发生了提升。S-Pi-APP 的分解速率较 L-Pi-APP 更快。S-Pi-APP 初始热分解温度为 221℃，适用于加工温度较低的聚烯烃类的阻燃，其 650℃ 的残炭量比纯 APP Ⅱ 增加 8.16%；L-Pi-APP 的初始热分解温度为 304℃，其可以应用于加工温度较高的高分子材料的阻燃，L-Pi-APP 在 650℃ 的残炭量比纯 APP Ⅱ 高 18.3%。

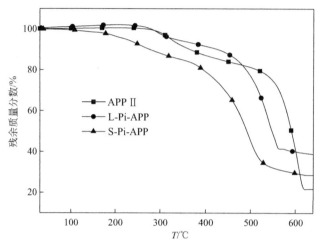

图 3-89　APP Ⅱ 和 Pi-APP 的 TG 图

3.12.3.4　Pi-APP 阻燃应用

（1）L-Pi-APP 阻燃 PP 应用

以 L-Pi-APP 与 MPP 进行复配使用阻燃 PP，设计了表 3-77 所示的复合材料配方，对制备的复合材料阻燃性能进行评价，结果如表 3-78 所示。

表 3-77　L-Pi-APP 复配阻燃 PP 材料配方

编号	0	1	2	3	4	5	6
APP Ⅱ	0	0	0	0	0	0	25
L-Pi-APP	0	20	15	10	25	20	0
MPP	0	0	5	10	0	5	0
KH560	0	0.5	0.5	0.5	0.5	0.5	0.5
PP	100	79.5	79.5	79.5	74.5	74.5	74.5

表 3-78　L-Pi-APP 复配阻燃 PP 材料阻燃性能评价

编号	LOI/%	火焰蔓延至夹具 Y/N		引燃脱脂棉 Y/N		UL 94 级别	
		3.2 (mm)	1.6 (mm)	3.2(mm)	1.6(mm)	3.2(mm)	1.6(mm)
0	18.7	Y	Y	Y	Y	—	—
1	25.1	Y	Y	Y	Y	—	—
2	31.1	N	N	Y	Y	V-2	V-2
3	25.1	N	N	Y	Y	—	—
4	30	N	N	Y	Y	—	—
5	32.5	N	N	N	N	V-0	V-0
6	23.5	Y	Y	Y	Y	—	—

从表 3-78 结果来看，阻燃剂的加入都提高了 PP 的 LOI，而改性后的 L-Pi-APP 的阻燃效果相比单纯应用 APP 也有一定程度的提升。此外，L-Pi-APP 与 MPP 表现出了较好的协同阻燃作用，当 L-Pi-APP 和 MPP 添加量（质量分数）分别为 20％和 5％时，5 号样品的 LOI 提高到 32.5％，同时垂直燃烧达到了 V-0 级别。

（2）S-Pi-APP 阻燃 LDPE 应用

以 S-Pi-APP 与 MPP 复配为阻燃剂，ZnO 和硅树脂作为协效剂，对 LDPE 进行阻燃改性。设计了表 3-79 所示的配方，并对阻燃性能进行了评价，结果如表 3-80 所示。

表 3-79　S-Pi-APP 复配阻燃 LDPE 配方设计

编号	7	8	9	10	11	12	13
S-Pi-APP	0	10	15	20	25	30	20
MPP	0	10	10	10	10	0	10
KH550	0	0.3	0.3	0.3	0.3	0.3	0.3
ZnO	0	1.5	1.5	1.5	1.5	1.5	0
硅树脂	0	0.7	0.7	0.7	0.7	0.7	0
LDPE	100	77.5	72.5	67.5	62.5	67.5	69.5

表 3-80　S-Pi-APP 复配阻燃 LDPE 阻燃性能评价

编号	LOI/%	火焰蔓延至夹具 Y/N		引燃脱脂棉 Y/N		UL 94 级别	
		3.2 (mm)	1.6 (mm)	3.2 (mm)	1.6 (mm)	3.2 (mm)	1.6 (mm)
7	18.8	Y	Y	Y	Y	—	—
8	20.8	Y	Y	Y	Y	—	—
9	25.2	N	N	N	N	V-0	V-1
10	32.3	N	N	N	N	V-0	V-0
11	43.5	N	N	N	N	V-0	V-0
12	28.1	N	N	N	N	V-0	V-0
13	29.6	N	Y	N	Y	V-0	

从表 3-80 可以看出，随着阻燃剂的加入，阻燃 LDPE 的极限氧指数随之升高，控制 MPP 添加量为 10％，当 S-Pi-APP 的添加量超过 15％时，阻燃 LDPE 的极限氧数值提升明显。11 号样品为 S-Pi-APP 和 MPP 添加量分别为 25％和 10％时的阻燃 LDPE 复合材料，其氧指数达到了 43.5％，垂直燃烧等级达到 V-0 级。

3.13　焦/聚磷酸哌嗪的合成和应用

笔者与唐海珊以磷酸和无水哌嗪为原料设计合成出了一水合磷酸哌嗪、焦/聚磷酸哌嗪两种目标产物。并对所合成的阻燃剂进行了结构表征，将合成的阻燃剂焦/聚磷酸哌嗪与

MEL-APP、PEPA 复配后应用于 PP 的阻燃，并对其阻燃性能进行了一系列的测试。

3.13.1 合成路线及方法

将计量的磷酸加入洁净的 2000mL 三口烧瓶中，加入计量的去离子水，加热到 $60\sim70℃$，充分搅拌 30min，然后分批加入与磷酸摩尔比为 1:1 的无水哌嗪，充分搅拌 $2\sim3h$，反应结束，静置 $4\sim5h$，抽滤，并将所得白色粉末晶体在 115℃ 下进行干燥，即得目标产物——水合磷酸哌嗪盐。

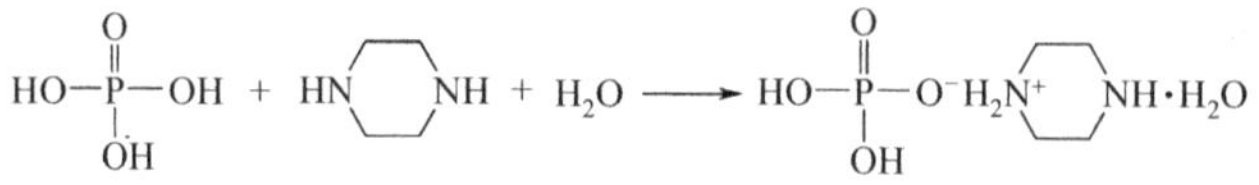

焦/聚磷酸哌嗪的合成分为两步。第一步：将计量的磷酸加入 2000mL 三口烧瓶中，加入计量去离子水，加热到 $75\sim85℃$，充分搅拌 30min，然后分批加入与磷酸物质的量比为 1:2 的无水哌嗪，充分搅拌 $3\sim4h$，反应结束，静置 $4\sim5h$。将反应液转移至烧杯中，搅拌蒸发，得到白色晶体，抽滤并将所得白色晶体在 115℃ 下进行干燥，粉碎，得到白色粉末状中间体二磷酸哌嗪盐。

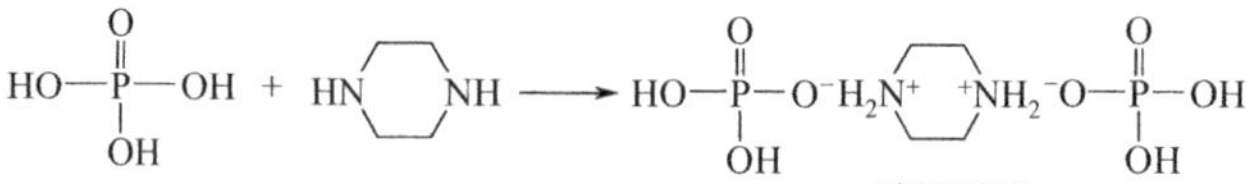

二磷酸哌嗪

第二步：将所得的中间体放置在电热恒温鼓风烘干箱内，升温到 $240℃\pm3℃$ 进行热处理 30min，得到目标化合物，将产物进行粉碎，然后将此粉末用低温去离子水进行水洗，置于 115℃进行干燥，最终得到灰白色的粉末状目标产物焦磷酸哌嗪和多聚磷酸哌嗪的混合物。

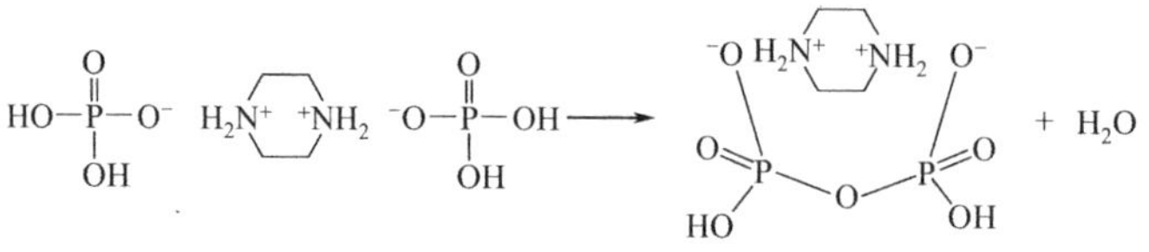

焦磷酸哌嗪

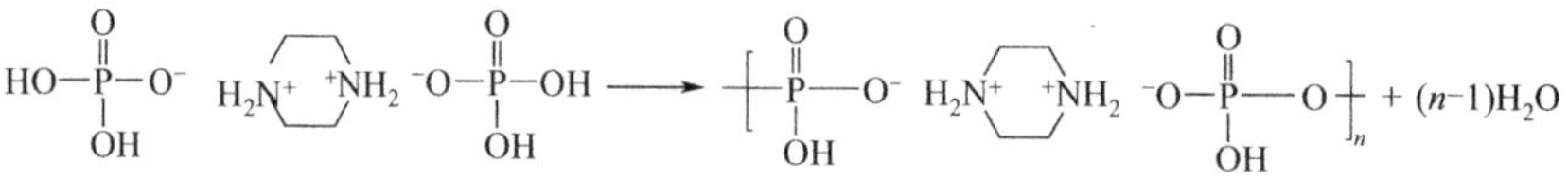

$(n\geqslant2)$

（聚磷酸哌嗪）

3.13.2 焦/聚磷酸哌嗪的表征及热性能

图 3-90 为中间产物及最终产物的红外谱图，中间体的 $964cm^{-1}$ 和最终产物 $969cm^{-1}$ 处是 P—O—H 的特征峰 $\nu(P-O)$，中间体的 $1089cm^{-1}$ 和最终产物 $1086cm^{-1}$ 处为 H_2PO_4 的 $\nu(P=O)$；中间体的 $2741cm^{-1}$ 和最终产物 $2729cm^{-1}$ 处为哌嗪的 NH^{2+} 中的 $\nu(N-H)$；

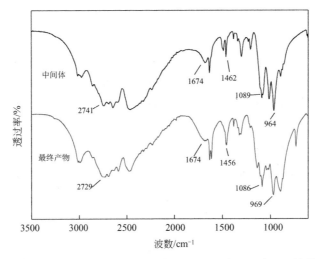

图 3-90　中间体二磷酸哌嗪与最终产物焦/聚磷酸哌嗪的红外谱图

因此可知，在中间体及最终产物中的 P 以磷酸及其铵盐形式存在。

而在中间产物中的 $1674\mathrm{cm}^{-1}$ 处对应 P—OH 的 β-OH 较最终产物明显；即热处理后的该处峰强度减弱，说明热处理后 P—OH 羟基的总量有所减少。$1456\mathrm{cm}^{-1}$ 处，为环内 $\mathrm{CH_2}$ 的弯曲振动特征峰 δ-$\mathrm{CH_2}$，中间体和最终产物在此处的峰值变化不大，表明热处理后二氮杂六元环的结构得以保存。

由图 3-91 的 TG 曲线可以看出，该物质在 $250\sim600℃$ 分解，热损失 5% 时的分解温度在 $314℃$，并且在 $450℃$ 时热损失质量仅为 29%，表明该物质具有较高的热分解温度。从图中还可看出，最终产物在 $700℃$ 时的热失重残留物量达 30%，这是最终产物热降解时发生炭化的结果，说明目标产物有较高的成炭性。

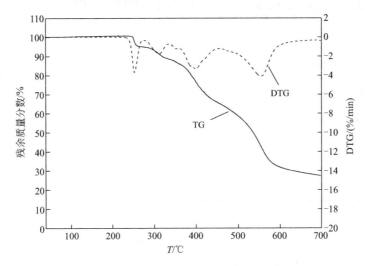

图 3-91　中间产物二磷酸哌嗪的 TG 与 DTG 曲线图

由图 3-91 所示的 DTG 曲线可知，有三个相对失重较快的区域，一个在 $317℃$ 附近，这可能是进一步的脱水反应存在的缘故；一个在 $395℃$ 附近，还有一个在 $564℃$ 附近。一般塑料的加工温度在 200～280℃之间，塑料在阻燃改性加工时，要求添加的阻燃剂在加工温度范围内必须保持良好的热稳定性，不能发生分解；而在塑料遇火燃烧时（大多数高分子的热降解温度区在 330～450℃范围），阻燃剂能够迅速分解而起到阻燃作用，产物的热稳定性及分解温度区可以满足这样的要求。从而可知，目标产物适合大多数塑料的共混添加使用。

对比图 3-91 中间体与图 3-92 最终产物的 TG 与 DTG 图，可知，中间体在 250℃有一个快速的失重，其 DTG 的速率达 $-3.68\%/min$，而热处理之后的最终产物在 250℃也有一个失重峰，但 DTG 的速率有明显下降为 $-1.01\%/min$；除此之外，两者的主要分解区间基本一致，故 250℃的失重为磷酸之间的脱水缩合，其他的化合键都未被破坏。

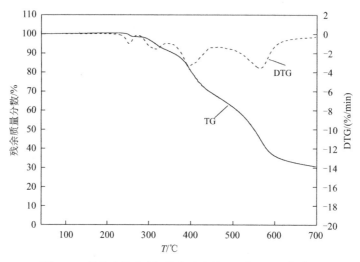

图 3-92　最终产物焦/聚磷酸哌嗪的 TG 与 DTG 曲线图

3.13.3　焦/聚磷酸哌嗪复配体系在阻燃 PP 中的应用

（1）试样制备

将焦/聚磷酸哌嗪按照 15%、20%、25%、30% 的质量配比加入 PP 粉料中，每个配方中添加 0.5% 的偶联剂 KH-550，如表 3-81。

表 3-81　PP 材料的配方（质量分数）

编号	PP-0	PP-1	PP-2	PP-3	PP-4
焦/聚磷酸哌嗪/%	0	15	20	25	30
KH-550/%	0	0.5	0.5	0.5	0.5
PP/%	100	84.5	79.5	74.5	69.5

注：每个配方总质量为 1.5kg，以下配方皆相同。

MEL-APP 水溶性极低，具有极性较低的表面，属于高效膨胀阻燃剂，热稳定性高，可提供丰富的气源与酸源，特别适用于增强 PP 材料。季戊四醇笼状磷酸酯 PEPA 是制造一系列含磷或含磷-卤阻燃剂的中间体，也可用于混合膨胀型阻燃剂的协效。成炭性好，热稳定性优异，兼具丰富的碳源和酸源。选用三聚氰胺包覆聚磷酸铵（MEL-APP）和 1-氧代-4-羟甲基-2,6,7-三氧杂-1-磷杂双环 [2,2,2] 辛烷（PEPA）与焦/聚磷酸哌嗪复配，配方如表

3-82 所示。

表 3-82　复配体系配方表（质量分数）

编号	PP/%	焦/聚磷酸哌嗪/%	MEL-APP/%	PEPA/%	KH550/%
PP-5	69.5	20	5	5	0.5
PP-6	69.5	15	10	5	0.5
PP-7	69.5	10	15	5	0.5
PP-8	69.5	5	20	5	0.5

按照表 3-81 和表 3-82 配方，将各物料混合均匀后加入双螺杆挤出机喂料口挤出造粒，料条过水槽冷却，切粒机切粒后收集备用。挤出工艺监控区设置为：主机转速 16.4Hz，喂料转速 14.7Hz；螺杆挤出机各区温度设定为，一区：115℃；二区：160℃；三区：200℃；四区至七区：215℃；八区：210℃；九区：205℃；机头温度：185℃。挤出造粒时收集的粒子于室温下晾干 24h 后，在电热恒温鼓风干燥器 105℃干燥 6h，收取备用。随后加入注塑机料斗，设定工艺，注塑出测试用标准样条。

（2）性能测试

表 3-83 为单组分添加体系阻燃性能汇总表。

表 3-83　焦/聚磷酸哌嗪单组分添加体系阻燃性能汇总表

编号	焦/聚磷酸哌嗪添加量(质量分数)/%	LOI/%	UL 94	
			3.2mm	1.6mm
PP-0	纯 PP	18.2	—	—
PP-1	15	23.1	—	—
PP-2	20	24.9	—	—
PP-3	25	29.3	V-2	V-2
PP-4	30	32.0	V-2	V-2

焦/聚磷酸哌嗪的加入使得阻燃 PP 材料的极限氧指数相较于纯 PP 材料有着显著的提高。且 LOI 值随着阻燃剂的添加量的增加而增大，在 15%到 30%区间内呈明显的线性增长。当添加量为 30%时，LOI 高达到 32.0%。焦/聚磷酸哌嗪中 25%添加量与 30%添加量配方试样已达到难燃材料的标准。但在垂直燃烧测试中，即便在 30%的高添加量的情况下，阻燃材料仍在燃烧时强烈地熔融滴落，使得脱脂棉被引燃。为提高材料的阻燃性能，需加入可作为炭源及气源的阻燃协效剂来提高材料的阻燃性能。

复配体系阻燃性汇总表如表 3-84 所示。

表 3-84　复配体系阻燃性能汇总表

编号	配比组成	LOI/%	UL 94	
			3.2mm	1.6mm
PP-0	纯 PP	18.2	—	—
PP-4	焦/聚磷酸哌嗪质量分数30%	32.0	V-2	V-2
PP-5	焦/聚磷酸哌嗪：MEL-APP：PEPA　20：5：5	33.3	V-2	V-2
PP-6	焦/聚磷酸哌嗪：MEL-APP：PEPA　15：10：5	36.8	V-0	V-2
PP-7	焦/聚磷酸哌嗪：MEL-APP：PEPA　10：15：5	36.4	V-0	V-2
PP-8	焦/聚磷酸哌嗪：MEL-APP：PEPA　5：20：5	38.4	V-0	V-2

从表中可以看出，添加了阻燃协效剂复配以后的 PP-5 号、PP-6 号、PP-7 号和 PP-8 号的极限氧指数都较单一添加焦/聚磷酸哌嗪的 PP-4 号有所提升，且 LOI 都在 33% 以上，PP-8 号更是达到了 38.4%，说明复配后的阻燃体系具有非常好的阻燃效果。通过对比我们可以发现，随着复配体系中焦/聚磷酸哌嗪含量的减少，MEL-APP 含量的增加，LOI 指数并未呈现简单的递增趋势，而是呈现出了一定的波动情况。这说明在复配体系中，MEL-APP 含量适度的增大，有利于阻燃性能的提升。其具体阻燃机理有待后续研究讨论。

3.14 磷酸胍

磷酸胍根据反应物的比例不同，可分为磷酸一胍（磷酸二氢胍）、磷酸二胍（磷酸氢二胍）和磷酸三胍三种，市售品多为磷酸二胍，各种磷酸胍的主要性能见表 3-85，结构式如下：

$$\underset{\text{磷酸一胍（磷酸二氢胍）}}{(H_2N-\overset{\overset{\displaystyle NH}{\|}}{C}-NH_2)\cdot H_3PO_4} \qquad \underset{\text{磷酸二胍（磷酸氢二胍）}}{(H_2N-\overset{\overset{\displaystyle NH}{\|}}{C}-NH_2)_2\cdot H_3PO_4}$$

$$\underset{\text{磷酸三胍}}{(H_2N-\overset{\overset{\displaystyle NH}{\|}}{C}-NH_2)_3\cdot H_3PO_4}$$

表 3-85 各种磷酸胍的主要性能

性　　能	磷酸一胍	磷酸二胍	磷酸三胍
外观	白色粉末	白色粉末	白色结晶性粉末
熔点/℃	130	245～246	—
分解温度/℃	110～250(脱水缩合) 300(胍基分解)	235	246
密度/(g/cm³)	1.684(25℃)	1.481(25℃)	1.48(30℃)
溶解性	溶于水,230g/100g 水(30℃),水溶液呈酸性;难溶于甲醇、芳烃、卤代烃等有机溶剂	溶于水,23g/100g 水(30℃),水溶液呈碱性;难溶于甲醇、芳烃、卤代烃等有机溶剂	溶于水,100g/100g 水(20℃),水溶液呈弱碱性;几乎不溶于苯、丙酮、乙醚

磷酸胍类阻燃剂大多数可用作木质纤维素基材（如木材、棉纤维、纸等）的阻燃剂、防水剂和防锈剂，是一种柔软性和热稳定性都优良的阻燃剂。

胍及其衍生物一般比脲类毒性大。家兔经口 LD_{50} 为 500mg/kg。

磷酸胍可采用盐酸胍和碳酸胍与磷酸的反应制得，东北林业大学的骆介禹等在该领域进行了深入研究，采用盐酸胍作为原料需首先用醇钠中和得到胍，然后胍再与后加入的磷酸反应生成磷酸胍，通过控制配比可分别得到磷酸二氢胍和磷酸氢二胍；而以碳酸胍作为原料则是在磷酸溶液中逐步加入碳酸胍反应制得，其最终产物结构通过控制反应体系的 pH 来实现。

3.15　磷系阻燃剂发展动向

近年来，阻燃高分子材料的应用增长很快，由于用量增大，成本、安全性和环境等问题已成为全球关注的问题。即使磷的阻燃效率比卤素要高出 3～8 倍，在今后一段时期，卤素阻燃剂仍然会继续得到广泛应用，但磷系阻燃剂的开发将得到更多的重视，现简要预测今后的发展趋势。

① 阻燃剂合成工艺绿色化。目前大多数磷系阻燃剂的制造对环境污染较大，因此优化合成工艺，减少有机溶剂特别是挥发性大、毒性及腐蚀性大的溶剂的使用，提高反应转化率，减少副产物的生成，降低污水排放等是今后有机磷阻燃剂制造工艺的发展需求。

② 针对不同高分子材料及加工工艺要求，开发具有特色的精细化、专用化、系列化的磷系阻燃剂产品，且低毒不析出、无腐蚀，高效阻燃、对制品性能影响小、综合性能优异，成本适宜。如针对聚氨酯、不饱和聚酯树脂等热固性树脂的特点，开发阻燃效率高并有抑烟作用的反应型阻燃剂；针对热塑性树脂的阻燃，开发具有高耐热性、与基材相容性好的产品。

③ 以有机磷阻燃剂为基础的阻燃复配技术。磷与溴、氮、硅、硼的阻燃复配技术将不断成熟，同时磷与金属化合物的其他成分的复配将得到重视，多组分多相阻燃机制的阻燃体系是实现高效阻燃的有效途径。

④ 磷具有多价态和多变的化学反应性，其阻燃机理的研究还有待进一步深入，理论研究的突破将对新品种开发起到重要的指导作用。

⑤ 随着有机磷阻燃剂的发展，其阻燃制品及废弃物的处理对生态环境的影响将越来越引起重视，特别是欧盟国家的化学品保护和准入法规的制定实施，将给新品种的开发和应用带来更多的困难，特别是对一些经济实力较弱的国家和公司尤为不利。

⑥ 磷系阻燃剂产业将逐渐形成集约化，特别是有机磷阻燃剂，由于受到环境等因素的制约，一些中小企业将逐渐退出，一些骨干大型企业将垄断市场，这有利于淘汰落后产能，集中力量开发新型产品和技术。

第**4**章

氮系阻燃剂

4.1 概述

当前氮系阻燃剂得到很好应用的品种主要是三聚氰胺及其衍生物和胍类化合物，也有一些场所使用氰尿酸或异氰尿酸、双氰胺或其胍盐，它们有的可以单独使用，有的是膨胀阻燃剂等阻燃体系的组成部分或协效剂。氮系阻燃剂的应用最早可以回溯到 1786 年 Arfied 利用磷酸铵阻燃木材和纺织品，1820 年 Gay-Lussac 对一系列的铵盐用作阻燃剂进行了深入研究，到 20 世纪初，无机铵盐和尿素等含氮化合物在阻燃纤维素和木材、纸张等方面获得广泛应用，但由于其本身的热稳定性较差且水溶性大，因此在后来迅速发展的合成材料中不适用，而三聚氰胺则有效地克服了这些缺点，所以在当今的阻燃剂家族中占有一席之地，本章主要叙述三聚氰胺及其衍生物，而应用广泛的聚磷酸铵已在磷系阻燃剂中介绍过。氮系阻燃剂具有如下特点。

① 低毒，低腐蚀。三聚氰胺、双氰胺、胍及其盐等氮系阻燃剂本身毒性小，如三聚氰胺对白鼠的 LD_{50} 大于 3000mg/kg（见本章 4.2 节），并且燃烧时释放的有毒气体极少。经研究发现，对分别以氢氧化镁、氮-磷阻燃剂、卤素阻燃剂阻燃的 V-0 级 PP 进行燃烧时的毒性试验，测得 FED（毒性指数）分别为 0.05、0.05 和 0.25，即含氮系阻燃剂的 PP 毒性与含氢氧化镁的相当，只有含卤素阻燃剂的 1/5。

② 燃烧时的烟密度低，烟量释放少。在对以氢氧化镁、氮-磷阻燃剂、卤素阻燃剂阻燃的 V-0 级 PP 的烟箱烟密度试验中发现，卤素阻燃 PP 的烟密度 D_m 比其他两者高 8～10 倍，而其他两者的烟密度与未阻燃的 PP 相当。

③ 具有较高的阻燃效率。众所周知对同样的阻燃材料采用不同的测试方法其阻燃性有时差异较大，一些高聚物的氮系阻燃剂不仅具有较高的 LOI 值和 UL 等级，且以锥形量热仪测试的 TTI（点燃时间）和 RHR（热释放速率）值评判的阻燃性也较好（见本章 4.5 节）。

④ 氮系阻燃剂的加工性能稳定，加工过程中无腐蚀性气体放出，因此对加工设备的腐蚀性小，对操作环境无污染。且热性能稳定，可以经受多次循环加工，其阻燃材料可反复使用。

⑤ 氮系阻燃剂的适配性能好，与其他类阻燃剂无效能对抗作用，如卤素阻燃剂与受阻

胺类稳定剂的对抗作用。

⑥ 氮系阻燃剂经生物和光热降解后产生的氨或铵是植物的有效营养成分，其阻燃废弃物可以填埋处理，因此是环境友好型阻燃剂品种。

氮系阻燃剂尤其适于用作含氮高聚物如聚氨酯、尼龙的阻燃，也可用于聚烯烃、PVC和涂料的膨胀阻燃体系的主要成分，三聚氰胺还可用于 PP 和 PE 的阻燃助剂，而三聚氰胺氰尿酸盐则已商业用于尼龙和 PET/PBT 的阻燃，并且近年来已逐渐开发了其对环氧树脂和聚氨酯以及其他热固性树脂等制品的阻燃；一些无机铵盐和胍类化合物可以用于天然木材、棉和羊毛等的阻燃整理，随着阻燃和粉体等技术的发展，这类阻燃剂的应用领域将逐步拓展，用量将稳步增长。

本章将重点介绍三聚氰胺类阻燃剂，主要品种有三聚氰胺、三聚氰胺氰尿酸盐、三聚氰胺(聚)磷酸盐等，虽然三聚氰胺类阻燃剂在阻燃剂的总用量中所占比例较小，但发展十分迅速，这主要得益于三聚氰胺类阻燃剂具有多种阻燃作用机制，表 4-1 为不同阻燃剂阻燃作用比较。

表 4-1　不同阻燃剂的阻燃作用比较

阻燃机制	三聚氰胺衍生物	卤素/氧化锑	有机磷化合物
化学作用	有	有	有
散热	有		
成炭	有		有
膨胀	有		有
惰性气体	有	有	
热转移	有		

除了少数品种外，大多数现有的氮系阻燃剂还存在普遍适用性不理想，其阻燃的塑料加工比较困难，在高聚物中的分散性较差，对粒度及粒度分布要求较严，对有些高聚物的阻燃效率较差等问题，但随着人们对氮系阻燃剂开发和应用研究的不断深入，氮系阻燃剂的应用领域正在不断拓展。

4.2　三聚氰胺

4.2.1　概述

三聚氰胺又称蜜胺（melamine），其化学名称为 1,3,5-三氨基-2,4,6-三嗪，英文名称为 1,3,5-triazne-2,4,6-triamine，CAS 登记号为 108-78-1。表 4-2 为三聚氰胺的主要物理化学性能。由于近年来在阻燃材料中的应用日益普遍，因此在此就其毒性试验结果进行介绍。表 4-3 和表 4-4 分别是其毒性和生态毒理的有关数据。

表 4-2　三聚氰胺的主要物理化学性能

项　目	指　标
熔点/℃	350(计算)
沸点/℃	280(分解)
密度/(kg/m³)	1574
蒸气压(20℃)/Pa	4.7×10^{-8}
水中溶解性	3.1g/L(20℃),25g/L(75℃),55g/L(90℃)
水中悬浮液 pH(20℃)	8

表 4-3　三聚氰胺的毒性数据

项　目	试验对象	标　准	结　果
急性经口	F344 白鼠	NTP	$LD_{50}=3161mg/kg$
	B6C3F 老鼠	NTP	$LD_{50}=3296mg/kg$
急性吸入	白鼠		$LC_{50}=3248mg/kg$
重复剂量喂入	白鼠	NTP,14d	$NOAEL=417mg/kg$
	白鼠	28d(观察结石)	$NOAEL=240mg/kg$
	白鼠	NTP,13 周	$NOAEL \leqslant 63mg/kg$
	老鼠	NTP,13 周	$NOAEL=1600mg/kg$

表 4-4　三聚氰胺的生态毒理数据

项　目	试验对象	标　准	结　果
鱼类(急性/长期)	高体雅罗鱼	DIN 38412/L20	$LC_{50}(48h)>500mg/L$
水生哺乳动物	豚		$EC_{50}(4d)=940mg/L$
微生物	活性淤泥	OECD209	$EC_{50}>1992mg/L$
陆地植物	大麦		$EC_{50}(4d)=530mg/kg$
	小麦		$EC_{50}(4d)=900mg/kg$
	萝卜		$EC_{50}(4d)=930mg/kg$
	石龙芮		$EC_{50}(4d)=1100mg/kg$
	豌豆		$EC_{50}(4d)=1680mg/kg$

　　大量的毒性研究表明，三聚氰胺的毒性很低，对动物没有细胞和基因变异作用，对生态的动植物影响小，三聚氰胺不易生化降解，但在污水处理过程中可以有效降解，因此，三聚氰胺作为基本化工原料在各个领域得到广泛应用，目前全球年消耗量在 70 万吨左右。用于阻燃材料领域的约占 10%，即年消耗量超过 7 万吨。

4.2.2　三聚氰胺的生产方法

　　三聚氰胺生产方法有两种：一种方法是以双氰胺为原料在甲醇和氨存在下聚合生产的双氰胺法，该方法因双氰胺原料石灰氮的生产耗能大、成本高而被淘汰；另一种方法是以尿素为原料在催化剂和氨存在下的热分解法，该方法由于原料来源充足而得到广泛采用。

我国是全球三聚氰胺产能、产量、出口量及消费量第一大国，2012 年底产能已达到 160 万吨，生产企业主要分布在四川、山东、河南、山西、河北等拥有丰富煤炭和天然气资源的地方。我国的三聚氰胺产能过剩，在国际市场交易比例已经上升到 30% 以上，国内市场供大于求。

4.2.3 三聚氰胺的阻燃作用机制

三聚氰胺可以不溶不熔的微粉末状分散于热塑性和热固性树脂的预聚体中，加热不熔化而到 350℃ 升华，这一温度低于大多数塑料的点燃温度，因此有人认为这一升华过程吸热是三聚氰胺具有阻燃作用的原因。事实上三聚氰胺的升华吸热焓为 -963kJ/kg，因此对一个比热容为 2.1kJ/(kg·℃)、含有 20% 的三聚氰胺的基材而言，三聚氰胺升华将使其温度下降 115℃，这种降温作用对阻止塑料被点燃是非常重要的，此外三聚氰胺挥发物燃烧的热值仅为塑料的 40%～45%，且降解产物氮气可以起到散热和稀释氧浓度的作用，同时，升华的三聚氰胺还可以起到稀释可燃物及阻隔其与空气接触的作用，其升华的微粒还可以捕集火焰区的自由基，且三聚氰胺在 610℃（火焰区可达到此温度）降解成双氰胺，吸热焓比升华吸热焓还高，因此三聚氰胺的气相阻燃效率高。

4.2.4 三聚氰胺在阻燃塑料中的应用

三聚氰胺作为阻燃剂最早用于膨胀防火涂料和聚氨酯泡沫中，近年来，三聚氰胺与磷酸酯复配在阻燃聚氨酯泡沫中得到了广泛应用，同时有关其在热塑性塑料和热固性树脂中的应用报道也较多，下面举例作简要介绍。三聚氰胺在膨胀阻燃体系中的应用将在膨胀阻燃剂的有关章节中叙述。

（1）阻燃聚氨酯

三聚氰胺可增大聚氨酯泡沫的热容量，降低聚氨酯泡沫燃烧时的表面温度，使可燃气体的生成和燃烧速率都降低。在燃烧的初始阶段，三聚氰胺与异氰酸酯碎片反应可抑制烟的生成。对聚氨酯有较好的阻燃效果。

三聚氰胺的加入使 FPUF（软质聚氨酯泡沫塑料）燃烧过程的热释放速率和烟释放速率的峰值，以及比消光面积等参数都明显降低。三聚氰胺阻燃 FPUF 燃烧后的残炭中存在含氮物质，说明三聚氰胺在燃烧过程中不是全部分解进入气相，部分衍生物留在凝聚相并有促进刚性物质生成的作用。

（2）阻燃聚烯烃

要获得预期的阻燃效果，单独采用三聚氰胺阻燃聚烯烃的添加量在 60% 以上。有报道称添加硫基苯并噻唑和二异丙基苯可以使三聚氰胺的用量减少到 25 份，其阻燃聚丙烯的 LOI 在 27%～29%，UL 94 级别可达 V-2～V-0 级。

三聚氰胺可以与卤素阻燃剂、磷酸酯、红磷、ATH、氢氧化镁等阻燃剂复配使用，所制得的阻燃聚烯烃可以达到较好的综合性能。

有报道称，采用三聚氰胺，煅烧高岭土和 PPO 复配用于 EVA、交联聚乙烯电线电缆料的阻燃，可以使阻燃性能达到 UL 94 V-0 级，LOI 值大于 30％，各项性能满足行业标准要求。

（3）阻燃尼龙

三聚氰胺对尼龙的阻燃效率较高，因此有关其用于尼龙的阻燃报道很多。据报道，一定黏度范围的尼龙 6 或尼龙 66 只需添加 5％～8％的三聚氰胺即可达到 ASTM D-635 的测试标准。采用 10 份三聚氰胺和 10 份氯化锌可以获得无滴落的 UL 94 V-0 级的阻燃尼龙。

在尼龙 6 与聚(2,6-二甲基苯基)醚（PPE）的合金中，添加 3～20 质量份的三聚氰胺可以使合金达到 UL 94 V-0 级阻燃。另有报道，三聚氰胺单独使用或与硼酸锌、卤素阻燃剂复配用于增强阻燃尼龙。

三聚氰胺用于尼龙阻燃的最大问题是其析出或冒霜问题，为此可以采用非离子表面活性剂、偶联剂、有机酸（盐）等对其进行改性，在尼龙聚合时加入三聚氰胺可以有效提高其各项性能。此外，三聚氰胺与其他阻燃剂复配使用对尼龙的阻燃效果也很好。

（4）阻燃聚酯

三聚氰胺可用于无卤素、无磷的阻燃 PBT 材料中，添加适量助剂后，18％～35％的三聚氰胺可以制得阻燃级别达到 UL 94 V-0 的 PBT。如要获得无滴落阻燃 PBT，则可以在配方基础上，加入适量的硫酸钡或尿素与苯磷酰氯的缩聚物。

（5）阻燃 HIPS

青岛科技大学的管西龙将 MA 单一地添加到 HIPS 中以探究其用量的增加对样品点燃时间的影响。MA/HIPS 质量比从 0/100、10/100、20/100 到 30/100，点燃时间分别为 36s、30s、31s 和 39s，即点燃时间先缩短后延长。这是由于阻燃剂加入聚合物后改变了聚合物的导热性和热稳定性，用量较少时缩短了聚合物的点燃时间，用量达到一定程度时才使点燃时间延长。单一添加 MA 阻燃 HIPS 效果不佳，常和磷系、环氧树脂复合使用。

4.3　三聚氰胺氰尿酸盐

4.3.1　概述

三聚氰胺氰尿酸盐，英文名称为 melamine cyanurate 或 melamine cyanuric acid adduct，简写为 MC 或 MCA，CAS 登记号为 37640-57-6。结构如下：

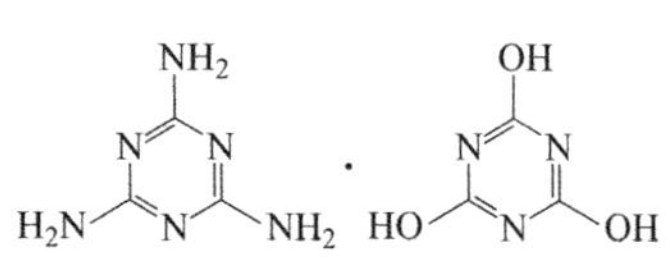

三聚氰胺氰尿酸盐的主要物理化学性能见表 4-5。

表 4-5　三聚氰胺氰尿酸盐的主要物理化学性能

项　　目	指　　标
外观	白色结晶粉末,有滑腻感
密度/(kg/m^3)	1700
分子量	255.20
氮含量/%	49.4
分解温度/℃	440～450(350℃开始升华)
溶解性	水中:0.001g/100g(25℃),0.025g/100g(100℃);不溶于醇、酮和芳烃等一般有机溶剂

三聚氰胺氰尿酸盐对兔的眼睛有轻微刺激性,对白鼠的 LD_{50} 大于 5000mg/kg,属于轻微毒性,对白鼠和大鼠的经口 LD_{50} 分别为 2500mg/kg 和 3400mg/kg,通过吸入的致死浓度对白鼠大于 2238mg/m^3,而对大鼠吸入致死浓度有报道的最低值为 1240mg/m^3 (2h)。

4.3.2　三聚氰胺氰尿酸盐的合成方法

三聚氰胺氰尿酸盐是由三聚氰胺和氰尿酸(或异氰尿酸)为原料,在水等极性溶剂中于一定温度下反应合成的,其反应式如下:

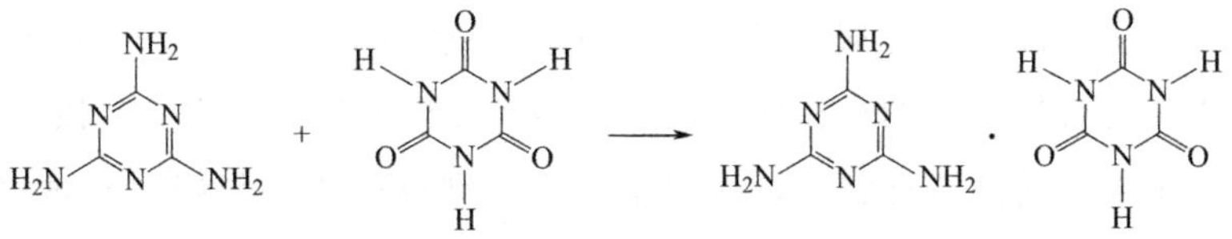

从反应原理看,三聚氰胺与氰尿酸的反应比较简单,但由于两者的反应基团较多且环状结构可以形成不同的结合和空间取向,同时氰尿酸在不同酸碱度介质中存在互变异构体,所以有关 MCA 的合成方法和晶体结构的研究有较多的文献和专利报道。根据已有的文献和作者的研究结果,MCA 的合成按介质情况可分为干法和湿法,按设备不同有釜式反应、挤出机反应和热炉反应。下面按干法和湿法分别介绍其合成方法。

氰尿酸互变异构体如下:

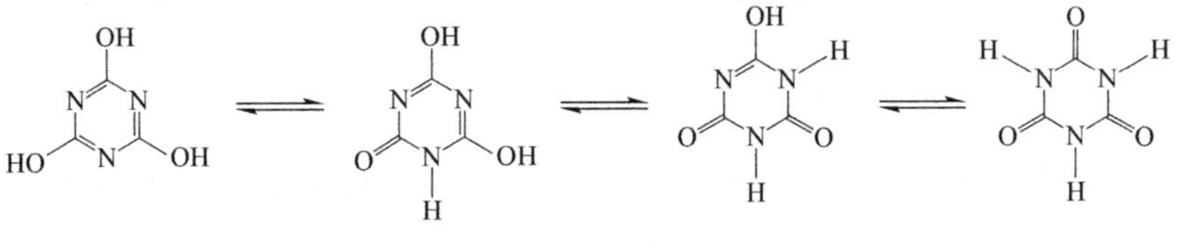

4.3.2.1　干法

(1) 加热炉中的完全干态反应

根据三聚氰胺和氰尿酸可分别于 210℃ 和 230℃ 升华的性能可以在加热炉中使两者在干态的升华状态下反应生成 MCA,其工艺过程如下:

根据美国专利（专利号为 5493023）报道，首先在室温下混合平均粒径分别为 $20\mu m$ 和 $80\mu m$ 的三聚氰胺和氰尿酸，然后在一个喷气式粉碎机中将它们粉碎至平均粒径为 $3.94\mu m$，再将反应物混合物置于电加热炉中升温至 350℃ 反应 1h，得到纯度为 99.2% 的 MCA，收率为 95.8%，产品平均粒径为 $4.83\mu m$。该方法具有工艺简单、操作简便等特点，但对原料纯度和设备要求高，一次性投资大。

（2）混合器中的半干态反应

该方法是将三聚氰胺和氰尿酸粉碎到平均粒径 $50\mu m$ 以下，根据产品要求可适当加入分散剂等助剂，然后在混合器中充分混合并升至一定温度后，将雾化水喷入混合器中，维持反应一定时间后排除水蒸气，得到 MCA 产品。其工艺过程如下：

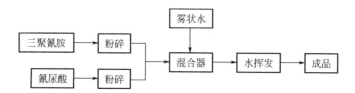

该工艺的原理是在高速混合碰撞下，水在三聚氰胺与氰尿酸微粒表面形成液膜，而反应物分子进入液膜发生界面反应生成 MCA，MCA 因在水中的溶解度极小而沉淀析出进而团聚形成微粒，由于混合器中水的存在使得该过程循环发生而使反应完成。该工艺的技术关键是水的用量和粉末微粒的高流动状态，水用量太少，则反应进行得很慢，难以使反应完全，从而影响产品的纯度；水用量太大，则反应物微粒的流动性差，导致反应物结块无法进行反应。

4.3.2.2 湿法

湿法合成 MCA 的工艺过程如下：

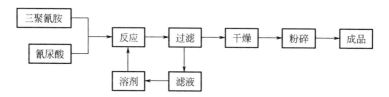

湿法合成 MCA 的专利文献报道很多，20 世纪 60 年代，曾经有采用在 DMF 等有机极性溶剂中进行反应的报道，此后除了为了研究的需要就很少有这类报道。目前工业上广泛采用的是以水为溶剂的合成工艺路线，如上所述，由于三聚氰胺和氰尿酸在水中的溶解度很小，因此湿法合成 MCA 是在大量水中进行的，工艺开发的目的是在获得所需的产品晶型等质量前提下如何提高单釜生产效率，根据产品用途和开发商的不同，有酸性、中性和碱性条件下反应三种工艺路线，现分别介绍如下。

（1）酸性工艺

根据法国埃尔夫阿托化学（Elf Atochem）公司的专利（US 5202438）报道，他们在已有的酸性工艺基础上开发一种 pH 小于 1 的强酸性水中合成 MCA 的专利技术，该工艺的最大特点是反应介质水的用量少（100 质量份的三聚氰胺和氰尿酸最少只需加入 120 质量份的水），反应温度低（80～95℃）、时间短（10～30min）。

但该工艺的精制用水量较大，解决洗涤水的循环使用是该技术工业应用的关键。

（2）碱性工艺

根据作者研究的结果，MCA 在 pH 接近 7 时悬浮液的黏度最高，过滤比较困难，因此在碱性条件下的反应也可以解决这些问题，可以采用 NaOH、KOH、石灰、Na_2CO_3、$Al(OH)_3$ 和 $Mg(OH)_2$ 以及其他碱性化合物调节碱性。根据作者研究发现碱性条件下合成的 MCA 密度比酸性和中性条件下的要大 5％左右。

有关 MCA 的碱性工艺以日本研究的最多，在国内曾有少数生产厂商运用过该工艺生产。

（3）中性工艺

在这里中性工艺是指三聚氰胺与氰尿酸在水相中混合后，不加任何酸性或碱性物质，处于反应物自然酸碱度环境下进行反应，采用纯度高的原料合成则体系起始 pH 约为 6.5。

中性工艺的专利文献报道较多，主要是反应温度、时间和加料方式等因素的优化。

4.3.2.3 MCA 制备与改性技术进展

MCA 阻燃剂由于不含卤素和磷，且自身和热氧降解产物的毒性低，生产和使用加工无污染，对环境友好，迎合了 21 世纪阻燃剂无卤素、无磷阻燃体系和化工绿色化的发展潮流，因此近年来在国内外受到广泛关注，其研究开发深入，应用领域不断扩展。有关其制备和改性的研究较多，总的趋势是湿法制备技术向低水用量低能耗工艺发展，而干法技术主要是要进一步提高反应产物的纯度。同时，为了解决 MCA 易团聚的问题，其表面改性也引起了广泛关注。

20 世纪 90 年代以来，日本有关学者对 MCA 的表面改性进行了深入研究，如有日本专利报道，采用三聚氰胺与氰尿酸在有聚乙烯醇或纤维素醚存在下反应所得到 MCA 没有团聚现象，但由于上述化合物的热稳定性较差，导致尼龙等在加工过程中易变色。因此选择合适的表面改性剂非常重要。此前曾有日本专利报道采用尼龙进行包覆的技术，该技术采用含氟有机酸或醇将尼龙溶解后把 MCA 或三聚氰胺与氰尿酸加入其中，溶剂挥发后 MCA 的微粒表面就被尼龙所包覆，作者采用共聚尼龙溶于多元醇后将三聚氰胺与氰尿酸加入其中进行反应的方法制备了具有良好分散性的尼龙包覆 MCA，并进一步制得了 50％以上的 MCA 母粒。同时还研究了采用三聚氰胺树脂包覆 MCA 的技术。

（1）尿素法合成 MCA

尿素法是指使用尿素和三聚氰胺为初始原料制备 MCA 的方法，即通过尿素缩聚制得氰尿酸，而后与三聚氰胺反应得到 MCA，反应过程如下：

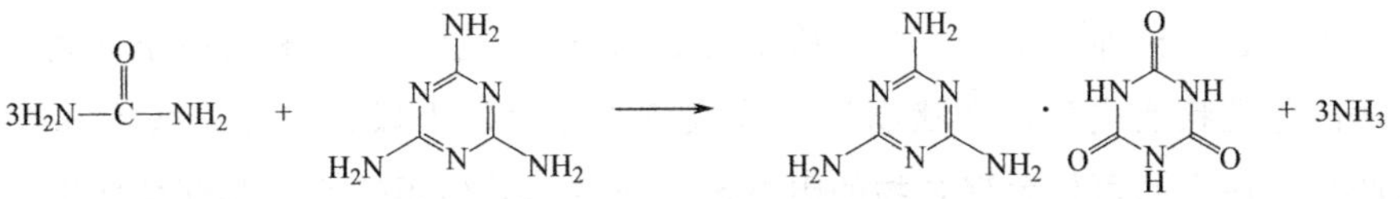

根据加入三聚氰胺时机的不同，又可将尿素法分为一步法和两步法。其中一步法是将尿素和三聚氰胺同加入反应釜，进行热熔融，一步制得 MCA 粗品，再经酸煮、水洗、干燥等工序精制得到产品；而两步法则是指先用尿素反应制得粗氰尿酸，精制后再加入三聚氰胺制备 MCA。相比较于氰尿酸法，尿素法的原料价廉易得、生产成本低、经济效益好。

（2）溶剂法新进展

在传统制备 MCA 的过程中，为了克服体系不断增大的黏度，往往需要加入大量的水，但也同时提高了能耗和成本。除此之外，还存在体系黏度大、传质传热困难、反应时间长、初产品需洗涤纯化的缺点。

① 复合剂或分散剂。在新的制备工艺中，可以向体系中加入复合剂或分散剂等物质以改善上述现象。对于分子复合改性 MCA 制备新技术，刘渊通过在 MCA 合成过程中加入改性剂 WEX 进行三元分子复合，一定程度上破坏了 MCA 分子结构的平面规整性，减小了氢键复合体结构的流体力学半径，如图 4-1 所示，因而大幅度减小了体系黏度，解决了传统合成工艺中搅拌困难、反应时间长、工艺复杂、催化剂残留等问题，将水与反应物配比降至 2∶1，反应时间缩短至 30min，并且所得产品无须洗涤处理，干燥粉碎后即得终产品。

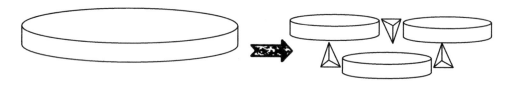

图 4-1　WEX 对 MCA 氢键复合体平面结构的破坏

姚峰等在合成 MCA 的反应体系中加入 SiO₂ 溶胶，以 SiO₂ 溶胶对 MCA 的合成过程进行控制，形成 MCA 自组装反应的独立反应体系，同时降低了反应体系黏度，合成了超细 MCA 微粒。这种合成方法缩短了反应时间，提高了反应的转化率（99％以上）。所合成的 MCA 呈圆柱状小颗粒，应用测试表明，所改性的 MCA 的热稳定性和阻燃效果均优于未改性 MCA。

王琪等研究了通过分子复合制备三聚氰胺氰尿酸盐阻燃剂，他们采用三乙醇胺、双氰胺、淀粉、丙三醇、山梨醇、甘露醇、季戊四醇、二缩季戊四醇和/或葡萄糖中的至少一种作为复合剂，研究了其对合成 MCA 分子结构形态及应用性能的影响。将复合剂 10～300 质量份、水 100～2000 质量份，加入带搅拌器、温度计的反应釜中，于 50～130℃使之完全溶解，然后依次加入阻燃增效剂 0～300 质量份、三聚氰胺 50～100 质量份和氰尿酸 50～110 质量份，于 50～150℃搅拌反应 5min～2h，反应过程中可补加水 100～1000 质量份，获得分子复合三聚氰胺氰尿酸盐的白色乳状液或黏稠膏状物；或者将上述份数的复合剂、三聚氰胺、氰尿酸预混合后再加入 100～1000 质量份的水中，按上述设备和反应条件制得同样的产物，将上述白色乳状液或黏稠膏状物经过滤或离心分离、干燥、粉碎后获得 0.01～500μm 的粉末状产品。该产品可作为聚合物的阻燃剂，或者与其他阻燃剂一起配合使用。相较于商业 MCA，其具备高分散性，有更好的阻燃性能。

② 催化、反应改性。胡珊等在氰尿酸法合成 MCA 的过程中加入 0.5％～2％（质量分数）的尿素或缩二脲或水合肼作为催化剂，使得反应时间大大缩短，同时减少了水的用量，产品转化率在 99％以上。张志华等在国外氰尿酸法粉体工艺的基础上引入尿素以促进氰尿酸与三聚氰胺间氢键的结合。该改进工艺既保留了粉体工艺原有的优点，又进一步提高了MCA 的纯度。

袁益中等以适量的环己烷或己酮为稀释剂，研究有机硅化合物对合成的 MCA 阻燃剂性能的影响。称取一定量的三聚氰胺氰尿酸盐（MCA）加到带搅拌器、温度计、冷凝管（外接气体吸收装置）的反应体系中，搅匀后加入所需的苯基三氯硅烷加热，控制反应温度，直至无 HCl 气体放出为反应终点，放出的 HCl 气体用碱液吸收。蒸出稀释溶剂（可回收再用），加适量蒸馏水加热，搅拌稍冷后过滤，洗涤，洗至滤液中无氯离子，干燥即得含有机硅的三聚氰胺氰尿酸盐新型阻燃剂。该分子中同时含有硅、氮两种元素，可更好地发挥协同阻燃效应。且由于连有含硅苯基，因此疏水性能很好，可应用于阻燃聚丙烯，有较好的前景。

除此之外，改变反应体系的溶剂可以同时进行 MCA 的制备与改性。费国霞等以聚酰胺树脂的无机酸溶液为介质，进行三聚氰胺-氰尿酸分子自组装合成三聚氰胺氰尿酸盐，同时实现聚酰胺树脂对 MCA 的表面包覆改性，集 MCA 的合成与表面改性于一体。这种方法制得的改性 MCA 与尼龙 6 具有良好的相容性，采用该方法制备的 MCA 阻燃尼龙 6，当添加量为 7％时即可达到 UL 94 V-0 级，极限氧指数（LOI）达到 34％，阻燃效率远高于传统 MCA。

③ 纳米 MCA 制备改性。钱立军等采用三聚氰胺和氰尿酸反应制备 MCA 时，以水和有机溶剂的体系为溶剂，使析出的 MCA 晶体微粒呈纳米片状，同时在反应后加入硅烷偶联剂或硬脂酸，对纳米 MCA 表面作进一步处理，获得性能得到改善的新型 MCA 产品。

王琪等研究了纳米 MCA 的制备方法。在摩尔比 1∶1 的三聚氰胺和氰尿酸反应体系中以水作溶剂加入表面活性剂十六烷基三甲基溴化铵 CTAB 或十二烷基硫酸钠 SDS（用量为三聚氰胺与氰尿酸质量之和的 2％），搅拌均匀后加入高压釜中，控制反应温度为 120～180℃，反应时间为 1～5h。反应完成后将高压釜冷却至室温，将离心产物用蒸馏水充分洗涤，在 80℃下真空干燥 48h，可得到白色的纳米级 MCA 粉末，平均粒径在 100nm 左右。对 NMCA 和 PEG 增韧酚醛泡沫都具有较好的阻燃效果，还能提高增韧酚醛泡沫的弯曲强度和氧指数。

④ 聚合物反应性加工。反应性加工将聚合物加工与化学反应结合起来，在加工过程中实现化学反应，可形成新结构和新物质。与传统的反应釜合成方法相比，反应性挤出技术具有剪切搅拌效果好、传质传热效率高、无溶剂化（或低溶剂含量）以及可连续化合成等优点，可实现阻燃剂粒子形态有效调控及阻燃剂的母料化，避免传统粉末阻燃剂的粉尘污染，将阻燃剂合成与阻燃聚合物制备结合为一体，直接原位获得高性能阻燃聚合物材料。反应性挤出加工为制备无卤阻燃高分子材料提供高效、经济、环境友好的新技术，具有广阔的应用

前景。

王正洲等以分子复合改性剂、缚水增塑剂（DPT）、载体树脂、水以及反应物 ME 和 CA 组成的体系可顺利连续挤出加工制备无卤阻燃剂 MCA。在反应性挤出加工制备 MCA 阻燃尼龙 6 材料的过程中，在优化的螺杆转速条件下，尼龙 6 基体树脂中形成的短纤维状 MCA 粒子尺度可减小至 40～100nm 范围，且分散均匀。当原位形成的纳米纤维状 MCA 在尼龙 6 中含量仅为 7.2%（质量分数）时，即可达到 UL 94 V-0（1.6mm）阻燃级别，远优于传统 MCA 阻燃尼龙 6 性能，拉伸强度为 70.6MPa，优于纯尼龙 6，且缺口冲击强度与纯尼龙 6 相当。

4.3.3 MCA 的分子结构、晶体形态与性能

4.3.3.1 MCA 的分子结构和晶体形态

有关 MCA 的晶型与性能的关系，美国哈佛（Harvard）大学和日本富山大学等的学者进行了较详细的理论研究，最早研究的还有苏联国家科学研究院的有关科学家，他们发现 MCA 具有如图 4-2 所示的分子结构，这一发现已为大多数研究者所认可，此后美国哈佛大学 Hueheng Cheng 等发现以这一基本结构单元键合生成 9 种不同的 MCA 晶型，其基本组成和结构如图 4-3 所示。由此可见，MCA 分子中的三聚氰胺与氰尿酸的键合形式很复杂，除了分子间的平面键合结构以外，还有支化和笼形等结构。

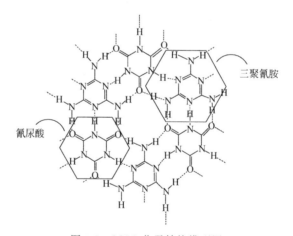

图 4-2　MCA 分子结构模型图

图 4-4 是作者收集的国内外三种 MCA 工业产品的 IR 谱图。

表 4-6 为三聚氰胺、氰尿酸和 MCA 的氮含量、IR 特征峰和活化能。从表中数据可以看出，由于 MCA 具有更高的活化能，以及 MCA 分子中三聚氰胺与氰尿酸有不断延伸的氢键结合，所以在生产和加工过程中 MCA 很容易团聚，从而影响使用。

从表 4-6 中的 IR 特征峰变化可以证实，三聚氰胺的氨基上的氢原子与氰尿酸分子中的羰基形成了氢键，从而导致其伸缩振动发生红移即羰基特征峰由 1723cm^{-1} 增大到 1740cm^{-1}。

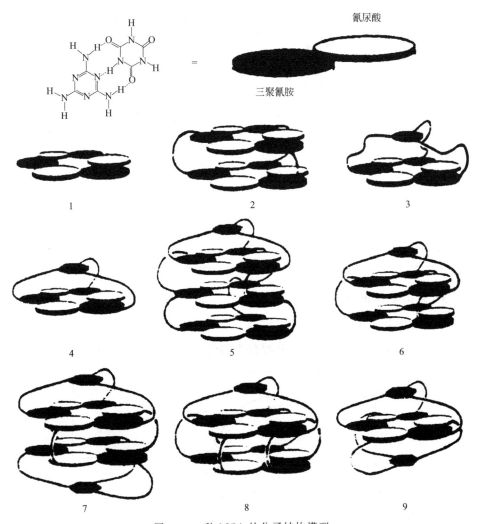

图 4-3　9 种 MCA 的分子结构模型

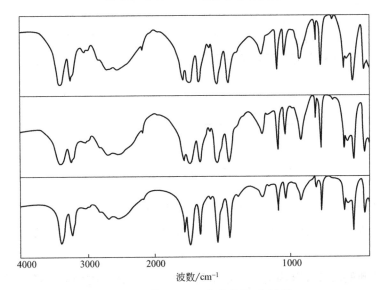

图 4-4　三种 MCA 工业产品的 IR 谱图

表 4-6　三聚氰胺、氰尿酸和 MCA 的氮含量、IR 特征峰和活化能

化　合　物	氮含量/%	IR 特征峰/cm^{-1}	活化能 E_a/(kJ/mol)
三聚氰胺	66.64	3460,3415(γ_{N-H}) 1550,1438($\gamma_{环内}$) 816($\gamma_{环内}$)	288
氰尿酸	32.56	3380,3223(γ_{N-H}) 1537,1448($\gamma_{环内}$) 1723(γ_{C-O}) 765($\delta_{环内}$)	345
MCA	49.41	3110,3030(γ_{N-H}) 1465($\gamma_{环内}$) 1740(γ_{C-O}) 770($\delta_{环内}$)	362

4.3.3.2　MCA 的晶体形态与性能的关系

（1）MCA 的热失重分析

MCA 与三聚氰胺、氰尿酸及后两者混合物的热失重分析结果如图 4-5 和图 4-6 所示。

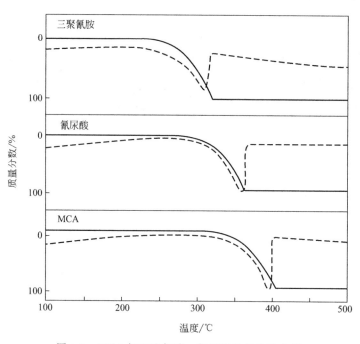

图 4-5　MCA 与三聚氰胺、氰尿酸的热失重分析

从热失重结果可以看出，三聚氰胺、氰尿酸和 MCA 的起始热分解温度分别是 288℃、345℃ 和 362℃，MCA 的热稳定性高于三聚氰胺和氰尿酸，其热稳定性与表 4-6 的活化能数据相一致。

从三聚氰胺和氰尿酸混合物的热失重结果可以看到，混合物的分解经历了三个阶段，第一阶段分解历程与三聚氰胺一致，第二阶段为氰尿酸的分解，第三阶段的分解历程与 MCA

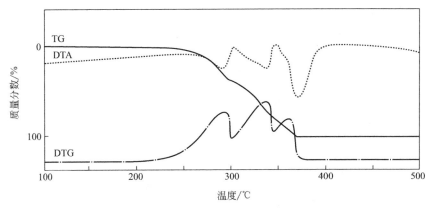

图 4-6　三聚氰胺和氰尿酸及混合物的热失重分析

相吻合，说明在加热过程中发生了三聚氰胺与氰尿酸的键合反应生成了 MCA。这与两者可以在干态下合成 MCA 是相符合的。

（2）温度对 MCA 晶体性质的影响

日本富山大学的岛崎长一郎等运用动态升温 X 射线法分析了 MCA 晶体随温度变化的情况，其结果如图 4-7 所示。根据 X 射线衍射分析结果计算得出其晶格大小、晶格间距和与温度的关系分别如图 4-8 和图 4-9 所示。

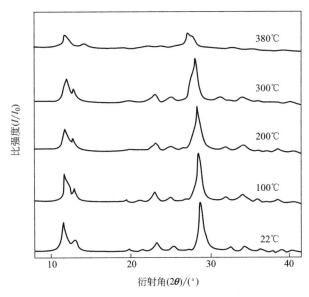

图 4-7　动态升温 X 射线法分析的 MCA 晶体随温度变化的情况

从图 4-8 和图 4-9 中可以看出，MCA 晶体的晶格间距随温度升高而增大，但温度到达 380℃以后，MCA 分解，其基本晶型消失；同时随温度升高晶粒也逐渐变小，因此根据加热温度可以推断出所生成 MCA 的晶粒大小。

（3）热分解产物

运用 TG-MS 联机分析 MCA 在 $320 \sim 380℃$ 温度下，升温速率为 $10℃/min$ 条件下所分解的气体产物，得到了 m/z 为 28、42、43、44 的碎片，它们分别对应 CO、CNO、HCNO

和 CO_2。当升温速率为 70℃/min 时除了可以观察到上述分解碎片以外，还观察到 m/z 为 18、17 的水和氨产生，结果如图 4-10 所示。

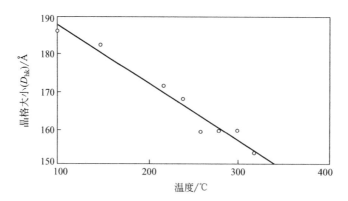

图 4-8　MCA 的晶格大小和与温度的关系

$(1\text{Å}=10^{-10}\text{m})$

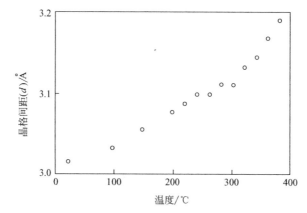

图 4-9　MCA 的晶格间距与温度的关系

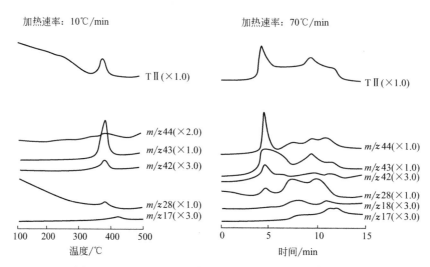

图 4-10　TG-MS 联机分析的 MCA 分解的主要气相组分

MCA 在不同温度下分解后的残留物 IR 谱图和 X 射线衍射图分别如图 4-11 和图 4-12 所示。从 IR 谱图可见，温度为 420℃时其 IR 与常温下基本一致，当温度到达 450℃时发生了变化，但到 500℃时还可见三嗪环的 840cm^{-1} 特征峰，说明在此温度下三嗪环还没有完全打开，在 X 射线衍射图中则可见在 450℃时，MCA 的 $2\theta = 10.8°$、$11.8°$折射线高移到 $12.5°$、$13.7°$，而 $2\theta = 27.3°$、$28.0°$折射线低移到 $25.2°$、$27.1°$，这说明温度升高晶格间距增大，而到 500℃时 MCA 已经分解，晶体的衍射线消失。

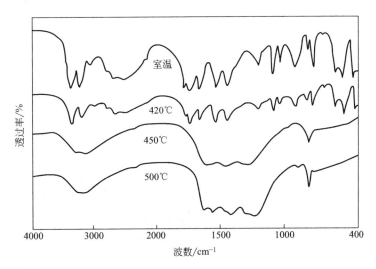

图 4-11　MCA 在不同温度下分解后的残留物 IR 谱图

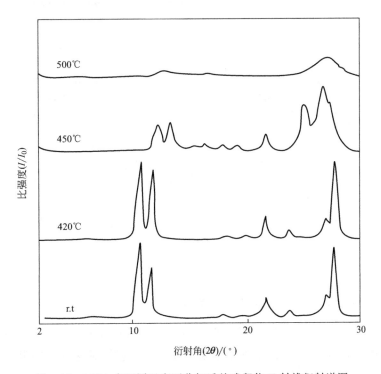

图 4-12　MCA 在不同温度下分解后的残留物 X 射线衍射谱图

在 MCA 于电炉中进行 420℃分解试验时，发现产生两种分别为粒状和针状的晶体，粒状和针状晶体的 IR 谱图分别如图 4-13 和图 4-14 所示，粒状晶体的 X 射线衍射谱图如图 4-15 所示。与三聚氰胺、氰尿酸与 MCA 及其混合物进行对比发现，这种粒状晶体与三聚氰胺和 MCA 混合物的 IR 谱图和 X 射线衍射图相一致，说明在 420℃下一部分 MCA 已经分解，但 MCA 并不是分解生成三聚氰胺和氰尿酸，因为对另一种针状晶体分析发现其为氰酸铵，说明在 420℃下 MCA 分子中的氰尿酸环一侧首先发生环内化学键的断裂，而不是氰尿酸分子整体的分离。

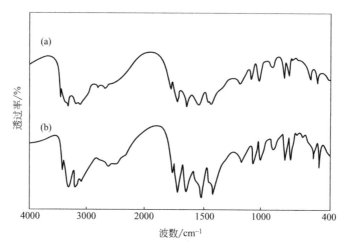

图 4-13　MCA 于 420℃分解产生的粒状晶体（b）与氰酸铵（a）的 IR 谱图

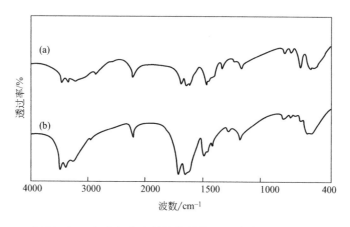

图 4-14　MCA 于 420℃分解产生的针状晶体（b）与氰酸铵（a）的 IR 谱图

4.3.3.3　MCA 的晶体形态与阻燃效率的关系

作者在研究中发现了三种主要的 MCA 晶型，并分别命名为 α、β、γ 晶型，其产品对尼龙的阻燃性能测试结果见表 4-7。从表中结果可以看出，它们对尼龙 6 的阻燃以 β 晶型的阻燃效果为最好。

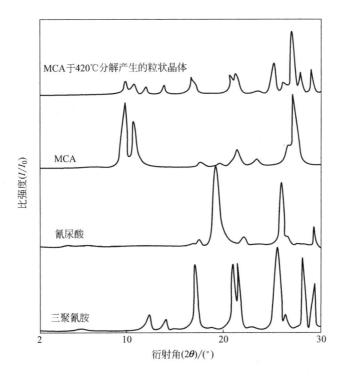

图 4-15 氰尿酸、三聚氰胺和 MCA 及其于 420℃分解产生的粒状晶体的 X 射线衍射谱图

表 4-7 不同晶型 MCA 阻燃尼龙 6 的阻燃效果

MCA		阻燃效果	
晶型	用量/%	LOI/%	UL 94
α	10	29.2	V-0
β	10	30.5	V-0
γ	10	28.0	V-1
空白			V-2

4.3.3.4 MCA 阻燃作用机理

MCA 用于阻燃尼龙,因阻燃效率高,用量增大,而受到商业和理论研究领域的广泛重视,因此有关其阻燃机理的研究也受到关注。有关 MCA 阻燃作用机理,早期有日本藤野文雄认为的"升华吸热"的物理阻燃方式,即通过 MCA 的升华吸热降低高聚物材料的表面温度并隔绝空气而达到阻燃目的,这种观点曾一度被广泛认可;也有观点认为,MCA 对尼龙的阻燃作用是因为它可以加速尼龙熔滴,从而带走热量和可燃物。

根据意大利 G. Camino 和笔者等对 MCA 阻燃尼龙的作用机制的研究结果(前者以尼龙 66/尼龙 6 共聚物为研究对象,后者以尼龙 6 为研究对象),MCA 对尼龙的阻燃作用不仅是升华吸热及滴落的物理作用,还有在凝聚相中的催化炭化及膨胀作用。

MCA 阻燃尼龙 66/尼龙 6 共聚物的 LOI 和 NOI(极限一氧化二氮指数,即材料在 N_2O-N_2 气氛中测得的燃烧指数)如图 4-16 所示。

从图 4-16 中可以看出,NOI 和 LOI 值均随 MCA 用量增大而增大,同时两条回归线的斜率比值为 LOI/NOI＝0.82，说明 MCA 对尼龙的阻燃作用可能在凝聚相中发生。这与此前为大多数研究工作者认可的升华吸热的物理阻燃作用方式不同，G. Camino 还进一步对 MCA 阻燃尼龙的 LOI 采用玻璃杯法（即将阻燃尼龙放于一玻璃杯里，在测试 LOI 时，使熔融物保持在火焰的燃烧氛围中不流失）测试，并与 ASTM D2863 的标准 LOI 测试法进行比较，结果如图 4-17 所示。从图 4-17 中可以看出，玻璃杯法 LOI 值比标准 LOI 值还要高，且随 MCA 用量增大而增大的趋势相似，两条直线的斜率比值为 1.1。这些结果表明，即使在没有熔滴的情况下 MCA 对尼龙仍然具有很好的阻燃作用。因此，MCA 对尼龙的阻燃作用不仅仅是通常所理解的熔滴或升华吸热的物理过程，而是存在更重要的阻燃作用机制。

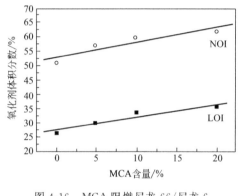

图 4-16　MCA 阻燃尼龙 66/尼龙 6
共聚物的 LOI 和 NOI

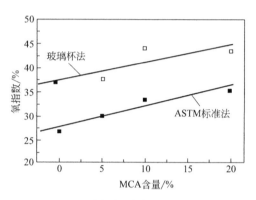

图 4-17　不同测试条件下 MCA 阻燃
尼龙 66/尼龙 6 共聚物的 LOI

图 4-18～图 4-21 分别是 MCA 阻燃尼龙 66/尼龙 6 和阻燃尼龙 6 的热失重（TG）与差热分析（DTA）的结果。

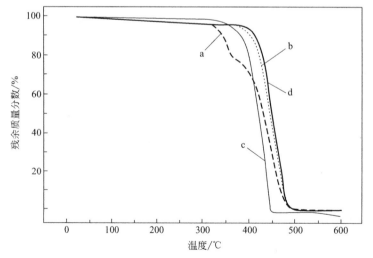

图 4-18　MCA 阻燃尼龙 66/尼龙 6 的热失重（TG）分析

a—MCA 阻燃尼龙 66/尼龙 6；b—计算结果；c—MCA；d—尼龙 66/尼龙 6

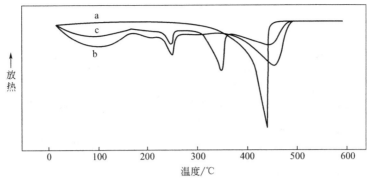

图 4-19　MCA 阻燃尼龙 66/尼龙 6 的差热分析（DTA）

a—MCA；b—尼龙 66/尼龙 6；c—MCA 阻燃尼龙 66/尼龙 6

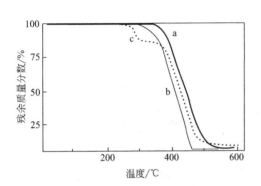

图 4-20　MCA、尼龙 6 及 MCA 阻燃
尼龙 6 的 TG 曲线

a—尼龙 6；b—MCA；c—MCA 阻燃尼龙 6

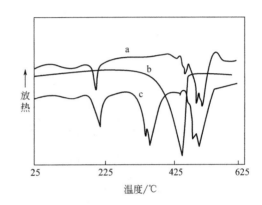

图 4-21　MCA、尼龙 6 及 MCA 阻燃
尼龙 6 的 DTA 曲线

a—尼龙 6；b—MCA；c—MCA 阻燃尼龙 6

　　从上述的 TG 测试结果可以看出，MCA 阻燃尼龙 66/尼龙 6 和尼龙 6 的初始分解温度比纯尼龙要低 50℃左右，也低于 MCA 的初期热失重温度，表面 MCA 降低了尼龙的热稳定性。MCA 阻燃尼龙 66/尼龙 6 和尼龙 6 均在 350℃左右有一个急剧失重的过程，这与纯尼龙完全不同，因而不可能是 MCA 单纯升华失重的物理过程，这种急剧失重的过程可能是MCA 与尼龙发生相互作用，而导致的催化分解的化学过程。

　　而在 DTA 曲线上可见，无论 MCA 阻燃尼龙 66/尼龙 6 或是阻燃尼龙 6，都有一个350℃左右的急剧的强吸热峰，对应于 TG 曲线上的急剧热失重阶段，即在 350℃左右发生了快速分解吸热的化学过程，而在 MCA 和尼龙的 DTA 曲线上均没有发现。

　　为进一步探讨这种阻燃机制，笔者对尼龙 6 和 MCA 阻燃尼龙 6 进行了 IR 热示踪分析，其结果分别如图 4-22 和图 4-23 所示。在将 MCA 于空气中进行热氧化处理时发现，MCA 阻燃尼龙 6 在 350～400℃温区受热时表面严重炭化并且膨胀发泡。

　　从图 4-22 和图 4-23 中可见，纯尼龙随热处理温度的升高其热降解行为逐渐加剧，并可观察到尼龙降解后的 $1740cm^{-1}$ 处端羧基特征峰，且随温度升高而有所增加。而 MCA 阻燃尼龙 6随热处理温度和时间的延长，可以观察到 $2246cm^{-1}$ 的氰基特征峰，说明 MCA 的三嗪环逐步

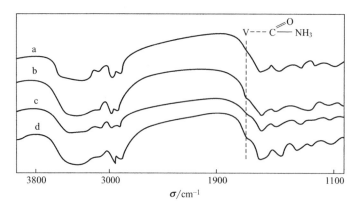

图 4-22　尼龙 6 的 IR 热示踪分析

a—未处理；b—空气中 330℃处理 5min；c—空气中 390℃处理 2min；d—空气中 390℃处理 5min

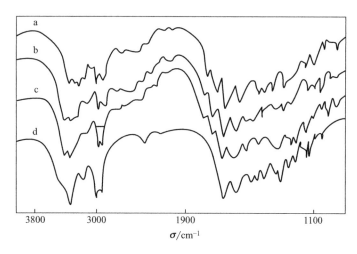

图 4-23　MCA 阻燃尼龙 6 的 IR 热示踪分析

a—未处理；b—空气中 330℃处理 5min；c—空气中 390℃处理 2min；

d—空气中 390℃处理 5min

热裂解开环，这与上述日本富山大学岛崎长一郎在对 MCA 单独热分解的研究结果吻合。

　　根据上述研究结果，可以得出 MCA 对尼龙的阻燃作用机制是一个比较复杂的历程，它不仅仅是升华吸热与加速滴落的物理作用，更重要的是它可改变尼龙的热氧降解历程，使之快速炭化形成不燃炭质，这些炭质因膨胀发泡而覆盖在尼龙基材表面形成一层阻隔层，隔断了尼龙与空气的接触，以及可燃物的逸出，从而可有效地阻止尼龙的持续燃烧。同时，分解产生的不燃气体使材料膨胀形成的膨胀层可大大降低热传导性，有利于材料的离火自熄。因此，MCA 对尼龙的阻燃既有物理阻燃作用也有化学阻燃作用。

4.3.4　MCA 在阻燃材料中的应用

4.3.4.1　MCA 在阻燃尼龙中的应用

　　虽然 MCA 可以用于各种热塑性和热固性树脂的阻燃，但应用最好、效率最高、应用最广泛的是阻燃尼龙，这是因为 MCA 的键合性质与尼龙相似，对尼龙的阻燃有特效。表 4-8 为 MCA 及十溴二苯乙烷（DBDPE）阻燃尼龙的性能比较。

表 4-8　MCA 及十溴二苯乙烷（DBDPE）阻燃尼龙的性能比较

项　目	尼龙 6		尼龙 66	
	MCA	DBP	MCA	DBP
配方/%				
尼龙	90	81.6	88	81.6
阻燃剂		13		13
Sb_2O_3	10	5	12	5
助剂		0.5		0.5
力学性能				
拉伸强度/MPa	72.5	58	74	79.1
拉伸模量/MPa	3500	3200	3500	3200
断裂伸长率/%	11.9	21	3	5.1
弯曲强度/MPa	88			
弯曲模量/MPa	2700			
缺口冲击强度/(kJ/m^2)	5.7	4.9	7.0	3.8
热变形温度(1.82MPa)/℃	64	58	86	78
电性能				
漏电起痕指数 CTI/V	600	225		
阻燃性能				
UL 94(0.8mm)	V-0	V-0[①]	V-0	V-0
UL 94(1.6mm)	V-0	V-0[①]	V-0	V-0
LOI/%	32	28	36	29

① 近 V-0 级。

从表 4-8 可见，MCA 阻燃尼龙的综合性能好于 DBDPE，尤其是其 CTI 性能十分优异。

（1）MCA、环状膦酸酯共混阻燃尼龙 6

单独用 MCA 来阻燃 PA6 在成炭量上不足，为了在阻燃剂添加量更加少的情况下获得比较好的阻燃性能，在添加 MCA 的基础上再添加一种环状膦酸酯作为 PA6 阻燃剂，以达到更好的协效阻燃效果。

表 4-9 是阻燃 PA6 材料的配方设计及燃烧级别。

表 4-9　阻燃 PA6 的配方及燃烧级别

配方名	PA6 质量分数/%	MCA 质量分数/%	BP 质量分数/%	垂直燃烧级别
FRGPA01	88	10	2	UL 94 V-0
FRGPA02	90	8	2	UL 94 V-0
FRGPA03	92	6	2	UL 94 V-0
FRGPA04	94	4	2	UL 94 V-0

注：MCA 粒径 $D_{50}=1.02\mu m$。

从表 4-9 中可以看出，随着 MCA 含量的增加，阻燃 PA6 的垂直燃烧级别并无变化，这是因为 MCA 和环状膦酸酯复配后，整体 PA6 阻燃材料的阻燃性能得到很大加强，因此可以在尽量少的 MCA 添加量的情况下达到需要的阻燃效果。

近年来，中低压电子电气接插件和自动开关的需求迅速增长，质量要求也越来越高，通常认为 MCA 不适宜用于玻璃纤维增强尼龙的阻燃，这是因为加有玻璃纤维的 MCA 阻燃尼龙遇火产生熔滴且火焰不会自熄，这是玻璃纤维的灯芯效应，笔者采用 MCA 为主，辅以膦酸酯等助阻燃剂，开发了低玻璃纤维增强的 MCA 阻燃尼龙，其基本性能见表 4-10。

表 4-10　MCA 阻燃增强尼龙 6/尼龙 66 的基本性能

项　　目	性　　能	项　　目	性　　能
配方/%		弯曲模量/MPa	4800
尼龙 6	45	缺口冲击强度/(kJ/m²)	8.6
尼龙 66	20	热变形温度(1.82MPa)/℃	187
MCA	15	电性能	
玻璃纤维	15	CTI/V	450
膦酸酯	3	介电强度/(kV/mm)	16.8
助剂	2	体积电阻率/Ω·cm	1.3×10^{14}
力学性能		表面电阻/Ω	1.4×10^{12}
拉伸强度/MPa	130	耐电弧性/s	90
拉伸模量/MPa	—	阻燃性能	
断裂伸长率/%	5	UL 94(1.6mm)	V-0
弯曲强度/MPa	200	LOI/%	28

（2）MCA 与其他阻燃剂复配阻燃尼龙

近年来，在工程塑料开发与应用研究领域，正积极开展有关 MCA 用于增强或填充的阻燃尼龙等工程塑料中的研究，主要采用 MCA 与其他阻燃剂复配技术，并由早期的与磷系阻燃剂复配发展为与无机化合物或有机硅化合物等的复配，以期达到无卤素无磷的环境友好的理想阻燃技术。如 MCA 与玻璃短纤维（有一定的长度和长径比要求）、氢氧化镁、黏土和其他无机矿物质等的复配应用，表 4-11 为 MCA 阻燃含不同玻璃纤维或填料的尼龙 6 和尼龙 66 等的配方及性能。

表 4-11　MCA 阻燃增强或填充尼龙的配方及性能

项　　目	尼龙 6(1)	尼龙 66(1)	尼龙 6(2)	尼龙 66(2)
配方/%				
尼龙 6	60	65	49	66
玻璃纤维	20	20		5
填料			20(硅灰石)	20(高岭土)
MCA	20	15	10	8
助剂			1	1
力学性能				
拉伸强度/MPa	90	103		
弯曲强度/MPa			87.6	86.7
拉伸模量/MPa	6300	7500	4700	6981
冲击强度/(kJ/m²)	25	29	39	26.9
断裂伸长率/%	2.4	1.9	2.2	1.7
热变形温度(1.8MPa)/℃				162
热丝试验(glow wire test)				
750℃	通过	通过		
850℃	通过	通过	通过	
960℃	通过	通过		通过

项　　目	尼龙 6(1)	尼龙 66(1)	尼龙 6(2)	尼龙 66(2)
UL 94				
1.6mm	V-0	V-2	V-2	V-0
0.8mm			V-2	V-2
资料来源	美国专利 6184282	美国专利 6184282	美国专利 6500881	美国专利 6500881

由德国 BASF 公司申请的美国专利（专利号为 6184282）介绍了最新的应用研究结果，该技术特点是对玻璃纤维的长径比、直径大小及分布有要求，且玻璃纤维是经过氨基硅烷处理的。

有关 MCA 用于阻燃尼龙纤维的研究报道较多，但至今并未见有产业化的报道，笔者曾就 MCA 阻燃锦纶 6 长丝和帘子线进行过研究，虽然制备的纤维具有较好的阻燃性，但由于添加量在 3% 以上导致可纺性较差，而未能工业应用。最近有将其与磷酸酯复配用于制备 0.25mm 尼龙 66 鬃丝的报道，该鬃丝用于编织电子电气或线缆保护套，厚度为 0.8mm 的编织布可以达到 UL 94 V-0 级。

根据资料报道和作者研究的经验，MCA 用于尼龙的阻燃可添加的协效剂有滑石粉、钛白粉和一些过渡金属氧化物，如氧化锑、双硬脂酰胺等，适当加入一些光热稳定剂即可。MCA 用于尼龙 6 和尼龙 66，只需添加 6%～10% 即可达到 UL 94 V-0 级；矿物填充添加 13%～15% 和适量助剂可以达到 UL 94 V-0 级；玻璃纤维增强添加 15%～20% 可以达到 UL 94 V-0 级，热丝试验可以通过 960℃，CTI 值大于 500V。

包覆红磷和三聚氰胺氰尿酸盐协效阻燃 PA66 增强体系时，如表 4-12 中样品 3 所示，在阻燃剂用量很低的情况下即可达到很好的阻燃效果，LOI 达到 33%。

表 4-12　包覆红磷与 MCA 质量比对 PA66 氧指数的影响

样品编号	PA66 质量分数/%	包覆红磷质量分数/%	MCA 质量分数/%	LOI/%
1	100	0	0	23.5
2	100	15	5	31.5
3	100	15	10	33.0
4	100	15	15	32.5
5	100	15	20	32.2

（3）原位聚合-合成法制备 MCA 阻燃尼龙

传统的 MCA 粒径大，熔点高，通常只能以固体粒子的形态和树脂共混复合，所以分散不均，分散尺寸较大，对其阻燃性能有较大的影响。作者与杨翼等通过一种新型的原位聚合 MCA 合成的方式来制备阻燃 PA6。

① 合成路线。

首先将己二胺和氰尿酸反应制得氰尿酸己二胺盐，将己二酸和三聚氰胺反应制得三聚氰胺己二酸盐；然后将前一步骤制得的氰尿酸己二胺盐和三聚氰胺己二酸盐和己内酰胺放入装置中反应制得聚合物。反应过程如下：

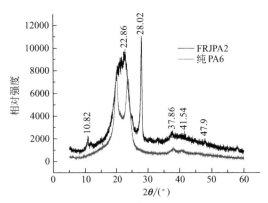

氰尿酸己二胺盐

三聚氰胺己二酸盐

原位聚合MCA和尼龙6

② 合成操作及步骤。

第一步是将己二胺（11.4g）与氰尿酸（12.9g）以 1∶1 的摩尔比加入带有搅拌器和 100g 去离子水的反应容器中，在 60℃ 左右条件下搅拌反应 2h，得到氰尿酸己二胺溶液，然后通过真空抽滤得到氰尿酸己二胺盐；同样的方法，将己二酸（14.8g）和三聚氰胺（12.6g）以 1∶1 的物质的量比加入带有搅拌器和 100g 去离子水的反应容器中，在 100～120℃ 条件下搅拌反应 2h，得到三聚氰胺己二酸溶液，然后通过真空抽滤得到三聚氰胺己二酸盐。第二步是将前一步骤制得的氰尿酸己二胺盐和三聚氰胺己二酸盐和 330g 己内酰胺放入四口烧瓶中。通入氮气，接入冷凝水。在温度为 240℃ 的条件下反应 4h，取出聚合物。

③ 表征及性能。

图 4-24 给出了 FRJPA2 和纯 PA6 的 XRD 谱图。对比纯 PA6 谱图，可以看出：MCA 的特征衍射峰位于 10.9°、11.8°、21.9°、28°，原位聚合 MCA 和 PA6 的阻燃 PA6 材料的 XRD 谱图中，除了出现了比较弱的 α 晶型晶体的衍射峰外，在 2θ 等于 10.82°、28.02°处出现了典型的 MCA 特征衍射峰（28.02°处的特征峰是最强峰，相对强度为 100%）。上述结果说明这种方法确实生成了 MCA。

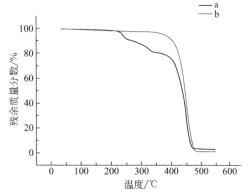

图 4-24　FRJPA2 和纯 PA6 的 XRD 谱图

图 4-25　FRJPA6 和纯 PA6 的 TG 曲线
a—FRJPA6；b—纯 PA6

图 4-25 和图 4-26 分别为 FRJPA6 和纯 PA6 的 TG 图和 DTG 图。TG 图中对比 a 线和 b 线，由原位聚合制成的 FRJPA6 的第一次分解温度降低，500℃ 的炭残量大大增加了，炭层

依然不够多。DTG 图中可以更清楚地看到，FRJPA6 明显拥有三个失重峰，且在 451℃ 左右 a 线的失重峰明显比 b 线的失重峰小，这说明 FRJPA6 体系的最大放热速率比纯 PA6 的最大放热速率要小，这也降低了体系燃烧时的热释放速率，有利于控制燃烧热的释放。

图 4-27 为 FRJPA6 和纯 PA6 从 75℃ 到 250℃ 的差式扫描量热分析（DSC）曲线图。可以从图 4-27 中发现两根线中的吸热峰出现的温度相差不大，这说明通过原位聚合的 FRJPA6 的熔融温度相对于纯 PA6 的熔融温度并没有特别明显的下降。

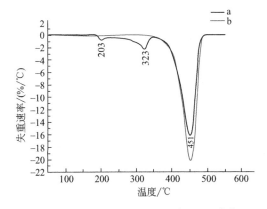

图 4-26　FRJPA6 和纯 PA6 的 DTG 曲线
a—FRJPA6；b—纯 PA6

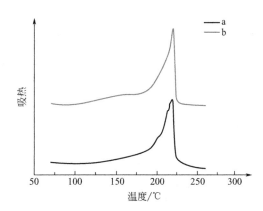

图 4-27　纯 PA6 和 FRJPA6 的 DSC 曲线
a—纯 PA6；b—FRJPA6

4.3.4.2　MCA 在阻燃聚烯烃中的应用

近年来，MCA 在聚烯烃等材料中的应用受到越来越多的关注。表 4-13 为 MCA 与磷系阻燃剂复配使用，对一些聚烯烃的阻燃及主要力学性能的影响。

表 4-13　MCA 与磷系阻燃剂复配使用对聚烯烃的阻燃及主要力学性能的影响

序号	基础树脂	MCA 含量/%	磷系阻燃剂含量/%	冲击强度/(kJ/cm²)	断裂伸长率/%	LOI/%
1	EVA	20	2(CR)	170	640	27
2	EVA	20	4(CR)	180	680	28
3	EVA	20	6(CR)	200	750	29
3-C	EVA	20	6(CR)	80	130	23
4	PP	20	2(APP)	150	560	27
5	PP	20	4(APP)	170	580	29
6	PP	20	6(APP)	190	630	30
7	HDPE	20	6(APP)	250	820	28

注：CR 为日本大八化学公司生产的芳香族磷酸酯，APP 为聚磷酸铵。

上述阻燃配方中，除了 3-C 以外均为硅烷偶联剂改性了的 MCA，从中可以看出，改性后 MCA 的阻燃和物理性能明显提高。

4.3.4.3　MCA 在阻燃橡胶及橡塑复合材料中的应用

MCA 与氢氧化铝等复配后，成功用于民航飞机的橡塑板，其各项性能达到了民航有关标准，性能见表 4-14。

表 4-14　MCA 阻燃橡塑板的性能

项　目	离焰延燃时间/s	烧焦长度/mm	滴落延燃时间/s
标准	＜5	＜203	＜5
经向	6 9 8	33 42 36	无 无 无
纬向	8 10 9	35 46 42	无 无 无

注：标准指中国民航 Ty-2500-0009 机务通告要求。

MCA 用于阻燃抗静电橡塑导风筒布的性能指标见表 4-15，该产品可以用于煤矿井下用正压风筒。

表 4-15　MCA 用于阻燃抗静电橡塑导风筒布的性能指标

序号	项　目	标准值	检测结果	评价
1	经向扯断强度	≥1300N/50mm	3402N/50mm	合格
2	纬向扯断强度	≥1300N/50mm	3228N/50mm	合格
3	经向撕裂力	≥200N	164N	①
4	纬向撕裂力	≥200N	168N	合格
5	附着强度	≥20N/25mm	31N/25mm	合格
6	表面电阻	≤$3×10^8$Ω	$5.2×10^4$Ω	合格
7	酒精喷灯有焰燃烧时间之和(经向)	≤18s	10.8s	合格
8	酒精喷灯无焰燃烧时间之和(经向)	≤120s	103.5s	合格
9	酒精灯有焰燃烧时间之和(纬向)	≤36s	2.9s	合格
10	酒精灯无焰燃烧时间之和(纬向)	≤120s	66.8s	合格
11	耐寒性	无折损、无裂纹	无折损、无裂纹	合格
12	耐热性	无裂纹、无发黏	无裂纹、无发黏	合格

① 经向撕裂力偏低，但符合原中国煤炭部煤技标（88）便字 006 号文要求。

4.3.4.4　MCA 在阻燃尼龙合金中的应用

四川大学王琪等采用磨盘制备的 PP-g-HMA 作为增容剂，以 MCA 为阻燃剂制得了阻燃填充尼龙 6/PP 合金与硅灰石组成的复合材料，阻燃性能见表 4-16。

表 4-16　MCA 阻燃填充尼龙 6/PP 合金的阻燃性能

合金/阻燃剂 （质量比）	阻燃剂	弯曲强度 /MPa	杨氏模量 /MPa	断裂伸长率 /%	缺口冲击强度 /(J/m)	LOI/%
100/0	空白	60.5	4205	3.5	48.6	26
100/8	MCA	52.8	3679	2.3	43.2	30
100/10	MCA	50.2	4268	2.2	42.3	31
100/12	MCA	49.5	3798	2.0	37.4	31
100/5	红磷	49.1	3413	3.1	31.7	30
100/6.5	红磷	49.7	3685	3.0	28.6	32
100/9	红磷	46.2	3478	2.9	27.9	31

合金组成（质量比）为 PA6：PP：PP-*g*-HMA：硅灰石＝56：7：7：30。MCA 用偶联剂处理。

从上述结果可以看出，MCA 阻燃 PA6/PP 合金复合材料在用量与红磷相当时，其阻燃合金的杨氏模量和冲击强度等物理性能比红磷阻燃的要好，而阻燃性能相近。

4.3.4.5　MCA 在润滑脂中的应用

笔者曾测试了 MCA 用于锂基润滑脂的增稠和极压抗磨性能，并与二硫化钼进行了对比，结果见表 4-17。

表 4-17　MCA 与二硫化钼对锂基润滑脂的增稠和极压抗磨性能影响

性能	空白	MCA-1	MCA-2	MoS$_2$
含量/%		10	10	10
分油/%	3.6	1.7	1.4	2.7
极压性 P_B/N	686	833	882	1275
抗磨性/mm	0.73	0.54	0.63	0.56

上述结果表明，MCA 的增稠和分油效果优于 MoS$_2$，抗磨性与 MoS$_2$ 相当，但极压性能比 MoS$_2$ 要低，两者对铜和钢都有腐蚀现象。研究中还发现，不同晶型的 MCA（表 4-17 中 MCA-1 和 MCA-2 表示两种 MCA 晶型的产品）对润滑脂的改性效果有所不同。

4.3.4.6　MCA 在阻燃 EVA 复合材料中的应用

乙烯-乙酸乙烯酯共聚物（EVA）是最主要的乙烯共聚物之一。由于分子链上引入了乙酸乙烯酯（VA）单体，因而降低了结晶度，提高了柔韧性、耐冲击性、与填料相容性和热密封性，并具有较好的耐环境应力开裂性，良好的光学性能、耐低温性及无毒的特性，从而被广泛应用于发泡材料、功能性棚膜、包装膜、热熔胶、电线电缆及玩具等领域。但 EVA 同大多数聚合物一样，有容易燃烧、放热量大、发烟量大，并释放有毒气体的缺点，因而大大限制了 EVA 的应用。随着人类环境保护意识的不断增强，采用无卤、低烟、低毒的环保型阻燃剂制备阻燃 EVA 复合材料的研究越来越引起人们的重视。

EVA 复合材料中所用的氮系阻燃剂大多选用三聚氰胺氰尿酸盐（MCA），也可将 MCA 与其他阻燃剂复配协同阻燃 EVA 复合材料。

将 MCA 加入 EVA/MH 复合材料中提高了其屈服强度和断裂强度，以及其韧性和加工流动性。MCA 使 EVA/MH 体系的膨胀率由 0.87% 降低到 0.17%，提高了体系的尺寸稳定性。MCA 的加入虽然使体系的 LOI 有所降低，但可延长体系引燃时间，降低体系的燃烧剧烈程度，抑制体系的燃烧滴落，有利于炭层的形成。当 MH：MCA 为 50：50 时，复合材料的屈服强度为 8.18MPa，断裂强度为 8.24MPa，LOI 为 25.7%，材料 10s 内无法引燃，垂直燃烧达到了 F V-0 级。MCA 同 ATH 复配阻燃 EVA/LDPE 复合材料在力学性能下降较小的情况下大大提高了其阻燃性能；当 ATH：MCA 为 100：10 时，复合材料的 LOI 为 40%，燃烧等级为 F V-0 级。

4.3.4.7　MCA 在阻燃环氧树脂中的应用

李江等采用分子复合技术合成了改性 MCA（M-MCA）阻燃环氧树脂。M-MCA 实现了阻燃剂粒子在环氧溶液及基材中超细及均匀分散，解决了常规 MCA 阻燃剂在环氧树脂胶液中分散困难、易团聚等问题，改性 MCA 阻燃树脂比传统 MCA 阻燃效果更佳。由表 4-18 可知改性 MCA 阻燃体系两次点火后的样条平均自熄时间较传统 MCA 体系有大幅度下降，表明其阻燃性能较后者有较明显改善。

表 4-18　传统 MCA 与改性 MCA 阻燃环氧树脂基板垂直燃烧测试结果

样品编号	阻　燃　剂	t_1/min	t_2/min
1	—	13.4	33.0
2	MCA	12.0	16.2
3	M-MCA	11.0	9.3

注：树脂组成 m（双酚 A 型环氧树脂）：m（含磷环氧树脂）：m（线型酚醛）＝60∶40∶20，阻燃剂添加质量分数为 30%（基于树脂）。

4.3.4.8　MCA 在阻燃聚氨酯中的应用

聚氨酯是广泛应用于建筑、橡胶、涂料、黏合剂、纤维、合成皮革和塑料等领域的高分子材料，聚氨酯泡沫塑料具有优异的保温性能，目前对建筑材料节能要求的提高使得聚氨酯有了更为广泛的市场。聚氨酯的易燃性使其具有较大的火灾隐患，其 LOI 值仅为 18% 左右，当温度高于 60℃ 时，聚氨酯易软化，温度高于 160℃ 时，易分解自燃，释放出 HCN、CO 等有毒气体，因此聚氨酯材料的阻燃技术一直受到广泛关注。

三聚氰胺氰尿酸的阻燃机理是物理方面的：三聚氰胺升华吸热为 960J/g，氰尿酸分解吸热为 15.5kJ/g，因此可以降低燃烧热而起到阻燃作用，同时三聚氰胺氰尿酸生成的惰性气体稀释了可燃气体，并改善了材料的流动性，增加了滴落现象，带走了可供燃烧的热源，这也起到了阻燃作用。

4.3.5　MCA 阻燃性能的综合评价

以 MCA 阻燃尼龙为对象，对 MCA 阻燃材料的性能与其他阻燃体系进行综合比较。主要对比它们的热稳定性、毒性、成本和添加剂的迁移性、腐蚀性、混溶性、着色性能及对电性能的影响。

4.3.5.1　热稳定性

阻燃剂以及其阻燃尼龙在其加工温度下（尼龙 6≥220℃，尼龙≥260℃）必须具有良好的热稳定性，大多数阻燃剂使尼龙稳定性降低。在挤出和成型过程中，不稳定性可导致产品着色，其降解会降低熔体黏度并使其性能恶化。所以，阻燃尼龙开发的第一步是估计添加剂和尼龙配方的热稳定性。评价热稳定性的常用方法之一是热分析，如热失重（TG）、差热分析（DTA）和差示扫描量热（DSC）等，通过热分析可以得到有关添加剂的熔点或挥发性及热氧化学反应等有关信息。

对注塑成型来说，阻燃尼龙比纯尼龙操作稳定性更低一些。一些热稳定性差的阻燃配方在成型过程中，由于局部降解而产生银纹。成型温度过高会导致制品变色。表 4-19 列出了一些阻燃尼龙 66 体系适用的温度范围。

表 4-19　阻燃尼龙 66 体系注塑成型温度范围

阻燃体系	增强剂	UL 94	最低温度/℃	最高温度/℃	限制因素
氯代化合物	玻璃纤维	V-1(1.6mm)	260	300	颜色加深；最低温度下有棕色条纹
		V-0(0.8mm)	260	280	
		V-1(1.6mm)	270	300	
		V-0(0.8mm)	270	280	
溴化物(聚合物)	玻璃纤维	V-0(0.8mm)	260	320	颜色加深
红磷		V-0(0.8mm)	260	280	稳定
三聚氰胺		V-0(0.8mm)	260	300	有迁移
三聚氰胺衍生物	玻璃纤维	V-0(0.8mm)	260	280	由于降解，熔体黏度降低
		V-2(1.6mm)	260	320	
非阻燃	玻璃纤维	HB	260	320	

4.3.5.2　毒性

阻燃剂及阻燃尼龙的毒性危害应予以考虑。阻燃剂与尼龙的相互作用导致尼龙稳定性降低，并使降解产物不同于阻燃剂或尼龙单独产生的降解产物。表 4-20 给出了各种阻燃尼龙 66 配方挤出加工时，在铸带口测得的主要挥发组分的种类和含量。正常情况下，挥发组分的含量低于美国政府工业卫生工作者协会（ACGIH）所规定的最大限值（TLV）。

表 4-20　阻燃尼龙 66 挤出过程中铸带口主要挥发物浓度

阻燃体系	加工温度/℃	挥发物浓度/($\times 10^{-6}$)			
		CO	NH_3	HBr/HCl	PH_3
氯代化合物	270	<10	<1	<1	—
	280	<10	7～12	<1	
溴化物(聚合物)	300	<10	10	3	
	340	<10	10	3	
红磷	280	—	—	—	0.2
三聚氰胺衍生物	280	<10	5	—	
	300	<10	10	—	
无阻燃	270	<10	<1	—	
	280	<10	2～5	—	
	300	<10	6～10	—	
最大限值(TLV)	—	50	25	3/5	0.3

当阻燃尼龙燃烧时应考虑挥发组分所带来的危害。阻燃配方燃烧时产生有毒物质和烟雾的速率要比非阻燃配方产生的速率快。表 4-21 列出了分别在 UL 94 测试条件下阻燃尼龙 66 燃烧，以及在 Kimmerle 炉中于 900℃下连续燃烧一根阻燃尼龙样条时所产生的挥发组分的含量。

表 4-21 阻燃尼龙 66 燃烧过程中主要挥发物的浓度

阻燃体系	UL 94 试验/×10⁻⁶			900℃ 下连续燃烧/(mg/g)				
	CO	CO₂	PH3	CO	CO₂	HCN	HX	NO$_x$
氯代化合物	30	130	—	95	1300	12	9	1
溴系阻燃剂	70	210	—	300	970	6	6	1.5
红磷	40	150	<0.1	150	1200	10	—	2
三聚氰胺衍生物	10	180	—	9	3000	4	—	3
非阻燃	10	150	—	21	3000	6	—	3.5

从表 4-21 中结果可以看出，三聚氰胺衍生物阻燃尼龙的 HCN 释放量并不像想象的那样比纯尼龙高，试验所得出的结果表明，其阻燃尼龙 HCN 释放量最低。

4.3.5.3 成本

适用于尼龙的多数阻燃剂比基体树脂更昂贵。所以，不考虑附加配料的费用，多数阻燃尼龙比纯的尼龙更昂贵。成本包括要获得一定阻燃效果所需加入的阻燃剂的量、成品的密度和所有原材料的费用以及加工费用。不同添加剂的相对费用可能不同，这由特定可燃性测试及所需的性能决定。表 4-22 列出了不同阻燃体系的 UL 94 级别及极限氧指数（LOI）。卤代化合物，特别是氯代化合物，与红磷相比获得较高的 LOI，与三聚氰胺及衍生物相比 LOI 更高。

表 4-22 不同阻燃体系阻燃尼龙 66 的 UL 94 级别及极限氧指数

阻燃体系	阻燃剂用量/%	未增强		玻璃纤维增强	
		UL 94(厚度/mm)	LOI/%	UL 94(厚度/mm)	LOI/%
卤系阻燃剂	12.5	HB(1.6)	—	V-1(1.6)	30(28)①
	15.0	V-1(1.6)	28	V-0(1.6)	(29)
	17.5	V-0(1.6)	—	V-0(0.8)	40(32)
	20.0	V-0(1.6)	35	V-0(0.5)	(33)
红磷阻燃剂	7.5	V-0(0.8)	35	V-0(0.8)	31
蜜胺阻燃剂	10.0	V-1(1.6)		HB(1.6)	
蜜胺衍生物	15.0	V-0(0.5)	30	HB(1.6)	
	10.0	V-0(0.5)	30	HB(1.6)	23
	15.0	V-0(0.5)		HB(1.6)	26
无阻燃剂	—	V-2(0.6)	25	HB(1.6)	24

① 括号内数值为溴阻燃体系，其他为氯系阻燃体系。

近年来，由于 MCA 的生产规模扩大，所以 MCA 的生产成本降低，在同样满足性能要求的前提下选择使用 MCA 并不会增加成本，目前 MCA 在国内的售价甚至比尼龙还低，所以我国 MCA 用量和厂家近年来迅速增加，并在国际市场上形成了较强的竞争力，包括其下游的阻燃尼龙和电子电气接插件。

4.3.5.4 迁移性

一些阻燃尼龙所遇到的问题是，在加工过程中、有水的条件下和/或正常使用期间添加剂迁移，这种迁移能使阻燃性降低及表面电性能发生变化。添加剂应该在温度达到 300℃ 时仍然无挥发组分产生，在水中的溶解度低。最早使用的三聚氰胺就是因为存在这一问题而迅速被 MCA 取代。

4.3.5.5　腐蚀性

通常用于尼龙的阻燃剂本身并不具有腐蚀性。但在热降解或氧化降解过程中，一些阻燃剂能产生酸性物质，在挤出加工和成型过程中对设备造成腐蚀，在使用过程中，腐蚀相连的金属元件。在燃烧后，其挥发性组分也会造成一定的腐蚀。从上述对阻燃尼龙 66 燃烧挥发物浓度测试结果可见，MCA 阻燃尼龙 66 燃烧时释放的氮氧化物浓度与纯尼龙相当，而不存在卤化氢强酸性物质，磷系阻燃剂燃烧后有残留的酸性物质，所以 MCA 的腐蚀性是现有尼龙阻燃体系中最低的。

4.3.5.6　电解腐蚀性和烟雾的腐蚀

在高的大气湿度和电应力的影响下，电绝缘材料在与金属部件的接触中可引起金属部件的腐蚀。直流电压条件下比交流电压条件下的腐蚀更快且范围更广，阳极腐蚀更显著，可用电解腐蚀倾向因子 CLF（IEC426）来衡量。测量 CLF 的方法为：加直流电压到两根放在待测材料表面分别用作阳极和阴极的平行铜丝中，通过测量铜丝的拉伸强度即可从下面的公式中得出 CLF：

$$CLF = \frac{F_0 - F_1}{F_0} \times 100\%$$

式中　F_0——铜导线试验前的拉伸强度，N/m^2；

　　　F_1——铜导线试验后的拉伸强度，N/m^2。

电绝缘材料的恶化，例如通过电极间的电弧电阻就能导致电绝缘材料着火及部分或全部破坏。燃烧产物的腐蚀性将损坏邻近元件，从而可能导致更大的破坏，由此造成的烟雾腐蚀可按法国全国（长途）通信研究中心（CNET）所发明的测试方法来评估。其测试方法为：在封闭室里铜丝暴露于绝缘材料的燃烧产物中，当含饱和水蒸气的室内温度达到露点时测得铜丝电阻发生的变化。当阻力百分数增大时用下面的公式即可得到 CNET 值：

$$CNET = \frac{R_f - R_i}{R_i} \times 100\%$$

式中　R_f——铜导线试验后电阻，Ω；

　　　R_i——铜导线起始电阻，Ω。

小于 20% 的 CNET 被认为是最佳的。最后铜丝完全被腐蚀、破坏而发生断路。

表 4-23 给出了在 55℃、240V（DC）电压和 95% 的相对湿度下，放置 14d 所测得的 CLF 值，CLF 值越高表明腐蚀越严重。

表 4-23　不同阻燃增强尼龙 66 体系（玻纤含量 28%）的腐蚀性

阻燃体系	电腐蚀性 CLF 值（IEC426）/%	烟雾腐蚀性 CNET 值/%
氯系	100	开路
溴系	43.3	6.8～11.7
红磷	22.5	3.5～4.8
三聚氰胺衍生物	（3）	（0.3～4.5）
非阻燃体系	26(2.7)	0.8～3.2(1.7～4.9)

4.3.5.7　相容性

阻燃剂与尼龙的相容可分成两类：一类是操作温度下熔融；另一类是作为颗粒分散于聚合物基体中。对于前者，由于熔体黏度和结晶性的差异，在加工和成型过程中，可能会导致材料的表面性能和力学性能变差；后者与颗粒添加剂的基团、粒径和分散均匀性等有关。在某些情况下，聚合阻燃剂能使阻燃体系的力学性能达到非阻燃体系的水平，由于 MCA 的键合性质与尼龙相似，所以与尼龙的相容性好，其阻燃尼龙无析出起霜现象。

4.3.5.8　电性能

因为尼龙的高电弧电阻值受到阻燃剂影响很大，所以电弧电阻指数可能是最重要的性能。由于水分和其他污染物的存在，阻燃尼龙在表面电场的作用下产生表面降解，电弧电阻可进一步形成导电路径。当电流流过它的表面时可引起永久性破坏，导致元件最终破坏。

就电子领域的应用来说，不同的阻燃体系在体积电阻率（IEC-C93）、介电常数（IEC2500）和耗损因子（IEC250）上的差异并不显著。

4.3.5.9　着色性能

由于 MCA 本身白度好，且在加工过程中性能稳定，因此其阻燃尼龙表面光滑洁白，但 MCA 有一定的消光作用，其配色制品有时色泽稍暗。

4.4　三聚氰胺磷酸盐和三聚氰胺聚磷酸盐

4.4.1　概述

磷酸是多元酸，可发生分子间脱水的缩合反应，过程如下：

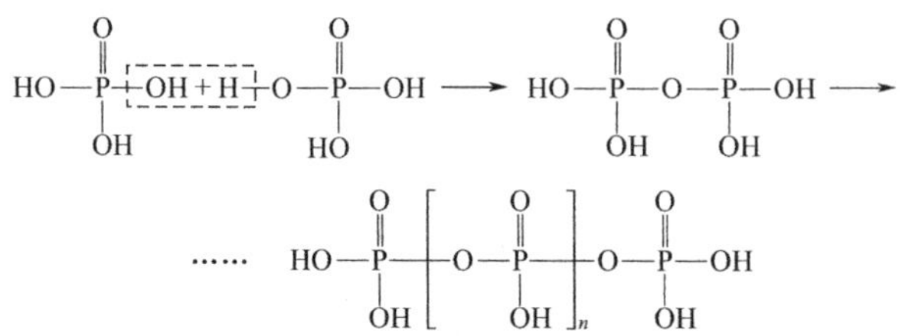

由于上述原因，三聚氰胺磷酸盐有多种不同组成，而且不同厂家的产品性能也不同。主

要品种有：三聚氰胺正磷酸盐，其磷含量 13.8%，氮含量 37.5%，CAS 登记号 20208-95-1；双三聚氰胺正磷酸盐，磷含量 8.85%，氮含量 48%，CAS 登记号 56974-60-8；三聚氰胺焦磷酸盐，磷含量 14.35%，氮含量 38.89%，CAS 登记号 15541-60-3；三聚氰胺聚磷酸盐等。由于三聚氰胺磷酸盐类化合物的水溶性小，尤其是分子中同时富含氮、磷两种阻燃元素，因此是三聚氰胺盐类阻燃剂中最重要的一类化合物，主要应用于防火涂料、阻燃涂料以及聚烯烃、聚氨酯、聚酯和尼龙等高分子材料的阻燃制品中。

大量试验证明，三聚氰胺与磷酸在 300℃ 以内很难发生分子间的缩合脱水，所以合成三聚氰胺的磷酸或多磷酸甚至聚磷酸盐时，可以将三聚氰胺与磷酸按一定物质的量之比反应后进行不同的后处理。最早的三聚氰胺磷酸盐主要用于防火涂料，20 世纪 90 年代 DSM 公司成功开发了三聚氰胺聚磷酸盐，并在阻燃增强尼龙中获得商业应用（该业务已经从汽巴精化转到了 BASF 公司），其商品牌号为 Melapur 200，其分子结构式如下：

Melapur 200 的主要性能指标见表 4-24。

表 4-24　Melapur 200 的主要性能指标

性　　能	指　　标
外观	白色结晶粉末
磷含量/%	12～14
氮含量/%	42～44
热稳定性/%	0.2～0.4(300℃),0.4～0.7(325℃)
密度/(kg/m³)	1850,约 300(堆密度)
水溶性(23℃)	<0.01g/100mL
pH(4%悬浊液,23℃)	约 5
粒径分布/μm	$D_{50,max}=10,D_{98,max}=25$
水含量/%	≤0.2

Melapur 200 阻燃尼龙 66 的性能见表 4-25。

表 4-25　Melapur 200 阻燃尼龙 66 的性能

性　　能	Akulon2.2	Akulon2.8	Akulon3.5
尼龙用量/%	50	50	50
Melapur 200 含量/%	25	25	25
玻璃纤维含量/%	25	25	25
UL 94(1.6mm/0.8mm,5 次)	V-0	V-0	V-0
拉伸模量/GPa	10.3	11.3	10.7
弯曲强度/MPa	111	122	130
断裂伸长率/%	1.4	1.7	1.8
冲击强度/(kJ/m²)	20	35	40
缺口冲击强度/(kJ/m²)	3.2	4.3	5.0
CTI/V	325	375	350

Melapur 200 阻燃尼龙 66 的烟雾、毒害性气体的释放量与溴系阻燃剂的比较结果如图 4-28 所示。

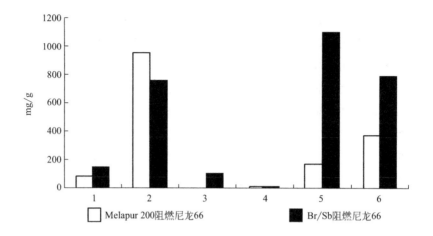

图 4-28　Melapur 200 与溴系阻燃剂阻燃尼龙 66 的烟雾、毒害性气体
释放量的比较（阻燃剂用量均为 25％，玻璃纤维为 25％）
1—CO；2—CO₂；3—HBr；4—HCN；5—遮光度；6—烟密度

近年来，对三聚氰胺（聚）磷酸盐阻燃尼龙的研究引起行业界的广泛重视，对其阻燃机制的研究也受到广泛关注。现代分析研究表明，尼龙与三聚氰胺（聚）磷酸盐相互降解生成的酰亚氨基可以发生如下的成环反应，从而提高了残炭率及阻燃性。

三聚氰胺（聚）磷酸盐在聚酯工程塑料中的阻燃应用也引起重视，表 4-26 和表 4-27 列举了一些专利应用实例。

表 4-26 三聚氰胺（聚）磷酸盐阻燃增强 PET 的配方及阻燃性

PET 用量/%	玻璃纤维用量/%	三聚氰胺(聚)磷酸盐用量/%	助剂用量/%	阻燃性能 UL 94
49.5	24.75	MP24.75	硅钨酸 1.0	V-0
53.7	25.2	MP20.1	硅钨酸 1.0	V-2
48.0	30.0	MP20.0	硅钨酸 1.0 多元醇 2.0	V-0
50.0	25.0	MPP25.0	—	V-0
50.0	25.0	MPP24.0	硅钨酸 1.0	V-0

表 4-27 三聚氰胺（聚）磷酸盐阻燃增强 PBT 的配方及阻燃性

PBT 用量/%	玻璃纤维用量/%	三聚氰胺(聚)磷酸盐用量/%	助剂用量/%	阻燃性能 UL 94	
				3.2mm	1.6mm
22.7/(PET9.9)	33.7	MPP33.7	—	V-0	V-0
33.1	32.4	MPP34.5	—	V-0	V-0
37.4	22.0	MPP40.6	—	V-0	V-0
42.2	20.3	MPP37.5	—	V-0	V-1

注：表中所用 PBT 为 GE 公司的 Valox 牌号产品。

在表 4-26 和表 4-27 中，PET 树脂为杜邦公司的 Crystar 3934，MP 和 MPP 分别指三聚氰胺磷酸盐和三聚氰胺聚磷酸盐。

4.4.2 高热稳定性 MPP 合成及其在阻燃尼龙中的应用

笔者与于志远等研究了高热稳定性以及改性三聚氰胺聚磷酸盐（MPP）的方法及其应用。

4.4.2.1 高热稳定性 MPP 合成

MPP 的合成方法分为一步法和两步法，一步法合成的 MPP 热稳性比较差，并且在合成的过程中大量使用有机溶剂，增加了生产成本和生产危险性。两步法虽然产物热稳定性有了一定程度的提高，但是产物的纯度不高，与国外同类型的产品差距比较大，尤其是应用于 GFPA6、聚酯等高成型加工温度的工程塑料中，仍然存在分解温度低，不能起到较好阻燃效果的问题。

针对目前的 MPP 的制备与应用现状，作者与于志远等以三聚氰胺和磷酸为原料，磷钨酸为催化剂，采用两步法，并多段升温煅烧控制副反应发生，设计合成了高热稳定性 MPP。将合成的高热稳定性 MPP 用于 GFPA6 阻燃，并对其阻燃性能进行评价。

（1）合成工艺路线

高热稳定性 MPP 采用的合成方法分两步进行。第一步由三聚氰胺和磷酸等物质的量反应生成 MP；第二步将得到的 MP 粉碎，并与催化剂一起放入石英坩埚，随后在箱式气氛炉中进行多温度段煅烧，其中，每温度段煅烧 2h，最高煅烧温度为 350℃。煅烧结束后自然冷却即为目标产物。

第一步：

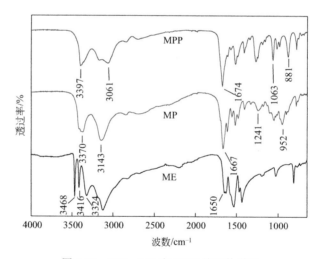

第二步：

（2）表征与热性能

图 4-29 为原料三聚氰胺（ME），中间产物磷酸三聚氰胺（MP）和最终产物三聚氰胺聚磷酸（MPP）的红外谱图。

图 4-29　ME、MP 和 MPP 的红外谱图

从图 4-29 中可以看出，$3368cm^{-1}$、$3416cm^{-1}$、$3324cm^{-1}$ 处为 ME 中—NH_2 的伸缩振动峰，$1650cm^{-1}$ 处为 ME 中—$C=N$ 的伸缩振动峰。$3370cm^{-1}$ 和 $3143cm^{-1}$ 处分别为 MP 中—NH_2 和—NH_3^+ 的伸缩振动峰，$1667cm^{-1}$ 处为 MP 中 $C=N$ 的伸缩振动峰。MP 与 ME 的谱图相比多出 $1241cm^{-1}$ 和 $952cm^{-1}$ 处两个吸收峰，$1241cm^{-1}$ 处的吸收峰为 $P=O$ 的伸缩振动峰，$952cm^{-1}$ 处为 $P—O$ 的伸缩振动峰。$P=O$ 吸收峰和 $P—O$ 吸收峰的出现表明 MP 具有预期的化学结构。

另外，从谱图中还可以看出，在 $3397cm^{-1}$ 和 $3061cm^{-1}$ 吸收峰分别为 MPP 的—NH_2 和—NH^{3+} 的伸缩振动峰，且 MPP 和 MP 中特征峰的位置基本一致，但在指纹区中 MPP 相

比 MP 在 881cm^{-1} 处多出一个吸收峰，并且在 1063cm^{-1} 处的吸收峰的峰形比 MP 相对位置的峰形要更加尖锐。881cm^{-1} 处的吸收峰为 MP 缩合形成 MPP 的过程中形成的 P—O—P 的伸缩振动峰，1063cm^{-1} 处为 P—O 键的伸缩振动峰，MPP 的 P—O 键的峰形尖于 MP 的峰形是因为在缩聚的过程中 P—O 键的化学环境发生改变，偶极矩变大，导致 P—O 键伸缩振动增强，因此 MPP 的 P—O 键的伸缩振动峰强度比 MP 的要强。

图 4-30 为高热稳定性 MPP 的 TG 和 DTG 曲线，从 TG 曲线可以看出，在氮气气氛下，MPP 失重 1％时的温度为 372.1℃，失重 5％时的温度为 382.7℃，说明 MPP 具有较高的热稳定性。从图中还可以看出 700℃时残留质量分数为 37.36％，说明 MPP 具有较高的成炭性。

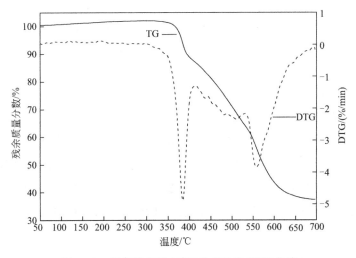

图 4-30　高热稳定性 MPP 的 TG 和 DTG 曲线

从 DTG 曲线可以看出，产物有两个热失重较快的温度，一个在 384.4℃，热失重速率为 -4.88％/min，一个在 558.0℃，热失重速率为 -3.84％/min。一般而言，塑料的加工温度在 200～280℃之间，但在实际的加工过程中，熔体的温度通常要高于设备设定的温度，因为在加工过程中还伴随着螺杆的剪切作用，使得物料温度上升。对于加工温度较高的玻纤增强的 PA6，保证阻燃剂具有较高的热稳定性至关重要。本方法合成的高热稳定性 MPP 的失重 5％时的温度达到 384.4℃，能够满足其共混改性应用需求。

4.4.2.2　高热稳定性 MPP 及其复配体系在 GFPA6 中的应用

将 MPP 单独或 MPP/ADP 复配应用于 GFPA6 阻燃中，表 4-28 是 MPP 阻燃 GFPA6 配方表，表 4-29 是 MPP/二乙基次膦酸铝（ADP）复配阻燃 GFPA6 配方表。

表 4-28　MPP 阻燃 GFPA6 的配方

编号	PA6 含量/％	玻纤含量/％	MPP 含量/％	KH-560 含量/％
0	70.0	30	0	0
1	59.5	30	10	0.5
2	54.5	30	15	0.5
3	49.5	30	20	0.5
4	44.5	30	25	0.5

表 4-29　MPP/ADP 复配阻燃 GFPA6 的配方

编号	PA6 含量/%	玻纤含量/%	MPP 含量/%	ADP 含量/%	硼酸锌含量/%	KH-560 含量/%
5	49.5	30	5	15	—	—
6	49.5	30	10	10	—	0.5
7	49.5	30	15	5	—	0.5
8	49.5	30	0	20	—	0.5
9	44.5	30	15	10	—	0.5
10	49.5	30	10	7	3	0.5

　　各配方对应的阻燃性能见表 4-30 与表 4-31。由表 4-30 数据分析可知，纯 GFPA6 和添加 10%MPP 的 GFPA6 点燃后会一直燃烧到夹具，并且在燃烧的过程中产生大量熔滴引燃脱脂棉，不具有自熄性。而当体系中添加量达到 15%MPP 时，第一次点燃后能够熄灭，说明具有一定的自熄效果，但在第二次点燃后，会一直燃烧，因此没有阻燃级别。当添加量达到 20% 时，第一次和第二次的燃烧时间明显缩短，火焰在燃烧至夹具前发生自熄，但在燃烧的过程中有熔滴的产生，并且能够引燃脱脂棉，因此阻燃级别达到 UL 94 V-2 级。当 MPP 的添加量达到 25% 时，阻燃等级仍为 UL 94 V-2，可能是因为 MPP 的含氮量比较高，但磷含量比较低，在燃烧的过程中产生大量的氨气等不燃性气体，捕捉自由基等方式，主要以气相方式对 GFPA6 进行了阻燃，但仅仅通过 MPP 单一组分对 GFPA6 阻燃不能起到一个理想的效果。

表 4-30　MPP 各配方阻燃 GFPA6 的垂直燃烧测试

编号	t_{1max}/s	t_{2max}/s	$\sum(t_1+t_2)$/s	$(t_2+t_3)_{max}$/s	是否燃烧至夹具	是否引燃脱脂棉	UL 94 等级 (3.2 mm)
0	—	—	—	—	是	是	—
1	—	—	—	—	是	是	—
2	18	—	—	—	是	是	—
3	31	13	148	13	否	是	V-2
4	12	16	117	16	否	是	V-2

　　表 4-31 为 MPP 与 ADP 复配阻燃 GFPA6 的垂直燃烧试验和氧指数测试结果。阻燃剂的加入使 GFPA6 的氧指数都有了一定的提高，达到了难燃的级别，其中配方 5 的氧指数达到最大值为 32%。从表中还可以看出通过 MPP 与 ADP 复配使余焰的时间明显的缩短，多数样条都是离火自熄，并且在垂直燃烧的测试过程中不产生熔滴，阻燃级别都达到了 UL 94 V-0 级（3.2 mm）。单独使用 MPP 阻燃 GFPA6 时不能起到较好的阻燃效果，当添加量达到 25% 时，垂直燃烧的级别也仅能达到 UL 94 V-2 级。但 MPP 与 ADP 复配时，当添加量达到 20%（质量分数）时，阻燃级别就达到了 UL 94 V-0 级，说明 MPP 与 ADP 复配阻燃 GFPA6 时，具有较好的磷氮协同阻燃效果。

表 4-31　MPP 与 ADP 复配阻燃 GFPA6 垂直燃烧和氧指数测试

编号	$t_{1\max}$/s	$t_{2\max}$/s	$\sum(t_1+t_2)$/s	$(t_2+t_3)_{\max}$/s	是否燃烧至夹具	是否引燃脱脂棉	UL 94 等级 (3.2 mm)	LOI/%
5	2	2	13	2	否	否	V-0	32
6	1	1	8	1	否	否	V-0	27.5
7	2	2	13	2	否	否	V-0	25.9
8	1	1	9	1	否	否	V-0	31.3
9	1	1	9	1	否	否	V-0	30.5
10	4	2	19	2	否	否	V-0	27

4.4.3　哌嗪改性 MPP 的制备及其阻燃 PP 的性能评价

笔者与杜国毅等以哌嗪和三聚氰胺聚磷酸盐（MPP）为原料，采用固相改性的方法合成出了哌嗪改性三聚氰胺聚磷酸盐（PIMP）。将合成的阻燃剂用于聚丙烯阻燃，并对其进行阻燃性能的评价。分子结构式如下：

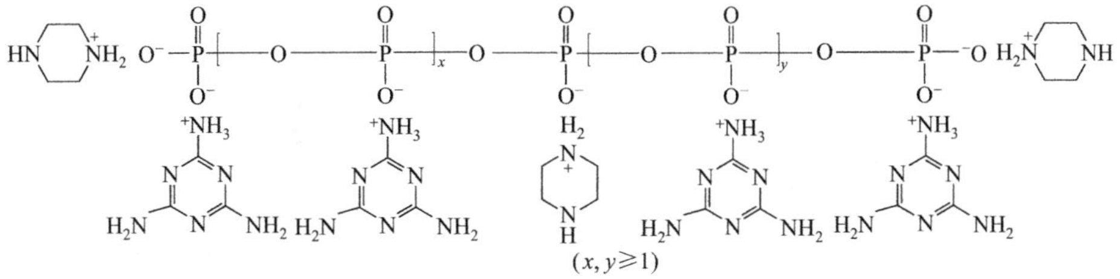

$(x,y\geqslant 1)$
PIMP

其所改性的 MPP 原料均为自制，所以实验分两步进行：需改性的原料 MPP 的合成；引入哌嗪改性 MPP 获得目标产物 PIMP。

4.4.3.1　PIMP 的合成

将哌嗪和 MPP 按照一定的质量比进行搅拌混合，再将混合物倒入到机械粉碎机中进行充分的混合和粉碎，之后将物料置于鼓风烘箱中，进行分梯度升温使哌嗪液化充分渗入物料从而与 MPP 反应，温度区间控制在 120～180℃，反应总时间控制在 6～10h，反应后将产物冷却，再用去离子水对产物做浸泡和洗涤处理从而去除过量的哌嗪，之后对洗涤过的物料进行抽滤，获得滤饼，再将滤饼放置到鼓风烘箱中在 120℃条件下烘干 4h，气流粉碎得到最终产物。反应过程如下所示：

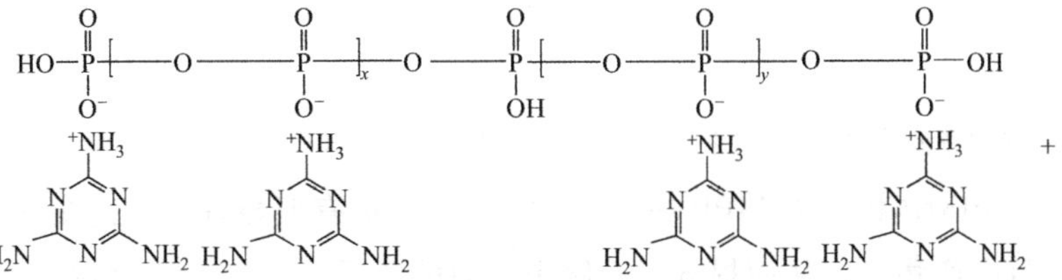

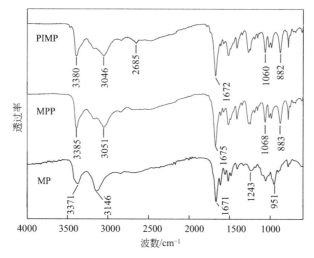

（其中 x，$y \geqslant 1$）

4.4.3.2　表征及性能测试

图 4-31 为 MP、MPP 和 PIMP 的红外谱图。从图中可以看出，在 1243cm^{-1} 和 951cm^{-1} 处出现了两个吸收峰，分别对应的是 MP 中 P＝O、P—O 的伸缩振动峰，P＝O 吸收峰和 P—O 吸收峰的出现表示了 MP 的成功合成。

图 4-31　MP、MPP 及 PIMP 的红外谱图

对于 MPP 的红外光谱曲线，MP 在热缩聚形成 MPP 的历程中形成了 P—O—P 的分子链结构，而 883cm^{-1} 所对应的就是 P—O—P 的伸缩振动峰。

PIMP 与 MPP 的红外光谱图形貌上基本相同，但是在 2685cm^{-1} 处多了一个吸收峰，而哌嗪形成的 NH$_2^+$ 盐的收缩振动峰在 2690～2760cm^{-1} 之间，相对应的 PIMP 和 MPP 相比 2600～2700cm^{-1} 波数段的振动峰有所变化，可以初步说明哌嗪被成功地反应到了 MPP 分子链上。

图 4-32 和图 4-33 为 MPP 和 PIMP 的 TG 对比图和 DTG 对比图，从图中数据能分析得出，改性之后的 PIMP 相对于 MPP 在 700℃ 的残余质量有明显提升，这更进一步证实了哌嗪成功反应到目标产物上，从而提升了产物中炭源的含量，才使得产物在 700℃ 下的残余炭

质量有所提升；由于哌嗪小分子反应到目标产物上，产生了新的化学键即哌嗪所形成的 NH_2^+ 盐，所以使产物在 283℃ 形成了一个新的热失重峰，PIMP 的 5% 热失重温度也在 278℃，但聚丙烯的加工温度一般在 220℃ 以下，这远低于 278℃，故目标产物能应用于 PP 等塑料制品当中。

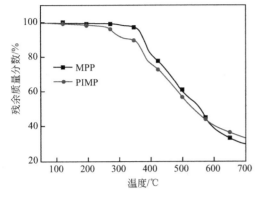

图 4-32　MPP 和 PIMP 的 TG 对比图

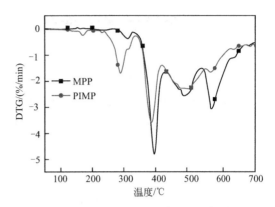

图 4-33　MPP 和 PIMP 的 DTG 对比图

4.4.3.3　PIMP 及其复配体系在阻燃 PP 中的应用

将 PIMP 同哌嗪改性聚磷酸铵（Pi-APP）、三聚氰胺包覆聚磷酸铵（M-APP）、三聚氰胺聚磷酸盐（MPP）分别进行复配，设计表 4-28 所列的阻燃 PA6 配方，并测试不同配方下的阻燃效果，具体配方如表 4-32 所示，测试结果见表 4-33。

表 4-32　PIMP 阻燃 PP 配方（质量分数）　　　　单位:%

编号	PIMP	Pi-APP	M-APP	MPP	ZnO	聚硅氧烷粉	KH550	PP
PP-0	—	—		—	—	—	—	100
PP-1	20	10	0	0	1.5	0.9	0.3	67.3
PP-2	15	10	0	5	1.5	0.9	0.3	67.3
PP-3	10	10	0	10	1.5	0.9	0.3	67.3
PP-4	5	10	5	10	1.5	0.9	0.3	67.3
PP-5	10	15	5	0	1.5	0.9	0.3	67.3
PP-6	5	20	5	0	1.5	0.9	0.3	67.3
PP-7	4	21	5	0	1.5	0.9	0.3	67.3

注：每个配方的总质量都是 1500g，之后的配方也是总质量相同。

表 4-33　不同配方的阻燃 PA6 材料阻燃测试结果

编　号	PP-0	PP-1	PP-2	PP-3	PP-4	PP-5	PP-6	PP-7
垂直燃烧级别	—	—	—	V-2	V-0	V-0	V-0	V-0
LOI/%	18.7	23.7	23.8	25.0	27.8	40	48.1	46.8

注："—"为不灭或无等级。

从数据可知 PP-1 号和 PP-2 号垂直燃烧测试无等级，PP-3 号和 PP-4 号垂直燃烧测试达到 UL 94 V-2，PP-5 号～PP-7 号均达到 UL 94 V-0 并且点燃样条之后熄灭的时间十分短，这也进一步说明了在这几个配方的区间内各组分的协同效果最好、成炭量最佳，但是 PP-7 号与 PP-6 号相比样条点燃后的熄灭时间有所增加，也说明了此时 Pi-APP 的用量过多，与极限氧指数测试的数据对应一致，这些数据也进一步确定了之后对 PIMP 的配方优化应该选择 PIMP 与 Pi-APP 的质量比在（1∶1.5)～(1∶4）之间。

4.5　三聚氰胺多膦酸盐

作者与游丽华等以乙二胺四亚甲基膦酸（EDTMPA）与三聚氰胺（MEL）为原料，设计合成乙二胺双环四亚甲基膦酸三聚氰胺盐（EAPM）阻燃剂。将合成的阻燃剂用于聚丙烯阻燃，并对其进行阻燃性能的评价。分子结构式如下：

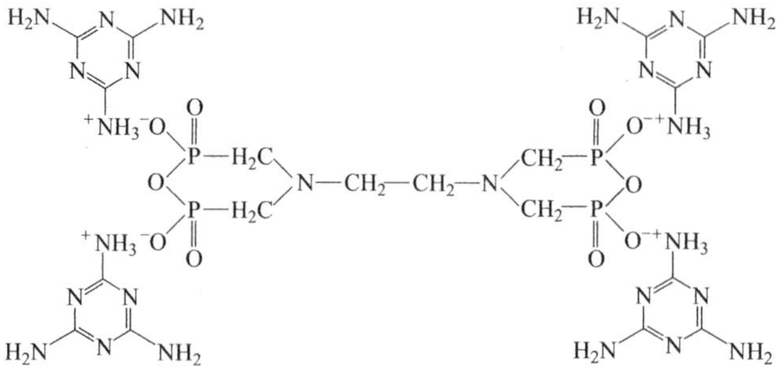

4.5.1　合成路线及方法

采用的合成方法分两步进行，第一步由乙二胺四亚甲基膦酸与三聚氰胺反应生成乙二胺四亚甲基膦酸三聚氰胺盐；第二步将所得的乙二胺四亚甲基膦酸三聚氰胺盐中间体在电热恒温鼓风干燥箱中进行热处理，生成目标化合物 EAPM。其化学反应方程式如下。

第一步：

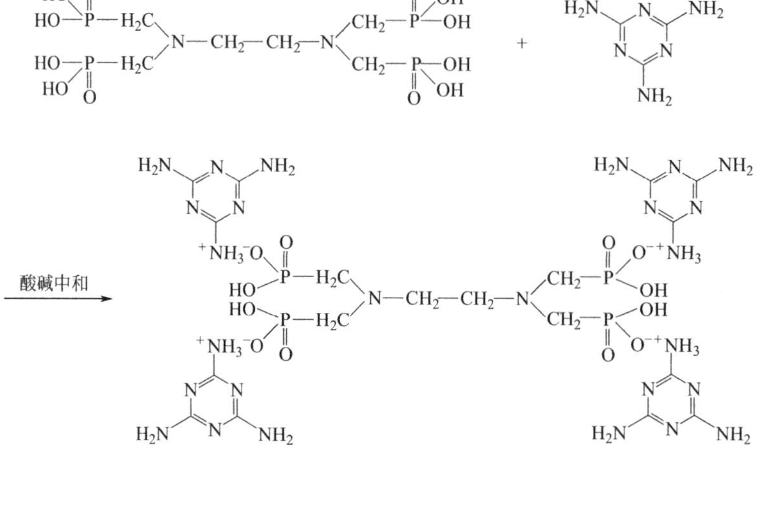

第二步：

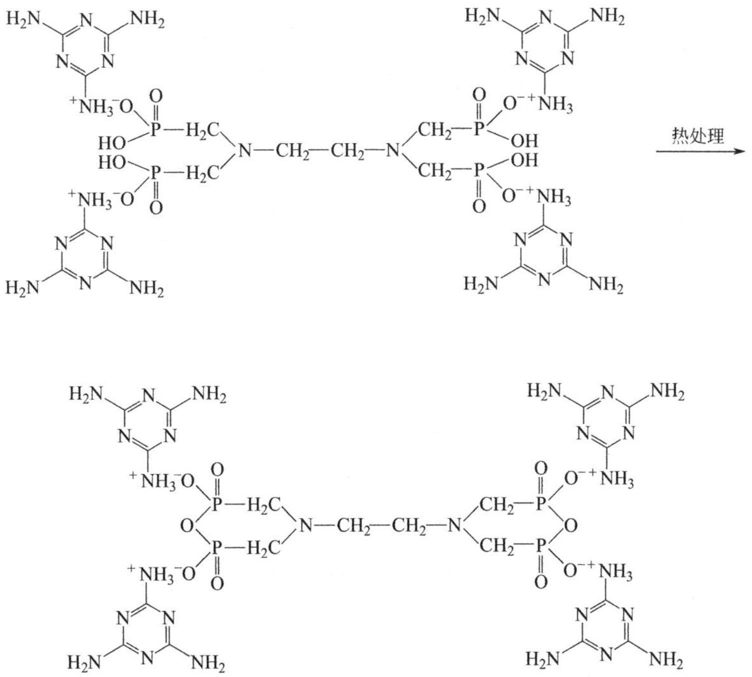

第一步：将计量的乙二胺四亚甲基膦酸加入 2000mL 烧杯中，加入计量去离子水，加热到 60～70℃，充分搅拌 30min，然后分批加入与乙二胺四亚甲基膦酸物质的量比为 4：1 的三聚氰胺，充分搅拌 2～3h，反应结束，静置 4～5h，抽滤并将所得白色粉末晶体在 115℃下进行干燥粉碎，得到白色粉末状中间体。

第二步：将所得的中间体放置在电热恒温鼓风干燥箱内，升温到一定温度热处理一定时间，得到目标化合物，将产物进行粉碎，然后将此粉末用去离子水洗 2～3 次，置于 115℃进行干燥，最终得到白色的粉末状目标化合物。

4.5.2　表征及热性能

图 4-34 为合成原料乙二胺四亚甲基膦酸（EDTMPA）、三聚氰胺（MEL）和中间产物的红外谱图。从图中可以看到在中间产物谱图中—NH_2 特征吸收峰完全消失，但出现了 NH_3^+ 的特征吸收峰。在乙二胺四亚甲基膦酸的谱图中，磷酸的特征吸收峰变得很弱几乎消失，而在中间体的红外谱图上出现了磷酸盐阴离子的特征吸收峰。由原料和中间产物的红外谱图对比可知，中间产物有所预期合成化合物的分子结构基团的特征吸收峰。

图 4-35 是中间体与最终产物的红外谱图，从最终产物的红外谱图中可以看到 —P—O—P— 基团的特征吸收峰（波数在 1210～1310cm^{-1} 处）非常明显，说明中间体已经参加反应，得到预期的目标产物。

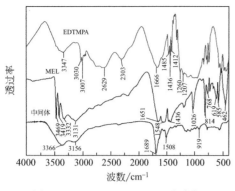

图 4-34 MEL、EDTMPA 和中间
体的红外谱图

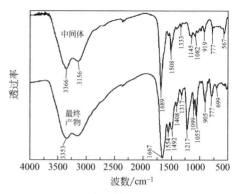

图 4-35 中间体与最终产物的
红外谱图

图 4-36 为目标产物（EAPM）的 TG 曲线，由图可以看出，该物质在 280~450℃分解，热损失 10％时分解温度在 310℃，并且在 450℃热损失量仅为 26％，表明该阻燃剂具有较高的热分解温度。从 TG 曲线还可以看出，目标产物在 550℃时的热失重残留物量达 54.2％，这是目标产物热降解时发生炭化的结果，说明目标产物有较高的成炭性。试验结果与当初分子设计所预期的相吻合。

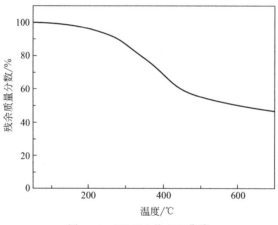

图 4-36 EAPM 的 TG 曲线

4.5.3 EAPM 阻燃 PP 的性能

进一步评价了 EAPM 复配体系对聚丙烯的阻燃效果，结果见表 4-34。

表 4-34 垂直燃烧试验记录

编号	EAPM 含量/%	MEL-APP 含量/%	成炭剂Ⅰ 含量/%	成炭剂Ⅱ 含量/%	A-171 含量/%	PP 含量/%	垂直燃烧 级别
5	15	10	5	—	1	69	V-0
6	15	10	—	5	1	69	V-0

表 4-34 为复配前后垂直燃烧试验记录，通过对比可以发现，复配后的阻燃 PP 材料具备非常好的自熄性，阻燃级别达到 UL 94 V-0 级。

4.6　三聚氰胺次膦酸盐

三聚氰胺次膦酸盐（MHP），分子式 $C_3H_9N_6O_2P$，磷含量高，常温下为固体，热稳定性高，与高聚物相容性好，可用于聚烯烃、聚酯、聚酰胺等工程塑料的无卤阻燃体系，是一种有效的膨胀型阻燃剂。笔者与陈晓峰采用次膦酸及三聚氰胺为原料合成了三聚氰胺次膦酸盐（CPA）。对所合成的三聚氰胺次膦酸盐的结构进行了表征，将合成的阻燃剂与氢氧化镁（MH）复配用于 EVA 的阻燃，并对其进行阻燃性能的评价。MHP 分子结构如下：

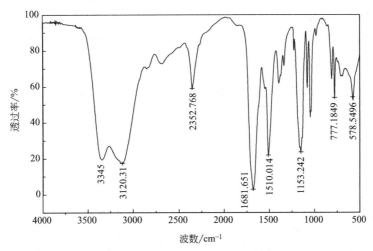

4.6.1　MHP 合成反应原理和方法

合成反应式如下：

按照次膦酸与三聚氰胺摩尔比为 1∶1 投料，每摩尔三聚氰胺加入一定量极性溶剂，如水、乙醇、二甲基甲酰胺等。因次膦酸加热易分解所以反应温度不宜太高，保持充分搅拌，使反应完全，分离、洗涤，150℃干燥 3h，可得成品。

4.6.2　MHP 的红外光谱

图 4-37 为 MHP 的红外谱图。其 IR 的特征峰为 $3345cm^{-1}$（—NH_2 伸缩）、$3220cm^{-1}$

图 4-37　MHP 的 FTIR 谱图

（—NH$_3^+$ 伸缩）、2553cm^{-1}（P—H 伸缩）、1682cm^{-1}（C≡N 伸缩）、1150cm^{-1}（P≡O 伸缩）和 1049cm^{-1}（P—O 伸缩）。

4.6.3 MHP 的热失重分析

图 4-38 为 MHP 的 TG/DTG 曲线，从 TG 曲线中可以看出，MHP 的起始分解温度高于 260℃，300℃时失重率为 10%。由 DTG 曲线知，MHP 的两个主要分解区在 260~300℃ 和 350~450℃。

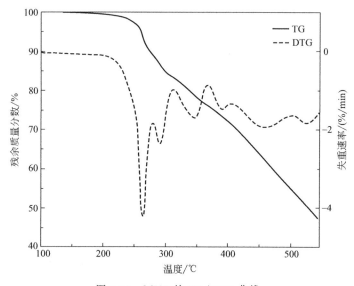

图 4-38　MHP 的 TG/DTG 曲线

4.6.4 MHP 阻燃 EVA 的性能

将 MHP 与氢氧化镁（MH）复配应用于 EVA 的阻燃，并将其与 EVA 空白项和同质量分数三聚氰胺（MEL）添加项对比，其力学性能与极限氧指数如表 4-35 所示。添加阻燃剂后 EVA 的断裂伸长率都有大幅度下降，但 MHP/MH 复配体系的拉伸强度都保持在 75% 以上，可以应用于实际中。当 MHP 添加量为 30%、MH 添加量为 25% 时，氧指数最高达到 27.7%。

表 4-35　EVA 各配方力学性能与极限氧指数

序号	配　　方	拉伸强度 /MPa	断裂伸长率 /%	最大力伸长率 /%	氧指数 /%
1	100%EVA	7.39	38.38	357.07	21.3
2	45%EVA+55%MEL	4.3	85.35	38.17	22.0
3	45%EVA+55%MH	7.21	97.5	61.11	25.7
4	45%EVA+20%MH+35%MHP	5.95	80.72	56.98	26.1
5	45%EVA+25%MH+30%MHP	6.35	130.22	84.43	27.7
6	45%EVA+30%MH+25%MHP	6.6	100.76	81.74	25.4
7	45%EVA+35%MH+20%MHP	6.87	95.02	75.14	24.6

4.7　三聚氰胺有机次膦酸盐

作者与史湘宁等以 2-羧乙基苯基次膦酸（CEPPA）和三聚氰胺（MEL）为原料合成三聚氰胺羟乙基苯基次膦酸盐（MCEP）。将合成的 MCEP 阻燃剂按不同比例应用于 PBT 的阻燃，并对其阻燃性能进行测试。

4.7.1　合成路线及方法

将计量的 CEPPA 溶于去离子水中，分批加入三聚氰胺，搅拌 2h 后继续反应 3h，反应得到中间产物，抽滤，烘干。将上述制备好的反应中间体置于烧瓶中油浴加热 5h，反应得到最终产物，用去离子水进行洗涤，抽滤，烘干，粉碎，得到白色粉末状固体三聚氰胺次膦酸盐（MCEP）。反应方程式如下：

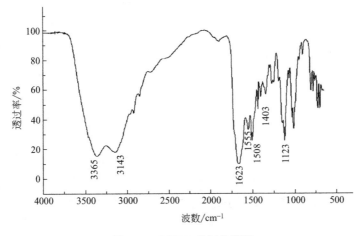

4.7.2　红外和热失重分析

（1）红外分析

图 4-39 是最终产物的红外谱图。从图中可以看到，1508cm^{-1} 处为—NH$_3^+$ 的振动峰，3000~3500cm^{-1} 处为—NH$_2$ 的特征吸收峰，变得宽而平滑，说明三聚氰胺中的—NH$_2$ 已经参与化学反应，通过这些特征峰的变化可以看出，在去离子水的分散作用下，CEPPA 已

图 4-39　MCEP 的红外谱图

经与三聚氰胺发生反应，并生成了目标产物，但羧基是否与三聚氰胺发生了反应，还有待进一步研究。

（2）热失重分析

图 4-40 和图 4-41 分别为中间产物的 TG 图和产物 MCEP 的 TG 图。从图中看出，中间产物自 103℃开始出现失重，到 125℃时第一次热失重基本停止，到 283℃时又出现第二次失重，且与 MCEP 自 280℃时开始热失重的温度基本一致，因此中间产物在 103～125℃温区的第一次热失重可能是失去结晶水，发生分子内或分子间脱水的可能性小。在 280～350℃这个温度区间内，中间产物与 MCEP 分解速率均较快，残余质量分数也在这一温度区间内下降 40％左右。进入 380℃后，两种样品的降解速率趋于平缓。在达到 700℃时，样品成炭率均在 20％以上。

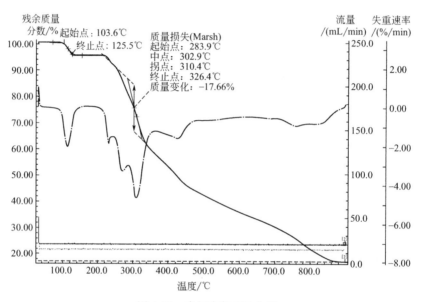

图 4-40　中间产物 TG 曲线

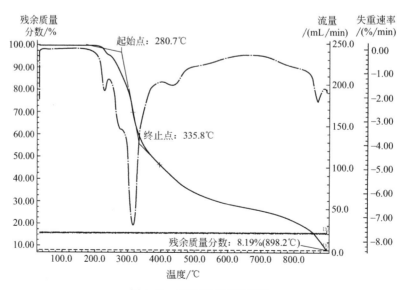

图 4-41　MCEP 的 TG 曲线

4.7.3　MCEP 在阻燃 PBT 树脂中的应用

笔者等采用 MCEP 作为阻燃剂，设计不同配方制备阻燃 PBT，并对不同配方的阻燃性能进行分析测试。具体配方如表 4-36 所示，测试结果见表 4-37。

表 4-36　阻燃配方设计

配　　方	1	2	3	4
MCEP 含量/%	5.5	10.5	15.5	10.5
PBT 树脂含量/%	90	85	80	85
偶联剂含量/%	0.5	0.5	0.5	0.5
季戊四醇含量/%	4	4	4	0
磷酸酯 102B 含量/%	0	0	0	4

表 4-37　MCEP 阻燃 PBT 的阻燃性能

序号	第一次点燃总燃烧时间/s	第二次燃烧时间平均值/s	有无引燃脱脂棉	UL 94	LOI/%
1	83	15	有	V-1	25.2
2	51	8	有	V-1	27.8
3	24	5	无	V-0	29.4
4	41	3	无	V-0	29.1

由表 4-37 可知，随着 MCEP 添加量增加，LOI 提高，当 MCEP 复配阻燃体系添加量达到 20%（质量分数）时，阻燃级别达到 UL 94 V-0 级。

4.8　三聚氰胺硼酸盐

4.8.1　概述

硼酸三聚氰胺（MB）是一种含氮无卤环保型阻燃剂，分子式为 $C_3H_9N_6O_3B$，分子量为 187.95，理论氮含量为 44.71%、硼含量 5.75%。MB 常与聚磷酸铵 APP 合用以阻燃纤维素材料，特别是绝缘材料。在 MB 中加入低熔点磷酸酯可提高 MB 的阻燃性能。在膨胀型阻燃配方中，MB 既是气源，又是成炭剂。MB 还可作为抑光剂和抑烟剂。

正常情况下三聚氰胺硼酸盐物理、化学性质稳定，无挥发性。使用时应避免吸入、吞入或与皮肤、眼睛接触。储存于阴凉通风处。

在反应容器中，先将硼酸与水混合搅拌均匀，加热至 90℃，然后将等物质的量的三聚氰胺分批加入反应容器中，再在 95～100℃下反应 4h，冷却，抽滤，80℃烘箱中干燥 20h，可得产物。

三聚氰胺硼酸盐可广泛用于纺织品、纤维、橡胶、涂料、黏合剂及发泡材料的阻燃。

董延茂等通过先制备 MB 中间体再将其与磷酸进一步反应得到磷酸三聚氰胺硼酸盐（MPB）。MPB 作为氮-磷-硼三种元素合为一体的阻燃剂，具有较好的膨胀阻燃效果。将 20

份 MPB 添加到 100 份环氧树脂中，可使试样的 LOI 值达 29％。

夏莉等以三聚氰胺衍生物（MADP）和三聚氰胺硼酸盐（MB）为原料，接入到聚氨酯体系中，MADP 和 MB 可以起到协同的作用，并对其进行阻燃性能的评价。

4.8.2 合成路线及方法

硼酸三聚氰胺（MB）的合成方程式如下：

$$H_2N \underset{\underset{NH_2}{N \quad N}}{\overset{NH_2}{\underset{N}{}}} + H_3BO_3 \xrightarrow[\text{水溶液}]{90℃} 硼酸三聚氰胺复合物(MB)$$

按摩尔比称量好硼酸与三聚氰胺，然后将其加入四口烧瓶中，水充当溶剂，进行搅拌反应，反应 10min 左右时，在反应的过程中体系会发生凝固，所以要加入适量的水，使反应体系保持溶液状态。然后继续反应 3h 左右后，暂停加热，体系继续搅拌降温至室温，对产物进行后处理。反复水洗，抽滤，干燥处理。

4.8.3 表征

由图 4-42 FTIR 可以看出，1631cm^{-1}、1275cm^{-1}、1234cm^{-1} 处为三嗪环的伸缩振动吸收峰，1126cm^{-1} 处为 B—OH 的振动吸收峰，896cm^{-1}、874cm^{-1} 处为 B—O 的吸收峰，810cm^{-1} 处为三聚氰胺中 N—H 的弯曲振动吸收峰。598cm^{-1}、539cm^{-1}、523cm^{-1} 处为 O—B—O 的振动吸收峰。说明已经合成所需的三聚氰胺硼酸盐。

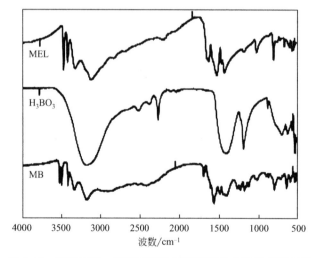

图 4-42 三聚氰胺、硼酸和硼酸三聚氰胺复合物的 FTIR 图

4.8.4 三聚氰胺硼酸盐在阻燃聚氨酯泡沫中的应用

将 MB 与 MADP 按一定的比例设计不同配方制备改性硬质聚氨酯泡沫（RPUF），并对不同配方的阻燃性能进行分析测试。具体配方如表 4-38 所示，LOI 测试结果见表 4-39。

表 4-38　RPUF 样品中 MADP 与 MB 的摩尔配比

样品	RPUF-1	RPUF-2	RPUF-3	RPUF-4	RPUF-5
MADP ∶ MB	1 ∶ 0	1 ∶ 2	1 ∶ 3	1 ∶ 4	1 ∶ 5

表 4-39　RPUF 的 LOI 测试结果

编　号	RPUF-1	RPUF-2	RPUF-3	RPUF-4	RPUF-5
LOI/%	20.6	21	22.6	22.8	24

通常普通聚氨酯材料的氧指数在 18% 左右，由表 4-39 可知，与普通聚氨酯材料相比加入阻燃剂改性后的聚氨酯材料的阻燃性能明显增加，且在保持 MADP 含量不变的前提下，增加 MB 的含量。可以发现，随着 MB 含量的增加，RPUF 的 LOI 值也随之增加，说明 MB 有助于提高材料的阻燃性能。

4.9　三聚氰胺磺酸盐

笔者与邵偲淳采用氨基磺酸及三聚氰胺为原料合成了一种三聚氰胺磺酸盐——三聚氰胺氨基磺酸盐（MSAS）。对所合成的三聚氰胺磺酸盐的结构进行了表征，将合成的阻燃剂用于尼龙 6 的阻燃，并对其进行阻燃性能的评价。MSAS 的分子结构如下：

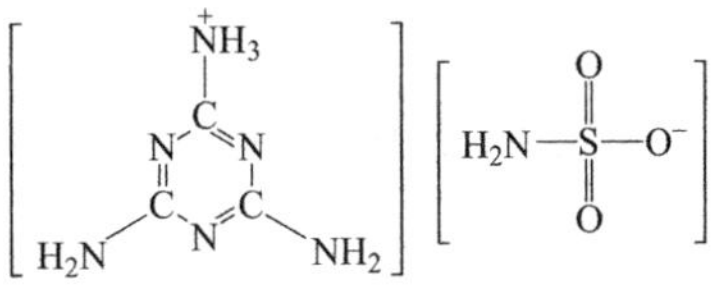

4.9.1　MSAS 的合成路线及反应式

将一定量的三聚氰胺和氨基磺酸加入圆底烧瓶中，加入溶剂后升温至一定温度，密封保温反应一段时间，将所得产物进行抽滤、水洗、干燥、粉碎。反应过程如下：

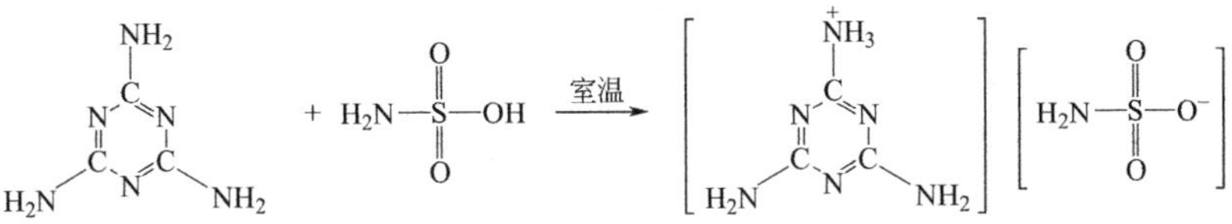

4.9.2　MSAS 的表征及热失重分析

（1）红外谱图

图 4-43 是合成原料三聚氰胺、氨基磺酸和产物 MSAS 的红外谱图。产物在 3097cm^{-1} 处出现了宽而大的吸收峰，这是典型的—NH$_3^+$ 伸缩振动峰，而且在 1357cm^{-1} 处有一个尖

锐的小峰，这是—NH$_3^+$的弯曲振动峰，说明有铵盐生成。氨基磺酸在1067cm^{-1}处出现的尖峰是磺酸特有的吸收峰，而MSAS在1186cm^{-1}以及1051cm^{-1}处出现了明显的吸收峰，这是磺酸根离子的振动峰。三聚氰胺在1532cm^{-1}以及1650cm^{-1}处的三嗪环—C═N键骨架振动特征峰和—C═N伸缩振动峰在产物MSAS的红外谱图上依然存在（1500cm^{-1}、1668cm^{-1}）。这说明三聚氰胺氨基磺酸盐的红外结构具备了目标产物的基本基团的红外特征吸收峰。

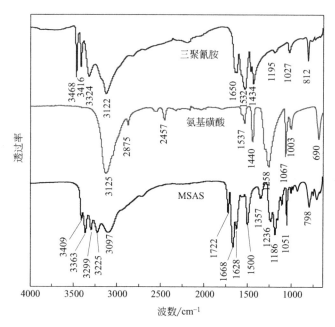

图 4-43 三聚氰胺、氨基磺酸和 MSAS 的红外谱图

（2）核磁谱图

图 4-44 是最终产物 MSAS 的核磁共振氢谱图，从化学结构式可以看出，其有三种处于不同化学环境的 H 原子，分别为三嗪环上两个—NH$_2$上的 H、—NH$_3^+$中的 H 以及 H$_2$N—SO$_3$

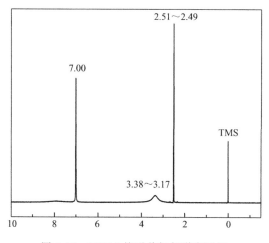

图 4-44 MSAS核磁共振氢谱实测图

中的 H。图 4-44 中，2.51～2.49 处是 DMSO 的溶剂峰，7.00 处为—NH$_3^+$ 的 H 原子的化学位移，2.51～2.49 处为三嗪环上氨基上的 H，3.38～3.17 处为与硫元素相连的氨基中的 H。

（3）热失重分析

图 4-45 为 MSAS 的 TG/DTG 曲线，其中 TG 曲线显示该物质热失重 5％时的温度为 318℃，失重 10％的温度达到 361℃。DTG 的结果如曲线所示，MSAS 有两个失重较快的温度区域，分别在 395℃和 491℃左右。结果都表明该阻燃剂有较好的热稳定性。且 PA6 的加工温度在 230℃，分解温度约为 350℃，MSAS 阻燃剂热失重 5％时的温度为 318℃，高于 PA6 的加工温度而略低于 PA6 的分解温度。因此可以作为 PA6 的阻燃添加剂来使用。

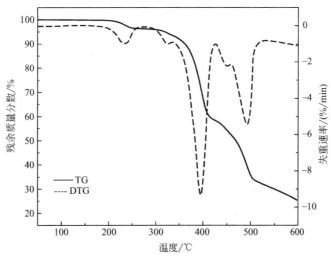

图 4-45　MSAS 的 TG/DTG 曲线

4.9.3　三聚氰胺磺酸盐阻燃尼龙 6 的性能

将 MSAS/季戊四醇（PER）作为复配阻燃体系的阻燃剂，设计表 4-40 所列的阻燃 PA6 配方，同时与单独使用 MSAS 阻燃 PA6 进行比较，测试不同配方下的阻燃效果，见表 4-41。

表 4-40　阻燃 PA6 配方

编号	PA6 含量/%	MSAS 含量/%	季戊四醇含量/%
0	100	0	0
1	93	4	3
2	91	4	5
3	89	6	5
4	87	8	5
5	90	10	0
6	88	12	0

表 4-41　不同配方的阻燃 PA6 材料阻燃测试结果

编　号	0	1	2	3	4	5	6
垂直燃烧级别	V-2	V-2	V-2	V-1	V-0	V-0	V-0
LOI/%	22.5	26.1	28.7	30.5	32.8	33.7	34.3

从表 4-41 可以看出，MSAS/PER 对 PA6 有阻燃效果。通过垂直燃烧试验证明当 MSAS 添加量为 8%、季戊四醇添加量为 5%，或单独添加 MSAS 质量分数为 10% 时，阻燃 PA6 材料的阻燃级别均可达到 UL 94 V-0 级。

4.10　三聚氰胺硫酸盐（MSA）

笔者与付金鹏等以三聚氰胺和浓硫酸为原料合成了三聚氰胺硫酸盐（MSA）。将合成的三聚氰胺硫酸盐阻燃剂用于尼龙 6 阻燃，并对其进行阻燃性能评价。三聚氰胺硫酸盐结构式如下：

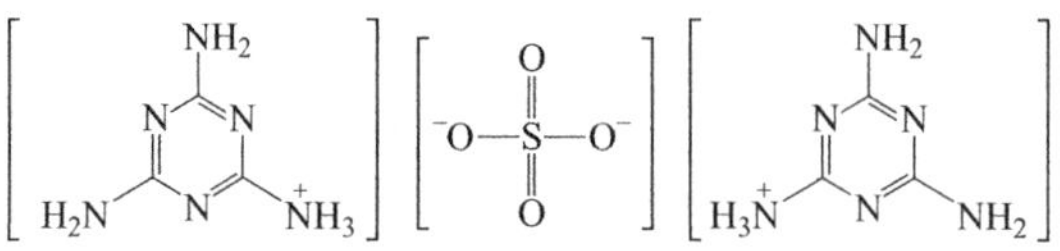

4.10.1　合成路线及方法

采用三聚氰胺与硫酸在水相中反应制备。以水为溶剂，加热并滴加浓硫酸，滴加完毕后分批加入三聚氰胺，在 20～30℃ 下加热搅拌 3～5h，反应结束后抽滤、干燥，制得三聚氰胺硫酸盐。反应过程如下：

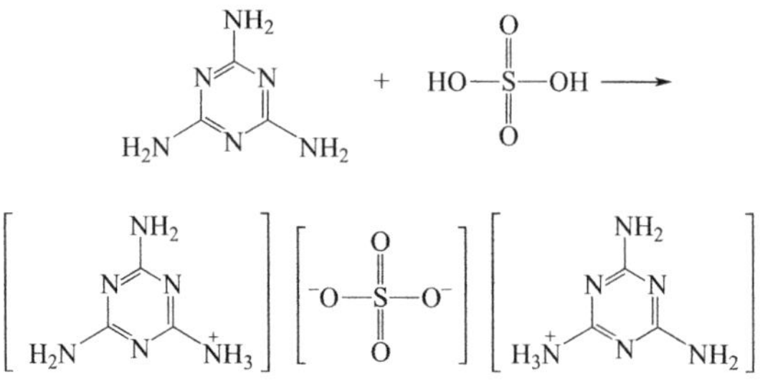

4.10.2　MSA 的表征及热性能

（1）红外分析

图 4-46 为三聚氰胺（图中标示为 MEL）与三聚氰胺硫酸盐（图中标示为 MSA）的红外光谱图。由图可以看出，三聚氰胺硫酸盐相比于三聚氰胺在 $3125cm^{-1}$ 左右有氨离子大而强的吸收峰，在 $3350cm^{-1}$ 左右有伯胺—NH_2 大而强的吸收峰。三聚氰胺硫酸盐相比于三聚氰胺在 $1125cm^{-1}$ 出现了 S＝O 特征吸收峰。

（2）热分析

图 4-47 为三聚氰胺硫酸盐的热失重曲线。从图中可以看出三聚氰胺硫酸盐在 300℃ 左右开始分解，其热失重 10% 时的温度为 306℃ 左右，说明它具备比较好的热稳定性。

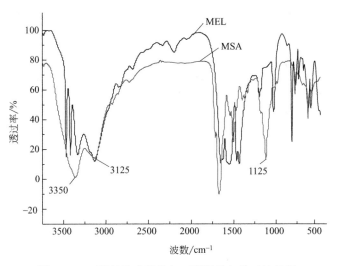

图 4-46　三聚氰胺硫酸盐与三聚氰胺红外对比谱图

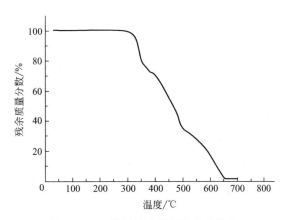

图 4-47　三聚氰胺硫酸盐热失重曲线

4.10.3　MSA 在阻燃 PA6 中的应用

采用三聚氰胺硫酸盐与三聚氰胺氰尿酸盐（MCA）复配体系阻燃尼龙，测试不同配方下的阻燃效果。三聚氰胺硫酸盐与 MCA 复配体系阻燃 PA6 配方设计如表 4-42 所示。

表 4-42　三聚氰胺硫酸盐与 MCA 复配体系阻燃 PA6 配方设计

编　号	PA6 含量/%	MSA 含量/%	MCA 含量/%
1	100	0	0
2	94	1	5
3	89	1	10
4	84	1	15

表 4-43 为三聚氰胺硫酸盐与 MCA 复配阻燃体系阻燃 PA6 的阻燃性能结果。由表 4-43 可以看出，随着 MCA 添加量的增大，氧指数呈现增大趋势。同时可以看出，随着阻燃剂 MCA 添加量的逐步增加各阻燃材料阻燃性能提高，其总燃烧时间也缩短，燃烧后的

前端部分呈现一定的膨胀现象，这也验证了三聚氰胺硫酸盐与 MCA 复配后的气相阻燃作用。

表 4-43　三聚氰胺硫酸盐/MCA 阻燃 PA6 的阻燃性能

编号	第一次点燃燃烧时间		第二次燃烧时间平均值/s	有无引燃脱脂棉	UL 94 (1.6mm)	氧指数/%
	最长时间/s	总时间/s				
1	8	156	9	有	—	24.5～24.9
2	9	58	8	有	V-2	26.5
3	5	31	5	无	V-0	28.2
4	3	19	3	无	V-0	30.8

4.11　三聚氰胺氢溴酸盐

三聚氰胺氢溴酸盐又名氢溴酸三聚氰胺（MHB），CAS 登记号为 29305-12-2，分子式为 $C_3H_7N_6Br$，可用作聚烯烃的低卤阻燃剂，与八溴醚、八溴 S 醚等传统阻燃剂相比，除了不需要添加三氧化二锑外，还具有阻燃效率高、溴含量低、流动性好、对光热稳定、在潮湿和热环境下不析出等特点，是当前聚丙烯材料理想的高效无锑阻燃体系，符合 RoHS 和 REACH 要求。其主要性能如表 4-44 所示。

表 4-44　三聚氰胺氢溴酸盐主要物理化学性能

项　　目	指　　标	项　　目	指　　标
外观	白色精细粉末	氮含量/%	40.58
气味	无	溴含量/%	38.65
密度/(g/cm³)	1.7	热分解温度(2%)/℃	260
水分/%	≤1.0		

4.11.1　合成原理和工艺

笔者与付金鹏等仔细研究了 MHB 的合成工艺，以及对聚丙烯、尼龙等的阻燃性能。MHB 的合成反应为：

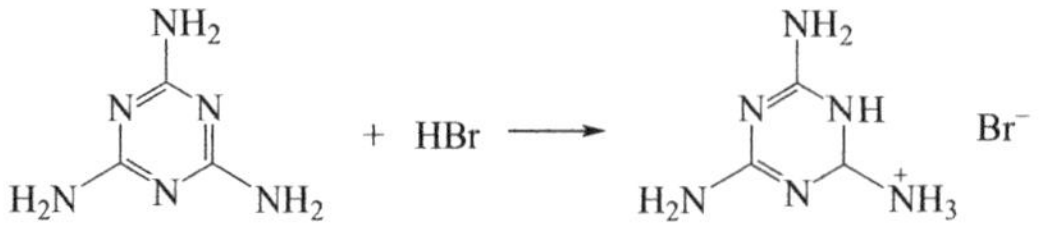

以三聚氰胺和氢溴酸为原料，甲醇、乙醇等为介质，在常温下进行一步反应，反应时间 3～5h，即可得到产物。该操作简单易行，安全性高，产率高，克服了很多阻燃剂反应过程复杂、不易控制的缺点。

4.11.2　MHB 的红外光谱与热失重分析

图 4-48 为三聚氰胺与三聚氰胺氢溴酸盐的红外光谱图。由图 4-48 可以看出三聚氰胺氢溴酸盐（图中标示为 MHB）相比于纯物质三聚氰胺（图中标示为 MEL）在 $3125cm^{-1}$ 左右有氨离子大而强的吸收峰，在 $3350cm^{-1}$ 左右有伯胺—NH_2 大而强的吸收峰。在指纹区三聚氰胺氢溴酸盐相比于纯三聚氰胺在 $575cm^{-1}$ 出现了 C—Br 特征吸收峰。

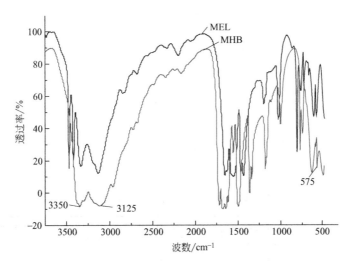

图 4-48　三聚氰胺氢溴酸盐与三聚氰胺红外光谱

从图 4-49 中可以看出，三聚氰胺氢溴酸盐在 300℃ 左右开始分解，有较好的热稳定性。同时还可看到 MHB 在 350℃ 时分解速度最快。考虑到大多数高聚物的热加工温度在 250～280℃，分解温度在 350℃ 以后，因此 MHB 阻燃剂能够在高聚物材料的加工过程中保持稳定不分解，而在高聚物热分解初始时能快速分解，发挥阻燃作用。

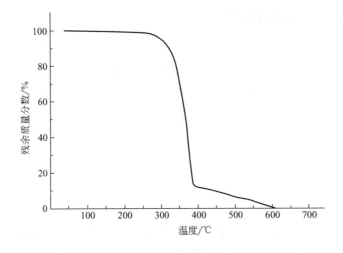

图 4-49　三聚氰胺氢溴酸盐 TG 曲线

4.11.3　MHB 阻燃聚丙烯

王小芬等研究了 MHB、聚磷酸铵（APP）与一种丁烷衍生物（DMDPB）阻燃聚丙烯的阻燃等性能。按 MHB：APP：DMDPB 等于 10：10：1 的质量比复配制得溴-磷阻燃体系，将该阻燃剂用于阻燃聚丙烯，其测试结果见表 4-45。

表 4-45　MHB/APP/DMDPB 阻燃体系阻燃聚丙烯的性能

复配阻燃剂含量/%	拉伸强度/MPa	冲击强度/(kJ/m²)	断裂伸长率/%	LOI/%	UL 94
0	34.2	4.8	103.2	18.0	—
1.4	33.4	4.3	30.7	27.2	V-2
2.0	32.4	3.6	22.1	30.8	V-1
2.4	29.5	2.4	19.3	32.6	V-1

注：PP 牌号为 V30G。

上海力道新材料科技股份有限公司的 M208 阻燃剂主要成分为三聚氰胺氢溴酸盐，可将其用作无锑无析出低卤素环保 PP 专用阻燃剂。其阻燃聚丙烯的性能见表 4-46。

表 4-46　M208 阻燃剂阻燃聚丙烯性能

性　　能	测试标准	阻燃 PP(M208,2%)	阻燃增韧 PP(M208,2.5%~3.5%)
熔体流动速率/(g/10min)	ISO1133	20	1.0~2.5
拉伸强度/MPa	D638	39	22~25
拉伸断裂伸长率/%	D638	—	300~400
弯曲模量/MPa	D790	—	>1000
冲击强度(缺口)/(J/m)		37	300~550
密度/(g/cm³)	D792	0.90	0.91
阻燃等级(3.2mm/1.6mm)	UL 94	V2	V-2
阻燃等级(0.8mm)	UL 94	V2	V-2

4.12　三聚氰胺植酸盐

植酸是一种有机磷酸，而且一个分子中含有 6 个磷原子，可以从植物中提取得到。

笔者与孙政以三聚氰胺（MEL）和肌醇六磷酸（简称植酸，PHA）为原料合成了一种三聚氰胺植酸盐（PHAM），并采用红外光谱、核磁共振等方法对所合成的三聚氰胺植酸盐的结构进行了表征，将合成的阻燃剂用于聚乳酸的阻燃，对其进行阻燃性能评价。

4.12.1　合成工艺路线

PHAM 的合成工艺路线：称取计量的三聚氰胺和去离子水于四口烧瓶内，升温搅拌 30min。随后，向烧瓶内缓慢滴加肌醇六磷酸水溶液，加料结束后保温一段时间。经抽滤、洗涤、干燥、粉碎后即得目标产物。合成过程如下所示。

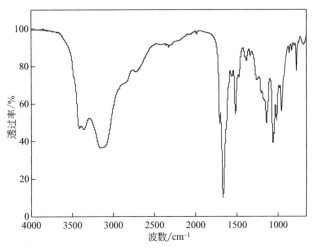

4.12.2　表征与热性能

（1）红外谱图

图 4-50 为产物 PHAM 的红外光谱图。从红外谱图中可以看到，位于 $3413cm^{-1}$ 和 $3358cm^{-1}$ 处为—NH_2 的特征峰，$1668cm^{-1}$ 处为三嗪环上 C $=$ N 键的伸缩振动峰，$2725cm^{-1}$ 和 $1143cm^{-1}$ 处分别为磷酸基团上 P—OH 键和 P $=$ O 键的伸缩振动峰，$1021cm^{-1}$ 处为 P—O—C 的对称伸缩振动峰，$960cm^{-1}$ 处为肌醇六磷酸六元环的变形振动峰。同时也可以看到位于 $3155cm^{-1}$ 处和 $1067cm^{-1}$ 处有两个明显的峰，它们分别是—NH_3 的特征峰（$3155cm^{-1}$）和磷酸根离子上 P $=$ O 键的伸缩振动峰（$1067cm^{-1}$）。上述结果表明原料肌醇六磷酸和三聚氰胺发生了预期化学反应。

图 4-50　PHAM 的红外谱图

（2）核磁（^{31}P-NMR）谱图分析

图 4-51 为 PHA 与产物 PHAM 的 ^{31}P-NMR 谱图比较，从图中可以看出肌醇六磷酸主要

有一个峰与肌醇六磷酸的对称结构相一致。而从产物 PHAM 的 ^{31}P-NMR 谱图中可以看到四个主要化学位移峰，分别对应了 4 种不同环境的磷原子，4 种磷原子的化学位移相差不大。与原料 PHA 相比，产物 PHAM 中磷原子的化学位移发生了移动，说明三聚氰胺和肌醇六磷酸间发生了化学反应。

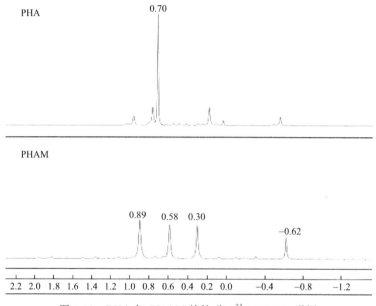

图 4-51　PHA 与 PHAM 的核磁（^{31}P-NMR）谱图

（3）元素分析

产物 PHAM 的各元素理论含量和实际含量值如表 4-47 所示。表中反应理论值前的数字（2、4、6）分别表示产物结构中参加反应的磷酸基团的个数。由表中数据比较可知，比较 2-理论值与实际值可以看出 N、P、O 元素的差别较大，且产物 N、P、O 元素的实际值介于 2-理论值与 6-理论值之间，因此可以判定产物 PHAM 为肌醇六磷酸与三聚氰胺反应了 2~6 个磷酸基团不等的混合物。

表 4-47　PHAM 的元素分析结果

项目	C 含量/%	H 含量/%	N 含量/%	P 含量/%	O 含量/%
2-理论值	15.79	3.29	18.42	20.39	42.11
4-理论值	18.56	3.61	28.87	15.98	32.98
6-理论值	20.34	3.81	35.60	13.13	27.12
实际值	16.90	3.96	28.14	13.75	37.25

（4）热失重分析

图 4-52 为 PHAM 的 TG 和 DTG 曲线图，从图中可以看出 PHAM 在空气氛围下的起始分解温度为 235.8℃，在 700℃时的残留质量为 31.42%，残留量较高。两个峰值分解温度分别为 329.8℃和 391.1℃，对应的分解速率分别为 2.36%/min 和 2.48%/min。

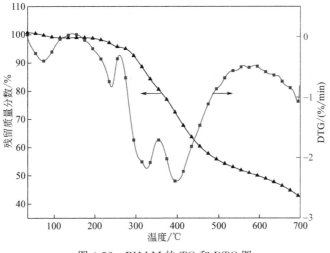

图 4-52　PHAM 的 TG 和 DTG 图

4.12.3　三聚氰胺植酸盐阻燃聚乳酸的性能

采用 PHAM 与其他阻燃剂复配阻燃聚乳酸，测试不同配方下的阻燃效果。表 4-48 为 PHAM 与其他阻燃剂复配阻燃 PLA 的配方设计，阻燃性能测试见表 4-49。

表 4-48　PHAM 与其他阻燃剂复配阻燃 PLA 的配方

编号	PLA-0	PLA-1	PLA-2	PLA-3	PLA-4
PLA 含量/%	100	89.8	89.8	89.8	89.8
PHAM 含量/%	0	5	5	5	5
海泡石粉含量/%	0	5	0	0	0
沸石粉含量/%	0	0	5	0	0
次磷酸铝含量/%	0	0	0	5	0
木质素磺酸钙含量/%	0	0	0	0	5
偶联剂 KH-550 含量/%	0	0.2	0.2	0.2	0.2

表 4-49　PHAM 阻燃 PLA 垂直燃烧实验数据

编号		PLA-0	PLA-1	PLA-2	PLA-3	PLA-4
UL 94 级别	1.6mm	—	V-2	V-0	V-0	V-2
	3.2mm	—	V-2	V-2	V-2	V-2

从表 4-49 中数据可以得出结论，PHAM 复配体系对 PLA 有较好的阻燃效果，其中 PHAM 与沸石粉和次磷酸铝的复配效果最好，垂直燃烧级别可以达到 UL 94 V-0 级。

4.13　含氮阻燃环氧树脂及固化剂

环氧树脂被大量用于电子电气浇注和封装以及印刷电路板，目前绝大多数采用溴化环氧树脂作原料，全世界每年约需消耗该类产品 30 万吨，由于后处理大多数采用焚烧的方法，因此对环境造成较大影响，为此国际电工和电子电气行业以及环境保护组织强烈要求采用无卤素的固化物阻燃体系，采用含磷化合物是选择之一。但一些极端环境保护者认为磷化合物分解产生的毒性并不比卤素低。近年来，氮系阻燃剂由于迎合了环境保护的众多要求而得到迅速开发和应用，因此开发含氮的环氧树脂及固化剂将被越来越多的研究与应用开发者所关注。

4.13.1　海因环氧树脂

海因环氧树脂是指分子中含环氧基的五元氮杂环化合物。其代表性的化合物具有如下结构特征：

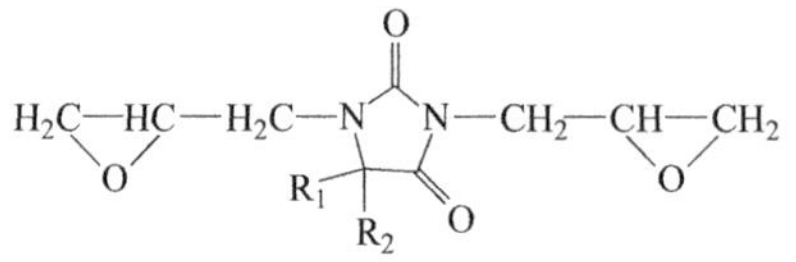

式中，R_1、R_2 一般为各种饱和或不饱和烃及芳香烃。

当 R_1、R_2 都为甲基时即为 5,5-二甲基海因，由此制得的海因环氧树脂除具有与通用双酚 A 环氧树脂相近的综合性能外，在水中还具有很好的水溶性，且固化物有良好的阻燃性和低发烟性，在国外已有工业级产品应用，与发达国家相比，这方面我国还有差距。

4.13.2　含氮固化剂

（1）2,4,6-三(氮杂环庚烷-2-酮-N-基)-1,3,5-三嗪

2,4,6-三(氮杂环庚烷-2-酮-N-基)-1,3,5-三嗪可由己内酰胺与三聚氰胺反应制得：

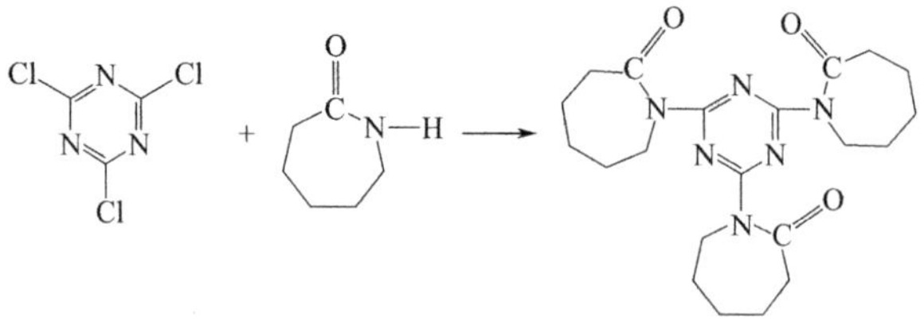

以双酚 A 环氧树脂和线型酚醛树脂的混合物为基础树脂，2,4,6-三(氮杂环庚烷-2-酮-N-基)-1,3,5-三嗪为固化剂经合适工艺制得的玻璃纤维层压材料具有优良的阻燃性能、耐热性能、力学性能和电气性能。

（2）2,4,6-三(羟基苯基亚甲基氨基)均三嗪

闵玉勤等人合成了一种含氮固化剂 2,4,6-三(羟基苯基亚甲基氨基)均三嗪（MFP）和两种结构不同的含磷环氧树脂（FD、ED）。用 DSC 对 MFP/ED 及 MFP/FD 体系进行扫描。

固化工艺为：160℃固化 1.5h，185℃固化 2.5h。所得含磷、氮的无卤阻燃环氧树脂具有较高的玻璃化转变温度、优良的热稳定性，初始分解温度高达 300℃以上，在 850℃下的残炭率达到了 27%以上，阻燃性能均达到了 UL 94 V-0 级。MFP 的结构式如下：

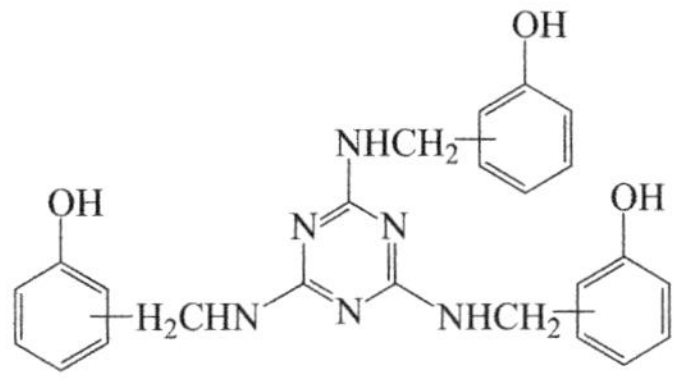

4.14　类石墨氮化碳的合成及其杂化阻燃技术

4.14.1　概述

氮化碳（C_3N_4）是一种热稳定性非常好的新型化合物，其中，类石墨氮化碳（g-C_3N_4）是其结构最稳定的同素异形体。近年来，g-C_3N_4 因其自身的高化学稳定性、热稳定性高、优良光电化学性能而受到极大关注。g-C_3N_4 化学结构式如下所示。

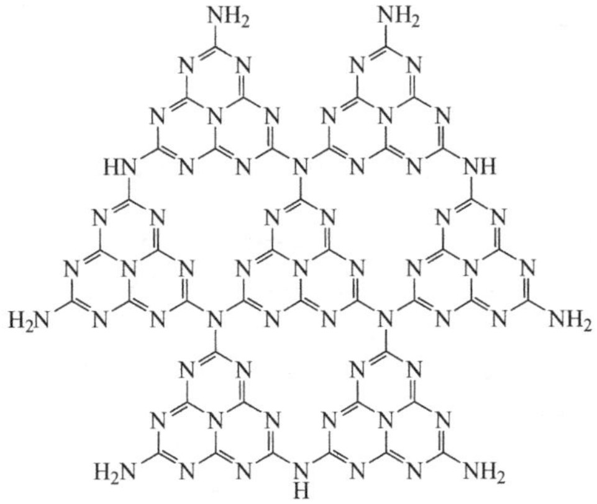

4.14.2　合成工艺路线

g-C_3N_4 的制备方法有高温高压法、气相沉积法、电化学法和热聚合法等。其中热聚合法操作相对简便，可以控制 g-C_3N_4 的形貌结构，其反应过程为：首先原料经热缩聚生成双氰胺或三聚氰胺。然后提高温度，三聚氰胺发生结构重排，形成三氨基三均三嗪结构单元。接着，当温度继续升高超过 520℃后，三氨基三均三嗪结构进一步缩聚，最终形成了 g-C_3N_4。合成路线如下所示。

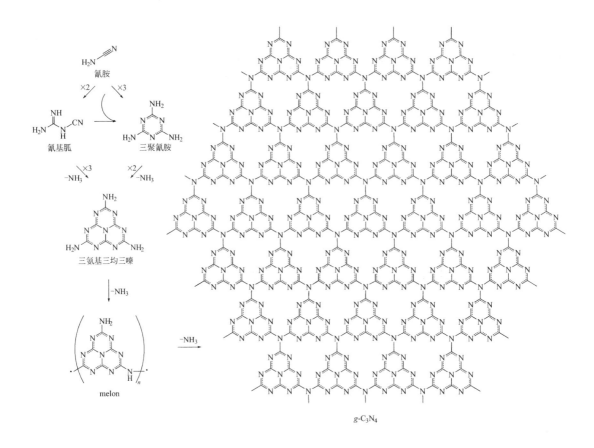

4.14.3　表征与热性能

（1）红外表征

图 4-53 为不同缩聚温度下的类石墨氮化碳的红外谱图。温度超过 500℃后，产物在

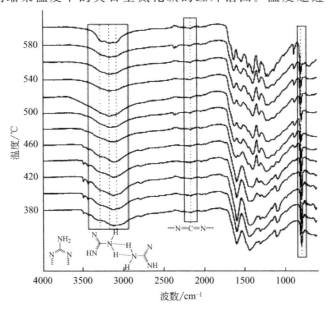

图 4-53　类石墨氮化碳红外谱图

$800cm^{-1}$ 处均出现了代表均-三嗪环结构的特征吸收峰，$3200cm^{-1}$ 处的宽峰代表大量 —NH—基团的形成。

（2）XRD 分析

图 4-54 为不同缩聚温度下类石墨氮化碳的 XRD 分析，温度超过 500℃后，XRD 谱图上在 $27.6°$ 处的衍射峰逐渐变强，这代表类石墨氮化碳的 {002} 晶面，由此可以确定 g-C_3N_4 的成功合成。

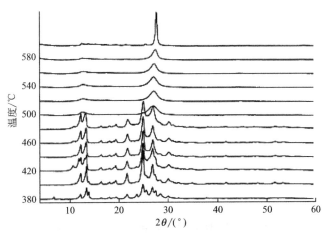

图 4-54 类石墨氮化碳 XRD 谱图

（3）热失重分析

图 4-55 为类石墨氮化碳的 TG 和 DTG 曲线。数据显示，g-C_3N_4 的初始热分解温度为 574.2℃，热稳定性良好，在 750℃下的残炭量接近 0%，表明类石墨氮化碳主要发挥气相阻燃作用。

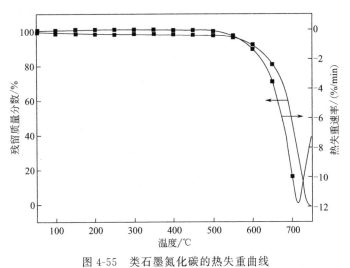

图 4-55 类石墨氮化碳的热失重曲线

4.14.4 类石墨氮化碳在阻燃聚合物中的应用

Zheng 等以类石墨氮化碳（g-C_3N_4）和 DOPO 为原料，成功合成了氮化碳改性 DOPO

衍生物，并将 CNDOPO 共混添加到 PA6 中制备了不同浓度的 CNDOPO/PA6 复合材料，配方中 PA6、CNDOPO 的含量以及 g-C_3N_4 和 DOPO 的质量比如表 4-50 所示，阻燃性能评价结果如表 4-51 所示。

表 4-50　CNDOPO/PA6 复合材料配方设计

编号	PA6 含量/%	CNDOPO 含量/%	g-C_3N_4：DOPO
0	100	—	—
1	93	7	1：0
2	93	7	6：1
3	93	7	5：2
4	93	7	4：3
5	93	7	1：1
6	90	10	4：3
7	87	13	4：3
8	85	15	4：3
9	83	17	4：3

表 4-51　CNDOPO/PA6 复合材料阻燃性能评价

编号	0	1	2	3	4	5	6	7	8	9
垂直燃烧级别	—	V-2	V-2	V-1	V-1	V-1	V-1	V-1	V-0	V-0
LOI/%	23.4	24.5	25.8	26.2	27.3	26.3	28.3	28.8	29.2	29.8

从表 4-51 可以看出，通过对比 1、2、3、4、5 的阻燃性能发现，当 g-C_3N_4 和 DOPO 的质量比为 4：3 时，CNDOPO 的阻燃效果最好。在固定质量比为 4：3 的条件下，当 CNDOPO 添加量为 17% 时，CNDOPO/PA6 复合材料的 LOI 达 29.2%，UL 94 达 V-0 级。

Shi 等通过酯化和成盐反应合成类石墨碳氮化物/有机次膦酸铝盐（g-C_3N_4/OAHPi）杂化物：CPDCPAHPi 和 CBPODAHPi，然后掺入聚苯乙烯（PS）中。结果表明，g-C_3N_4 保护了 OAHPi 免受外部热量的影响，从而改善了 OAHPi 的热稳定性。将 g-C_3N_4 与 OAHPi 结合，有助于降低 PS 基材的热释放速率、总放热量和产烟率。烟密度测试也证明了 g-C_3N_4 的加入降低了烟释放量。这些性能的改善归因于气相作用和凝聚相中的物理屏障效应。OAHPi 产生的含磷低能自由基有效地捕获了从 PS 分解而来的高能自由基，g-C_3N_4 纳米片延缓了热的渗透和挥发性降解产物的逸出。g-C_3N_4/OAHPi 杂化物因此提供了降低 PS 火灾危险的潜在方案。

Zhang 等利用 g-C_3N_4 和生物基 PAZn，通过自组装反应，合成了新型的核壳型石墨氮化碳/植酸锌（g-C_3N_4/PAZn）阻燃剂，并掺入环氧树脂（EP）中以改善防火安全性。结果表明，g-C_3N_4/PAZn-EP 表现出出色的阻燃性和抑烟性，例如，峰值放热率和峰值烟雾产生率分别降低了 71.38% 和 25%。

Cao 等报道了一种简单易行的热分解法制备钴磷共掺杂石墨碳氮化物（Co/P-C_3N_4）的

方法，并确认了 g-C_3N_4 中的碳原子很可能被磷原子取代。随后，Co/P-C_3N_4 被应用于聚乳酸（PLA）中。随着 Co/P-C_3N_4 含量的增加，PLA 复合材料的热稳定性不断提高。与 g-C_3N_4 相比，含 Co/P-C_3N_4 的 PLA 复合材料具有更好的阻燃性能和抑烟性能。加入质量分数 10％的 Co/P-C_3N_4 后，PLA 复合材料的峰值热释放率、二氧化碳生成量和一氧化碳生成量分别比纯 PLA 降低了 22.4％、16.2％和 38.5％。Co/P-C_3N_4 复合材料的残炭结构致密、连续，裂纹较少。这些改进归因于物理屏障效应以及 Co/P-C_3N_4 的催化作用，后者可以抑制可燃气体产物的快速释放和加强对有毒气体的抑制。

笔者与陈龙、郭承鑫和余小伟等将自制的类石墨氮化碳（g-C_3N_4）与 MCA 复配后，用于阻燃尼龙 6，结果见表 4-52。

表 4-52　不同 g-C_3N_4 含量对 PA6 热性能的影响和 LOI 值

编号	$T_{5\%}$/℃	$T_{10\%}$/℃	残留量（质量分数）/％	LOI/％
PA6	401.0	412.7	15.86	23.5
PA6/MCA 5.4/g-C_3N_4 0.6	358.9	397.0	7.70	28.7
PA6/MCA 5.52/g-C_3N 0.48	345.1	395.4	5.11	28.5
PA6/MCA 5.64/g-C_3N 0.36	346.7	395.8	4.33	27.6
PA6/MCA 6.0	363.5	393.2	7.71	27.5

从上述研究结果可以看出，在一定范围内，随着类石墨氮化碳（g-C_3N_4）比例的增加，LOI 值增大，阻燃效率提高；但阻燃尼龙 6 的热稳定性先降低，而后随用量增加而提高。其有关机理还有待进一步研究。

4.15　氮系阻燃剂发展动向及展望

通常认为，氮系阻燃剂在高分子材料燃烧时的气相中发挥阻燃作用，但随着阻燃复配等技术的发展，氮系阻燃剂在凝聚相中也有阻燃作用，随着人们对环境保护意识的增强和材料使用检测要求的日益严格，氮系阻燃剂以其低毒、低烟、低腐蚀等良好的环境性能将更加得到重视，特别是对一些含氮高分子材料的阻燃具有特效，因此我们可以预见，围绕氮系阻燃剂的研究开发将不断深入，新技术新品种将不断出现，在这一领域三聚氰胺将发挥重要作用。

三聚氰胺及其衍生物在阻燃尼龙中的应用始于 20 世纪 70 年代。在过去的几十年间，人们研究了一系列三聚氰胺及其衍生物在阻燃尼龙中的应用情况，表 4-53 列举了这类化合物对尼龙 6 的阻燃效果。

尽管三聚氰胺对尼龙具有良好的阻燃性能，但由于存在析出和起霜等性能问题，三聚氰胺在尼龙中的阻燃没有获得实际的商品化应用。近十年来，三聚氰胺氰尿酸盐（MCA）由于其优异的阻燃性能，以及与尼龙良好的相容性而得到广泛应用。尤其是其不含卤素和磷，本身及分解产物的低毒性迎合了当今阻燃剂向高效低毒品种发展的潮流。

表 4-53　三聚氰胺及其衍生物对尼龙 6 的阻燃效果　　　　　　单位:%

化合物名称	阻燃剂用量/%				
	5	10	15	20	30
三聚氰胺	29	31	33	38	39
三聚氰胺磷酸盐	23	24	25	26	30
三聚氰胺焦磷酸盐	24	25	25	30	32
三聚氰胺氰尿酸盐	28	32	36	39	40

　　近年来，以三聚氯氰为原料合成的一系列含氮衍生物，以及类石墨氮化碳及其杂化材料，在无卤素尤其是无卤素膨胀阻燃体系中的应用研究十分活跃，值得关注。

第 **5** 章

无卤素阻燃技术

5.1 概述

卤素阻燃剂由于其阻燃效率高、应用技术成熟、使用配伍性好而在阻燃剂研究使用中长期处于主导地位。

随着社会的进步，人们不断追求更高品质和安全性的新材料。20 世纪 50 年代以来，特别是近十多年来，高分子材料的用途日益广泛、用量迅速增加，由此而产生的火灾对人们的危害也在增大，因此在世界范围内人们对高分子材料的阻燃要求也越来越严格，阻燃只能降低高分子材料的可燃性和火焰传播速度，但在大型火灾中阻燃材料本身是被燃烧或高温热裂解的，为此人们在要求其阻燃的同时，也越来越重视其火灾事故而带来的其他综合危害性能的评价。事实上，高分子材料燃烧产生的有毒气体和遮蔽性烟雾以及腐蚀性气体是造成人员伤亡和更大财产损失的重要因素。

基于上述考虑，卤素阻燃剂的使用正面临新的考验。卤素阻燃剂通过降解产生卤化氢或金属卤化物而发挥阻燃作用，这些化合物同时也增大了火灾中有毒、遮蔽性以及腐蚀性气体的生成量，尽管有关禁用卤素阻燃剂的依据还不充分，但欧盟自 2020 年 3 月开始在一些家用电器（如显示器）中开始禁用卤素阻燃剂，因此有理由相信，只要能研究找到卤素以外的低毒、无腐蚀、价格相当的无卤素阻燃剂，人们还是会选用后者。所以自 20 世纪 80 年代以来，无卤素阻燃技术的研究十分活跃，一些成熟技术也已经获得了推广和应用。

实现阻燃材料的无卤素化可以有如下几种途径。

① 采用无机阻燃剂，如氢氧化铝（ATH）、氢氧化镁、红磷、铵盐、磷酸盐等。

② 使用磷酸酯阻燃剂，见本书第 3 章磷系阻燃剂的介绍。

③ 使用氮系阻燃剂，如三聚氰胺及其衍生物、三嗪化合物等，见本书第 4 章氮系阻燃剂。

④ 使用含磷、氮阻燃剂，特别是膨胀阻燃技术。

⑤ 催化等其他阻燃技术，如受阻胺阻燃光稳定剂和有机磺酸（盐）对 PC 等的自由基猝灭阻燃，膦酸酯等对纤维素的催化成炭阻燃，接枝与交联阻燃技术。

⑥ 本质阻燃高聚物，如聚酰亚胺（PI）、聚苯并咪唑（PBI）等。

本章主要介绍膨胀阻燃技术、无机阻燃剂开发应用新进展，以及近年来掀起的接枝与交联阻燃技术。

5.2 膨胀阻燃技术

5.2.1 简述

膨胀阻燃技术是通过采用膨胀阻燃剂（可以是化合物也可以是几种化合物的复配物）达到对基材阻燃防火的目的，膨胀阻燃剂的英文名称为 intumescent flame retardant，通常缩写为 IFR，intumescent 是从拉丁文 intumescence 引用过来的，其含义是受热膨胀、肿大、隆起。早期膨胀阻燃剂主要用于建筑结构和木材的阻燃或防火，近年来这类阻燃体系在钢结构防火阻燃方面的应用在国内外也越来越引起重视。20 世纪 80 年代初，由于人们对高聚物表面炭化层阻燃作用的认识，膨胀型阻燃体系也迅速被引入热塑性或热固性高聚物制件的阻燃改性中。这一时期，意大利的 G.Camino 等进行了深入的、重要的开创性研究工作，建立和完善了以磷、氮为主体的膨胀型阻燃体系和阻燃机理学说。这类阻燃体系已成为后续无卤、低毒、低烟阻燃剂的发展方向之一，并已在聚烯烃的无卤阻燃化中获得应用。

近年来，由于人们对环境和材料安全性评估体系的重视和修订，膨胀型阻燃剂因其独特的阻燃机制和无卤、低烟、低毒的特性，迎合了当今保护生态环境的时代要求。无疑这一类型的阻燃剂将是阻燃剂无卤化的重要途径。而且可以预言，无论在全球范围内还是在我国都具有一个蓬勃发展的良好前景。

尽管膨胀阻燃体系阻燃的物理和化学过程的详细机理有待进一步研究，但以磷酸酯或盐为酸源，季戊四醇等多羟基化合物为碳源，三聚氰胺等含氮化合物为气源的膨胀阻燃体系已得到广泛应用。通常认为膨胀阻燃体系主要通过形成多孔膨胀炭层在凝聚相中发挥阻燃作用，此炭层的形成过程如下。

① 在较低温度下（具体温度取决于酸源和其他组分的性质）由酸源产生具有脱水作用的无机酸。

② 在稍高于释放酸的温度下，无机酸与多元醇（碳源）进行酯化反应而体系中的胺类化合物作为此酯化反应的催化剂使酯化反应加速进行。

③ 体系在酯化反应前或酯化反应中熔化。

④ 反应过程中产生的水蒸气和由气源产生的不燃气体使熔融状态的体系膨胀发泡，同时多元醇或其酯脱水炭化形成无机物及炭残余物并进一步膨胀发泡。

⑤ 反应接近完成体系胶化和固化最后形成多孔膨胀炭层。

整个过程如图 5-1 所示。

膨胀阻燃体系的阻燃效果与发泡形成的膨胀炭层有关，与阻燃基材也有关，致密而闭孔的多孔膨胀炭层对阻止热量和物质的扩散传递十分有利，这样的炭层有很高的阻燃效果。此外，膨胀阻燃体系也可以在气相中发挥阻燃作用，因为组成此类阻燃体系的胺类化合物受热分解产生氨气、水和氮氧化物，前两种气体可稀释火焰区的氧浓度，后者可以使燃烧赖以进

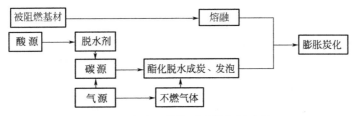

图 5-1 膨胀阻燃体系阻燃作用过程

行的自由基猝灭而使链反应终止，这种自由基还可能碰撞到形成炭层的微粒上猝灭，致使链反应中断。

这种膨胀阻燃体系因其酸源、碳源、气源"三源"的协同作用在燃烧过程中于材料表面形成致密的多孔膨胀炭层，该膨胀炭层可阻止热源向高聚物的传递以及隔绝氧源，从而阻止内层高聚物的进一步降解及可燃物向表面的释放而高效地防止火焰的蔓延和传播。与传统的卤素阻燃剂相比，这种阻燃体系在燃烧过程中有毒及腐蚀性气体生成量明显减少，因而受到阻燃材料开发和应用界的一致推崇，是当今及日后阻燃材料发展的重要方向。

5.2.2 新型聚磷酸铵基膨胀阻燃体系

聚磷酸铵（ammonium polyphosphate），简写为 APP。在阻燃塑料及树脂中获得应用的是由美国孟山都（Monsando）公司首先开发的一种无机低聚物阻燃剂，美国、欧洲和日本自 20 世纪 70 年代初即开始大批量生产和应用，其由于性能优良、价格低廉而得到广泛应用，主要用于阻燃防火涂料和阻燃塑料、阻燃橡胶、阻燃织物、纸张和木材等，还可用于森林、煤田和石油、化工等领域的大面积灭火。

APP 由于生产工艺的不同可以得到不同分子结构和晶型的产品，且产品因分子链结构、分子量分布和聚集态的不同，在磷氮含量比、热稳定性、水溶性、吸湿性等性能方面具有很大差异，这也将决定它们的不同用途。近年来，APP 的一个重要用途是作为酸源与碳源及气源复配使用，组成膨胀型阻燃体系应用于防火涂料和阻燃塑料，在我国，APP 在这些领域的应用得到迅速发展。通常用于防火液和森林防火的 APP 是晶型 I 的聚合度在 100 以下的产品，用于阻燃塑料的 APP 是晶型 II 的聚合度在 1000 以上的产品。

5.2.2.1 APP 的热分解和阻燃机理

（1）APP 的热分解机理

用于阻燃塑料的 APP 晶型 II，其分解历程如下所述。

首先，APP 在 240～280℃缓慢分解释放氨气，进而形成 P—O—H 键进一步增强体系的酸度，并可同时缩合降解生成水和支链结构，其过程如下：

$$-O-\overset{\overset{\displaystyle O}{\|}}{\underset{\underset{\displaystyle +NH_4}{|}}{P}}-O-\overset{\overset{\displaystyle O}{\|}}{\underset{\underset{\displaystyle +NH_4}{|}}{P}}-O- \xrightarrow{-NH_3} -O-\overset{\overset{\displaystyle O}{\|}}{\underset{\underset{\displaystyle OH}{|}}{P}}-O-\overset{\overset{\displaystyle O}{\|}}{\underset{\underset{\displaystyle +NH_4}{|}}{P}}-O-$$

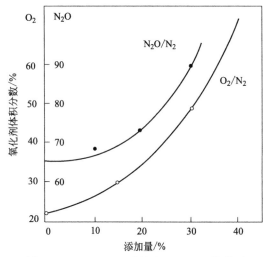

在此温度范围，缩合生成的水可以进一步导致 APP 的水解，其反应历程如下：

（2）APP-季戊四醇（PER）复配体系的阻燃机理

由于人们对无卤素阻燃剂应用呼声日高，以 APP-PER 为基本组成的无卤素阻燃剂在国内外受到了广泛关注，应用迅速拓展，与之相关的理论研究也得到重视。

（3）APP-PER 的阻燃作用

为了认识 APP-PER 阻燃体系在高分子中的阻燃作用，可以通过测试以 APP-PER 为基础的阻燃高分子材料的极限氧指数（LOI）和极限 N_2O 指数（LNOI）来认识。含 APP-PER（质量比 3：1）阻燃体系阻燃 PP 的 LOI 和 LNOI 如图 5-2 所示。从图中可以看出，APP-PER 阻燃 PP 的 LOI 和 LNOI 的变化曲线趋势一样，说明 APP-PER 体系是在 PP 的凝聚相中起阻燃作用。

图 5-2　APP-PER（质量比 3：1）阻燃体系
阻燃 PP 的 LOI 和 LNOI

（4）阻燃及成炭机理

在热失重-释出气体分析（thermogravimetry-evolved gas analysis，TG-EGA）中观察到，在 500℃以前，APP-PER 阻燃体系只释放出氨气和水，且降解温度比两者要低 75℃以上，这表明 APP 与 PER 在各自分解之前发生了相互作用，研究发现两者在 156℃即已经开始发生反应，并且在此温度下的产物中发现有 P—O—C（1030～1140cm^{-1}）磷酸酯键的红外吸收峰。其^{31}P-NMR 核磁共振谱图与 APP 完全不同，表明磷原子的键合形态已发生了变化。总之，大量研究表明，APP-PER 体系在阻燃作用中发生了酯化反应：

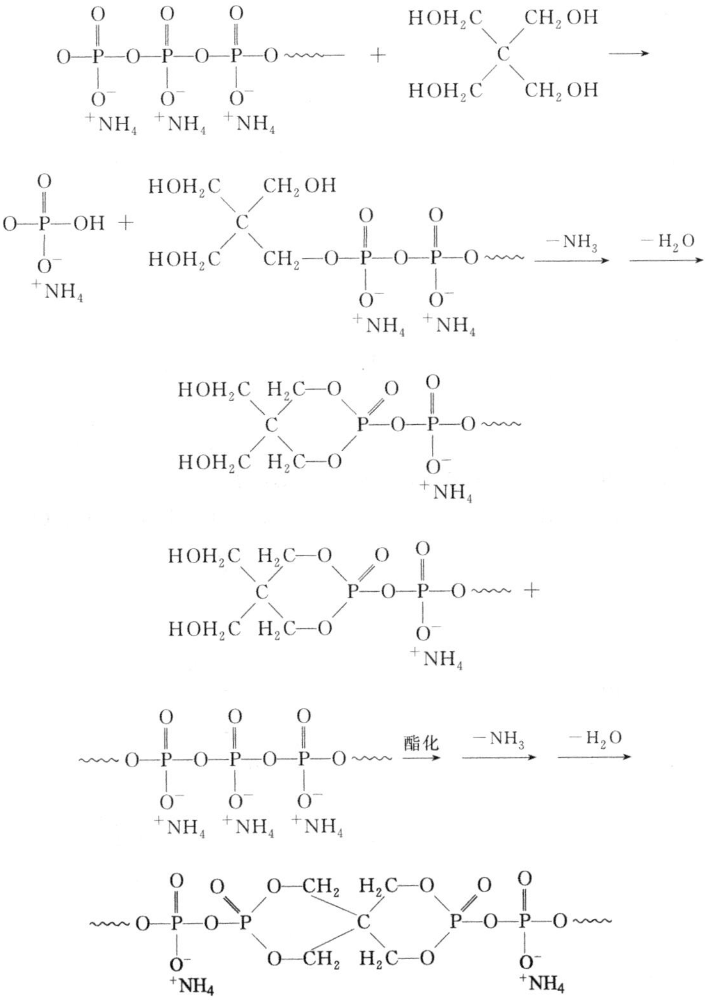

在 APP-PER 的热降解过程中形成具有双环状的磷酸酯。G.Camino 等以季戊四醇螺环双磷酸酯（PEDP）为模型，较详细地研究了这种季戊四醇基双环状磷酸酯的成炭机理。研究发现，其膨胀发泡温度范围在 280～350℃，到 500℃挥发物产生和膨胀消失。

PEDP 的结构为：

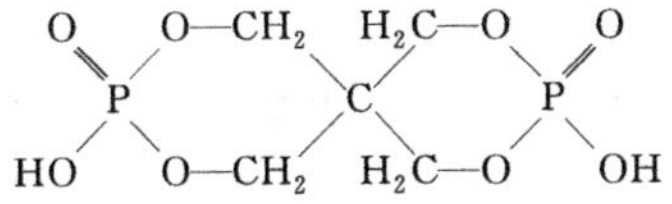

研究发现，PEDP 的热降解在 950℃以前主要有五个阶段，其成炭机理如下：

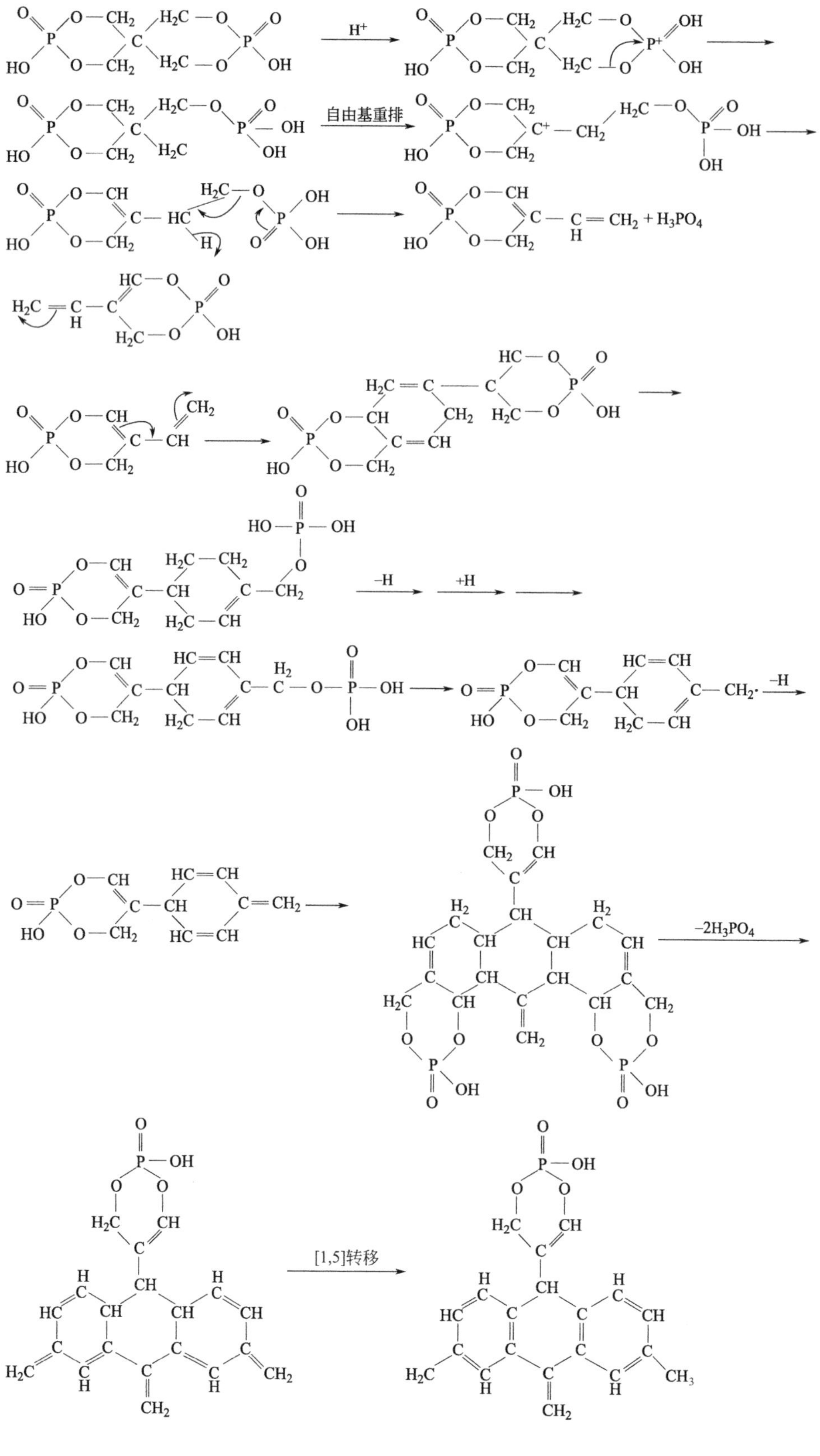

（5）炭层结构与阻燃性

Michel Le Bras 等在研究 APP 与直链淀粉阻燃聚烯烃时发现膨胀阻燃体系燃烧后的炭层是一种层状结构，其 X 射线衍射（XRD）和拉曼（Raman）分析结果分别如图 5-3 和图 5-4 所示。

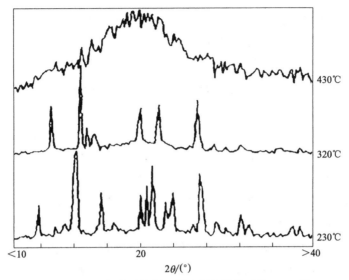

图 5-3　APP 与直链淀粉阻燃聚烯烃燃烧后的 XRD 图

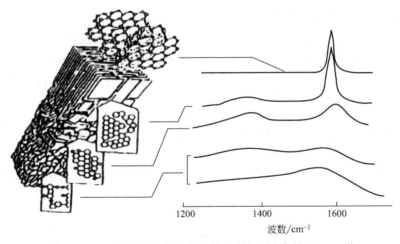

图 5-4　APP 与直链淀粉阻燃聚烯烃燃烧后的炭层 Raman 谱

从上述研究结果可以看出，随着温度从 230℃ 升高到 430℃，APP-直链淀粉阻燃体系的膨胀炭层趋于形成层状结构，这种层状的炭层可以有效阻止热量的传递以及可燃物的释放，对阻燃十分有利。

5. 2. 2. 2　APP 的国内外生产状况

在国外以德国 Clariant 公司生产的 APP 系列产品最为知名，其产品商品牌号为 Exolit AP。产品包括 APP 水溶液、APP 在多元醇中的触变性分散体、微胶囊包覆的 APP 以及 APP 与含氮化合物的复配物，具体牌号可以参阅欧育湘编著的《实用阻燃技术》一书或直接向德国 Clariant 公司咨询。

近年来，我国 APP 的研制、生产与应用发展迅速，在国内现已开发生产了聚合度大于 1000 的 APP 以及其被包覆的系列产品。中国已经是国际 APP 产品种类最多和产能最大的基地。

5.2.2.3 APP 在膨胀防火涂料中的应用

钢材是现代建筑物的主要承重构件。然而，钢材在高温火焰的直接灼烧下，在 15min 后将迅速变形，强度急剧降低而很快失去承载能力。一旦发生这种情况，将造成灾难性的后果，美国"9•11事件"双子塔的倒下，其原因之一就是钢架结构高温变形强度急剧降低而坍塌。为了有效防止钢结构建筑因高温变形造成的灾害，各国都相继制定了有关钢结构防火的标准法规，以便对钢梁采取有效的保护，使其免受高温火焰的直接灼烧，从而延缓坍塌时间，为消防救火提供宝贵的时间。采用膨胀型防火涂料进行阻燃隔热已成为世界各国广泛使用的方法，并经实践和火灾现场证明是一种非常有效的措施之一。将膨胀型防火涂料涂覆于钢材表面，不仅具有装饰、防腐等保护作用，而且涂料本身的不燃性和难燃性能阻止火灾发生时火焰的蔓延和延缓火势的扩展，同时在火焰温度下膨胀阻燃涂层膨胀发泡形成的炭层也可以有效阻隔热量向钢结构内部的传递，大大延缓钢材的热变形，从而较好地保护了钢材。

钢结构防火涂料按防火机理分为膨胀型和非膨胀型两类；按涂层厚度可分为厚涂型、薄涂型和超薄型，其中后两种一般为膨胀型。超薄型钢结构防火涂料厚度一般小于 3mm，其遇火受热即熔融、膨胀、发泡形成蜂窝状炭化层，使火焰得到隔离，大大降低传导至底层的热量，从而达到阻燃或延缓火焰扩展的目的。

在我国被广泛应用的超薄型钢结构防火涂料，大多数以丙烯酸树脂、氨基树脂或几种树脂的复配混合物作基料，采用 APP、三聚氰胺、季戊四醇和适量助剂等复配的膨胀阻燃体系为阻燃剂。在确保良好阻燃性的同时，还应保证涂层有较好的外观且涂层在涂覆时无开裂、在灼烧时受热无脱落等。

钢结构防火涂料用 APP 的选择原则如下。

① 选用晶型结构为 II 型的 APP，以降低其水溶性。

② 选用较高聚合度的 APP，其膨胀阻燃体系膨胀发泡稳定，且炭化层稳定而不易脱落，以聚合度 n 大于 1000 的产品为好。

③ 所用 APP 的 10% 水悬浮液的 pH 应不小于 5.5，否则在配制涂料时易膨胀。

④ APP 的粒径分布均匀，平均粒径在 $15\mu m$ 以下，以保证涂层表面光滑无缺陷，且有较高的阻燃效率。

钢结构用膨胀防火涂料的几个基本配方见表 5-1。

表 5-1　钢结构用膨胀防火涂料的基本配方　　　单位:%

项目	配方 1	配方 2	配方 3
氨基树脂/丙烯酸树脂	35~40(4/1)	25~30(1/4)	28~32(1/4)
阻燃体系			
APP	20~25	20~22	10~15
季戊四醇	25~30	18~20	15~20
三聚氰胺	10~15	6~8	2~5
三聚氰胺磷酸盐	—	—	5~10

续表

项目	配方 1	配方 2	配方 3
填料	5～12	5(硅灰粉)	5(白炭黑)
增塑剂	6～8(氯化石蜡)	3～5(氯化石蜡)	3～5(磷酸酯)
钛白粉	—	3～5	3～5
助剂	5～12	2～3(硼酸锌)	3～5(硼酸锌)
分散液	—	200 号溶剂/醋酸丁酯	—

表 5-2 为国家防火建筑材料质量监督检验中心执行的钢结构防火涂料质量检验方法和技术指标。

表 5-2　钢结构防火涂料质量检验方法和技术指标

检验项目	检验方法	技术指标
外观与颜色	GB 14907—2018	外观与颜色同样品相比应无明显差别
耐火性能	GB 14907—2018	涂层厚度≤3.00mm 耐火极限≥30min
在容器中的状态	GB 14907—2018	经搅拌后呈均匀液态或稠厚液体,无结块
表干时间	JG/T 24—2018	B 型≤12h
初期干燥抗裂性	GB/T 9779—2015	一般不应出现裂纹,如有 1～3 条裂纹,则其宽度应不大于 0.5mm
粘接强度	JG/T 24—2018	B 型≥0.15MPa
抗振性	GB 14907—2018	挠曲 1/200,涂层不起层、脱落
抗弯性	GB 14907—2018	挠曲 1/100,涂层不起层、脱落
耐水性	GB 14907—2018	≥24h
耐冻融循环性	GB 14907—2018	≥15 次

5.2.2.4　APP 在膨胀阻燃塑料中的应用

APP 在膨胀阻燃塑料中应用的成功实例是阻燃 PE、PP 和 EVA 及其共混体,且所用 APP 为水难溶型的晶型 Ⅱ。在这一领域意大利的 G. Camino 等进行了深入研究,根据其研究结果,以 APP 为主要成分的膨胀阻燃体系的酸源、碳源和气源三种组分中的磷原子、季戊四醇结构单元和三聚氰胺(简写为 P∶PER∶MEL)为 1∶0.5∶0.3 时具有最佳阻燃效果。由此,计算得出的 APP 膨胀阻燃体系的基本配方为(APP 的磷含量以 28% 计算,质量分数):APP,53%;季戊四醇,30%;三聚氰胺,17%。

上述体系的主要缺陷是阻燃剂在聚烯烃熔融挤出温度下,易分解发泡,影响成型加工,所制得的阻燃塑料表面吸湿"发汗"严重,恶化制品使用性能,主要原因是季戊四醇的四个羟基的活性较大,在温度较高时与 APP 发生酯化反应,释放出水和氨气。在早期的改良方法中,采用 APP 与季戊四醇先预反应部分酯化后再复配使用,但依然没有从根本上解决问题,改进这一阻燃体系的方法是提高各个组分的热稳定性,降低反应活性,除对各个组分进行微胶囊化以外,还可以选用表 5-3 所列的 APP 基膨胀阻燃体系中的成炭剂。

表 5-3　APP 基膨胀阻燃体系中的成炭剂

项目	组分	特性
双季戊四醇		成炭性好,阻燃性好,但加工过程中易与 APP 反应
三羟乙基异氰尿酸（THE-IC）	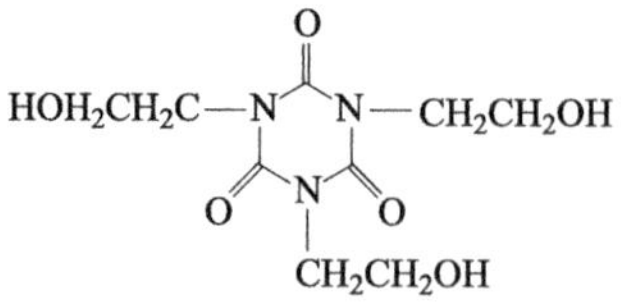	成炭性好,热稳定性较好
异氰尿酸基低聚物	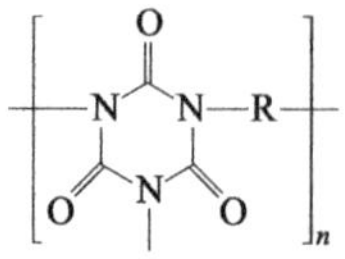	日本某公司产品牌号为 STI-300,热稳定性好
聚（1-亚甲基-2-咪唑酮）	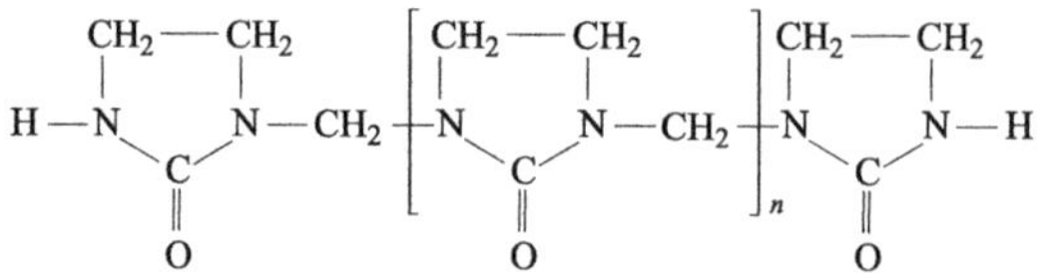	阻燃效率高
PEPA	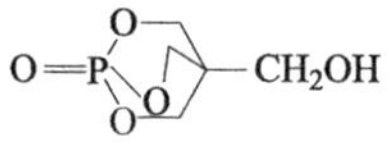	成炭性好,但价格较贵
纤维素或其衍生物		原料丰富,但热稳定性较差
β-环糊精		原料丰富,但热稳定性较差
磷酸乙二胺盐及缩聚物		阻燃效率好
三缩水甘油基异氰尿酸酯(TGIC)	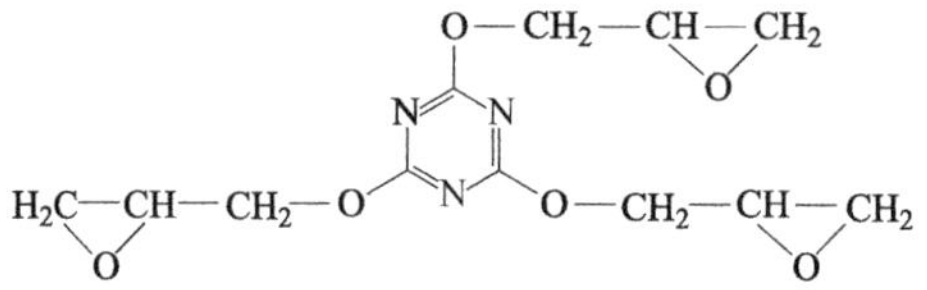	热稳定性好
PEPA Trimer		成炭性好,热稳定性好,价格昂贵

表 5-4 列举了 APP 与氰尿酸基低聚物（STI-300）复配用于各种聚合物的配方和阻燃等级。

表 5-4　APP 与 STI-300 复配阻燃各种聚合物的配方和阻燃等级

配方		阻燃测试结果				
树脂/阻燃体系	含量/%	离火燃烧时间/s			有无滴落	UL 94
		第 1 次	第 2 次	总时间		
PP	100					
APP	27					
STI-300	9	0	0	0	无	V-0
金属氧化物	1					
LDPE	100					
APP	45					
STI-300	15	0	3	3	无	V-0
金属氧化物	1					

续表

配　方		阻燃测试结果				
树脂/阻燃体系	含量/%	离火燃烧时间/s			有无滴落	UL 94
		第 1 次	第 2 次	总时间		
EEA PAA STI-300 硼酸锌 金属氧化物	100 35 10 10 1	1	7	8	无	V-1
EEA PAA STI-300 锡酸锌 金属氧化物	100 35 10 10 1	1	7	8	无	V-1
EVA APP STI-300 硼酸锌 金属氧化物	100 30 10 10 1	0	7	7	无	V-0
EVA APP STI-300 锡酸锌 金属氧化物	100 30 10 10 1	1	18	19	无	V-2

Clariant 公司近年开发了 Exolit AP750、Exolit AP751 和 Exolit AP752 系列产品，其成炭组分可能具有与上述 STI-300 相似的组成。应用厂家可以通过 Clariant 公司在中国上海等地的办事处得到有关样品和应用技术指导。

当前，以 APP 为主的无卤素膨胀阻燃体系，仍然存在析出、表面发黏、热稳定性较差等问题。近年来，国内外学者最关注的是 APP 的晶型和聚合度，再者是新型成炭剂的分子设计与合成。下面再简要介绍一下这方面的研究进展。

5.2.2.5　新型 APP 膨胀阻燃体系用成炭剂

聚合物型成炭剂具有吸湿性低、与基体相容性好等特点，且三嗪基聚合物成炭剂添加于 APP 体系中通常具有更好的阻燃成炭效果。而且在这种新型的膨胀阻燃体系中气源的比例很少。早期最具有代表性的三嗪成炭剂结构式如下：

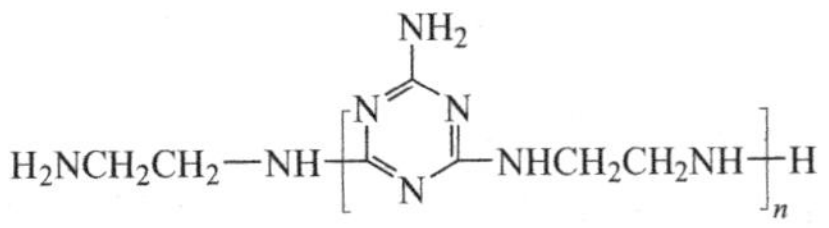

$$H_2NCH_2CH_2-NH-\underset{\substack{\\ | \\ NH_2}}{\text{三嗪环}}-NHCH_2CH_2NH \Big]_n H$$

后来国内外学者和开发商进行了一系列改进，主要方法是用其它一元胺或者是含羟基等活性基团的化合物替代氨，用其它二元胺替代乙二胺。

李斌等合成了一种含氮的无卤三嗪成炭剂——聚 2-氨乙基氨基-4-苯氧基-1,3,5-三嗪

［乙二胺-(4-苯氧基均三嗪)交替共聚物］，合成路径如下：

$$\text{三聚氯氰} + \text{苯酚} + NaOH \longrightarrow \text{2,4-二氯-6-苯氧基-1,3,5-三嗪} + NaCl + H_2O$$

$$\text{2,4-二氯-6-苯氧基-1,3,5-三嗪} + \begin{array}{c} CH_2-NH_2 \\ CH_2-NH_2 \end{array} + NaOH \longrightarrow \left[\text{苯氧基三嗪}-NHCH_2CH_2NH\right]_n + NaCl + H_2O$$

该阻燃剂含氮量超过 30%，熔点为 260～300℃；将其与 APP 复配成膨胀型阻燃剂添加到 ABS 树脂中，能很好地降低 ABS 的易燃性；当三嗪衍生物、APP 之比为 1:3，另外添加 5% 的红磷时，能将 ABS 的氧指数最高提高到 29.8%；添加了膨胀型阻燃剂的 ABS 在燃烧时与未添加阻燃剂的 ABS 相比较，消除了熔滴现象，调整阻燃剂添加量，可以达到 V-0 级。

以上述聚 2-氨乙基氨基-4-苯氧基-1,3,5-三嗪为原料，与次膦酸钠、盐酸按照摩尔比 1:1:1 混合加入三口瓶，以水作溶剂，加热回流 10h，经洗涤、干燥、过滤，得到苯氧基三嗪聚合物膦酸盐。合成路线如下：

$$\left[\text{苯氧基三嗪}-NHCH_2CH_2NH\right]_n + H-\overset{O}{\underset{H}{P}}-O^-Na^+ + HCl \longrightarrow \left[\text{苯氧基三嗪}-\overset{+}{N}H_2CH_2CH_2NH\right]_n \cdot \left[H-\overset{O}{\underset{O}{P}}-H\right]$$

当苯氧基三嗪聚合物、聚磷酸铵之比为 1:3，另外添加 2% 的红磷，阻燃剂总添加量 30% 时，能将 ABS 的氧指数最高提高到 25.2%，同时垂直燃烧可以达到 V-0 级；燃烧时与未添加阻燃剂的 ABS 相比较，完全消除了熔滴现象；聚 2-氨乙基氨基-4-苯氧基-1,3,5-三嗪和苯氧基三嗪聚合物膦酸盐阻燃的 ABS 能获得较好的力学性能，但由于添加量较大，对 ABS 的冲击性能造成一定的影响。

王玉忠等合成了一种磷氮低聚物无卤阻燃成炭剂 PTPE，并将其与聚磷酸铵（APP）复配成膨胀阻燃剂应用于聚丙烯的阻燃。PTPE 有较好的热稳定性，初始分解温度在 270℃左右；在高温下有一定的残炭量，600℃ 残炭率为 32.85%（氮气氛围）和 29.94%（空气氛围），有利于阻燃材料在燃烧过程中形成炭层，并起到降低材料燃烧性能的作用，是一种较好的聚烯烃无卤阻燃剂。当 PTPE 与聚磷酸铵（APP）按照 1:3 的比例复配、添加量为 25.0%（质量分数）时，极限氧指数 LOI 达到 33.5%，垂直燃烧 UV 94 达到 V-0 级。而当 PTPE 与聚磷酸铵（APP）按照 1:3 的比例复配、添加量为 20.0%（质量分数）时，极限氧指数 LOI 无大的变化，但垂直燃烧 UV 94 无级。用 4A 分子筛作协效剂，当 PTPE 与 APP 按照 1：3 的比例复配、添加量为 18.5%（质量分数）、4A 分子筛添加量为 1.5%（质量分数）时，极限氧指数 LOI 达到 32.0%，垂直燃烧 UV 94 达到 V-0 级。4A 分子筛与该阻燃剂有协同阻燃作用，以 4A 分子筛作协效剂与聚磷酸铵复配用于聚丙烯材料得到了较好的阻燃效果。

王玉忠等以 4,4'-二氨基二苯醚及三聚氯氰分别作为 A2、B3 单体，合成一种三嗪类超支化聚酰胺大分子成炭剂（HPCA）。将其与聚磷酸铵（APP）复配组成膨胀阻燃剂（IFR），用来阻燃 ABS。HPCA 具有超支化结构，初始热分解温度为 220℃，且 800℃时残炭率为 51%，其热稳定性和成炭性能优异。将 HPCA 与 APP 以 2：3（质量比）复配之后，在 800℃时残炭率可达到 56.7%，高于计算所得的 41%，说明 HPCA 与 APP 存在协同成炭作用。该 IFR 体系添加到 ABS 树脂中，可有效地改善 ABS 树脂的热分解行为，当添加量为 25%（质量分数）时，最快热分解温度从纯 ABS 的 407℃提高到 429℃，最快热分解速率由 19%/min 下降到 17%/min，并且在较宽温度范围内（400～800℃）都能获得比计算值更高的成炭量，说明阻燃剂促进了 ABS 成炭，并且随着 IFR 添加量增多，残炭量逐渐增加。

5.2.3　非聚磷酸铵膨胀阻燃体系

由于以 APP 复配的阻燃体系存在热分解温度低、阻燃剂和制品吸潮等缺陷，近年来人们正在致力于开发新型阻燃体系，其中一类是在分子水平上合成集酸源、碳源和气源于一体的新型阻燃剂，另一类是筛选新的阻燃成分进行复配。

集酸源、碳源和气源于一体的代表性阻燃剂化合物有 Melabis 和 Charguard 329，其分子中的磷、季戊四醇和三聚氰胺的比例见表 5-5。

表 5-5　Melabis 和 Charguard 329 分子中磷、季戊四醇和三聚氰胺的比例

项目	理论量	Melabis	Charguard 329
磷	1	1	1
季戊四醇(或单元)	0.5	0.67	0.5
三聚氰胺(或单元)	0.3	0.33	1

从上述结果可以看出，Melabis 的酸源、碳源和气源比例最接近理论值，阻燃效率应比 Charguard 329 好，实际使用结果也如此。其阻燃 PP 的应用结果见表 5-6。

表 5-6　Melabis、Charguard 329 阻燃 PP 的性能

性能	PP	Melabis 阻燃 PP	Charguard 329 阻燃 PP
配方/%			
PP		80	76
Melabis	100	20	—
Charguard 329		—	20
助剂		—	4

性能	PP	Melabis 阻燃 PP	Charguard 329 阻燃 PP
阻燃性能			
LOI/%		29	27
UL 94(3.2mm)		V-0	V-1
冲击强度/(kJ/m²)	75	35.4	31.3
缺口冲击强度/(kJ/m²)	5.2	4.2	4.0
弯曲强度/MPa	47.9	55.0	60.0
弯曲模量/MPa	1521	2044	
热变形温度(0.46MPa)/℃	110	130	

从结果可见，Melabis 的阻燃效率比 Charguard 329 要高。Melabis、卤素-氧化锑和 APP 膨胀阻燃体系阻燃 PP 的性能见表 5-7。

表 5-7　Melabis、卤素-氧化锑和 APP 膨胀阻燃体系阻燃 PP 的性能

阻燃配方及性能	纯 PP	Melabis	卤素-氧化锑	APP 膨胀阻燃体系
PP 含量/%	100	80	58	70
Melabis 含量/%		20		
十溴二苯醚含量/%			22	
三氧化二锑含量/%			6	
滑石粉含量/%			14	
APP 含量/%				15.3
三聚氰胺含量/%				5.2
季戊四醇含量/%				9.5
润滑剂含量/%		0.1		0.1
偶联剂		0.2		0.2
阻燃剂总用量/%		20	42(含填料)	30
阻燃级别 UL 94(1.6mm)		V-0	V-0	V-0
冲击强度/(kJ/m²)	75	35.4		23.4
缺口冲击强度/(kJ/m²)	5.2	4.2	21.3J/m² [①]	2.5
弯曲强度/MPa	47.9	55	48.3	57
弯曲模量/MPa	1521	2044	1900	2585
热变形温度(0.46MPa)/℃	110	130	64(1.81MPa)	

① 该值为悬臂梁冲击强度。

从表 5-7 中数据可见，由于 Melabis 的添加量最少，因此其各项综合性能最好。

笔者在研究 Melabis 阻燃 PP 时发现，其优异的阻燃性能与其良好的膨胀发泡形成的致密炭层有关，图 5-5、图 5-6 分别为 Melabis 阻燃 PP 燃烧残留物的 SEM 照片及 DSC 分析结果。从图 5-5 中可见 Melabis 阻燃 PP 燃烧时的良好发泡成炭性，因此其是一种性能很好的膨胀阻燃剂。从其阻燃 PP 的 DSC 曲线可以明显看出，在 Melabis 阻燃 PP 中，Melabis 改

变了 PP 的热降解历程，且放热峰值大大减小，说明膨胀炭层有效阻止了 PP 的热降解和燃烧。

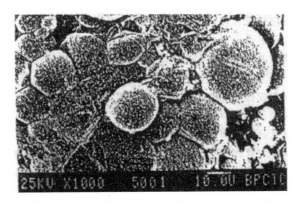

图 5-5　Melabis 阻燃 PP 燃烧残留物的 SEM 照片

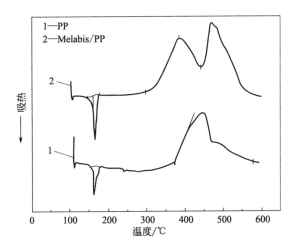

图 5-6　Melabis 阻燃 PP 的 DSC 曲线

5.2.4　膨胀阻燃材料的燃烧性能评价

近年来，锥形量热仪（cone calorimeter）在模拟火灾现场试验中的分析测试研究已得到了广泛认同，因为与传统的 LOI 或垂直或水平等燃烧试验相比，锥形量热仪的试验条件更接近火灾的真实情况，锥形量热仪可以定量分析样品的点燃时间、燃烧速率、燃烧释放热量以及产生的烟雾和 CO 等有害气体，其测试标准为 ISO/DIS 5660。下面介绍不同阻燃剂阻燃的聚丙烯（FR-PP）的分析结果。

不同阻燃体系 FR-PP 的基本性能见表 5-8。

从表 5-8 中结果可以看出，UL 94 V-0 级阻燃 PP，以采用膨胀阻燃体系的阻燃剂添加量为最小，其阻燃 PP 的密度最小，LOI 值最高，其烟量比纯 PP 高约 100%，而同样等级的溴、氯两种卤素阻燃体系的阻燃 PP，则比纯 PP 分别高出 400% 和 200%。由此可见，与传统的卤素、无机阻燃剂相比，膨胀阻燃剂阻燃 PP 具有密度小、阻燃效率高、阻燃制品烟量释放少等特点。

表 5-8　不同阻燃体系 FR-PP 的基本性能

阻燃剂	添加量/%	密度/(g/cm³)	LOI/%	UL 94 等级		1.6mm 试样烟试验①	
				3.2mm	1.6mm	最大烟密度 D_m	最大烟密度时间/min
无	—	0.90	17.4	等外	等外	139	20
DBDO	33	1.19	25.0	V-0	V-0	703	3
DECHL	40	1.25	25.9	V-0	V-0	413	7
ATH	60	1.44	27.8	V-0	V-2	—	
MF82	24	1.02	37.5	V-0	V-0	261	12

① 烟量采用 ASTM E-662 标准测试。

注：DBDO 表示十溴二苯醚；DECHL 表示十二氯二甲桥环癸烷；ATH 表示氢氧化铝；MF82 为意大利 Himont 公司生产的一种膨胀阻燃剂。

为了更全面地评价不同阻燃体系阻燃 PP 的阻燃以及有害气体或烟雾释放等有关性能，可以采用锥形量热仪进行分析。图 5-7、图 5-8 和图 5-9 分别为不同阻燃剂阻燃 PP 的热释放速率（RHR）、热释放量（THR）和失重速率（mass loss）的锥形量热分析结果，阻燃剂缩写代号后的数据为其添加量。

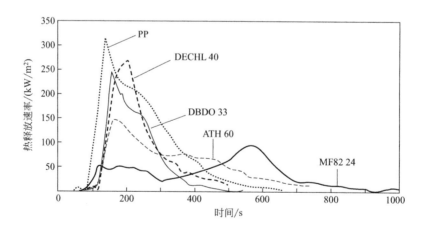

图 5-7　不同阻燃剂阻燃 PP 的热释放速率（RHR）分析结果

从 RHR 曲线可以看出，膨胀阻燃 PP 的 RHR 明显低于其他阻燃 PP，达到 RHR 最大值的时间也比其他阻燃体系长，时间的延长对火灾现场人员、财产的疏散是十分有利的。而 THR 和失重曲线所反应的热释放量和失重速率趋势与上述结论相吻合。

表 5-9 为不同阻燃剂阻燃 PP 的锥形量热仪分析测试的燃烧试验结果，测试样品厚度为 1.6mm，辐射热流为 30kW/m²。

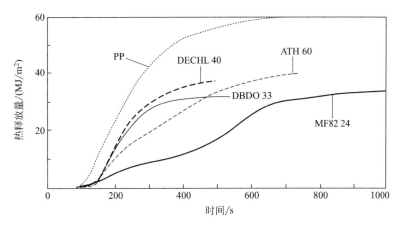

图 5-8　不同阻燃剂阻燃 PP 的热释放量（THR）分析结果

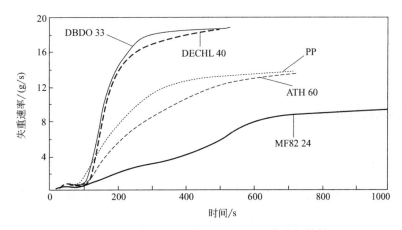

图 5-9　不同阻燃剂阻燃 PP 的失重速率分析结果

表 5-9　不同阻燃剂阻燃 PP 的锥形量热燃烧试验结果

阻燃剂及用量/%	点燃时间/s	RHR 峰值（第 1 次）/(kW/m²)	RHR 峰值（第 2 次）		THR /(MJ/m²)	5min 时失重率/%
			峰值/(kW/m²)	时间/s		
纯 PP	86	337			40.1	73.4
DBDO 33	118	245			27.9	94.3
DECHL 40	128	269			29.4	84.3
ATH 60	106	155			19.8	59.9
MF82 30	91	56	66	825	8.1	16.9

　　从表 5-9 中结果可以看出，膨胀阻燃剂与其他阻燃体系的最大不同是其燃烧时出现两个 RHR 峰值。比较上述阻燃体系，以卤素阻燃剂阻燃 PP 的点燃时间最长，也就是说卤素阻燃 PP 难以点燃，但从 RHR、THR 和失重来看，30% 添加量的膨胀阻燃 PP 的第一、第二 RHR 峰值分别比纯 PP 降低了 83.4% 和 80.4%，THR 降低了 79.8%；而溴、氯阻燃剂和 ATH 阻燃 PP 只分别降低了 27.3%、20.1% 和 54.0%；THR 也相应分别降低了 30.4%、26.7% 和 50.6%。由此可以明显看出，膨胀阻燃剂阻燃 PP 具有更佳的延缓燃烧和火焰传播的作用。

锥形量热仪分析的不同阻燃体系阻燃 PP 的烟雾和 CO 等释放量见表 5-10，测试样品厚度为 1.6mm，辐射热流为 $30kW/m^2$。

表 5-10　不同阻燃体系阻燃 PP 的烟雾和 CO 等释放量

阻燃剂及 用量/%	平均 SEA /(m²/kg)	总烟释放量 /(m²/m²)	烟密度指数 /(MW/m²)	5min CO 量/g	5min(CO/PP) /(kg/kg)	5min CO₂ 量/g
纯 PP	704	893	269	0.43	0.085	27.3
DBDO 33	1586	2991	723	4.17	0.564	13.6
DECHL 40	1198	2233	575	3.73	0.531	15.4
ATH 60	110	150	20	0.10	0.015	13.6
MF82 30	73	64	1	0.12	0.084	5.2

从表 5-10 结果可见，膨胀阻燃 PP 的烟雾释放量和 CO 释放量明显小于其他阻燃体系。综合评价可以得出结论，在现有的阻燃体系中以膨胀阻燃体系阻燃 PP 的阻燃性能最好，危害性最小。

5.3　无机阻燃剂

阻燃技术起源于人类早期发现的一些无机化合物在处理天然高聚物中的应用。200 多年前发现和应用的一些无机阻燃剂至今还在使用，事实上，在很多实用的阻燃技术中，常常添加无机阻燃剂，而少量无机阻燃剂的加入可以显著提高阻燃性能，最为典型的例子是红磷阻燃剂在阻燃增强尼龙中的使用。根据化学成分的不同，无机阻燃剂可以在气相和凝聚相中发挥阻燃作用，一些无机阻燃剂如氢氧化铝、氢氧化镁等因原料易得、无卤素、无磷且本身无毒而受到广泛重视，其应用领域日益拓展，用量迅速增长。使用无机阻燃剂是实现阻燃材料无卤素化的一个重要途径。

5.3.1　无机阻燃剂在阻燃材料中的应用

几乎每一类无机物都有在阻燃材料中获得实际应用的品种，下面简要介绍。

5.3.1.1　无机单质阻燃剂

一些过渡金属如铬、铂以及元素周期表中ⅣA 族中的硅、铅等对一些高聚物具有很好的阻燃作用，如 10^{-6} 级用量的铂可以使一些橡胶获得良好的阻燃效果，在实际阻燃技术中获得运用的单质阻燃剂有可膨胀石墨、红磷等。有研究表明，添加 1%～5% 的可膨胀石墨可以显著提高 APP/季戊四醇膨胀阻燃体系的成炭量和 LOI 值。表 5-11 为可膨胀石墨用量与成炭量和 LOI 的关系，PP/IFR 表示 PP 与膨胀阻燃体系（APP：季戊四醇为 3：1）的混合物（质量比为 70：30）。

表 5-11 可膨胀石墨对膨胀阻燃 PP 的阻燃增效作用

项 目	膨胀石墨用量/份	LOI/%	成炭量/%	
			430℃	600℃
纯 PP	0	17.4	0.8	0
PP/IFR	0	26.8	12.7	8.7
PP/IFR	1	27.3	27	20.7
PP/IFR	2	28.5	25.1	18.5
PP/IFR	3	25.5	25.6	18.1
PP/IFR	4	23.8	26.5	17.4
PP/IFR	5	22.0	26.3	17.3

从上述试验结果可以看出，随着用量的增加，可膨胀石墨对膨胀阻燃体系阻燃 PP 的作用是先提高而后显著降低。在上述体系中添加 2 份可膨胀石墨可以使阻燃 PP 热解的成炭量增加 200%，而 LOI 值提高 7%。由此可见，可膨胀石墨明显提高了阻燃 PP 的成炭性和阻燃性。

另一种最为熟悉的非金属单质阻燃剂是红磷，红磷因含 100% 的磷，所以阻燃效率高，几乎可用于所有热塑性和热固性树脂材料中。

红磷阻燃剂因自身为紫红色且加工温度在 200℃ 或以上温度时就将引起着火，以及在吸湿后可产生磷化氢有毒气体而导致使用受到限制。红磷阻燃剂在日本、英国和我国等国家应用较为普遍，但美国因上述原因而使用量较少。解决红磷的颜色和使用安全性问题的方法是对其进行微胶囊化并进而制作成母料使用。

5.3.1.2 金属氧化物

除了元素周期表中第 ⅠA、ⅡA 族金属和非金属氧化物以外，大多数的金属氧化物都可作为阻燃剂或协效剂使用，用途较广的主要品种列于表 5-12。

表 5-12 一些金属氧化物阻燃剂和协效剂

品 种	应 用 领 域
三氧化二锑、五氧化二锑	与卤素阻燃剂等协同作用，应用广泛
三氧化钼	PVC 等阻燃抑烟
氧化铁、氧化锌、二氧化锡	与十二氯二甲桥环癸烷协效，用于阻燃尼龙 66
氧化锆、二氧化钛	阻燃羊毛、尼龙等，与含氮阻燃剂等协同阻燃

近年来发现，三氧化二锑对 MCA 阻燃尼龙具有协同阻燃作用，如 MCA 阻燃尼龙 12 配方中加入三氧化二锑后可明显提高阻燃性能，结果见表 5-13。

表 5-13 MCA-三氧化二锑阻燃尼龙 12 的阻燃性能

MCA 用量/%	三氧化二锑用量/%	加工助剂用量/%	LOI/%
12	0	0	32
0	12	0	27
0	0	12	28
7.56	3.6	0.84	32
3.6	4.8	3.6	36
2.4	7.2	2.4	34

从上述研究结果可以看出，在阻燃尼龙 12 中，MCA 与三氧化二锑具有优异的协同阻燃效应。

5.3.1.3 金属氢氧化物

金属氢氧化物主要通过两种途径发挥阻燃作用：一是热分解产生的水蒸气稀释气相中氧和可燃物的浓度；二是分解吸热及水蒸气逸出带走热量，以及分解残留的氧化物阻隔传热和可燃物挥发。广义来说，具有一定热稳定性且在高聚物热降解之前可分解的金属氢氧化物都可作为阻燃剂使用，但因添加量大，因此成本和对物性的恶化程度成了是否获得实际使用的关键，目前已获得普遍使用的氢氧化铝和氢氧化镁，除了阻燃效率以外，这两种阻燃剂非常理想，它们无毒、不含磷和卤素，即使分解或与高聚物作用也不会产生有毒有害物质，且原料丰富、价格便宜。

近年来，围绕它们的合成法控制晶型形态、超细化和表面改性与应用研究受到了普遍关注。有关其应用研究报道较多，下面仅举例说明。

段雪等一直致力于阴离子型层状结构材料的研究，以 $Zn(NO_3)_2 \cdot 6H_2O$、$Mg(NO_3)_2 \cdot 6H_2O$、$Al(NO_3)_3 \cdot 9H_2O$、H_3BO_3、NaOH、$2ZnO \cdot 3B_2O_3 \cdot 3.5H_2O$ 和无水 Na_2CO_3 为原料采用成核/晶化隔离法和离子交换法分别制备了纳米尺寸的碳酸根镁铝水滑石（LDHs）和硼酸根锌镁铝水滑石（Borate-pillared LDHs）。并将两种水滑石加入 EVA 中制备成复合材料，纳米 LDHs 对 EVA 的阻燃及抑烟效果见表 5-14。

表 5-14　氧指数和烟密度测试结果

添加物/EVA-28	添加量/%	极限氧指数(LOI)/%	最大烟密度(Dm)
—	—	21.4	187.4
$2ZnO \cdot 3B_2O_3 \cdot 3.5H_2O$ Mg-Al-CO_3	150	23.5	12.94
LDHs	150	34.1	123.3
Borate-pillared LDHs	150	27.3	58.9

其机理是纳米 LDHs 的结构中含有相当量的结构水，层间具有碳酸根，受热时水和二氧化碳放出，达到阻燃目的；水及二氧化碳释放后，纳米 LDHs 转变为较高比表面积的多孔性固体碱，其对燃烧产生的烟气及有毒酸性气体具有极强的吸附作用。纳米 LDHs 本身不含任何有毒物质，属于安全型阻燃材料，相比于单纯的 MH 或者 ATH 具有更多面的阻燃作用。段雪等研制出镁基阻燃剂（MDH），并实现了产业化。MDH 适用于 EVA 以及 PVC、EP、PP、PE 等高聚物材料的阻燃。添加量为 20 份时已具有很好的抑烟效果，显示了超细无机阻燃剂的优势。20～40 份 MDH 与软 PVC 复合可使氧指数达到 28.7%、28.8%。40 份 MDH/软 PVC 试样在无焰条件下综合抑烟性能最好；PE/MDH 复合材料的氧指数达到 49.2%。

同时段雪等也开展了大量此类层状结构功能材料制备技术的研究，目前已形成了 5 种调控 LDHs 晶粒尺寸的晶化技术，分别为成核/晶化隔离法、转液膜反应器快速成核技术、非平衡晶化法、程序控温动态晶化技术和连续式动态晶化技术，并且还形成了后续相关体系：

湿法表面原位改性，在制备过程中进行表面接枝反应，实现了对一次粒子的表面改性；微分洗涤-过滤，将板框过滤机与均质机串联的微分洗涤-过滤模式，大幅度降低洗涤水用量和劳动强度；组合式动态干燥，将气流干燥与强制气流干燥串联，使粒子间呈相对运动状态，实现了纳米粉体材料的干燥控制。

表 5-15 为表面改性后的氢氧化镁阻燃 PA/PP 合金性能。

表 5-15　表面改性后的氢氧化镁阻燃 PA/PP 合金性能

配 方 及 性 能	PA/PP	PA/PP/乙丙共聚物
配方/%		
尼龙 6	24	24
改性 PP	16	12
改性乙丙共聚物	—	4
氢氧化镁	60	60
断裂强度/MPa	54	52
断裂伸长率/%	1.7	1.1
拉伸模量/MPa	8200	8300
拉伸强度/MPa	100	90
冲击强度/(kJ/m²)	3.4	3.2
热变形温度(1.81MPa)/℃	115	118
UL 94(1.6mm)	V-0	V-0

从表 5-15 试验结果可以看出，氢氧化镁阻燃 PA/PP 合金具有良好的阻燃性和综合性能，所用氢氧化镁为经过超细化和表面处理的产品。

5.3.1.4　无机盐或络合物

无机盐是最早用于阻燃材料中的一类物质，如目前依然可用于非永久性阻燃处理的磷酸盐，特别是磷酸铵盐，是用途最广的无机盐类阻燃剂。其中最具有代表性的是聚磷酸铵，有关其应用的文献报道很多，已在本章 5.2 节简要介绍过。

另一种重要的无机盐阻燃剂是硼酸锌，由于硼元素的电子配伍性，因此硼酸锌有很多种结晶水合物，可以看成是氧化锌、氧化硼水合物，它们可以用 xZnO·yB$_2$O$_3$·zH$_2$O 表示，现已发现 20 多种锌硼比例不同的硼酸锌，根据锌硼比例和结晶水含量的不同，硼酸锌可以广泛应用于各种热塑性和热固性树脂材料的阻燃。

近年来，无机次磷酸盐，特别是次磷酸钙和次磷酸铝在阻燃材料中的应用也备受关注，读者可参阅本书第 3 章有关内容。

硼酸锌常常与其他阻燃剂复配使用，这样可以获得优异的阻燃和抑烟效果。近年来，根据硼酸锌的锌硼比例和结晶水含量不同，它的结晶形态和热稳定性有很大差别，一般来说，高结晶水含量的硼酸锌热稳定性较低，适合用于加工温度较低的高聚物的阻燃，而结晶水含量较低的高耐热性硼酸锌可以用于各种工程塑料的阻燃。

此外，钼酸铵、硫化锌、碱式碳酸镁也在一些 PVC、聚烯烃等材料的阻燃中获得应用。可以预见，随着阻燃技术和理论研究的深入，现有的无机盐阻燃剂将得到越来越广泛的应用，而新的无机盐阻燃剂也将得到开发。

目前，无机阻燃剂在无卤素阻燃材料中的应用量最大的两个品种是氢氧化铝和氢氧化镁，但其阻燃时需要大量添加，致使阻燃材料的力学性能损失较大。为提高无机阻燃剂的效率，减少其添加量，目前几大应用研究方向在于多种无机阻燃剂协同复配、超细化纳米化、晶型形态可控合成技术、表面改性及微胶囊包覆技术等。

5.3.2 多种无机阻燃剂协同复配

将氢氧化镁与氢氧化铝1∶1（质量比）作为复配的阻燃剂应用于PP体系，表5-16为其不同添加量时PP的相应性能。随后，在复合体系中加入了少量的三水合硼酸锌，PP相应性能如表5-17所示。

表 5-16 氢氧化镁∶氢氧化铝1∶1体系阻燃PP的各项性能指标

阻燃剂的含量（质量）/份	氧指数 LOI/%	表观黏度/Pa·s	冲击强度/(J/m)	拉伸强度/MPa	热变形温度/℃
0	17.3	2260	40.2	31.65	123.5
40	23.4	2877.8	39.5	29.52	130.6
50	25.5	3316.59	38.6	28.22	133.6
60	28.4	3910.68	34.5	25.85	135.1

表 5-17 添加三水合硼酸锌复配阻燃体系的各项性能指标

阻燃剂的含量（质量）/份	氧指数 LOI/%	表观黏度/Pa·s	冲击强度/(J/m)	拉伸强度/MPa	热变形温度/℃
0	17.4	2260.67	40.2	31.65	123.4
40	26.7	2898.80	39.3	29.51	130.6
50	28.3	3350.56	38.7	28.01	132.3
60	29.8	3986.67	33.5	25.65	135.6

从以上两个表中的对比可以看出，在复合阻燃体系中加入一定量的硼酸锌，材料的极限氧指数值增大，复配阻燃剂40份时，LOI值为26.7%，难燃自熄；50份时，LOI值为28.3%，V-0级，这说明硼酸锌对无机金属氢氧化物具有较好的协同作用。

氢氧化铝与氢氧化镁∶Sb_2O_3∶硼酸锌∶红磷=20∶20∶5∶0.68时可应用于PVC阻燃的复合配方。此配方用于糊状PVC中，能大大提高其阻燃效果，氧指数达到了27.5%，比空白试验的参照值提高了4%，并且在一定程度上提高了其抑烟、力学性能。

5.3.3 超细化、纳米化及纳米形貌调控阻燃技术

阻燃剂的粒径对阻燃性能有很大的影响，粒径较小的阻燃剂对提高PP材料阻燃性能的效果比粒径较大的阻燃剂更好，添加粒径为$4\mu m$的氢氧化镁阻燃剂时，其极限氧指数（LOI）要大于添加粒径为$12\mu m$的氢氧化镁阻燃剂；当氢氧化镁添加量达到150份时，添加粒径为$12\mu m$氢氧化镁阻燃剂的PP的垂直燃烧级别为V-1级，而添加粒径为$4\mu m$氢氧化镁阻燃剂的PP的垂直燃烧等级达到V-0级。

将纳米级氢氧化镁与微米级氢氧化镁分别填充到线型低密度聚乙烯（LLDPE）中制得复合材料。添加纳米级氢氧化镁的复合材料的拉伸强度、弯曲强度和极限氧指数均比添加微米级氢氧化镁复合材料的有显著提高，添加纳米级氢氧化镁的复合材料有更好的阻燃效果和成炭作用，充分体现了纳米氢氧化镁在阻燃和抑烟性能上的优势。

张银燕与左佳等分别合成了不同形貌的纳米硼酸锌（束状、菊花状、羽毛状、带状、簇状）及硼酸钙（球状、蚕蛹状、片状、带状和扇形）材料，并将其与木粉混合，通过 TG 与垂直燃烧法判断其阻燃性能。硼酸锌及硼酸钙具有好的阻燃性，添加量为 20％时，热失重率会下降 10％～23％不等，且纳米结构的阻燃性比非纳米结构的阻燃性好。对于不同形貌的硼酸盐及硼酸锌，纳米材料的尺寸越小，形貌越均一，其阻燃性能也越好。

5.3.4　表面改性及微胶囊包覆技术

无机阻燃剂是常用的阻燃剂，而且无机阻燃剂相对于有机阻燃剂更加稳定，它具有来源广、无毒或低毒、耐热性好、价格低廉等优点。然而无机阻燃剂的缺点是与高分子材料的分散相容性差，为此可通过对无机阻燃剂进行表面改性，增加它与高分子材料相容性的同时也能提高材料的阻燃性能。

表面活性剂改性是目前对无机粒子最常见的改性方法，其主要是通过表面活性剂中的活性官能团在无机粒子表面进行化学反应或吸附在无机粒子表面，而另一端的有机基团与聚合物有一定相容性，从而使无机阻燃剂与阻燃的聚合物之间达到良好的相容性。表面活性剂主要有硅烷偶联剂、铝酸酯、钛酸酯、高级脂肪酸及其盐、高级胺盐、硅油或硅树脂、有机低聚物及不饱和有机酸等。

采用硅烷偶联剂和硬脂酸镁对氢氧化镁进行干法改性，红外光谱表征证明了改性剂在氢氧化镁表面发生了化学吸附，从而提高了其憎水性。通过对改性氢氧化镁-聚乙烯共混体系的研究发现，当氢氧化镁添加质量分数达到 35％时，与纯聚乙烯相比，极限氧指数从 18.6％增大到 26.0％，残余质量分数从 0 增大到 22％，共混体系的阻燃性能显著增强，而且改性氢氧化镁在体系中具有更好的分散性。

不同种类的表面改性剂对 PP/ATH 复合材料的各项性能会有不同的影响。改性剂的添加量为 1％、ATH 含量为 60％（以 PP 质量计）时，PP/ATH 复合材料的力学性能及极限氧指数如表 5-18 所示。从表中可看出，对 ATH 进行表面改性，可不同程度地提高 PP/ATH 复合材料的力学性能及极限氧指数。

表 5-18　PP/ATH 复合材料的力学性能和极限氧指数

改性剂种类	拉伸强度/MPa	断裂伸长率/%	缺口冲击强度/(kJ/m²)	LOI/%
无	9.46	161.15	2.5	28.7
硬脂酸	10.55	210.13	3.8	29.0
硅烷偶联剂	14.47	238.54	3.3	29.3
含氢硅油	11.94	469.77	3.6	29.4

刘立华等以氢氧化镁粉和硬脂酸钠为原料对其进行湿法表面改性。表明改性后的氢氧化镁在 PP 基体中有更好的分散性，进一步研究结果表明，随着改性剂的逐渐加入，氢氧化镁的活化指数逐渐上升，当改性剂用量为 4% 时，活化指数达到最高 96.19%。继续加入改性剂，反而有下降趋势。当增加到 5% 时，活化指数略降低。所以当改性剂添加量为 4% 时达到最大，氢氧化镁表面在疏水性上表现良好。添加了改性后的氢氧化镁阻燃剂 PP 复合材料，极限氧指数由 19.0% 到 29.6%，提高了 10.6%，且能达到 V-1 阻燃级，力学性能略有下降。

董全霄等以磷杂菲和二氧化钛为原料在超临界二氧化碳中制备了表面接枝磷杂菲的纳米二氧化钛（SiO_2-g-DOPO），并研究了改性纳米粒子对聚氨酯材料阻燃性能的影响，研究结果显示，加入 SiO_2-g-DOPO 后的复合材料，材料的最大热释放速率降低到 $29.0kW/m^2$，降低了 62.9%。总热释放量降低了 42.5%，材料燃烧后的碳层残余质量提高了 5.6%。复合材料的阻燃性能提高。

沉淀反应包覆是将表面改性物与被改性颗粒通过化学沉淀反应将其包覆在颗粒表面的方法，是一种无机粒子与无机粒子的包覆或无机纳米与微米粉体包覆的粒子表面改性方法或粉体表面修饰方法。

张广良等以氢氧化钠为碱源，六水硝酸镁为镁源采用直接沉淀法制备纳米氢氧化镁阻燃剂。采用 X 射线衍射仪（XRD）确定合成粉体的晶体结构，可以看出各衍射峰的位置与 $Mg(OH)_2$ 的标准衍射谱图（PDF44-1482）一致，说明合成的样品具有 $Mg(OH)_2$ 的六方晶系结构。此外，各衍射峰峰形完整，没有其它杂质峰出现，说明样品很纯。

阮恒等以镁盐和碳酸钠为原料，采用反向沉淀法制备碳酸镁晶须。结果表明加入经改性的碳酸镁晶须后，所得复合材料的极限氧指数由 19% 提高到了 22.8%，增加了 3.8%，说明改性后的碳酸镁晶须对高密度聚乙烯阻燃性能有明显的提升效果。样品燃烧试验现象表明，改性碳酸镁晶须加入 HDPE 的复合材料在空气中不能燃烧。

宋肖飞等以氯化镁为前驱体，棉织物为基体，采用原位沉淀法制备出氢氧化镁阻燃棉织物。结果表明氢氧化镁主要在凝聚相起阻燃效果，经 $Mg(OH)_2$ 阻燃整理的棉织物在 600℃ 时残渣量比原棉高出 30%，热释放速率峰值比纯棉织物下降了 55.3%，总热释减少了 21.6%，阻燃效果良好。

分别选用三聚氰胺树脂（MF）和脲醛树脂（UF）作为壁材，采用微胶囊法对氢氧化镁阻燃剂进行改性，将改性后的氢氧化镁粉体添加入低密度聚乙烯（LDPE）中，研究改性氢氧化镁对 LDPE 极限氧指数的影响，结果见表 5-19。

表 5-19　改性氢氧化镁对 LDPE 极限氧指数的影响

包覆温度/℃	树脂	极限氧指数/%		
		包覆量 10%	包覆量 15%	包覆量 20%
60	MF	24.0	24.0	24.5
	UF	23.7	23.8	24.9

包覆温度/℃	树脂	极限氧指数/%		
		包覆量 10%	包覆量 15%	包覆量 20%
70	MF	24.6	24.2	24.1
	UF	24.3	24.9	24.5
80	MF	24.1	24.2	24.7
	UF	24.0	25.5	24.5
未包覆 MH/LDPE		22.2		

表面完全被 MF 和 UF 包覆的氢氧化镁颗粒，与有机基体间的界面黏结性得到明显改善，材料的力学性能有较大提高，同时具有更好的阻燃效果。最佳微胶囊化改性条件为反应温度 70℃、包覆量 15%（质量分数），在改性氢氧化镁粉体添加质量分数为 40% 时，聚合物极限氧指数较纯 LDPE 的增大 36%～40%。

5.3.5 机械力化学技术在阻燃聚合物中的应用

机械力化学改性是利用强烈的机械力作用研磨以及其他方式将粒子超细粉碎，激活颗粒表面，使其结构复杂化，从而使它与其他的有机物或无机物的反应更加剧烈，达到改性目的。机械化学作用可以提高颗粒表面反应活性，增强其与有机表面改性剂或有机基质的使用。

付万璋等以水滑石和低分子量聚丁烯（LMPB）为原料通过机械力化学改性的方法将水滑石与 LMPB 在高速混合机中混合，即可得到改性的水滑石。通过对复合材料的燃烧性能分析发现，PE 与未改性水滑石的复合材料，随着无机粒子的质量分数的增加，极限氧指数也在逐渐增加，PE 与改性水滑石的复合材料，随着无机粒子的质量分数增加，极限氧指数迅速上升，明显优于未改性的水滑石，当无机粒子的质量分数为 20% 时，PE 与改性水滑石复合材料的 LOI 值超过 21%，复合材料的阻燃性能提高。

朱广军等以酒石酸锑钾和氢氧化钠为原料，通过机械力活化固相化学反应法制备纳米 Sb_2O_3。研究结果表明，反应物颗粒越细，制备的 Sb_2O_3 粒径越小。机械力活化固相化学反应法制备的纳米 Sb_2O_3 为立方晶型，平均粒径为 60nm。通过对纳米 Sb_2O_3 的 XRD 谱分析，所制备的纳米 Sb_2O_3 为立方晶型。

5.4 接枝与交联阻燃技术

5.4.1 接枝阻燃

高分子材料的接枝化学改性是赋予其功能化的一种有效新方法，已在高分子合成试剂、可控释放药物和农药，以及高分子合金化等领域获得广泛应用。近年来，这一技术也逐渐被应用于高分子材料的阻燃改性中。在此之前，PE、PP 和 PS 的氯化或溴化也被认为是接枝改性技术在阻燃材料中的应用例子。

J. R. Ebdon 等研究了 PS 和聚乙烯醇（PVOH）接枝硅烷的阻燃效果，其接枝方法如下：

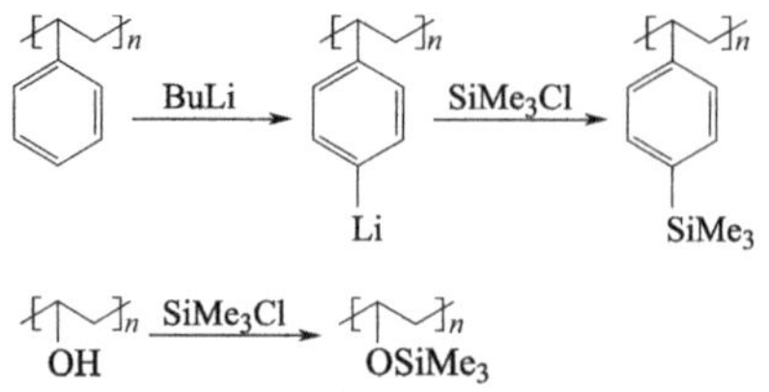

接枝后 PS、PVOH 的成炭性和阻燃性见表 5-20。

表 5-20　接枝后 PS、PVOH 的成炭性和阻燃性

聚 合 物	硅含量/%	成炭量/%	残炭中的硅比例/%[①]	LOI/%
PS	—	<1	—	18.3
硅烷接枝 PS	1.2	1	13.5	20.6
PVOH	—	<1	—	21.8
硅烷接枝 PVOH	2.1	3	9.9	24.8

① 残炭中的硅比例指燃烧后残留的硅占接枝聚合物中总硅含量的百分数。

由表 5-20 可以看出，硅烷接枝后 PS、PVOH 的成炭性、阻燃性有较明显提高。

P. Armitage 等研究了 PS、PVOH 接枝硼的阻燃性能，其接枝方法如下：

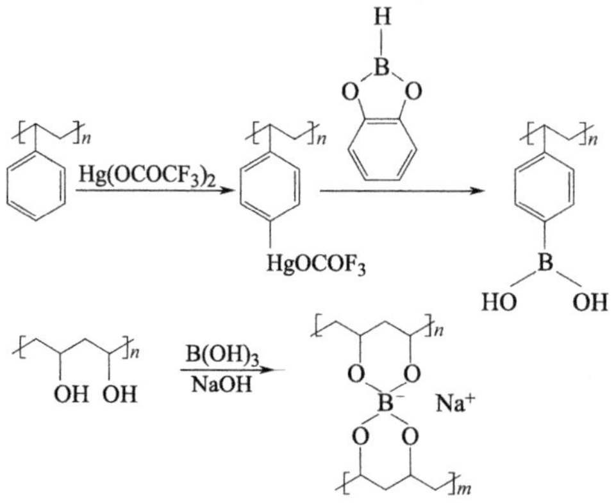

表 5-21 为 PS 接枝—$B(OH)_2$ 后的阻燃性能。

表 5-21　PS 接枝—$B(OH)_2$ 后的阻燃性能

接枝率/%	成炭量/%	残炭中的硼含量/%	LOI/%
0	<1		18.3
9.2	7	10.9	25.4
16.8	8	10.7	25.4
22.9	8	12.5	26.2
24.1	10	11.7	27.3

从表 5-21 结果可见，接枝 9.2% 的—$B(OH)_2$ 后阻燃 PS 材料的 LOI 值增大到 25.4%，

阻燃性能有明显提高。其作用机制可能如下：

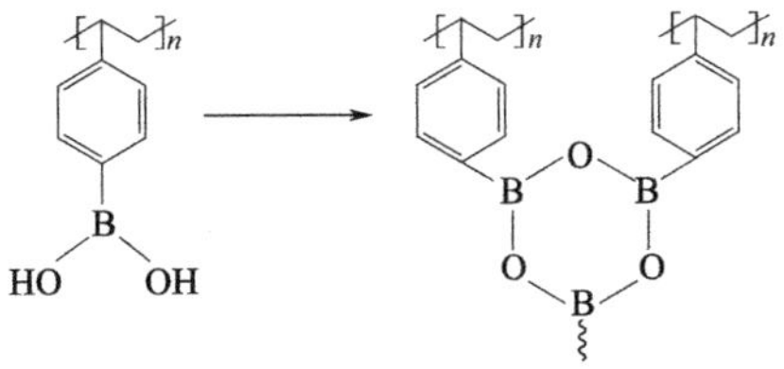

表 5-22 为 PVOH 接枝硼后的阻燃性能，从研究结果可见，随着接枝硼含量的提高，LOI 也随之增大，接枝硼含量为 0.53% 时接枝 PVOH 的 LOI 值达到 28.2%，比纯 PVOH 的 LOI 值增大了 40%，具有优异的阻燃作用。

表 5-22　PVOH 接枝硼后的阻燃性能

接枝硼含量/%	成炭量/%	LOI/%	接枝硼含量/%	成炭量/%	LOI/%
0	1	22.7	0.95	19	31.3
0.53	12	28.2	1.29	21	31.4
0.81	15	29.9	2.01	31	33.2

5.4.2　交联阻燃

交联是抑制高聚物热分解，减少或阻止可燃挥发物产生进而延缓燃烧的蔓延和传播的新方法。

有研究指出，在聚碳酸酯（PC）中添加 10%～20% 的二甲基硅烷衍生物能提高 PC 燃烧时的成炭量和阻燃性，其 LOI 值大大高于按 Van Krevelen 公式计算得到的值。研究表明，在二甲基硅烷衍生物-PC 体系中，不仅因有效成炭提高了阻燃性，而且还因二甲基硅烷衍生物与 PC 分解产物在凝聚相中迅速交联而抑制了可燃物的产生，从而进一步提高了阻燃性。其作用机制如下：

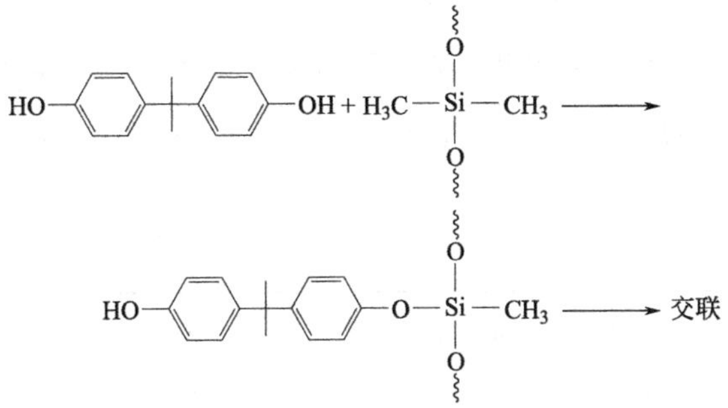

无卤素阻燃材料要求的提出，促进了金属等无机阻燃剂的应用与理论研究，M. R. Maclaury 等研究了铅-硅体系对交联聚乙烯（PE）的阻燃作用。研究发现，铅-硅体系对辐射（一定范围内的辐射强度）或二枯基过氧化物交联后的聚乙烯具有很好的阻燃作用，其阻燃配方为 100 份 LDPE、4 份硅、3 份铅、1.5 份三烯丙基异氰尿酸酯，结果见表 5-23 和表 5-24。

表 5-23　铅-硅体系对过氧化物交联 PE 的 LOI 和水平燃烧试验结果

二枯基过氧化物用量/份	LOI/%	水平燃烧时间/min[①]
0	20.8	1.1
0.1	23.2	SE
0.3	24.2	SE
0.6	23.6	SE
1.2	24.8	SE
2.5	24.3	SE

① 水平燃烧时间指燃烧至 5.08cm 距离所需的时间，SE 表示自熄。

表 5-24　铅-硅体系对辐射交联 PE 的 LOI 和水平燃烧试验结果

辐射强度/Mrad	LOI/%	水平燃烧时间/min[①]
0	27.5	1.2
1.6	29.9	SE
3.2	28.9	SE
6.3	29.9	SE
12.6	27.9	2.6
25.3	24.0	2.9

① 水平燃烧时间指燃烧至 5.08cm 距离所需的时间，SE 表示自熄。

一些通用塑料如 ABS、PS 等的无卤素阻燃比较困难，近年来，有大量研究表明，采用交联成炭阻燃技术可能是实现它们无卤素阻燃的有效途径。如在 PS 中引入部分羟甲基基团形成具有如下结构的共聚物，将可有效提高其成炭性。

$$\sim\sim\sim CH_2-CH-CH_2-CH \sim\sim\sim$$

具有活性基团是发生交联的前提，但催化剂也是重要的交联条件，活性太高导致交联提前影响加工等性能，活性太低则使交联度下降而成炭阻燃性差，现发现 2-乙基己基二苯基磷酸酯（HDP）是上述 PS 共聚物的良好交联催化剂，以其催化交联的阻燃效果见表 5-25。

表 5-25　PS、PS 共聚物及 HDP 催化体系的锥形量热分析结果（热流量 35kW/m²）

材　料	引燃时间/s	PHR/(kW/m²)	达到 PHR 值时间/s	失重速率/(mg/s)
PS	52	1160	162	29
PS 共聚物	37	947	155	27
PS 共聚物＋HDP	36	374	410	11

注：热流量为 35kW/m²。PHR 为热量释放量峰值。

从表 5-25 中结果可以看出，PS 共聚物及其与 HDP 的混合物比 PS 有更好的阻燃性能，它们的 PHR 比纯 PS 分别降低了 18％和 68％，而达到 PHR 的时间延长了 150％。在辐射试验中发现，PS 共聚物与 HDP 的混合物具有成炭性，而 PS 及其共聚物则没有，这说明可交联的 PS 能形成隔热和阻止降解的保护炭层，因而有效提高了阻燃性。

第6章

催化阻燃技术

6.1 概述

当前使用的阻燃剂都以牺牲被阻燃材料的某些性能为代价，为了减少阻燃剂用量，提高阻燃效率，改善被阻燃材料的综合性能，降低制造成本，近年来开发了一些新型的高效阻燃剂，这一类型的阻燃剂添加量小（小于10％的质量分数），或作为协效剂添加少量时就可以提高传统阻燃体系的阻燃效率，这类阻燃剂或助剂的阻燃作用机制新颖，从而为新的阻燃剂开发和理论研究展示了一个新的领域。其中，催化阻燃技术即是该领域中备受关注的热点前沿技术。

目前已成熟应用的催化阻燃技术是指那些在一定条件下可催化被阻燃高聚物脱水的阻燃系统，其作用对象的高分子链上具有较多的羟基如碳水化合物，其典型的应用实例是磷酸酯对纤维素纤维（棉、黏胶织物）的阻燃，其作用机制是使纤维素脱水成炭而使可燃物大大减少，从而达到阻燃的效果，但这种阻燃作用模式对不含羟基的高聚物效果不佳。依据上述作用机理，如果能寻找到可以促进高聚物成炭而减少可燃物释放量的添加剂，将可提高其阻燃性，事实上在这方面已经有了一些研究，例如在聚丙烯中添加1.5％的金属铬可使其LOI提高到27％，而添加1％的乙酰丙酮锌或乙酰丙酮钴就可以使聚丙烯具有自熄性。初步研究发现，它们的作用机制可能是促进聚丙烯脱氢成炭或先催化聚丙烯表面氧化再促使其成炭，属于凝聚相的阻燃作用机制。目前，这种凝聚相的催化成炭阻燃技术在阻燃PVC、PVC/ABS合金和阻燃硅橡胶（含有硅的有机炭层）等材料中已获得应用。

根据高聚物燃烧和阻燃基本理论，如果能在高聚物燃烧的某一环节有效阻止其降解或自由基反应，则可发挥阻燃作用。早期的卤素阻燃剂主要是在气相中阻止燃烧的自由基反应而发挥阻燃作用。1998年瑞士汽巴-嘉基公司（CIBA-GEIGY）报告了一种受阻胺类光稳定剂（商品名为NOR 116、CGL 116、TKA 45009），该化合物除具有光稳定作用以外，还具有优异的阻燃作用，在添加量小于5％的情况下即可使聚丙烯具有良好的阻燃性能，其阻燃作用机制很可能是自由基的阻燃历程。此外，这类阻燃作用技术也已成功用于PC的阻燃。

6.2 催化成炭阻燃技术

20 世纪 70 年代，P. W. Krevelen 对各种高聚物的燃烧行为进行了系统深入的研究，研究发现高聚物燃烧后的残炭量与其阻燃性有一定的关联性，其极限氧指数与残炭量有较好的线性相关性，其氧指数（OI）与残炭量的关系如式（6-1）、式（6-2）所示。

$$OI \times 100 = 17.5 + 0.4CR \tag{6-1}$$

$$CR = 1200 \sum_{i=1} (CFT)_i / M \tag{6-2}$$

式中　CR——高聚物于 850℃时热裂解的成炭质量分数，对于有些高聚物可根据式（6-2）
　　　　　　计算得到；

　　　CFT——高聚物的某一结构单元的成炭倾向指数；

　　　M——一个结构单元的分子量。

表 6-1 为一些典型高聚物的 OI 计算值和实测值。从表中结果可见，大多数高聚物的 OI 计算值与实测值非常吻合。这一研究成果为人们进一步寻找高效成炭阻燃技术提供了理论指导。

表 6-1　一些典型高聚物的 OI 计算值和实测值

高聚物	成炭量（CR）		OI 值		
	实测值	计算值	计算值		实测值
			A①	B②	
POM	0	0	17.5	17.5	15.3
PMMA	0	0	17.5	17.5	17.3
PE	0	0	17.5	17.5	17.4
PS	0	0	17.5	17.5	18.3
赛璐珞	5	5	19.5	19.5	19.9
PET	8	8	20.7	20.7	20.6
PC	24	24	27.5	27.5	29.4
Nomex	35	30	31.5	29.5	29.8
PPO	28	30	28.9	29.5	30.5
Kynol	45	45	35.5	35.5	35.5
PBI	70	67	45.5	43.5	41.5
碳	100	100	57.5	57.5	56～64

① 根据高聚物在 850℃热降解的成炭量（CR）按式（6-1）计算的结果。

② 根据高聚物的分子结构按式（6-2）计算所得成炭量（CR）再按式（6-1）计算的结果。

通常，高聚物在燃烧时的成炭有如下三种途径。

① 高聚物自身热氧裂解成炭，这种成炭方式有两种情况：一种情况是高聚物分子中具有较高含量的杂原子或高分子链上的（杂）芳环结构成炭，如一些本质阻燃的聚酰亚胺（PI）、

聚苯硫醚（PPS）以及天然蛋白材料如羊毛等；另一种情况是高聚物因氧不足而发生脱氢成炭，这种成炭方式主要是有机高分子链上脱氢形成的碳-碳不饱和键的共轭芳构化的结果。

② 高聚物的分子链具有较活泼的基团，在催化剂存在下发生消除反应而形成碳-碳不饱和键，进而发生共轭芳构化成炭，如天然的纤维素材料在酸性催化剂作用下的成炭，PVC 在金属化合物作用下脱去 HCl 的成炭等。

③ 高聚物的表面分子链由于与空气中的氧、CO_2（在特定的环境下）等作用，形成羟基或羧基等基团，然后再发生交联或消除反应而成炭。

6.2.1　无机盐的催化成炭作用

6.2.1.1　硝酸钾对尼龙的催化氧化成炭作用

20 世纪 80 年代末已有报道采用氧化方式促进高聚物成炭，从而达到阻燃的目的。硝酸钾（PN）是黑火药的主要成分，研究发现 PN 可以在凝聚相中促进尼龙 6 成炭，添加 5% 的 PN 可以阻止尼龙 6 燃烧时的滴落；添加 10%PN 的尼龙 6 LOI 可以达到 27%，空气中水平燃烧时的自熄时间为 25～30s。燃烧试验和热重分析都表明，PN 对尼龙 6 具有很好的促进成炭作用。

6.2.1.2　碳酸钾-硅胶复合体系的成炭作用

近年来人们在采用锥形量热仪测试阻燃材料的燃烧性能时发现，碳酸钾（PC）、硅胶（SG）特别是两者的复合体系对一些高聚物具有阻燃性，研究表明它们可有效促进高聚物成炭。表 6-2 和表 6-3 分别列举了它们对聚乙烯醇（PVA）和尼龙 66 的阻燃效果。

表 6-2　PC、SG 对 PVA 的阻燃效果

性能	PVA	PVA+10%PC	PVA+10%SG	PVA+6%SG+4%PC
HRR(峰值)/(kW/m²)	609	322	252	194
HRR(平均)/(kW/m²)	381	222	173	114
平均 EHC/(MJ/kg)	17	17	15	12
总释热量/(MJ/m²)	221	145	131	101
平均 SEA/(m²/kg)	594	571	361	201

表 6-3　PC、SG 对尼龙 66 的阻燃效果

性能	尼龙 66	尼龙+10%SG	尼龙 66+6%SG+4%PC
HRR(峰值)/(kW/m²)	1131	558	546
HRR(平均)/(kW/m²)	640	365	370
平均 EHC/(MJ/kg)	23	24	24
总释热量/(MJ/m²)	108	111	102
平均 SEA/(m²/kg)	234	164	185

从表 6-2 和表 6-3 的结果可见，PC、SG 可大大降低 PVA 和尼龙 66 的热释放速率、总释放热量等燃烧性指标，还有研究发现它们对 PP、PS、SAN 以及纤维素等高聚物都有类似作用；从上述结果还可看出，对阻燃 PVA 而言，两者复合使用时，即使在相同用量的条件下，其热释放速率、总释放热量等都要小于 30％以上，而对尼龙 66 的阻燃没有发现这一现象，说明 PC 与 SG 对阻燃 PVA 有良好的协同作用。

6.2.2　金属氧化物的催化成炭阻燃

ABS 与 PVC 的合金是建筑和电器等广泛应用的一种高分子合金材料，在阻燃研究中发现，一种氧化铁的水合物（缩写为 FeOOH）对该合金具有优异的催化成炭作用，其研究结果见表 6-4。

表 6-4　氧化铁的水合物阻燃 ABS 与 PVC 合金的试验结果

共混体组分/份	成炭率/%		LOI/%
	500℃	800℃	
PVC	21.97	10.82	49.8
ABS	2.6	0	18.3
70PVC/30ABS	17.10	9.63	31.2
70PVC/30ABS/1.0FeOOH	24.28	14.69	37.3
70PVC/30ABS/2.5FeOOH	27.38	16.02	40.8
70PVC/30ABS/5.0FeOOH	31.40	17.21	44.2
70PVC/30ABS/7.5FeOOH	33.73	19.53	42.8
70PVC/30ABS/10.0FeOOH	37.60	22.38	39.8

从表 6-4 的结果可以看出，在 PVC/ABS 合金体系中，即使在很低用量的条件下，FeOOH 都有良好的催化成炭作用，且随用量增加成炭量也增加，其 LOI 在 FeOOH 用量小于 5 份的范围内随用量增加而增大，说明了 FeOOH 对 PVC/ABS 合金体系具有催化成炭的阻燃作用。从上述结果还可看到，当 FeOOH 用量超过 5 份时其 LOI 值随用量增大反而下降，这可能是过量的 FeOOH 在 LOI 测试条件下加速高聚物降解生成可燃物的结果。

氧化锆（ZrO_2）在阻燃技术中曾用于羊毛等阻燃，近年来的研究发现，氧化锆也是一些合成高聚物的有效阻燃剂，特别是与硼酸铵（APB）、硼酸（BA）和碳酸钾（PC）等复配使用具有良好的阻燃效果，并已用于 PE、PP、PI 等高聚物阻燃材料中，其阻燃剂用量为 5％～20％，表 6-5 列举了该类型阻燃剂阻燃 PE、PP 的锥形量热测试结果。

从表 6-5 所列研究结果可以看出，添加 10％的 ZrO_2-APB(1∶1) 阻燃 PE 时，热释放速率峰值降低了 54％，平均值降低了 48％；而添加 10％ZrO_2-APB-PC(1∶1∶1) 阻燃 PP 时，热释放速率峰值降低达 61％，平均值也降低了 41％，这种阻燃效率对聚烯烃来说是非常高效的，这种阻燃体系的阻燃作用机制可能与 ZrO_2 的催化成炭活性，以及 APB 和 BA 缩聚形成玻璃态隔热层有关。

表 6-5　ZrO₂-硼酸或盐复合阻燃体系阻燃 PE、PP 的锥形量热测试结果

性能	PE(热流量 35kW/m²)		PE(热流量 50kW/m²)	
	空白	10% ZrO₂-APB(1∶1)	空白	10% ZrO₂-APB-PC(1∶1∶1)
成炭率/%	0	1	0	3
HRR 峰值/(kW/m²)	1820	829	2074	800
HRR 平均/(kW/m²)	1110	579	920	544
总释热量/(MJ/m²)	240	246	262	206

聚甲基丙烯酸甲酯，简称 PMMA，具有高透明度、低成本、易加工的优点，机械强度也较高，因此是玻璃的替代材料。近年来对一水合铝（AlOOH）的阻燃研究发现，一水合铝加入 PMMA 基体内能够促进基体成炭从而发挥阻燃作用，在锥形量热测试中也表现了优秀的火灾安全性，表 6-6 列出了不同添加量的 AlOOH/PMMA 复合材料锥形量热测试结果。

表 6-6　不同添加量的 AlOOH/PMMA 复合材料锥形量热测试结果

性能	PMMA	PMMA-5%AlOOH	PMMA-10%AlOOH	PMMA-15%AlOOH	PMMA-20%AlOOH
TTI 点燃时间/s	69	80	74	88	82
TOF 熄火时间/s	318	372	382	573	879
PHRR/(kW/m²)	624	503	489	424	348
THR/(MJ/m²)	112	109	109	103	99
残余质量分数/%	0	5	8	13	18
TSR 总烟释放量/(g/kg)	6.7	7.4	6.8	8.7	14.4
TCOR 总 CO 释放量/(m²/m²)	430	540	527	497	323

从锥形量热结果来看，存在 AlOOH 时，PMMA 的燃烧行为得到有效抑制：对于所有 AlOOH/PMMA 样品，点燃时间增加了 10s 以上。PHRR 随着复合材料中 AlOOH 添加量的增加而降低：AlOOH 添加量为 20%（质量分数）时，PHRR 相比纯 PMMA 降低达 45%。残余质量随 AlOOH 添加量的增加而上升，这是一水合铝催化 PMMA 成炭的表现。

图 6-1 为锥形量热仪对 PMMA-AlOOH 复合材料进行测试后收集到的残余物的照片。可以看出，AlOOH 添加量为 15%（质量分数）的复合材料燃烧后，样品表面形成了很厚的残炭保护层。该保护层能够在聚合物的降解产物和火焰之间起屏障作用。

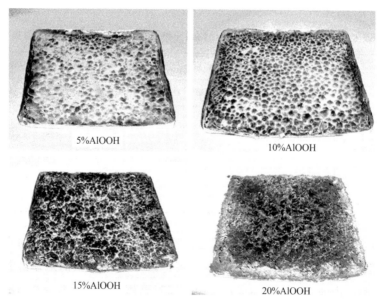

5%AlOOH　　　　　　　　　　10%AlOOH

15%AlOOH　　　　　　　　　　20%AlOOH

图 6-1　PMMA-AlOOH 复合材料锥形量热测试残余物照片

6.2.3　硅-金属氯化物的催化成炭作用

6.2.3.1　阻燃聚烯烃

近年来，硅及其化合物在阻燃技术中的应用受到广泛关注，这是因为硅的应用除了可以有效改善阻燃性能之外，还可以大大减少对环境的危害。俄罗斯学者 G. E. Zaikov 等对硅在阻燃材料中的应用进行了仔细研究，他们认为硅的阻燃作用主要基于两点：一是硅在凝聚相中的成炭作用；二是硅与一些金属氯化物在 $300\sim500℃$ 可以发生如下反应：

$$MCl_x + nSi \longrightarrow M + (n-1)Si + SiCl_4$$

上述反应生成的 $SiCl_4$ 具有和溴自由基相近的气相阻燃作用，研究表明，两者对正己烷在空气中的燃烧阻降指数分别为 0.56% 和 0.7%。表 6-7 为 Si-SnCl 对聚丙烯（PP）阻燃性能的锥形量热测试结果。$Si\text{-}SnCl_2$ 与聚丙烯（PP）粉料混炼后在 $120\sim140℃$ 压成直径为 35mm 的薄片，测试时的热流量为 $35kW/m^2$。

表 6-7　$Si\text{-}SnCl_2$ 阻燃聚丙烯（PP）的锥形量热测试结果

结果	PP	$PP+Si\text{-}SnCl_2$（质量配比为 95：3：2）
成炭率/%	0.0	10.1
点燃时间/s	62	91
HRR 峰值/(kW/m²)	1378.0	860.1
总释热量/(MJ/m²)	332	193.7

从表 6-7 结果可以看出，添加有 $3\%Si$ 和 $2\%SnCl_2$ 的阻燃 PP 具有良好的成炭性，其点

燃时间延长了 50%，最大热释放速率减小了近 60%，总释热量减小了 40%。由此可见，Si 与 $SnCl_2$ 复合体系对延缓 PP 的燃烧具有很好的作用，根据其阻燃 PP 的成炭率可以明显看出，它们对 PP 具有良好的催化成炭作用。其阻燃 PP 的 CO、CO_2 释放量测试结果如图 6-2 所示。

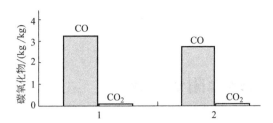

图 6-2　纯 PP 与 Si-$SnCl_2$ 阻燃 PP 的碳氧化物释放量

1—纯 PP；2—Si-$SnCl_2$ 阻燃 PP

从图 6-2 中结果可以看出，纯 PP 与 Si-$SnCl_2$ 阻燃 PP 的 CO 释放量相当，而 CO_2 释放量显著减少，这与阻燃 PP 的成炭有关。

6.2.3.2　阻燃尼龙

采用一些金属氯化物如氯化亚铜等作为尼龙热稳定剂的技术已成熟，近年来研究发现，一些金属氯化物与硅复配使用对尼龙 66 有很好的阻燃作用，表 6-8 为研究分析的结果。

表 6-8　一些金属氯化物与硅复配使用对尼龙 66 的 LOI 和成炭率试验结果

基材	金属氯化物	LOI/%	成炭率(750℃,空气)/%
纯尼龙 66	—	29	0.0
尼龙 66-Si	$SnCl_2$	37.5	5.2
尼龙 66-Si	$BaCl_2$	25.5	1.2
尼龙 66-Si	$CaCl_2$	25.0	3.1
尼龙 66-Si	$MnCl_2$	26.5	1.3
尼龙 66-Si	$ZnCl_2$	26.7	2.1
尼龙 66-Si	$CoCl_2$	26.5	2.7
尼龙 66-Si	$CuCl_2$	27.0	1.1

注：尼龙 66 与 Si 和 $SnCl_2$ 的配比为 95∶3∶2（质量比）。

从表 6-8 中结果可以看出，在上述一系列的金属氯化物中，以 $SnCl_2$ 与 Si 的复配效果最好，其 LOI 达到 37.5%，比纯尼龙提高了 8.5%，而成炭率达到 5.2%，纯尼龙 66 为 0。其他金属氯化物都有一定的催化成炭性，但 LOI 值没有提高，相反却有降低。但其阻燃尼龙 66 的高温（835℃）点燃时间都比纯尼龙 66 大大地延长了，这是 Si-金属氯化物阻燃体系催化成炭的结果，其试验结果见表 6-9。

表 6-9 尼龙 66-Si-金属氯化物的高温（835℃）点燃时间

材料	尼龙 66	尼龙 66-Si-SnCl₂	尼龙 66-Si-SnCl₄	尼龙 66-Si-MnCl₂	尼龙 66-Si-CoCl₂	尼龙 66-Si-CuCl₂	尼龙 66-Si-ZnCl₂
点燃时间/s	0	8.8	8.0	7.6	7.0	6.6	6.2

6.3 自由基催化猝灭阻燃技术

　　一种性能优良实用的阻燃剂常常在高聚物燃烧时的凝聚相、气相以及界面等各个环节同时起阻燃效用。本节将要介绍的是近年来开发的，在添加量很小的情况下，主要在高聚物燃烧时的凝聚相、气相以及界面等环节，通过捕捉自由基而终止燃烧链反应，从而达到阻燃目的的技术，这种阻燃技术已成功用于 PE、PP 的薄型制品及纤维或无纺布以及阻燃 PC 等材料。由于这种猝灭过程是在高聚物燃烧熄灭前循环反复进行的，所以可以看作是一个催化自由基猝灭的过程。其阻燃机制是通过自由基反应快速传递燃烧过程的自由基并使其猝灭，从而达到阻燃效果。因此，从理论分析，凝聚相中的抗氧系统都有阻燃功效，但大多数抗氧剂和自由基捕捉剂对高聚物的阻燃不是很有效，这是因为它们在高聚物燃烧温度下早已被迅速破坏；然而处于燃烧传播与燃烧熄灭之间的抗氧物质，则可通过捕捉自由基而使燃烧自熄，例如人们发现对某些聚乙烯，抗氧剂可使其 LOI 有所提高。本节介绍这一领域的最新技术状况。

6.3.1 受阻酚类物质的催化自由基猝灭阻燃技术

　　近年来，在研究聚烯烃的热氧降解历程时发现，聚 2,6-二甲基酚（PPE）及其与聚苯乙烯的接枝共聚物（PPE-g-PS）能抑制聚苯乙烯（PS）凝聚相中的自由基降解反应，从而提高了聚苯乙烯的耐热性和阻燃性。其作用机制是 PPE 中甲基上的活泼氢快速转移导致 PS 降解的自由基猝灭，从而有效降低聚苯乙烯的降解速度，延缓聚苯乙烯高分子链的断裂而减少可燃物的释放，从而达到一定的阻燃效果。该作用机制可用图 6-3 表示。

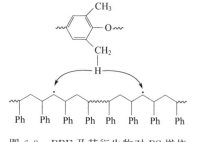

图 6-3　PPE 及其衍生物对 PS 燃烧自由基终止作用的机制

　　如果在 PPE/PS（65/35）合金中添加适量的三苯基磷酸酯（TPP），则可获得较满意的阻燃效果，这是上述自由基终止反应与 TPP 促进凝聚相成炭和气相中终止自由基反应等多重作用的结果。表 6-10 为 PPE/PS（65/35）合金添加 TPP 的 LOI 及采用热电偶测得的样条中部位置表面和内部温度的试验结果。

表 6-10　TPP 阻燃的 PPE/PS（65/35）合金及燃烧温度测试结果

TPP 添加量/%	UL 94(3.2mm)	样条中部温度/℃	
		内部	表面
0	—	240	220
4.8	V-1	150	160
16.6	V-0	90	125

6.3.2　受阻胺类物质的催化自由基猝灭阻燃技术

瑞士汽巴-嘉基公司在 1998 年举行的国际聚烯烃添加剂会议上，报告了一种受阻胺类阻燃光稳定剂（hinder amine light stabilizer，HALS），商品名为 NOR 116、CGL 116、TKA 45009。该物质除具有光稳定作用以外，还具有优异的阻燃作用，在添加量小于 5% 的情况下即可使聚丙烯具有良好的阻燃性能。下面就该产品作简要介绍。

瑞士汽巴-嘉基公司从 1999 年开始向全球推广应用该产品，产品形式有粉料和含该产品 10%~15% 的母料。其商品名有三个，即 Flamestab NOR 116FF、TKA 45009 和 CGL 116。其 CAS 登记号为 191680-81-6，英文名称为 *N*-butyl-2,2,6,6-tetramethyl-4-piperidiamine-2, 4,6-trichloro-1,3,5-triazine reaction products，中文译名为 *N*,*N''*-1,2-乙二胺-1,3-丙二胺与 2,4,6-(2,2,6,6-四甲基哌嗪-4-*N*-丁基氨基)-1,3,5-三嗪的反应产物。其化学结构式如图 6-4 所示。

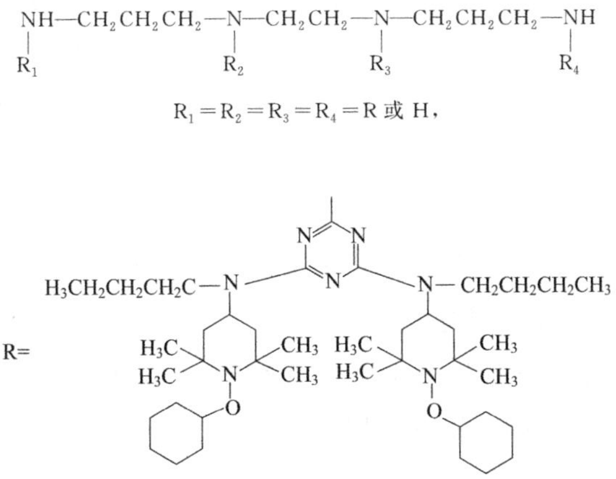

$$NH—CH_2CH_2CH_2—N—CH_2CH_2—N—CH_2CH_2CH_2—NH$$

R_1 = R_2 = R_3 = R_4 = R 或 H，

图 6-4　Flamestab NOR 116FF 化学结构

由于合成单体的活性基团较多，因此反应产物为混合物，其分子量分布如下：>2500， 33.1%；1900~2500，33.9%；1300~1900，22.5%；670~1300，3.4%；<670，4.6%。

红外光谱特征峰：3450cm^{-1}、3000~2800cm^{-1}、1533cm^{-1}、1475cm^{-1}、1400cm^{-1} 和 809cm^{-1}。

Flamestab NOR 116FF 的主要化学、物理性能见表 6-11。

表 6-11　Flamestab NOR 116FF 的主要化学、物理性能

项目	性能
外观	白色或灰白色，粉末或片状固体
熔程	108～123℃
闪点	>110℃
蒸气压(20℃)	$1.0×10^4$ Pa
失重分解温度	
失重1%	260℃
失重10%	285℃
溶解性	不溶于水(20℃溶解度为 $40×10^{-9}$)，溶于丙酮等强极性有机溶剂
基本毒性	老鼠，经口 LD_{50}>5000mg/kg，NOAEL=1000mg/(kg·d)

　　该产品已在中国、欧洲、美国、日本、韩国等国家和地区登记化学品知识产权保护，主要作为 PP、PE 纤维、无纺布、薄膜等的阻燃剂。由于该产品具有优异的光热稳定性和阻燃性，因此特别适宜用作聚烯烃的光稳定剂和阻燃剂，可单独使用，也可与溴、磷阻燃剂复配使用。

　　研究发现，在 PP 纤维或无纺布中，添加 0.5%～1.5% 的 Flamestab NOR 116FF 即可使其满足 NFPA701、MVSS 302 和 DIN 4102/B2 等标准的阻燃要求。表 6-12 为采用 MVSS 302 标准测试的 Flamestab NOR 116FF 对 PP 无纺布的阻燃效果。

表 6-12　Flamestab NOR 116FF 阻燃 PP 无纺布的测试结果 （MVSS 302 标准）

添加量/%	无纺布密度/(g/m^2)	燃烧速率/(cm/min)	等级评判结果
0	129	10	不能通过
0.5	139	点火，不燃	通过
0.9	139	点火，不燃	通过
1.5	132	点火，不燃	通过

　　从表 6-12 中的试验结果可以看出，在 PP 无纺布中添加 0.5% 的 Flamestab NOR 116FF 即可达到 MVSS 302 标准的阻燃要求。

　　在 Flamestab NOR 116FF 应用中还发现，该产品与溴阻燃剂具有协同作用。两者复配使用阻燃 PP 纤维的应用测试结果见表 6-13。

表 6-13　Flamestab NOR 116FF 与溴阻燃剂复配体系阻燃 PP 纤维的效果

添加组分	添加量/%	滴落燃烧时间/s	质量损失/%	等级评判结果
无		>50	>40	不能通过
十溴二苯醚	4	0.8	7	通过
十溴二苯醚	2	5	10	不能通过
十溴二苯醚	1	0	4	通过
Flamestab NOR 116FF	0.5			

从表 6-13 中试验结果可以看出，Flamestab NOR 116FF 与十溴二苯醚具有良好的协同阻燃效果，并且对 Flamestab NOR 116FF 发挥光稳定作用，没有对抗性。其阻燃 PP 纤维的 UV 稳定性试验结果如图 6-5 所示，试验在 WOM Ci65、沸点 63℃、无喷淋循环条件下进行，所有 PP 纤维样品的规格为 160/40dtex（1tex＝10dtex＝10^{-6}kg/m）。

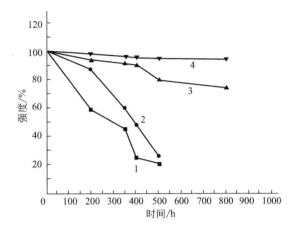

图 6-5　Flamestab NOR 116FF 及其与溴阻燃剂复配阻燃 PP 纤维的 UV 稳定性

1—3％溴阻燃剂；2—纯 PP；3—1.5％Flamestab

NOR 116FF＋1.5％溴阻燃剂；4—1％Flamestab NOR 116FF

从图 6-5 中的数据趋势可以看出，纯 PP 和添加溴阻燃剂的 PP 纤维对比，随光照射时间的延长，其强度损失迅速加大，光照射时间达 500h 后，其强度损失只有起初的 21％和 27％。而添加 Flamestab NOR 116FF 的阻燃 PP 纤维，经过 800h 光照射后，其强度只损失 5％左右，添加 Flamestab NOR 116FF 和溴系阻燃剂的复合体系也有较好的耐 UV 性能，经过 800h 光照射后其强度损失约 25％。

笔者对 Flamestab NOR 116FF 用于一种 PP 电线包覆薄膜的阻燃进行了研究，研究发现，Flamestab NOR 116FF 与一些溴阻燃剂和磷阻燃剂具有协同作用，部分研究结果见表 6-14（按 MVSS 302 标准测试）。

表 6-14　Flamestab NOR 116FF 阻燃 PP 薄膜的阻燃性能

阻燃剂	含量/%	燃烧(滴落)时间/s	等级评判结果
无		＞50	通不过
溴阻燃剂	10	2	通过
溴阻燃剂	2.5	＜1	通过
Flamestab NOR 116FF	0.5		
溴阻燃剂	1.0	0	通过
磷阻燃剂	0.5		
Flamestab NOR 116FF	0.5		

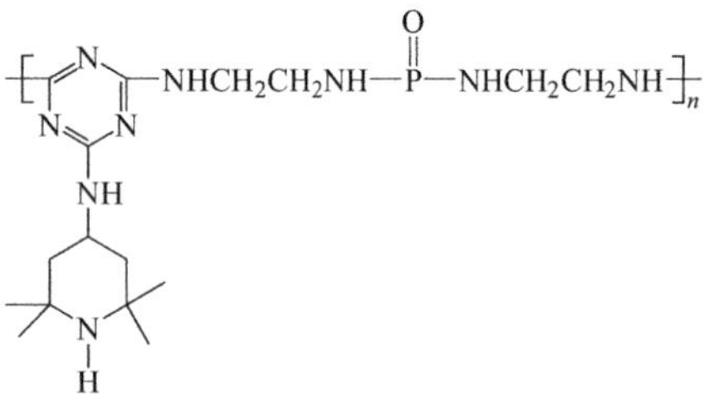

图 6-6　含受阻胺类结构的
三嗪成炭剂（HAPN）

从成本和使用效果看，Flamestab NOR 116FF 与一些溴阻燃剂和磷阻燃剂复配使用是可取的。

谢华理等研究了具有如图 6-6 结构的三嗪成炭剂，其最大特点是由于受阻胺类结构产生的自由基猝灭功能，在与 APP 复配用于阻燃聚丙烯时提高了复配体系的阻燃效率。

6.3.3　有机磺酸（盐）猝灭燃烧链反应的阻燃技术

近年来，聚碳酸酯（PC）的生产与应用增长迅速，在日本等一些发达国家，其年消费量已超过作为工程塑料使用的尼龙材料。通常采用溴或氯阻燃剂生产 PC 的阻燃级产品。随着环境保护要求的提高，环保型阻燃 PC 的研究受到了广泛重视，并已有成熟的阻燃技术投放商业应用。目前，用于 PC 环保阻燃的阻燃剂有磺酸盐类化合物和有机硅类物质。

在有机磺酸盐类 PC 阻燃剂中有两类化合物：一类是芳香族磺酸盐；另一类是全氟丁基磺酸盐。

6.3.3.1　芳香族磺酸盐

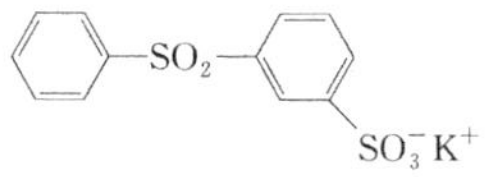

可用于 PC 阻燃的芳香族磺酸盐具有如图 6-7 所示的结构。其化学名称为 3-磺酸钾基二苯砜，英文名称为 diphenyl sulphone-3-potassiumsulphonate，商品名为 KSS，CAS 登记号为 63316-43-8，EINECA 登记号为 2640973。

图 6-7　3-磺酸钾基二苯砜化学结构

表 6-15 列举了国内外一些公司生产的 KSS 产品的性能指标。

表 6-15　KSS 产品的主要供应商及性能指标

性能	英国卢瑟福化学品公司	比利时普威伦(Proviron)公司	韩国重质碳酸钙公司	国内某商品
外观	白色粉末	白色粉末	白色粉末	白色粉末
3-磺酸钾基二苯砜含量/%	>60	>60	70	>70
二磺酸钾基二苯二砜含量/%	<38	<40	28	<30
硫酸盐含量/%	<1	—	<1	<1
水含量/%	<2	<3	<2	<2
热分解温度/℃	—	—	>310	—
水中溶解度(20℃)	20%	20g/100mL	—	20g/100mL
pH(20℃饱和水溶液)	—	7.0±0.4	6.5～7.2	6.5～7.2

通常做成 10% 含量的母料使用，其添加量为 4%～6%，即 KSS 含量为 0.4%～0.6% 即可达到 UL 94 V-0 级。

6.3.3.2 全氟丁基磺酸盐

全氟丁基磺酸盐是美国 3M 公司开发的含氟磺酸盐阻燃剂，其商品名为 FR-2025，全氟丁基磺酸钾的分子结构如图 6-8 所示。

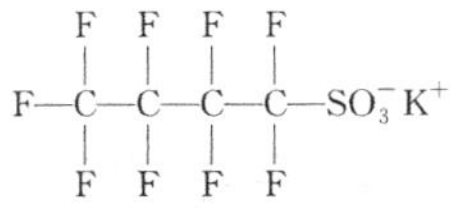

$$F-\overset{\underset{|}{F}}{\underset{\underset{|}{F}}{C}}-\overset{\underset{|}{F}}{\underset{\underset{|}{F}}{C}}-\overset{\underset{|}{F}}{\underset{\underset{|}{F}}{C}}-\overset{\underset{|}{F}}{\underset{\underset{|}{F}}{C}}-SO_3^-K^+$$

图 6-8　全氟丁基磺酸钾分子结构

FR-2025 与溴/氯系阻燃剂阻燃 PC 的综合性能对比见表 6-16。

表 6-16　FR-2025 与溴/氯系阻燃剂阻燃 PC 的综合性能对比

对比项目	FR-2025	溴/氯系阻燃剂
使用量	0.06%～0.1%	5.0%～10.0%
颜色	好	差
透明度	透光率>99%，透明	不透明
力学性能	几乎不影响	下降
热变形温度	不影响	不影响
阻燃性能 LOI UL 94(3.2mm)	25%～31% V-0	25%～30% V-0
腐蚀性	无	有
绿色环保认证	认可	不认可

从表 6-16 中可以看出，FR-2025 的综合性能好于溴/氯系阻燃剂。同时，由于氟碳链的结构特点，FR-2025 产品具有优异的化学和热稳定性能，其分解温度在 450℃ 以上，完全满足 PC 等加工要求。此外，虽然 FR-2025 含氟元素，但因氟碳链具有优异的热稳定性而不会在通常的燃烧过程中产生氟化氢，因此对环境几乎没有影响。

通常，FR-2025 制造成含量为 1%～3% 的母料使用，生产商建议在 280℃ 以上温度加工，以确保 FR-2025 在加工中发生相转变而与 PC 发生交联，从而获得较理想的阻燃效果。

6.3.3.3 磺酸盐阻燃 PC 的作用机制

燃烧是自由基链反应，磺酸（盐）类阻燃剂是通过终止这种链反应而达到阻燃效果的。这是因为其热裂解产生的磺酰自由基（$RSO_2 \cdot$）非常活泼，可以和燃烧产生的氢氧自由基（$HO \cdot$）迅速结合，而结合的产物又可以与 CO 和 $H \cdot$ 反应重新生成磺酰自由基（$RSO_2 \cdot$）。其作用机制的反应历程如下。

高聚物燃烧自由基反应：

$$R \cdot + O_2 \longrightarrow RCHO + HO \cdot$$

磺酸阻燃剂热裂解反应：

$$RSO_2 K(H) \longrightarrow RSO_2 \cdot$$

燃烧自由基链终止反应：

$$RSO_2 \cdot + HO \cdot \longrightarrow RSO_3 H$$

$$RSO_3 H + CO \longrightarrow CO_2 + H \cdot + RSO_2 \cdot$$

$$RSO_3H + H\cdot \longrightarrow H_2O + RSO_2\cdot$$

6.4　催化阻燃与抑烟技术

PVC 本身因氯含量高达 55.9% 而具有良好的阻燃性，可认为是一种本质阻燃高聚物，但 PVC 使用时都会添加一些增塑剂以及一些无机填料，因而降低了其阻燃性。PVC 是高聚物中燃烧时产生烟雾量最大的品种之一，且应用领域广泛，其阻燃抑烟技术将在本书第 8 章介绍。

6.5　催化阻燃技术在阻燃聚合物中的应用

6.5.1　催化阻燃技术在阻燃 PLA 中的应用

聚乳酸（PLA）是生物基材料中产量最大的一个品种，具有优良的综合性能。然而由于本身结构的原因，聚乳酸易于燃烧。随着聚乳酸应用的日益广泛，人们关注的焦点不仅仅是它的生物可降解性、力学性能、耐热性等方面，赋予其阻燃性能是拓展其在电子电气等领域应用的关键，因而成为近年来研究的热点。表 6-17 为纯聚乳酸与添加了阻燃剂的复合材料进行垂直燃烧与极限氧指数测试的结果。

表 6-17　PLA 与膨胀型阻燃剂阻燃 PLA 材料的阻燃性能

试样	PLA 质量分数/%	IFR 质量分数/%	催化剂质量分数/%	LOI/%	UL 94	燃烧行为
PLA	100	0	0	22.7	没通过 UL 94 实验	持续燃烧
PLA-1	96	4	0	31.1	V-0	自熄
PLA-2	96	3.5	0.5TiO$_2$	32.0	V-0	不燃
PLA-3	96	3.5	0.5 四水合醋酸镍	29.0	V-2	可燃，并滴落

注：IFR 为膨胀型阻燃剂。

从表 6-17 中所述的结果可以看出，PLA-1 在只添加 4% IFR 的情况下就能通过 V-0 级别，火焰离开之后很快熄灭。并且极限氧指数可以达到 31.1%。PLA-2 是添加了 3.5% IFR 和 0.5% 的 TiO$_2$ 的样品，其垂直燃烧可达 V-0 级别，并且很难点燃，氧指数为 32.0%，比 PLA-1 略有提高。但是添加了醋酸镍的 PLA-3 却相反，氧指数降低到 29.0%，而且垂直燃烧中样条燃烧的同时会滴落引燃脱脂棉，只能达到 V-2 级。这个结果表明，醋酸镍与膨胀阻燃聚乳酸有一定的抗结作用。综合考虑各方面性能以及成本，以 IFR 与 TiO$_2$ 复配效果最佳。

6.5.2　催化阻燃技术在阻燃 PP 中的应用

聚丙烯（PP）具有相对密度小、力学性能好、耐腐蚀等优点，广泛应用于电子电气、交通、建筑等领域，但 PP 主要由碳、氢元素构成，极限氧指数仅为 17.4%，不成炭，极易燃烧，因此对 PP 进行无卤阻燃化研究，赋予 PP 优异的阻燃性能具有十分重要的意义。

6.5.2.1　硼酸锌/负载型金属氧化物催化剂/氢氧化铝阻燃 PP 材料

在无卤素阻燃体系中，无机阻燃剂如氢氧化镁（MH）、氢氧化铝（ATH）等具有无毒、无腐蚀、抑烟、环保、价格低廉等特点，已日益引起人们的重视，然而作为阻燃剂使用其最大的缺点是在阻燃材料中添加量大，阻燃效率低。李平立等研究了采用 ATH 阻燃聚丙烯（PP）的复合阻燃技术，在 PP/ATH 阻燃体系中引入硼酸锌（ZB）和负载型金属氧化物催化剂（WMS），其中 ZB 具有阻止阴燃的作用，而 WMS 具有催化 PP 基体树脂自身成炭的能力，这种复合阻燃体系可显著改善材料的阻燃性能。表 6-18 为不同配比的 ATH 阻燃 PP 样品的垂直燃烧和极限氧指数的测试结果。

表 6-18　ATH 阻燃 PP 的阻燃性能测试结果

试样	PP 质量分数/ATH 质量分数/ZB 质量分数/WMS 质量分数/%	UL 94	阴燃	LOI/%
1	45/55/0/0	未通过	是	29.8
2	45/52/3/0	未通过	否	29.5
3	45/49/3/3	V-0	否	30.7

6.5.2.2　可膨胀石墨/氧化镍催化成炭阻燃 PP 材料

在所有的高分子材料中，促使聚烯烃类材料成炭难度最大。膨胀型阻燃剂主要通过添加碳源的途径使聚烯烃在燃烧时表面形成多孔泡沫炭层，然而要达到成炭阻燃的效果，碳源及其膨胀型阻燃剂仍存在添加量高的缺点，栾珊珊等研究了采用可膨胀石墨与氧化镍复合阻燃 PP 的成炭效果。表 6-19 为可膨胀石墨/氧化镍/PP 配方以及成炭率。

表 6-19　可膨胀石墨/氧化镍/PP 配方以及成炭率

试样	PP 质量分数/%	Ni_2O_3 质量分数/%	SXGO 质量分数/%	成炭率/%
1	100	0	0	0
2	99	0	1	0
3	97	0	3	0
4	95	0	5	0
5	95	5	0	8
6	94	5	1	26
7	93	5	2	29
8	92	5	3	36
9	91	5	4	24

注：SXGO 为酸洗膨胀性石墨。

从表 6-19 中的试验结果可以看出，在相同的热裂解条件下，纯 PP 没有留下任何残炭。单独添加 Ni_2O_3 时，可以看到聚合物裂解后能够形成少量的炭，这说明 Ni_2O_3 具有催化 PP 裂解产物成炭的作用，从成炭量来看催化效率较低，当 SXGO 与 Ni_2O_3 同时添加到 PP 中时，发现聚合物裂解后形成大量的残炭。这种现象表明二者对裂解 PP 成炭起到协同催化作用，这种协同作用大大增加了裂解产物中炭的含量。

6.5.3　催化阻燃技术在阻燃 PC 中的应用

李林科等研究了以季戊四醇和三氯氧磷为原料，合成氯化螺环磷酸酯（SPDPC），再与间苯二酚反应制得间苯二酚螺环磷酸酯（BPSPBP）；由 BPSPBP 和 3-氨丙基甲基二乙氧基硅烷（DB-902）反应制备得到一种在同一分子中含磷、硅及氮元素的阻燃剂（PSBPBP）。反应历程如下：

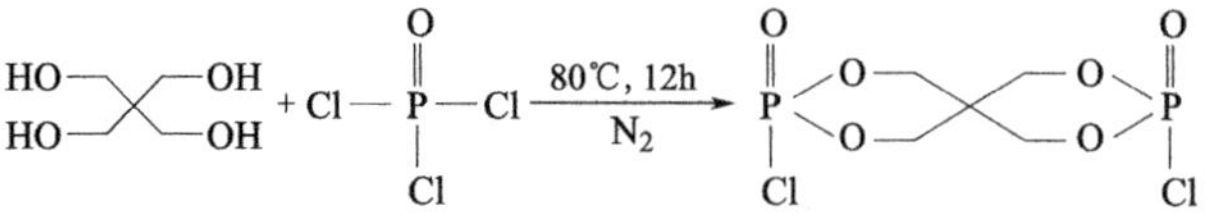

氯化螺环磷酸酯的合成

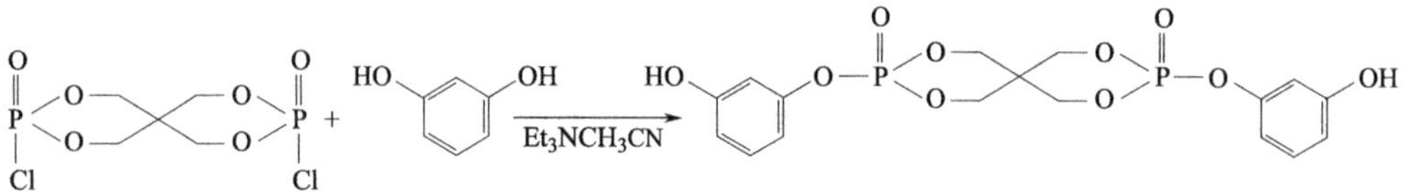

间苯二酚螺环磷酸酯的合成

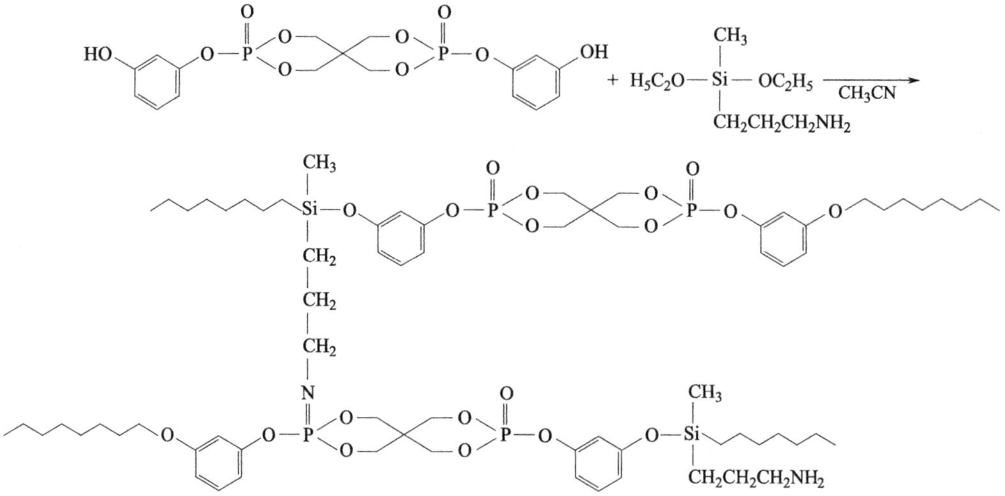

PSBPBP的合成

表 6-20 为两种新型阻燃剂阻燃 PC 的试验结果。

表 6-20 PC/阻燃剂体系的阻燃测试结果

试样	BPSPBP 添加质量分数/%	PSBPBP 添加质量分数/%	LOI/%	UL 94
1	0	0	25	V-2 滴落
2	10	0	25	V-2 滴落
3	15	0	27	V-2 滴落
4	0	10	30	V-1
5	0	15	31	V-0

从表 6-20 中的试验结果可以看出，当 PSBPBP 添加量为 15% 时氧指数就可以达到 31%，并且 UL 94 通过 V-0 级，表明硅结构的引入有助于阻燃，磷、硅具有一定的协同效应，而且阻燃剂 PSBPBP 15% 的添加量已经可以赋予 PC 很好的阻燃效果。

第 7 章

协同阻燃技术

7.1 概述

在实际阻燃技术中，很少使用单一品种的阻燃剂，而是并用数种阻燃剂或阻燃增效剂以达到协同阻燃的效果，并减少阻燃剂的用量。因此，协同技术是阻燃技术中最重要的技术之一。所谓协同作用是指由两种或两种以上组分组成的阻燃体系其阻燃作用优于由单一组分所测定的阻燃作用之和。通常采用协同效率（synergistic efficiency，SE）来定量描述协同作用，SE 定义为在添加量相同的情况下，协同体系的阻燃效率（EFF）与体系中阻燃剂（不含协效剂）的阻燃效率之比，其中 EFF 是指单位质量的阻燃元素（如卤素、磷、氮等）所增加的被阻燃基料的极限氧指数值。

近年来，随着阻燃技术研究的深入，协同阻燃技术及应用发展迅速，发现了一系列协同阻燃体系，并获得良好的市场应用。本章将对近年来的一些新研究成果进行简要介绍。

7.2 卤素-锑协同阻燃

卤素-锑化合物的协同阻燃是最典型的复配协同阻燃技术。卤素和锑的协同作用早已为人们所认识，也是至今应用最为广泛的协同阻燃体系。该技术起源于 20 世纪 30 年代的氯化石蜡与三氧化二锑复合用于军用织物的阻燃。在卤素-锑协同阻燃体系中，卤素组分通常是芳香族溴化物、氯化物和脂肪族溴化物、氯化物，常用的锑化合物有三氧化二锑、五氧化二锑和锑酸盐等。

卤素-锑协同阻燃体系的阻燃作用模式涉及凝聚相和气相中的阻燃。芳香族溴化物-三氧化二锑和脂肪族溴化物-三氧化二锑阻燃体系的 SE 值分别为 2.2 和 4.3，由此可见，脂肪族溴化物-三氧化二锑阻燃体系的阻燃效率比芳香族溴化物-三氧化二锑要高，因此在达到同样阻燃级别要求时，前者的用量比后者要少。

游离的卤素和卤化氢具有捕获自由基的作用，能以化学方式捕获燃烧反应所必需的·O 或 HO·自由基。但实用的卤素阻燃剂绝大多数为含溴和含氯的化合物，这是因为氟化物的碳-氟键能大，自由基形成较为困难；而碘化物的碳-碘键能较小，热稳定性较差，难以满足高聚物的热加工要求。从键能和上述抑制气相氧化反应的试验可知，溴化物比氯化物有更高的阻燃效果，但就分子结构骨架相同的化合物而言，溴化物的耐热性低，防熔滴效果差；氯化物的耐热性好，防熔滴效果好，电性能也较前者好。当高聚物加入卤素阻燃剂时，阻燃材料在高温下发生分解反应，释放出 HBr，后者可与火焰中的 HO·、H· 等自由基发生反应，使上述自由基的浓度降低，从而可减缓或终止燃烧链反应以达到阻燃的目的。此外，卤代化合物受热分解产生的 HX（HX＝HBr、HCl）难燃，且密度比空气大，因此在气相中也能起稀释阻燃作用。

自由基反应如下：

$$卤素阻燃剂 \longrightarrow X \cdot (X＝Br、Cl，以下同)$$
$$X \cdot + RCH_3 \longrightarrow R—CH_2 \cdot + HX$$
$$HO \cdot + HX \longrightarrow H_2O + X \cdot$$
$$H \cdot + HX \longrightarrow H_2 + X \cdot$$

卤素-锑体系的协同阻燃机理为：首先 Sb_2O_3 与卤化氢反应生成卤氧化物，进而生成卤化锑。其协同作用的反应历程如下：

$$Sb_2O_3 + HX \longrightarrow SbOX + H_2O$$
$$SbOX(s) \longrightarrow Sb_4O_5X_2(s) + SbX_3(g) \uparrow$$
$$Sb_4O_5X_2(s) \longrightarrow Sb_2O_4X(g) + SbX_3(g) \uparrow$$
$$Sb_2O_4X(g) \longrightarrow Sb_2O_3(s) + SbX_3(g) \uparrow$$

随着温度的升高，卤氧化锑在 245～565℃ 范围内发生分解反应生成三卤化锑，其在气相中发挥阻隔氧的作用。此外，卤氧化锑的脱水作用及分解出的卤素自由基还具有捕捉自由基的效用。使卤氧化锑的热分解温度范围与阻燃高聚物的热分解行为相一致是非常重要的，添加金属氧化物可以使 Sb_2O_3 的分解温度升高或降低，例如氧化铁可使分解温度下降 50～100℃，氧化钙、氧化锌可使其分解温度升高 25～50℃。

另外，在一些脂肪族溴化物的阻燃应用中发现卤素与自由基母体的协同作用。如在六溴环十二烷-氧化锑阻燃聚丙烯体系中，加入异丙苯过氧化低聚物可以减少阻燃剂的添加量。人们在以四溴乙炔阻燃聚苯乙烯的研究中也发现，过氧化二异丙苯与四溴乙炔并用于聚苯乙烯的阻燃时，体现出很高的协同阻燃效果。这是因为过氧化物等自由基引发剂可促进溴自由基的产生，所以可提高溴系阻燃剂的阻燃效率。

在这种协同体系中，卤素阻燃剂通常为脂肪族溴化物，被阻燃材料为聚烯烃。

卤素-锑协同阻燃技术已经很成熟，目前研究的热点是有针对性地开发锑的代用品以及更好的协效剂，以进一步提高综合性能。

7.3　卤素-无机化合物协同阻燃

除了卤素与锑化合物的协同效应以外，现已发现卤素与许多无机化合物特别是金属化合物具有协同阻燃作用，协同效果较好的是元素周期表中的ⅢA、ⅣA、ⅤA族金属氧化物或盐如硼、锑、锡等的氧化物或盐，以及一些过渡金属氧化物如氧化铁、氧化镍、氧化锌等。在研究卤素阻燃剂阻燃聚乙烯时发现，十二氯二甲桥环癸烷（DECHL）与氧化锡水合物具有很高的协同阻燃效应，其协同效果比卤素-锑体系还好。这种氧化锡水合物是含锡 67%、含水 11.5% 的化合物。

对于一些特殊阻燃体系，一些金属氧化物或盐与卤素的协同效果比氧化锑还好，表 7-1 为不同金属氧化物与十二氯二甲桥环癸烷（DECHL）复配使用阻燃尼龙 66 的阻燃性能。

表 7-1　金属氧化物-DECHL 复配使用阻燃尼龙 66 的性能

项目	DECHL-Sb_2O_3	DECHL-Sb_2O_3	DECHL-ZnO	DECHL-Fe_2O_3
质量分数/%				
尼龙 66	73	70	73	84
DECHL	18	20	18	14
Sb_2O_3	9	10		
ZnO			9	
Fe_2O_3				4
UL 94				
3.2mm	V-0	V-0	V-0	V-0
1.6mm	V-0	V-0	V-0	V-0
0.8mm	—	V-0	—	V-0
0.4mm	—	V-0	—	V-0
拉伸强度/MPa	—	58	60	72
漏电起痕指数（CTI）/V	—	275	600	275

从表 7-1 中结果可以看出，在 DECHL 阻燃尼龙 66 体系中，Fe_2O_3、ZnO 是 Sb_2O_3 的良好替代品，尤其是添加 Fe_2O_3，达到同样阻燃级别（0.4mm V-0 级）时，可以使 DECHL 阻燃剂的添加量减少 40%，显示出优异的协效作用；而采用 ZnO 替代 Sb_2O_3，则可提高阻燃尼龙 66 的 CTI 值。

在 DECHL 阻燃尼龙 6 体系中，人们发现采用硼酸锌与 Sb_2O_3 复配使用可改善阻燃材料的综合性能，尤其是 CTI 得到明显提高。表 7-2 列举了 DECHL 与一些无机化合物复配使用阻燃尼龙 6 的主要性能。

表 7-2　DECHL 阻燃尼龙 6 的主要性能

项目	1	2	3	4	5
尼龙 6 含量/%	73	74	76	70	75
DECHL 含量/%	18	21	16	20	20
Sb_2O_3 含量/%	9	2.5	6	—	—
硼酸锌含量/%	—	2.5	2	10	—
氧化铁含量/%	—	—	—	—	5
UL 94（3.2mm）	V-0	V-0	V-0	—	V-0
UL 94（1.6mm）	V-0	V-0	V-0	—	V-0
拉伸强度/MPa	47.4	50.7	52.6	52.6	52.5
CTI/V	325	425	375	—	275

从表 7-2 中结果也可看出，氧化铁与 DECHL 复配使用对尼龙 6 的协同阻燃效率高于 Sb_2O_3，这与阻燃尼龙 66 一致。

金属化合物与卤素阻燃剂协同作用的理论研究还有待深入，因此，在实际应用配方中必须仔细筛选，通过试验寻找到较好的阻燃协同体系。

7.4 磷-卤素协同阻燃

磷系阻燃剂是最早被使用并成功用于阻燃纤维素的阻燃剂，因此，有关阻燃纤维素的机理研究得较为透彻。现已证明，在一般情况下加入磷系阻燃剂的高聚物燃烧时，磷系阻燃剂在高温或热氧作用下分解产生磷酸及其脱水衍生的偏磷酸等物质，可进一步聚合并在阻燃材料表面形成玻璃态覆盖层；更为重要的是磷酸和偏磷酸等物质具有强烈的脱水作用，可使高聚物表面脱水炭化而形成石墨状的炭层，这种炭层和上述玻璃态覆盖层可阻止凝聚相中可燃挥发物的扩散以及高聚物与氧的接触而达到阻燃效果。此外，磷系阻燃剂还可通过促使某些高聚物加速降解滴落而带走热量，同时脱出的水挥发时也可吸收大量的热从而使燃烧物质降温而减缓或终止热降解；脱出的水挥发并在火焰区形成水蒸气又稀释了可燃性挥发物和氧的浓度，因此磷系阻燃剂具有多重阻燃功能。

现代谱学发现，磷系阻燃剂有时还可在气相中发挥阻燃作用，因为磷系阻燃剂在燃烧条件下可通过下述历程产生自由基。

$$H_3PO_4 \longrightarrow HPO_2 + PO\cdot + 其他$$
$$H + PO\cdot \longrightarrow HOP$$
$$H\cdot + HOP \longrightarrow H_2 + PO\cdot$$
$$HO\cdot + PO\cdot \longrightarrow HPO + O\cdot$$
$$HO\cdot + H_2 + PO\cdot \longrightarrow HPO + H_2O$$

以固相阻燃作用为主的磷与以气相阻燃为主的卤素相互协同，可形成从气相到固相范围内更佳的阻燃效果。一些文献提出卤素与磷的协同体系在高温下可生成卤化磷和氧卤化磷，以此说明在气相中磷-卤素间也存在和卤素-锑相似的协同作用，但并非所有的试验结果都与此结论相一致，在磷-卤素并用的阻燃体系中也发现两者仅存在阻燃加和性甚至对抗性的现象。例如，以含磷及卤素的阻燃剂阻燃聚乙烯时，加入 Sb_2O_3 并不能提高材料的阻燃性，原因可能是磷氧化生成的磷酸与 Sb_2O_3 反应生成磷酸锑而不利于卤化锑的形成和蒸发，阻碍了锑在气相中发挥阻燃效能，而磷酸锑较为稳定也影响了磷凝聚相的阻燃作用。因此，有关磷-卤素阻燃体系的作用及其阻燃机理还有待进一步深入研究。

美国 J. Green 等对磷、溴协同阻燃 HIPS、ABS 和 PC 及其合金等进行了仔细研究，发现了优异的协同阻燃效应。表 7-3 是磷、溴及不同结合形式的阻燃 HIPS 的阻燃性能。

从表 7-3 中结果可以看出，磷与溴复配用于阻燃 HIPS 时，具有良好的协同作用，TPP 与 TBPC 复配使用阻燃的 HIPS 的 LOI 为 22.7%，而两者的加和值为 21.2%，说明两者复配后有明显的阻燃增效作用。而对于磷、溴含量和比例相同的 DPTBPP 来说，其阻燃 HIPS 的 LOI 为 23.6％，高于 TPP 与 TBPC 复配体系，这表明，同一分子内的磷、溴协同效应大于分别含磷、溴的两种化合物复配体系的协同效率。

表 7-3　不同磷、溴阻燃剂阻燃 HIPS 的阻燃性能

阻燃剂	磷含量/%	溴含量/%	LOI/%
空白	—	—	17.3
亚磷酸三苯酯(TPP)	0.485	—	19
四溴对苯二酚(TBPC)	—	5	19.5
TPP＋TBPC(加和值)	0.485	5	21.2
TPP＋TBPC(实测值)	0.485	5	22.7
溴代磷酸酯[①]	0.485	5	23.6

① 溴代磷酸酯为二苯基-4-羟基-2,3,5,6-四溴苯基磷酸酯 (DPTBPP)，其结构为：

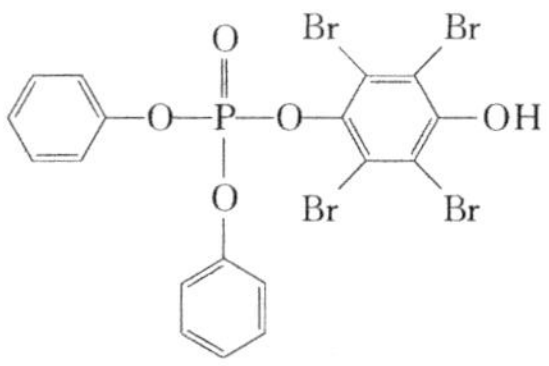

按照同一研究思路，研究磷、溴复合体系阻燃 ABS 的阻燃性能，结果见表 7-4。

表 7-4　不同磷、溴复合体系阻燃 ABS 的阻燃性能

阻燃剂	磷含量/%	溴含量/%	LOI/%
空白	—	—	18
亚磷酸三苯酯(TPP)	0.66	—	20.2
二溴对苯二酚(DBPC)	—	3.4	19.7
TPP＋DBPC(加和值)	0.66	3.4	21.2
TPP＋DBPC(实测值)	0.66	3.4	22.7
甲基溴代磷酸酯[①]	0.66	3.4	25
苯基溴代磷酸酯[②]	0.66	3.4	26.9

① 二甲基-4-羟基-3,5-二溴苯基磷酸酯。

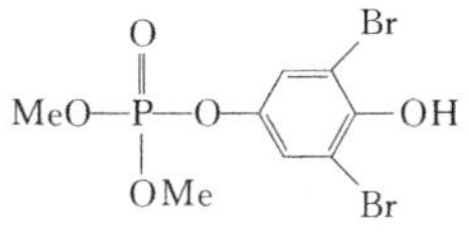

② 二苯基-4-羟基-3,5-二溴苯基磷酸酯。

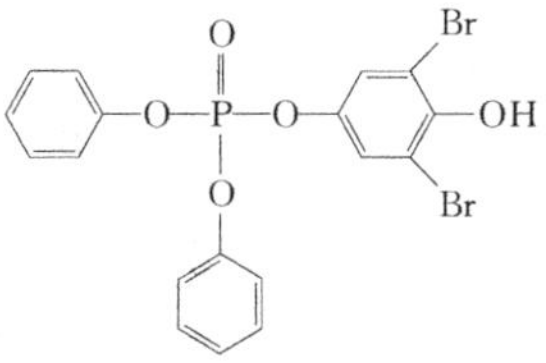

从表 7-4 中的结果可以得出与磷、溴复配阻燃 HIPS 相似的结论。在这一研究结果中还发现，全芳香族溴代膦酸酯中的磷、溴复合阻燃体系的协同效率大于溴代芳香族脂肪族磷酸酯的协同效率。

含溴磷酸酯对 PC/PET 合金（PC：PET 为 2：1）的阻燃效率很高，研究发现其中的磷、溴具有很好的协同阻燃效应，其磷-溴协同阻燃 PC 的阻燃性能分别见表 7-5 和表 7-6，但在这种阻燃体系中，分子内的磷、溴和分子之间的磷、溴协同阻燃效率几乎相同。

表 7-5　磷-溴（芳香族）协同阻燃 PC 的阻燃性能

阻燃剂	溴含量/%	磷含量/%	LOI/%
溴化聚碳酸酯低聚物(A)	6		33.5
亚磷酸三苯酯(B)		0.4	30.3
(A)+(B)(加和)	6	0.4	39.9
(A)+(B)(实测值)	6	0.4	42
溴代磷酸酯[①]	6	0.4	42.5

① 为三(2,4-二溴苯基)磷酸酯，结构如下：

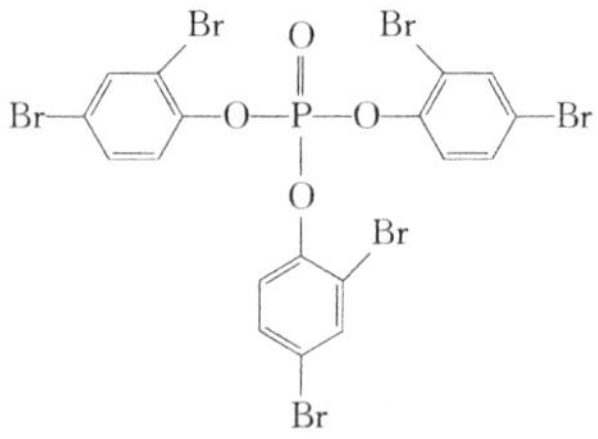

表 7-6　磷-溴(脂肪族)协同阻燃 PC 的阻燃性能

阻燃剂	溴含量/%	磷含量/%	LOI/%
溴化聚碳酸酯低聚物(A)	7		35.1
亚磷酸三苯酯(B)		0.3	29
(A)+(B)(加和)	7	0.3	40
(A)+(B)(实测值)	7	0.3	43
溴代磷酸酯[①]	7	0.3	47

① 为三(三溴新戊基)磷酸酯。

从表 7-5 和表 7-6 的试验结果可以看出，溴代脂肪族磷酸酯中磷、溴协同阻燃体系的阻燃协同效率比上述其他任一结构和组合形式的阻燃效率都要高。

作者研究了具有如下结构的含溴笼状磷酸酯中磷与溴对聚丙烯的协同阻燃效应及其阻燃机制。

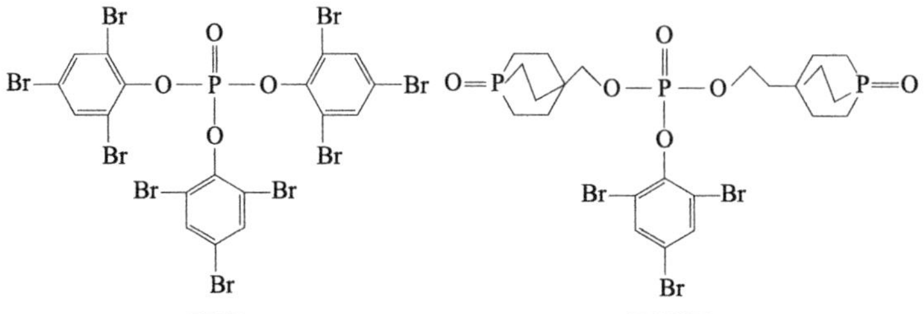

TTBP

TBDPP

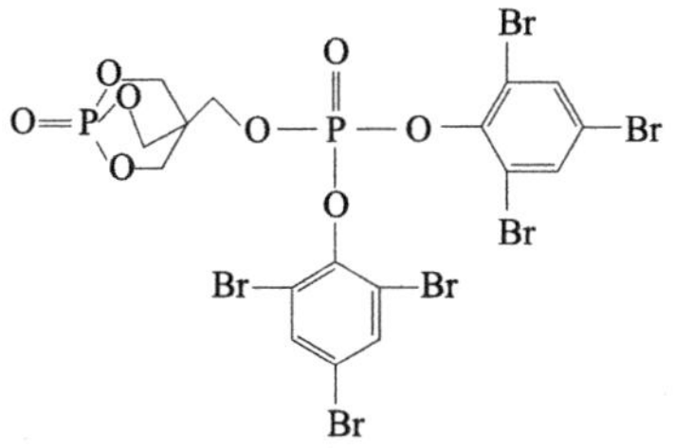

DTBPP

TBDPP、DTBPP 和 TTBP 阻燃 PP 的配方及 LOI 测试结果见表 7-7。

表 7-7 TBDPP、DTBPP 和 TTBP 阻燃 PP 的配方及 LOI 测试结果

阻燃剂及添加量/%		$m(溴)/m(磷)$	笼状基团含量/(mol/1000g)	LOI/%
纯 PP		—	—	17.4
TBDPP	5	2.58	0.136	20.2
	10	2.58	0.272	23.6
	15	2.58	0.408	25.5
	20	2.58	0.544	27.6
DTBPP	5	7.74	0.056	20.6
	10	7.74	0.113	24.2
	15	7.74	0.169	26.4
	20	7.74	0.226	28.5
TTBP	5	23.2	0	19.5
	10	23.2	0	22.2
	15	23.2	0	24.6
	20	23.2	0	26.5

根据表 7-7 中的试验结果，进行阻燃剂添加量与 LOI 的线性分析，得出三者阻燃 PP 的 LOI 与阻燃剂添加量之间的关系如下。

TBDPP 阻燃 PP：LOI（%）＝17.74＋0.512CFR×100，$r=0.989$

DTBPP 阻燃 PP：LOI（%）＝17.82＋0.560CFR×100，$r=0.993$

TTBP 阻燃 PP：LOI（%）＝17.38＋0.466CFR×100，$r=0.998$

式中　CFR——阻燃剂的质量分数；

r——线性相关系数。

其 LOI 随阻燃剂量变化的趋势如图 7-1 所示。

从试验结果可以看出，TBDPP 和 DTBPP 对 PP 的阻燃效率明显高于 TTBP，为了进一步研究上述阻燃剂中各阻燃要素及相互间的作用效果，笔者考察了溴［十溴二苯醚（DBD-PO）为溴源］、磷［三异丙苯基磷酸酯（TIP）为磷源］和季戊四醇笼状磷酸酯基团（以 PEPA 为源）分别阻燃 PP 的阻燃效果，其 LOI 与阻燃元素含量的线性分析结果如下。

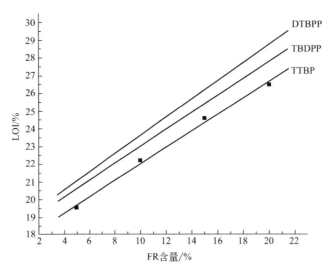

图 7-1 TBDPP、DTBPP 和 TTBP 阻燃 PP 的 LOI 随阻燃剂量变化的趋势

DBDPO 阻燃 PP：LOI（％）＝17.53＋0.518［Br］×100，r＝0.993

TIP 阻燃 PP：LOI（％）＝17.34＋2.387［P］×100，r＝0.999

PEPA 阻燃 PP：LOI（％）＝17.36＋1.388［P］×100，r＝0.997

从试验结果可见，对 PP 阻燃而言，TIP 中的磷的阻燃效率是 DBDPO 中溴的 4.7 倍，而 PEPA 中的磷是 DBOPO 中溴的 2.7 倍。TIP 中磷的阻燃效率较 PEPA 中的要高，作者认为这可能是因为 TIP 为较易挥发的磷酸酯，可以在气相和凝聚相中同时发挥阻燃作用，而 PEPA 是高稳定性磷酸酯，主要在凝聚相中发挥阻燃作用。

以上述三式中的溴、磷对 PP 的阻燃效率，根据 TBDPP、DTBPP 和 TTBP 中溴和不同形态的磷含量计算得出的 LOI 和实际测试结果比较，见表 7-8。

表 7-8 TBDPP、DTBPP 和 TTBP 阻燃 PP 的 LOI 计算值与实际测试结果比较

阻燃剂及用量/%		磷酸酯基的磷含量/%	笼状基中的磷含量/%	溴含量/%	LOI(计算)/%	LOI(实测)/%
TBDPP	5	0.211	0.422	1.631	19.33	20.2
	10	0.422	0.843	3.262	21.26	23.6
	15	0.632	1.264	4.893	23.20	25.5
	20	0.843	1.685	6.524	25.13	27.6
DTBPP	5	0.175	0.175	2.707	19.46	20.6
	10	0.350	0.350	5.414	21.52	24.2
	15	0.524	0.524	8.121	23.59	26.4
	20	0.699	0.699	10.828	25.65	28.5
TTBP	5	0.150		3.470	19.55	19.5
	10	0.299		6.939	21.71	22.2
	15	0.448		10.408	23.86	24.6
	20	0.598		13.878	26.02	26.5

从表 7-8 中的分析结果可见，TBDPP、DTBPP 与 TTBP 相比，由于具有成炭性的季戊四醇笼状结构而提高了阻燃效率，各阻燃元素之间表现出优异的协同阻燃效应。其中，以 DTBPP 的协同阻燃效率最高，20％含量的 DTBPP 阻燃 PP 的 LOI 比加和值高出 2.9％，同样用量的 TBDPP 阻燃 PP 的 LOI 高出 2.5％，而 TTBP 阻燃 PP 仅高出 0.5％。由此可以看出，溴或溴-磷体系与季戊四醇笼状磷酸酯基团具有较高的协同阻燃效应。

为了进一步探索溴或溴-磷体系与季戊四醇笼状磷酸酯基团的协同阻燃效应，作者采用热分析和裂解气相色谱-质谱（PyrGC-MS）等分析方法，研究了其协同阻燃机制。

TBDPP、DTBPP 与 TTBP 阻燃 PP 的热失重（TG）分析结果分别如图 7-2、图 7-3 和图 7-4 所示。

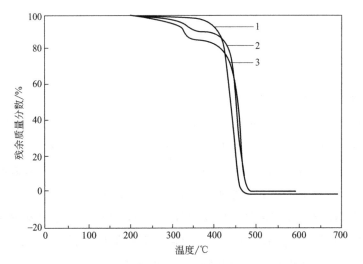

图 7-2　TBDPP 阻燃 PP 的热失重（TG）分析结果

1—PP；2—20％TBDPP 阻燃 PP；3—5％TBDPP 阻燃 PP

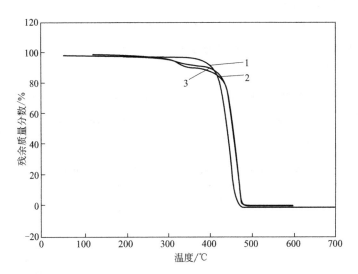

图 7-3　DTBPP 阻燃 PP 的热失重（TG）分析结果

1—PP；2—20％DTBPP 阻燃 PP；3—5％DTBPP 阻燃 PP

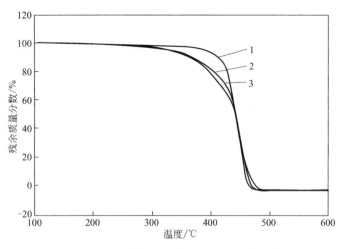

图 7-4　TTBP 阻燃 PP 的热失重（TG）分析结果

1—PP；2—20％TTBP 阻燃 PP；3—5％TTBP 阻燃 PP

在 TBDPP 和 DTBPP 阻燃 PP 的 TG 曲线上，于 350℃附近可见一明显拐点，这一拐点随阻燃剂用量增加而更加明显，并在 350～450℃温度区域出现一个非常缓慢的热失重过程，且此后 TBDPP 和 DTBPP 阻燃 PP 的 TG 曲线与纯 PP 的 TG 曲线平行，但热失重温度比纯 PP 的高出 20℃，这可能是 TBDPP 和 DTBPP 分子中的季戊四醇笼状磷酸酯基团于 350℃附近降解炭化后，在 PP 表面形成的炭层有效隔断热量传递和降解产物逸出的缘故。炭层的形成使 TBDPP 和 DTBPP 可以在凝聚相中发挥阻燃作用，从而与溴或溴-磷体系的气相阻燃作用相互协同产生更佳的阻燃效果。而在 TTBP 阻燃 PP 的 TG 曲线上，没有观察到拐点的出现，只是在 300～450℃温度范围 TTBP 阻燃 PP 迅速失重，但自 450℃后，TTBP 阻燃 PP 的 TG 曲线与纯 PP 的 TG 曲线相重合，此时 TTBP 分解殆尽。因此 TTBP 对 PP 的阻燃，主要是在气相中发挥阻燃作用。

由此推测，TBDPP 和 DTBPP 由于分子中季戊四醇笼状磷酸酯基团的存在，其阻燃作用机制与 TTBP 明显不同，前两者表现为凝聚相和气相中的协同阻燃作用，后者主要是气相中的阻燃作用。

为了进一步了解 TBDPP 和 DTBPP 分子的这种协同阻燃机制，作者以 TBDPP 为例，从裂解气相色谱-质谱（PyrGC-MS）分析结果推测了其热降解历程。表 7-9 为 TBDPP 的 PyrGC-MS 热裂解主要碎片分布和组成。

表 7-9　TBDPP 的 PyrGC-MS 热裂解主要碎片分布和组成

序　号	保留时间/min	碎　片
1	8.17	Br—⟨benzene⟩—OH
2	8.37	$C_{11}H_{22}PO_3$
3	15.03	$C_8H_{19}PO_4$

续表

序 号	保留时间/min	碎 片
4	17.25	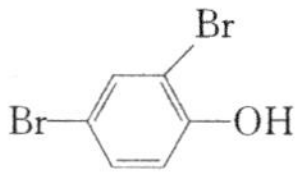 （2,4-二溴苯酚结构，Br在2位和4位，OH）
	18.13	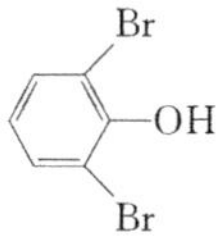 （2,6-二溴苯酚结构，Br在2位和6位，OH）
5	21.57	$C_{11}H_{25}BrPO_4$
6	26.21	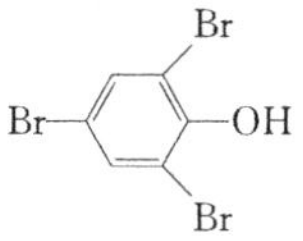 （2,4,6-三溴苯酚结构）
7	28.14	$C_{14}H_{31}PO$
8	29.07	$C_{11}H_{21}BrPO$
9	29.22	$C_{18}H_{36}Br$
10	44.21	$C_{17}H_{34}Br$
11	47.57	$C_{23}H_{46}PO_3$
12	48.46	$C_{12}H_{26}PO_3$
13	52.10	$C_{21}H_{45}BrPO_4$

根据表 7-9 中的碎片组成，笔者推断出 TBDPP 的裂解历程如下。

① TBDPP 的自由基裂解

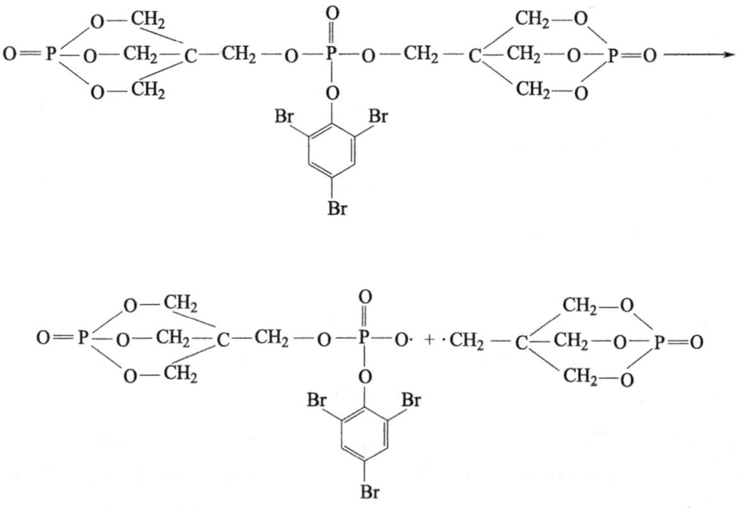

② 自由基重排

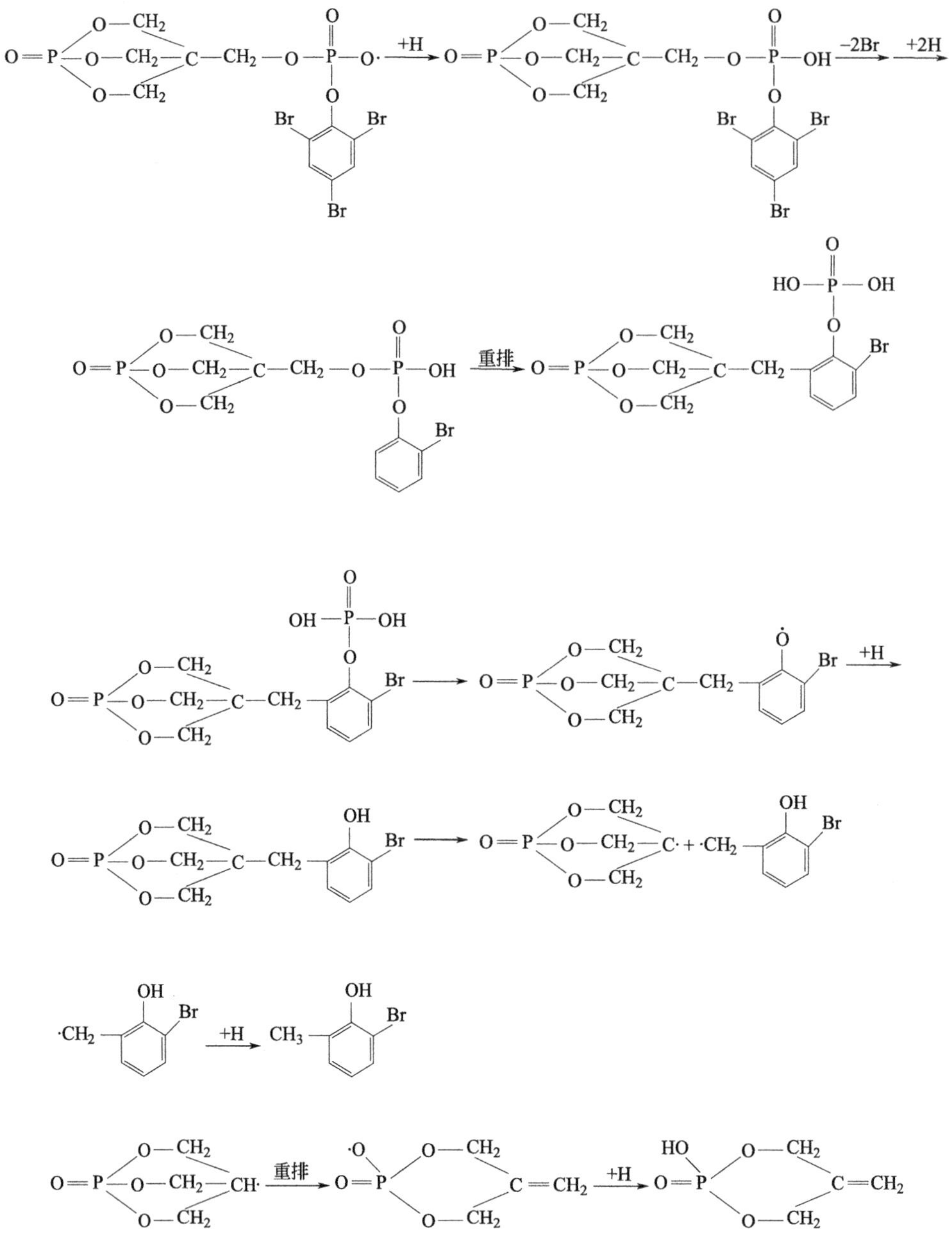

③ $C_4H_6Br_2$ 生成反应

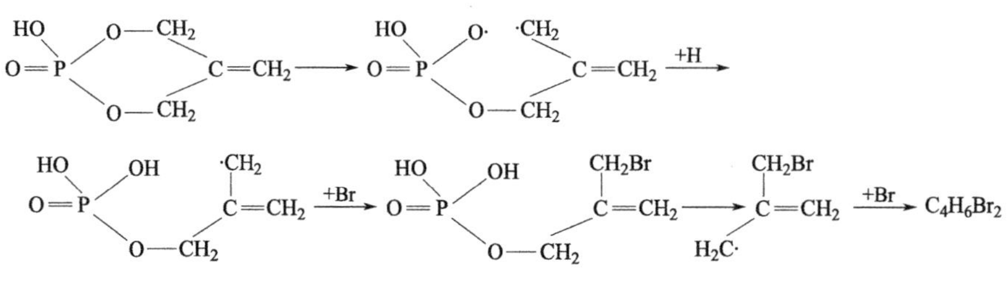

④ 成炭反应

作者的上述研究结果给出了一些有益的启示，但关于这种笼状磷酸酯的协同阻燃作用的研究还很少，其阻燃效率和机理还有待进一步深入研究。

7.5　磷-磷协同阻燃

大量试验与应用表明，在一些阻燃材料中，不同形态或价态的磷复配使用具有阻燃协同作用，但现今发现，大多数这种体系中至少一种组分是属于磷酸的有机铵盐或（聚）磷酸铵盐，因此，有人认为这些体系是磷与氮的协同阻燃。所以，磷-磷协同阻燃技术的机制还有待更深入的研究。

20 世纪 80 年代，美国孟山都（Monsanto）公司开发了环状磷酸酯阻燃剂，其商品名为XPM-1000。该阻燃剂用于阻燃 EVA 树脂具有良好的综合性能，其结构如下：

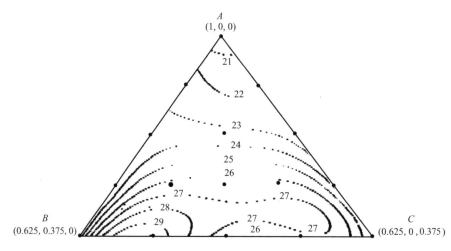

Edward D. Weil 等在研究其阻燃 EVA 时发现了 XPM-1000 与三聚氰胺磷酸盐（MP）或三聚氰胺聚磷酸盐（MPP）的磷-磷协同阻燃效应，如图 7-5 所示。

图 7-5　XPM-1000 与 MP 或 MPP 的磷-磷协同阻燃效应

从图 7-5 可以看出，添加 13.6％的 XPM-1000 或 22.7％的 MP 的阻燃 EVA 的阻燃性能相当。如将 XPM-1000 与 MP 复配使用时阻燃 EVA 的 LOI 值达到 23％之前，两者对 EVA 的阻燃性能具有加和性；而在 XPM-1000 与 MP 的总用量为 20％～30％且 XPM-1000 与 MP 的质量比在 0.2～4.1 范围，阻燃 EVA 的 LOI 大于 23％的情况下，两者对阻燃 EVA 具有协同作用，并且在总用量较高时以 XPM-1000/MP 为 3 时的协同效应最高。

　　XPM-1000/MPP 阻燃 EVA 的 LOI 试验结果如图 7-6 所示。从图中可以看出，MPP 与 XPM-1000 的质量比为 1∶2 时具有最好的阻燃效果，在 LOI 与质量比的曲线上可以明显看到一最大峰值，这可能是因为在 MPP 与 XPM-1000 之间有一个化学计量的相互作用。其阻燃 EVA 的阻燃性能见表 7-10。

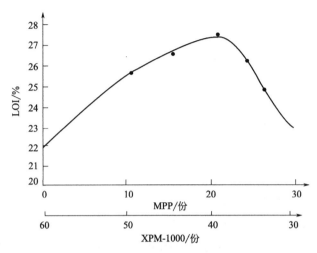

图 7-6　XPM-1000/MPP 阻燃 EVA 的 LOI 试验结果

表 7-10　XPM-1000 阻燃 EVA 的阻燃性能

MPP/份	XPM-1000/份	总添加量/%	LOI/%	UL 94	
				3.2mm	1.6mm
0	0	0	18.4	燃烧	燃烧
15	30	31	25.5	V-2	V-2
16	32	32.4	25.9	V-0	V-2
20	40	37.5	27.5	V-0	V-2
30	60	47.5	28.9	V-0	V-0

　　从表 7-10 可以看出，在 MPP∶XPM-1000 为 1∶2、总用量为 37.5% 时，可以使阻燃 EVA 达到 UL 94 V-0 级。

7.6　磷-氮协同阻燃

　　磷-氮阻燃体系的阻燃机理与磷、氮原子在分子中的结合方式有关。对于磷、氮原子不是磷-氮键直接相连的阻燃体系，两者可能分别发挥阻燃作用，也可能起协同作用。对于磷、氮原子在分子中直接以磷-氮键相连的阻燃体系而言，则因氮原子的电负性大使磷原子的亲电性增大，即磷原子上的电子云密度减小，Lewis 酸性增强而有利于发生脱水炭化作用。

　　含有磷、氮元素的膨胀型阻燃体系则具有凝聚相和气相中同时发挥阻燃作用的效果。

7.7 磷-硅协同阻燃

近年来对硅系阻燃剂的研究发现，硅元素与磷元素协同使用具有优异的催化基体成炭作用，我们知道磷系阻燃剂本身就有利于形成炭隔热层，产生协同效果的原因可能是磷元素的存在会促进 Si 元素更迅速地向炭层表面迁移，使炭隔热层结构上更加稳定、均匀且致密，从而表现出更优的协同成炭效果。罗闯等研究了一种新型硅-磷协同阻燃剂——四（1-氧代-2,6,7-三氧杂-1-磷杂双环[2.2.2]辛烷-4-亚甲氧基）硅烷（TPSi，结构式如图 7-7 所示）对 PA66 的阻燃效果。

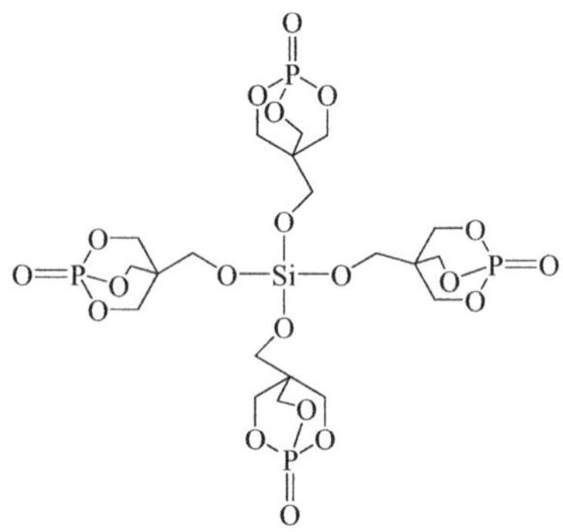

在 N_2 和空气下分别对 TPSi 进行热重分析，结果表明 TPSi 具有优异的成炭性能，N_2 下 TPSi 在 800℃的残炭量为 45.7%，在空气中为 35.9%，阻燃剂在基体内燃烧后形成炭层可以起到阻隔氧气以及隔热的作用，因此 TPSi/PA66 复合材料在极限氧测试和垂直燃烧测试表现出极佳的阻燃性能，具体数据列于表 7-11 中。可以看到 TPSi 添加量为 20% 时，阻燃 PA66 的极限氧指数达 32.2%，垂直燃烧等级为 UL 94 V-0 级。锥形量热测试中，复合材料也表现出了较好的抑烟效果。

图 7-7　TPSi 结构式

表 7-11　TPSi/PA66 复合材料阻燃性能测试结果

阻燃 PA66	配方（质量分数）/%		磷质量分数/%	硅质量分数/%	LOI/%	UL 94
	PA66	TPSi				
PA66	100	100	0	0	23.8	V-2
PA66/TPSi-5	80	95	0.83	0.18	24.4	V-2
PA66/TPSi-10	80	90	1.67	0.37	25.6	V-2
PA66/TPSi-15	80	85	2.50	0.56	26.9	V-1
PA66/TPSi-20	80	80	3.33	0.75	32.2	V-0
PA66/TPSi-25	80	75	4.17	0.94	33.1	V-0
PA66/TPSi-30	80	70	5.00	1.13	33.4	V-0

7.8 硅-卤素协同阻燃

虽然一些有机硅树脂或含硅的嵌段共聚物已成功地运用于一些高聚物的阻燃，但硅仍然很少被视为阻燃元素。可以相信含硅的高聚物燃烧时，如果硅残留在凝聚相中，将形成玻璃态的炭层，从而阻止热和物质的传播。J. R. Ebdon 等研究了不同氯代硅烷接枝聚苯乙烯和

PVOH 的阻燃性，其接枝方法如下：

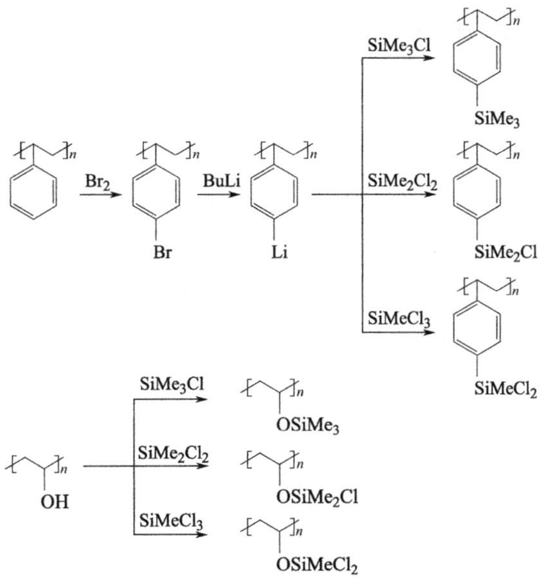

他们得到了表 7-12 和表 7-13 所列的试验结果。接枝化学反应是通过聚苯乙烯的溴化、锂基化后再分别与氯甲基硅烷反应实现的。从表中结果可以看出，同时含有硅和溴（氯）的聚苯乙烯的阻燃性大大超出单一的硅或溴（氯）阻燃的聚苯乙烯，这证明硅-卤素体系的阻燃协同作用。此外，随着接枝聚苯乙烯中卤素含量的增加，其燃烧降解后的残留物量增加而残留物中硅的含量减少，这可能是硅与卤素反应形成卤化硅扩散到气相中的缘故；从表中结果还可看出，一定范围内的含硅-卤素的聚苯乙烯燃烧降解后的硅残留百分比较单纯含硅聚苯乙烯的要高，由此可以说明硅-卤素体系的协同阻燃作用是在凝聚相和气相中同时发生的。

表 7-12　不同氯甲基硅烷接枝的溴化及锂基化聚苯乙烯的阻燃性能

聚合物	硅含量/%	溴含量/%	氯含量/%	成炭量/%	残留物中硅剩余百分量/%	LOI/%
PS				<1		18.3
溴化 PS(1)		25.1		3.2		26.9
溴化 PS(2)		9.8		2.1		25.8
硅烷化 PS(1)	1.2			1	13.5	20.6
硅烷化 PS(2)	1.6	9.8		4.5	30.7	28.6
硅烷化 PS(3)	3.8	9.8	3.8	8.2	18.8	31.9
硅烷化 PS(4)	5.5	9.8	6.5	12.8	17.2	32.8

表 7-13　PVOH 硅烷化产物的阻燃性能

聚合物	硅含量/%	氯含量/%	成炭量/%	成炭中硅含量/%	LOI/%
PVOH	—	—	<1	—	22.7
硅烷化 PVOH(1)	2.1	—	3	9.9	24.8
硅烷化 PVOH(2)	4.1	2.3	3.2	3.6	51.6
硅烷化 PVOH(3)	6.3	3.2	6.8	3.5	58.4

7.9　引发剂协同阻燃

7.9.1　溴-引发剂协同阻燃

有关引发剂的协同阻燃体系可以追溯到溴系阻燃剂与二异丙苯低聚物，以及六溴环十二烷阻燃聚苯乙烯泡沫塑料。美国科聚亚（Chemtura）公司在 20 世纪 70 年代最早投入二异丙苯低聚物的生产。将二异丙苯低聚物与六溴环十二烷复配使用，不仅是聚苯乙烯泡沫塑料，也是聚丙烯塑料、聚乙烯塑料、ABS 工程塑料的优良阻燃剂。其特点是用量少、效果好、稳定性好、无毒。二异丙苯低聚物（DPBO）结构式如下：

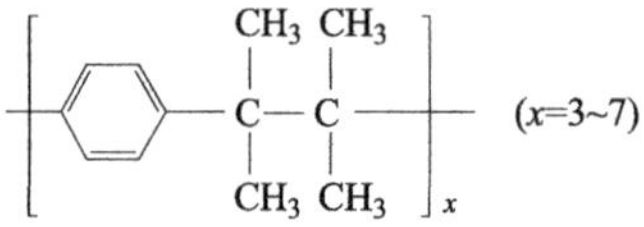

DPBO

DPBO 外观为浅黄色透明半固体或固体，分解温度 280℃。二异丙苯低聚物是由二异丙苯与有机过氧化物（如叔丁基过氧化物等）反应制得的。

对于二异丙苯低聚物的协效作用，北京化学纤维研究所的陈玉荣等已通过添加到聚丙烯中的大量试验证实了它的良好阻燃效果，其结果参见表 7-14。

表 7-14　二异丙苯低聚物的用量与氧指数关系

六溴环十二烷含量/%	二异丙苯低聚物含量/%	Sb_2O_3 含量/%	稳定剂含量/%	LOI/%
2	0.5	1	0.1	32.9
2	0.3	1	0.1	30.7
2	0.2	1	0.1	29.4
2	0	1	0.1	25.9

注：LOI 测试试样规格 3mm×6mm×150mm。

从表 7-14 中可以看出，添加有二异丙苯低聚物的阻燃体系，阻燃效率明显提高。用量为 0.2% 时，氧指数为 29.4%。同时随着二异丙苯低聚物用量的增加，氧指数值迅速提高，但会趋近于一个极限值。从降低成本的角度出发，认为低聚物的用量宜在 0.2%～0.5%。

2,3-二甲基-2,3-二苯基丁烷（DMDPB）及其衍生物是高分子材料非过氧化物交联改性剂，也可作为高分子材料的阻燃协效剂，其结构式如下：

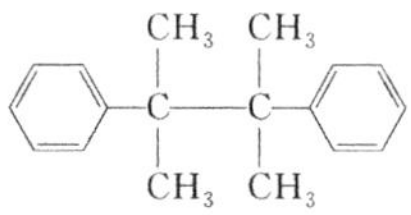

DMDPB

DMDPB 衍生物

（其中，$R_1 \sim R_4$ 为 $C_1 \sim C_6$ 的烷基；X、Y 是苯环上的取代基，可以是 H、烷基、卤素、卤代烃）

DMDPB 及其衍生物对聚合物的改性是通过自由基实现的，自由基是由季碳原子间的 C—C 键均裂而形成的。与一般的自由基引发剂相比，其 C—C 键的解离能高，分解温度在 200℃ 以上，形成的自由基活性大，夺氢能力比一般的自由基引发剂所形成的自由基强，高温时半衰期长、使用安全、操作方便、稳定性好、与材料相容性好、适用面广。沈晓东等人用二叔丁基过氧化物与异丙苯在过氧化羧酸酯的催化作用下制备得到 DMDPB，收率可达 60% 以上。

常用溴系阻燃剂与 DMDPB 进行复配。沈晓东将 DMDPB 与十溴二苯醚复配后用于阻燃聚丙烯，其阻燃性能见表 7-15。

表 7-15　聚丙烯阻燃配方及性能

聚丙烯用量/g	十溴二苯醚用量/g	三氧化二锑用量/g	DMDPB 用量/g	自熄时间/s	防火等级
100	10	0	0	32.0	HB
100	10	0	1.0	15.7	FV-2
100	10	0	2.0	12.5	FV-1
100	15	0	0	23.5	FV-2
100	15	0	1.0	1.8	FV-0
100	15	0	2.0	0	FV-0
100	20	0	0	18.9	FV-2
100	20	0	1.0	0	FV-0
100	10	3.5	1.0	12.3	FV-1
100	10	3.5	2.0	3.2	FV-0
100	15	5.0	0	3.9	FV-0
100	15	5.0	0.5	1.2	FV-0

从表 7-15 的试验结果可以看出，在 100g 聚丙烯中加入 20g 的十溴二苯醚，阻燃效果并不理想，当加入 2g 的 DMDPB，十溴二苯醚加入量为 15g 时，即有较好的阻燃效果。在聚丙烯中加入 DMDPB 的样品自熄时间比不加的样品有明显缩短，说明 DMDPB 对十溴二苯醚有阻燃增效作用，且加入量越大，作用越明显。对在聚丙烯中的十溴二苯醚和三氧化二锑组成的复合阻燃剂，DMDPB 也有阻燃增效作用。故 DMDPB 作为阻燃增效协同剂，可提高溴系阻燃剂或溴-锑复合阻燃体系的阻燃效率，减少阻燃剂的用量。

王小芬等人在 N,N-四溴邻苯二甲酰亚胺（BT-93W）阻燃 PP/ABS 合金体系中，加入 2,3-二甲基-2,3-二苯基丁烷后发现可以减少阻燃剂的添加量。表 7-16 为采用 BT-93 与 DM-DPB 复配使用阻燃 PP/ABS 的阻燃配方和性能。

表 7-16 PP/ABS 阻燃配方及性能

试样	PP/ABS 用量/g	BT-93W 用量/g	DMDPB 用量/g	UL 94	LOI/%
1	50	0	0	HB	19.1
2	50	5.0	0	V-2	21.3
3	50	7.5	0	V-1	22.8
4	50	10.0	0	V-1	24.2
5	50	12.5	0	V-0	25.9
6	50	5.0	0.75	V-1	24.7
7	50	5.0	1.5	V-0	27.9
8	50	7.5	0.75	V-1	25.6
9	50	7.5	1.5	V-0	28.4

对比表 7-16 中 2、6、7 配方结果可以看出，BT-93W 添加量一定时，随着 DMDPB 添加量的增加阻燃性能有了较大提升，对比 3、8、9 能得到同样的结论。BT-93W 的添加量为 10%，DMDPB 的添加量从 0 增加到 3% 时，极限氧指数从 21.3% 增大到了 27.9%，阻燃等级达到 UL 94 V-0 级，当 BT-93W 的添加量为 15% 时，随着 DMDPB 的增加材料的阻燃性能也有一定的提升。

7.9.2 溴-磷-引发剂协同阻燃

溴-磷-引发剂协同阻燃是利用阻燃剂以及增效剂、协效剂之间的协同效应来减少溴系阻燃剂的用量，从而减少对材料力学等性能的影响。

笔者与彭维礼等将三聚氰胺次磷酸盐（MHP）、三聚氰胺氢溴酸盐（MHB）与引发剂以及其他助剂复配使用，制得一种无表面析出阻燃聚丙烯复合物。其阻燃等级可达 UL 94 V-0 级，该体系具有阻燃效率高、流动性好、不析出等特点。表 7-17 为 PP 阻燃配方及性能。

表 7-17 MHP 和 MHB 复配体系阻燃 PP 配方及性能

聚丙烯 质量分数/%	MHP 质量分数/%	MHB 质量分数/%	引发剂 质量分数/%	协效剂 质量分数/%	助剂 质量分数/%	EBS 质量分数/%	UL 94 (1.6mm)
70(P1)	7	15	4(A)	2(XA)	1(KA)	1	V-0
75(P1)	5	13	3(B)	2(XB)	1(KB)	1	V-0
80(P2)	5.5	10	3(B)	1(XA)	0.3(KB)	0.2	V-0
80(P2)	4.5	10	3.5(A)	1(XB)	0.5(KA)	0.5	V-1
95(P1)	3	1	0.5			0.5	V-2
97(P2)	2	0.5	0.2			0.3	V-2

注：P1 指聚丙烯牌号为 K8003，P2 指聚丙烯牌号为 T30S；引发剂 A 为二异丙苯低聚物，引发剂 B 为 2,3-二甲基丁烷衍生物；协效剂 XA 为碳酸铋，协效剂 XB 为五氧化二锑；助剂 KA 为抗氧剂 1010，助剂 KB 为 NOR116；EBS 为亚乙基双硬脂酸酰胺。

从表 7-17 试验结果可以看出，溴-磷-引发剂具有良好的阻燃效率，对于减少溴系阻燃剂的用量具有重大的意义，阻燃效果比使用单一阻燃剂更为理想。

7.10　硼在协同阻燃技术中的应用

近年来，随着人们对阻燃聚合物环保要求提高和法规的日益严格，硼系阻燃剂因其优良的阻燃、低毒和抑烟等特点越来越引起人们的关注。硼系阻燃剂按结构可分为有机硼化物阻燃剂和无机硼化物。无机硼化物的阻燃机理是：主要在凝相中发挥阻燃作用，气相中仅对某些化学反应和卤化物才表现出阻燃作用。固相中硼化物熔化，在燃烧物表面形成玻璃体覆盖层，起到隔绝作用抑制可燃性气体生成；同时燃烧时放出的结晶水，起冷却吸热作用并可能改变某些可燃物的热分解途径，从而起到阻燃的作用。有机硼阻燃剂的研究较无机硼阻燃剂起步较晚，而国内对有机硼阻燃剂的研究开展的较少，且使用时水解不稳定。目前，解决的最好方法是通过硼原子自身的空轨道形成配位键将氮原子或其它原子引入到有机硼阻燃剂分子中，减慢硼酸酯的水解速度。

刘伟时等设计合成了一种有机硼-氮阻燃剂 2,4,6-三(4-硼酸-2-噻吩)-1,3,5-三嗪（3TT-3BA，分子结构如下图所示），并将其与氢氧化镁协同使用对环氧树脂（EP）进行阻燃研究。

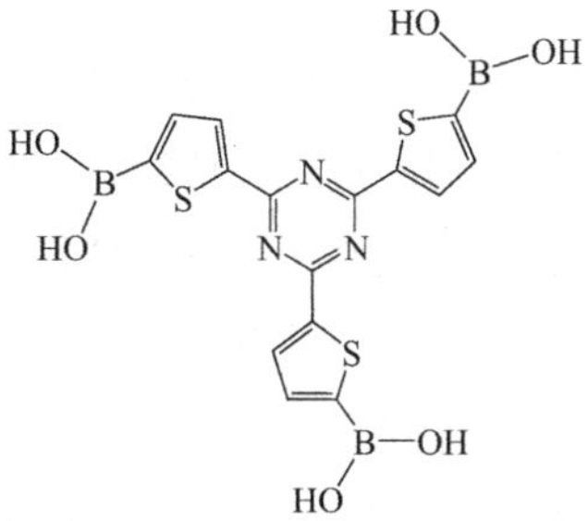

3TT-3BA

具体方法为：将 3TT-3BA 溶于少量二氯甲烷，然后加入 EP 中，升温至 50℃后加入 $Mg(OH)_2$ 充分搅拌，并使二氯甲烷挥发。冷却至室温，然后加入 7％的室温固化剂乙二胺，充分搅拌，并通过超声仪进一步将各成分分布均匀，最后将 EP 浇注到聚四氟乙烯模具中，常温固化 12h，加热到 60℃后固化 2h。阻燃性能测试结果表明，单独添加 20％（质量分数）3TT-3BA 的 EP 固化物 LOI 达到 31.2％，UL 94 为 V-0 级；而采用 3TT-3BA 和氢氧化镁各 10％（质量分数）复配使用时，LOI 为 32.5％，U L94 为 V-0 级。说明 $Mg(OH)_2$ 和 3TT-3BA 具有较好的协同阻燃作用。其阻燃聚合物的 CONE 测试结果见表 7-18。

结果表明，3TT-3BA 较 $Mg(OH)_2$ 能更有效地降低 EP 的 PHRR，且二者共同加入时，PHRR 最小，整个热释放曲线较为平稳，表明 EP/10％3TT-3BA/10％$Mg(OH)_2$ 的燃烧过程较其他 EP 的燃烧更为缓慢，说明 $Mg(OH)_2$ 和 3TT-3BA 能协同阻燃 EP。

加入 $Mg(OH)_2$、3TT-3BA 和 3TT-3BA/$Mg(OH)_2$ 后，生烟速率发生了很大变化。与 EP 的生烟速率峰值（PSPR）相比，EP/20％$Mg(OH)_2$，EP/20％3TT-3BA 和 EP/10％

3TT-3BA/10%Mg(OH)$_2$ 的 PSPR 由 0.63m^2/s 分别下降到 0.27m^2/s、0.26m^2/s 和 0.27m^2/s，表明 3TT-3BA 和 Mg(OH)$_2$ 都具有很好的抑烟性能。

表 7-18 锥形量热测试结果

样品	THR/(MJ/m^2)	PHRR/(kW/m^2)	TSP/m^2	PSPR/(m^2/s)
EP	142	781	50.4	0.63
EP/20%Mg(OH)$_2$	124	527	33.1	0.27
EP/20%3TT-3BA	108	454	27.3	0.26
EP/10%3TT-3BA/10%Mg(OH)$_2$	102	353	28.9	0.27

对 Mg(OH)$_2$ 和 3TT-3BA 的协同阻燃机理研究表明，3TT-3BA/Mg(OH)$_2$ 加入 EP 中时，3TT-3BA 能很好地促进成炭，起到形成多孔稳定炭层的作用；同时 Mg(OH)$_2$ 的受热会吸收大量的热量，释放水蒸气，形成 MgO 覆盖层，从而具有双层阻燃结构，所以 EP/10%3TT-3BA/10%Mg(OH)$_2$ 具有更好的阻燃效果，且有一定的抑烟作用。

7.11 高聚物复配协同阻燃

正如第 6 章所述，高聚物在燃烧时由于炭的形成要消耗可燃气体，并在没有燃烧的材料周围起到阻隔热量的作用，从而阻止了火焰的进一步传播，因此燃烧成炭有利于提高材料的阻燃性。一种聚合物的成炭量可以通过化学添加剂和其分子结构的改变而增加，其机制是产生高共轭体系-芳香结构，这种结构在热降解过程中成炭或在高温下转化成交联剂。例如，俄罗斯 Guennadi E. Zaikov 等研究了将聚乙烯醇引入尼龙 66 复合材料的阻燃，其想法是基于增大高温、酸催化脱水反应的可能，即通过尼龙 66 降解时水解产生酸性产物为该反应提供条件，同时也加速了分子间的交联成炭，提高了阻燃性。这种成炭体系称为"协同成炭"，因为聚乙烯醇和尼龙 66 共混物中炭的产生与火焰的抑制参数明显好于纯聚乙烯醇和纯尼龙 66。为提高尼龙 66-聚乙烯醇体系的阻燃性，研究者用高锰酸钾氧化的聚乙烯醇来代替原来的聚乙烯醇，这种方法是基于氧化聚乙烯醇（ox-PVA）本身的燃烧特性。锥形量热仪研究显示，与原来的 PVA 相比，氧化 PVA 的热释放率显著降低、点燃时间明显延长，其结果见表 7-19。

表 7-19 尼龙 66-聚乙烯醇体系的阻燃性能

材　料	成炭率/%	点燃时间/s	RHR 峰值/(kW/m^2)	总热释放量/(MJ/m^2)
PVA	2.4	41	777.9	115.7
氧化 PVA	9.1	18	305.3	119.8
尼龙 66	1.4	97	1124.6	216.5
尼龙 66+PVA(8:2)	8.7	94	476.7	138.4
尼龙 66+ox-PVA(8:2)	8.9	89	399.5	197.5

ox-PVA 为聚乙烯醇在水溶液中用高锰酸钾氧化的产物，其氧化方法是：在 900℃、10％ PVA 水溶液中加入高锰酸钾（5％原 PVA 质量分数），急速反应（1.5～2min）后溶液变成了深棕色，降至室温，然后在 50℃下真空除水，得到软质弹性材料。在烘箱中于 120℃加热该弹性材料 24h 后得到了硬质塑料材料，将其粉碎得到深棕色粉末。

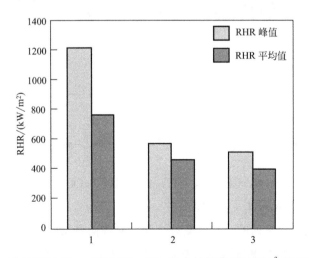

从 PVA 和 ox-PVA 的锥形量热仪测试结果可见，聚合物-有机成炭化合物（PVA 体系）混合到尼龙 66 体系后，热释放率的峰值降低，由尼龙 66 的 1124.6 kW/m² 和 PVA 的 777.9 kW/m² 降到了 476.7 kW/m²；成炭率增加，由尼龙 66 的 1.4％增加到 8.7％。这归因于协同成炭效应。与 PVA 相比，ox-PVA 的阻燃性有所提高，其 HRR 峰值比 PVA 的减小了 60％，在热流量为 50kW/m² 时，ox-PVA 的成炭率为 9.1％，比 PVA 高出 280％。产生该现象的原因是 PVA 被高锰酸钾氧化成聚乙烯酮的酮式或醇式结构，而这两种结构对金属特别是过渡金属具有较强的双锯齿配合体的能力，形成如下结构的络合物：

ox-PVA 的元素分析结果显示，1.5％的 Mn 存在于聚合物结构中，由此可见，混于聚合物中的螯合 Mn 结构催化剂提供了高温快速的炭化和成炭过程。

尼龙 66 和 PVA 及 ox-PVA（80∶20）复合材料在 50kW/m² 的有焰测试证实了成炭协同效应的假设，其结果如图 7-8 所示。

图 7-8　尼龙 66 与 PVA 及 ox-PVA(80∶20)复合材料在 50kW/m² 的 RHR 测试结果

1—尼龙 66；2—尼龙 66—PVA；3—尼龙 66-ox-PVA

研究表明，每一单独聚合物的阻燃性能都不如复合物。尼龙 66-高锰酸钾氧化 PVA 复合物的锥形量热仪数据显示，热释放率的峰值有所提高，由尼龙 66-PVA 复合物的 476.7 kW/m² 到尼龙 66-ox-PVA 的 399.5kW/m²。另外，锥形量热数据还显示了尼龙 66-ox-PVA 的阻燃是一个放热过程。该反应显然由螯合 Mn 结构提供，与尼龙 66-PVA 相比，尼龙 66-ox-PVA 的总热释放量增加。但在整个火焰熄灭过程中计算得到的热释放平均值具有相同的变化趋势，高锰酸钾氧化的 PVA 样品具有更好的阻燃性能，这要归因于 Mn 螯合骨架对成炭的催化效应。通过结合到聚合物上的螯合 Mn 结构的催化剂量对聚合物阻燃的影响定性地解释了这一事实。尼龙 66-ox-PVA 比尼龙 66-PVA 和尼龙 66 具有更长的火焰熄灭时间，见表 7-20。平均燃烧热显示，由螯合 Mn 结构提供的阻燃是一个放热过程，这就是尼龙 66-PVA 和尼龙 66-高锰酸钾氧化 PVA 具有大约相等成炭量的原因。

表 7-20　尼龙 66 及其与不同 PVA 共混体的阻燃时间和总热释放量

材　料	阻燃时间/s	总热释放量/(MJ/kg)
尼龙 66	512	31.50
尼龙 66-PVA	429	25.15
尼龙 66-ox-PVA	747	29.52

7.12　偶氮类化合物协同阻燃技术

在 BASF 和 CIBA 公司资助下，芬兰 Melanie Aubert 等研究设计了一些基于二氮烯及其相关结构的化合物在阻燃聚合物中的应用，这一研究成果开辟了设计一些基于二氮烯及其相关结构的具有学术与工业价值的高效阻燃剂的新思路和途径。

基本合成路线为：

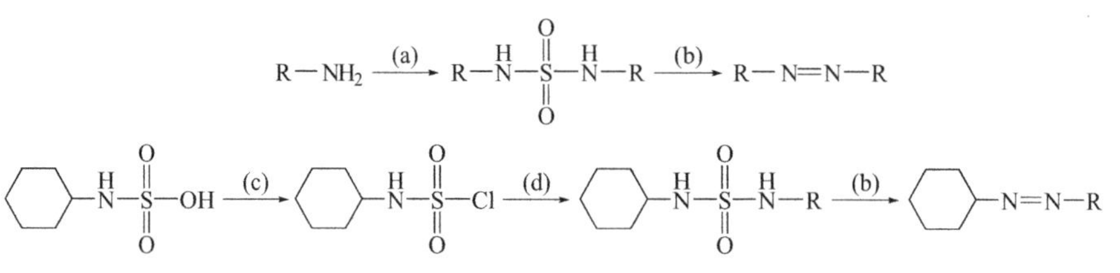

条件：（a）SO_2Cl_2，Et_3N，CH_2Cl_2，0℃，4h；（b）NaOCl，NaOH，60℃，3h；（c）PCl_5，甲苯，100℃，1h；（d）R-NH_2，Et_3N，0℃，5h。

该研究团队合成了一系列的对称偶氮烷烃和不对称偶氮烷烃，以及不同结构的脒，氧化偶氮和吖嗪衍生物，并且评价了它们对聚丙烯的阻燃性能。结果表明，二环己基二氮烯（DCNN）的偶氮化合物对聚丙烯具有最好的阻燃效果，其结构如图 7-9 所示，且与溴化物和氢氧化物具有协同阻燃作用，见表 7-21。

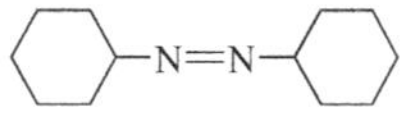

图 7-9　二环己基二氮烯（DCNN）的结构式

表 7-21　DCNN 与不同阻燃剂复配体系阻燃聚丙烯的阻燃性

配方	UL 94
PP(空白)	—
PP＋15％TBBPP	—
PP＋0.5％DCNN＋14％TBBPP	—
PP＋0.5％NOR116＋14％TBBPP	V-0
PP＋5％DECA	—
PP＋0.5％DCNN＋5％DECA	V-2
PP＋0.5％NOR116＋5％DECA	V-2
PP＋60％ATH	V-2
PP＋1％DCNN＋25％ATH	V-2
PP＋1％NOR116＋25％ATH	V-2

注：TBBPP 为三(二溴丙基)磷酸酯，DECA 是十溴二苯醚，ATH 为氢氧化铝。

DCNN 化合物的热裂解历程如图 7-10 所示。

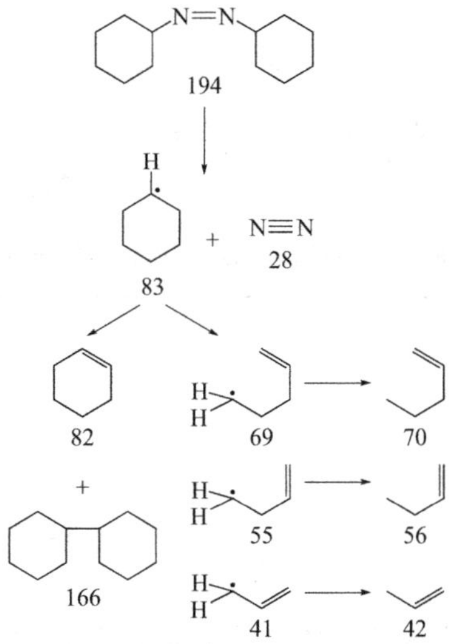

图 7-10　DCNN 化合物的热裂解历程（结构式下的数字为其分子量）

偶氮烷烃和相关衍生物通过自由基猝灭机制在聚丙烯中显示出有效的阻燃性能，且在聚丙烯配方中偶氮烷烃与 ATH 或十溴二苯醚还表现出优异的协同阻燃效应，而与脂肪族溴化物没有协同阻燃效应。这种偶氮类化合物也是厚 PP 制品的有效阻燃剂，而 NOR116 对厚壁的聚丙烯阻燃性差。

第**8**章

抑烟阻燃技术

8.1 概述

火灾发生时往往会产生的大量有毒烟雾，造成二次灾害，一些聚合物燃烧时除产生大量的烟雾外，还可能会生成大量有毒、腐蚀性的气体，对生命和财产安全造成极大威胁，对生态环境造成危害。一些含卤素、芳烃结构的聚合物如 PVC、PS、PU 等，以及阻燃聚合物特别是卤锑体系阻燃聚合物的生烟尤其显著。人们早在 20 世纪 70 年代就已认识到烟是火灾中致人死亡的首要危险因素，与此同时，烟尘也会给火灾现场人员的逃生和抢救工作造成巨大的阻碍。因此，自 80 年代起，抑烟就已成为对阻燃材料的基本要求之一，见表 8-1。

表 8-1 不同时期对阻燃材料的要求

时期	要求
20 世纪 80 年代前	阻燃
20 世纪 80 年代	抑烟;阻燃
20 世纪 90 年代	低毒;抑烟;阻燃
21 世纪	对环境友好,对人类无害;低毒;抑烟;阻燃

主要高分子材料燃烧时所生成的气体及其生成量见表 8-2。各种材料的发烟性见表 8-3。

表 8-2 高分子材料燃烧时所生成的气体及其生成量

样品	1g 样品燃烧时生成的气体/mg								气体比率/%
	HCl	CO_2	CO	NH_3	HCN	CH_4	C_2H_4	C_2H_2	
聚乙烯		738	210			72	185	34	62.5
聚苯乙烯		619	178		6.5		18	13	30.0
聚氯乙烯	286	657	177					11	69.3
尼龙 66		590	205	9.8	31	40	94	15	60.7
聚丙烯腈		556	108		56	5.9		7.4	37.7
聚氨酯		666	173		3.3	21	43	14	51.4
环氧树脂		1138	153		2.2	16	2.4	7.4	52.9
聚丙烯酸酯		796	157	17	18	16	10	8.5	63.3

注：空气供给量 100L/h。

表 8-3　几种高分子材料的发烟性（NBS 法）

样品	厚度/in	比光学密度最高值	
		明燃	阴燃
酚醛树脂泡沫塑料	1.000	5	14
聚四氟乙烯	0.250	55	0
聚丙烯毯	0.300	110	456
聚乙烯	0.250	150	470
聚碳酸酯	0.125	174	12
聚酰胺毯	0.300	269	320
硬质聚氨酯泡沫	1.000	439	117
聚氯乙烯	0.240	535	47
聚苯乙烯	0.250	660	372

注：1in=0.0254m。

　　气相阻燃的主要机理是消耗有助于火焰传播的活性自由基，同时，该过程抑制了燃烧产生的烟前体的氧化反应，保留了大量烟前体，从而导致阻燃材料的生烟量增加，另一方面，在气相发挥抑烟作用的抑烟剂通常会干扰气相阻燃。从这个角度看，气相阻燃与抑烟往往是互相矛盾的。采用某些物理作用的阻燃抑烟剂可在一定程度上解决上述问题。据欧育湘报道，采用锥形量热测试改性 $Mg(OH)_2$（牌号为 Zerogen15）阻燃 PP，在燃烧 4min 时的生烟量仅为卤锑体系 PP（阻燃级别均为 UL 94 V-0）的 1/50，如图 8-1 所示。如果仅考虑抑烟，则 PP 中 $Mg(OH)_2$ 用量为 40% 及 45% 时，其烟密度可分别降低至未阻燃 PP 的 1/3 和 1/10。但这类阻燃剂的阻燃效能不佳，要使阻燃 PP 的阻燃达到 UL 94 V-0 级，$Mg(OH)_2$ 用量需 60%～65%。相对较好的抑烟技术是采用凝聚相机理发挥作用的阻燃剂，特别是膨胀型阻燃剂，其在阻止燃烧产生的可燃性气体由内向外进入火焰的同时，也能阻隔热量和氧气向内传入被阻燃基体，而且可有效降低在气相中形成烟炱的碳量，如图 8-2 和图 8-3 所示。

　　目前仍有一些阻燃聚合物采用气相阻燃机理的阻燃体系，对其抑烟则主要采用抑烟剂。

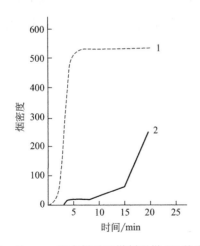

图 8-1　Zerogen 和卤锑系阻燃剂阻燃 PP 的生烟性
1—卤系阻燃剂阻燃 PP；2—Zerogen15 阻燃 PP

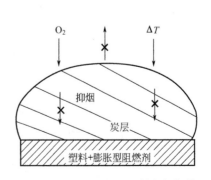

图 8-2　膨胀型阻燃剂的阻燃与抑烟作用

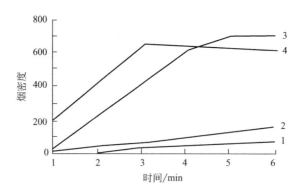

图 8-3　几种阻燃剂阻燃 PP 的烟密度

1—未阻燃 PP 均聚物；2—PP/聚磷酸铵类阻燃剂；3—PP/氯系阻燃剂；4—PP/溴系阻燃剂

8.2　抑烟阻燃机理

8.2.1　PVC 的抑烟机理

PVC 是高聚物中燃烧产生烟雾量最大的品种之一，且应用领域广泛，因此本节重点介绍 PVC 的催化阻燃抑烟技术。

PVC 本身因氯含量高达 55.9% 而具有良好的阻燃性，可认为是一种本质阻燃高聚物，但 PVC 燃烧时产生大量浓烟雾常常成为导致火灾和人身财产损失的一个重要因素，所以 PVC 材料在要求阻燃改性的同时，要求降低生烟量，因此 PVC 的阻燃与抑烟是两个紧密相连的课题。尽管人们对 PVC 的裂解反应研究已有时日，但至今对其还没有形成统一的理论认识。PVC 通过脱 HCl 形成共轭多烯，后者再环化为苯及其芳烃类物质，然后芳烃物质燃烧而产生气相中的烟。根据成炭阻燃抑烟机制，如果 PVC 裂解生成的共轭多烯能发生交联而形成稳定的炭层，则将有效地阻燃和抑烟。PVC 燃烧降解过程的气相、凝聚相和固相反应的作用机制如图 8-4 所示。

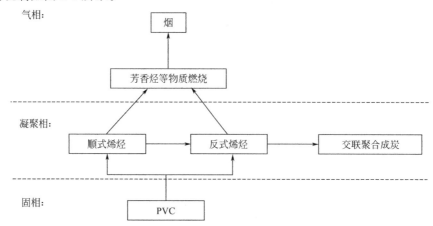

图 8-4　PVC 燃烧降解过程的气相、凝聚相和固相反应的作用机制

根据上述机制，PVC 的抑烟有两种主要途径：一是促进烟尘氧化成 CO、CO_2，二茂铁及其衍生物的抑烟属于这种作用机制；二是促进生成反式烯烃进而使后者在凝聚相中交联聚合成炭，如过渡金属氧化物或其盐。综合阻燃和抑烟的要求，以第二种途径为佳。

过渡金属氧化物或其盐对 PVC 阻燃抑烟的作用机制主要有两种：一种是 Lewis 酸催化交联成炭；另一种是多价态过渡金属的低价化合物或其单质的还原偶联成炭。在上述两种抑烟成炭过程中，还将发生 Friedel-Crafts 烷基化反应和/或 Diels-Alder 环化反应，从而阻止 PVC 的降解进而减少可燃物的产生，达到阻燃抑烟的效果。

PVC 形成的烟主要由芳香族化合物形成的碳组成，其燃烧或热裂生烟的同时，还放出大量的 HCl，HCl 与水蒸气作用又会形成腐蚀性的云雾。PVC 上最著名的抑烟剂是八钼酸铵（AOM）、三氧化钼（MoO_3）、八钼酸三聚氰胺（MOM）、镁-锌复合物、锡酸锌、二茂铁等，还原偶联抑烟剂及一些新型复合抑烟剂正在开发中。

8.2.1.1　Lewis 酸催化交联成炭

Lewis 酸催化交联成炭的化学历程如下：

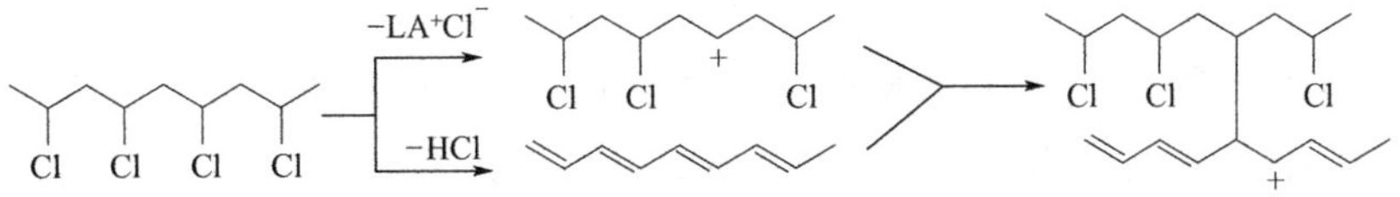

其中 LA 代表 Lewis 酸，且 Friedel-Crafts 烷基化反应生成的多烯或共轭烯烃可进一步发生 Diels-Alder 环化反应。

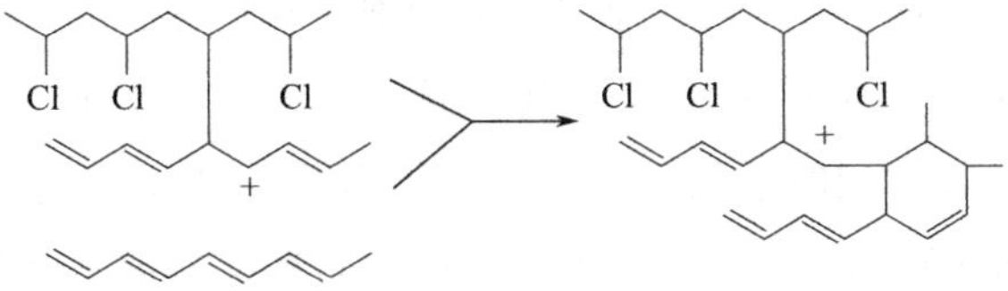

值得一提的是，MoO_3 是 PVC 常用 Lewis 酸型阻燃抑烟剂，在阻燃抑烟性能测试中发现，MoO_3 在大型燃烧试验中的阻燃效果很差，这是因为在大型高温试验中，MoO_3 促使 PVC 发生多烯阳离子裂化反应的概率增大，而多烯裂化反应的结果是增大脂肪烃生成的比例，而脂肪烃的燃烧比芳烃更充分，导致生烟量减少，但燃烧速率却增大了。因此，一种较好的 PVC 用 Lewis 酸型阻燃抑烟剂，其酸度应适宜，酸度太低阻燃抑烟效果不显著；酸度太强，抑烟效果好，但因导致阳离子裂化反应而造成对阻燃不利。

MoO_3 与 AOM 对 PVC 的抑烟效果相近，但 AOM 能赋予制品较佳的颜色稳定性。MoO_3 与 AOM 中的钼为六价，其氧化态和配位数易于改变，因此它们有作为阻燃剂及抑烟剂的可能。

钼化合物不是在气相而是在固相起作用，同时有抑烟及阻燃的作用，很可能是通过 Lewis 酸促进炭层的生成和减少烟量。现已知 MoO_3 的阻燃性能并不受试样燃烧氧化介质的影响，且当含 AOM 的 PVC 燃烧时，90％或以上的钼残留于炭层中。有人认为，MoO_3 有助于形成相对稳定的 π-芳香系络合物，因此能减少苯和甲苯的生成。还有一种理论说钼化合物加入 PVC 中时，能以 Lewis 酸机理催化 PVC 中 C—C 键的断裂，从而有助于 PVC 脱卤化氢，并且其主要形成不能环化为苯以及其他芳香族体系的反式多烯，有利于减少烟前体的生成。MoO_3 是金属氧化物，具有一定的交联作用。

8.2.1.2 还原偶联抑烟剂

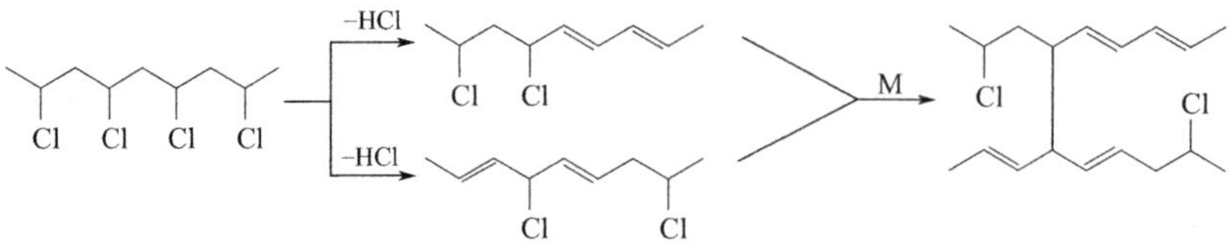

式中，M 可以是过渡金属或其化合物。交联生成的产物可以进一步发生 Diels-Alder 环化反应而加剧成炭。

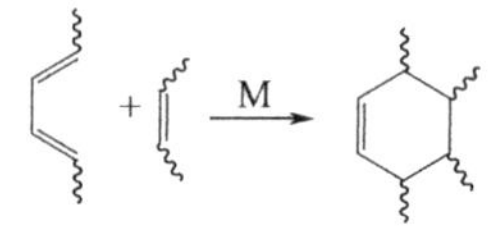

一些低价过渡金属化合物通过还原偶联机理促进 PVC 交联抑烟，而不是通过 Lewis 酸机理抑烟。这类化合物是在 PVC 裂解时会产生零价金属的化合物，其中包括含亚磷酸酯或其他配位体的一价铜的络合物、低过渡金属的甲酸盐及草酸盐、一价铜的卤化物等。相对于 Lewis 酸抑烟剂来说，还原偶联抑烟剂能有效促进 PVC 交联，减缓其降解，限制其裂解时苯及其他芳烃的生成量。

与 Lewis 酸型阻燃抑烟剂相比，还原偶联抑烟剂具有三方面的特点：首先是一个还原偶联反应可以同时终止两个多烯链的增长；其次是烯丙基偶联形成的较短多烯链段可限制 PVC 裂解时芳烃的产生量，同时非烯丙基位置一定程度的偶联反应可以延缓 PVC 脱 HCl；再有是大多数过渡金属还原偶联剂，也是 Lewis 酸型阻燃抑烟剂，因此可以起双重功效。易于被还原的金属化合物既是还原偶联剂，也是典型的弱 Lewis 酸，因而也能催化某些有利于阻燃和抑烟的 Friedel-Crafts 交联，却不会促使炭层发生阳离子裂化而裂解，所以，用低价过渡金属还原偶联剂来代替 Lewis 酸型抑烟剂是很有吸引力的。

选择还原偶联剂，应考虑以下几个因素：

① 金属离子易被还原成零价金属。

② 在金属氧化物中，金属氧化态要较低，或金属络合物有可氧化的配位体，且通过热还原可生成低价或零价的金属。

③ 金属离子被还原温度应远高于聚合物加工温度。

④ 价廉，无色，对聚合物配方无有害影响。

⑤ 在 PVC 加工过程中，不引起 PVC 过度交联。

（1）铜化合物

在还原偶联剂中，铜及其化合物是最有效的 PVC 抑烟剂之一，其中单质铜和一价铜可直接促使 PVC 或其裂解碎片发生交联成炭，而二价铜可以通过与燃烧不充分的产物 CO 或碳质发生反应生成一价或单质铜，进而促进还原偶联交联成炭。

例如，铜化合物能大大减少 PVC 裂解时生成的苯量，在 200～300℃，当 PVC 中有 Cu_2O 存在时，PVC 的交联度大大提高，生烟量降低，一价及二价铜化合物也可作为弱酸催化剂，催化 Friedel-Crafts 烷基化。

一价铜络合物是偶联抑烟剂中最有潜在应用价值的一类，其颜色好，而且通过选择配位体可调节热稳定性。铜的亚磷酸酯络合物抑烟剂对 PVC 的交联作用特别显著。活性零价铜虽然能催化 PVC 的链间还原偶联反应并导致聚合物交联而起到抑烟作用，不需要高温，低至 66℃，活性零价铜也能令 PVC 强烈交联，但与聚合物简单混合的零价金属相比，活性零价铜的缺点很明显，其不仅使聚合物难以加工，而且其会被表面的空气所氧化，抑烟效果不佳。因此，作为 PVC 抑烟剂，热分解时释放出游离金属的化合物相对来说有更好的应用前景。

（2）低价过渡金属的甲酸盐及草酸盐

某些二价过渡金属（M）草酸盐及甲酸盐在 200～300℃分解，通常是对 PVC 有效的交联剂，可用作 PVC 抑烟剂。其分解反应式如下：

$$MC_2O_4 \longrightarrow M + 2CO_2(g)$$
$$M(HCOO)_2 \longrightarrow M + CO_2(g) + H_2O(g) + CO(g)$$

8.2.1.3　二茂铁及某些金属氧化物

二茂铁可在气相和凝聚相抑烟，其机理与被抑烟的聚合物结构有关，特别是与被抑烟的聚合物是否含卤素有关。例如，二茂铁抑烟剂用于 ABS 时，主要在气相起作用；而用于含氯的苯乙烯-丙烯腈-氯丁二烯三元共聚物时，主要在凝聚相起作用。

PVC 中二茂铁及其衍生物的抑烟机理之一是在气相中能引发形成高活性自由基（如 OH·）的反应，自由基随后可将烟微粒氧化为 CO：

$$C(s) + OH \cdot \longrightarrow CO + H \cdot$$

某些金属（Ba、Sr、Ca）氧化物也可消除烟炱，因为它们在火中可催化氢分子及水分子裂解，生成 H·，H· 又可与水反应形成 OH·，OH· 则按上式反应将烟炱氧化为 CO。

上述抑烟机理也可解释过渡金属和由二茂铁形成的氧化物（如 $\alpha\text{-}Fe_2O_3$）的抑烟作用。

除此之外，二茂铁及某些金属化合物（如 V_2O_5 和 CuO）能将一部分 PVC 的分解产物转化为 CO，从而减少了烟的形成。

通过钝化离子化成核中心的生长步骤，二茂铁和某些金属化合物也可以干扰形成烟炭的成核反应。热离子化或催化离子化的金属首先进攻成核中心，接着成核中心钝化，同时，二茂铁或某些金属化合物的作用可在燃烧早期发生，并促进 OH· 自由基的形成，从而造成烟炱前体（稠环芳香族化合物）被氧化而减少或消失，即二茂铁及某些金属化合物可能会抑制在气相形成苯及其他芳香族化合物。

二茂铁在 HCl 及极少量氧存在下可形成二茂铁正离子，后者也可作为 Lewis 酸催化脱 HCl 交联和成炭。二茂铁及很多金属氧化物在凝聚相中的抑烟作用表现为促进 PVC 表面脱

HCl 和交联成炭反应。

8.2.1.4　锡酸锌和含水锡酸锌

锡酸锌（ZS）及含水锡酸锌（ZHS）与溴、氯阻燃剂有协同效应，可作为 Sb_2O_3 的代用品，也有抑烟效果。ZS 在 540℃ 依然有很好的热稳定性，而 ZHS 的最高使用温度是 204℃。在 ZS 或 ZHS 代替 Sb_2O_3 的研究中，ZS 或 ZHS 对很多合成聚合物都能极有效地阻燃和抑烟，它们与含卤聚合物及含卤素阻燃剂的无卤聚合物均具有协同效应。与 Sb_2O_3 相比，ZS 和 ZHS 还有减少材料燃烧时烟、CO_2 及 CO 的生成量的作用，而且低毒，安全，用量低。

ZS 和 ZHS 可能通过下述两种途径发挥作用。

① 促进交联成炭，减少可燃挥发物的释放。

② 挥发的锡化合物作为气相反应催化剂，催化氧化 CO 和烟炱。

8.2.1.5　镁-锌复合物

商品名为 Ongard Ⅱ 的抑烟剂，不仅适用于 PVC，对其他聚合物也适用。Ongard Ⅱ 是白色流散性粉末，可能是氧化镁和氧化锌的固体溶液。Ongard Ⅱ 在半硬质 PVC 中的阻燃抑烟作用主要是在固相内进行的，催化固相分解，促进炭层的形成，并改变炭层结构，降低挥发性气体的释放量。另外，Ongard Ⅱ 能与 PVC 释放出的 HCl 反应，生成固态金属氯化物，后者可通过干扰氯原子与在 PVC 热分解早期形成的多烯的再化合反应而起到抑烟效果。

8.2.2　不饱和聚酯的抑烟机理

不饱和聚酯一般以短链 PS 交联，所以其燃烧时发烟量高，用非芳香键（例如甲基丙烯酸甲酯或丙烯酸乙酯）代替 PS 键使不饱和聚酯交联，可明显降低其烟密度。某些羧酸（如富马酸、马来酸）使不饱和聚酯交联，对抑烟也很有效。此外，促进成炭的物质可作为不饱和聚酯的抑烟剂。例如，有机磷酸酯能使树脂脱水，加热时形成多磷酸，后者形成树脂的保护膜而抑烟。

Fe_2O_3 可作为某些含氯的不饱和聚酯的抑烟剂。在氯源存在下，例如在海特酸（HET）阻燃的不饱和聚酯中加入 Fe_2O_3，加热裂解反应后 Fe_2O_3 可转变成 $FeCl_3$，而 $FeCl_3$ 是强 Lewis 酸，有助于不饱和聚酯交联并促进成炭。同时，$FeCl_3$ 也是一个 Friedel-Crafts 反应催化剂，能加速烷基氯和芳香族化合物之间的偶联反应，从而使芳香族化合物保留于凝聚相中，减少烟的释出。

MoO_3 与二溴新戊二醇等含卤化合物具有协同作用，可同时赋予不饱和聚酯抑烟性和阻燃性。在玻璃纤维增强的不饱和聚酯中加入 $MoO_3/Sb_2O_3/Al(OH)_3$ 可有效降低材料的烟密度。用钼酸铵代替 MoO_3（MoO_3 显绿色）可以进一步改善材料的色泽。$Al(OH)_3$ 热分解时会放出水，可抑制烟炱由于成核和聚集而成为大的颗粒，降低烟密度，减小浓密黑烟形成概率，只释出白烟。$Mg(OH)_2$ 和硼酸锌也已用作不饱和聚酯的抑烟剂，在含卤或无卤的不饱和聚酯中，锡酸锌可明显改善树脂的生烟性。

8.2.3　聚氨酯的抑烟机理

某些醇类，如糠醇，也可作为聚氨酯泡沫塑料有效的抑烟剂，这类醇能消除会产生浓烟的聚异氰酸酯（聚氨酯的热裂解产物）。醇被氧化成醛，醛进一步靠席夫（Schiff）碱与异氰腮酸酯及异氰酸酯反应，在凝聚相中形成交联结构。

要提高聚氨酯泡沫塑料的交联度，可加入异氰脲酸酯、酰亚胺和碳化二亚胺，形成有利于成炭和抑烟的交联结构。

采用固态的二羧酸，如马来酸、间苯二甲酸和海特酸，也能得到降低聚氨酯泡沫塑料生烟量的效果。

含磷化合物、二茂铁、某些金属螯合物及四氟硼酸钾或四氟硼酸铵也能用于聚氨酯泡沫塑料以促进成炭和抑烟。

8.3　抑烟阻燃材料制备方法

传统抑烟剂绝大多数是无机物，与聚合物基质相容性差而影响材料本身的力学性能，需要一定的制备与处理工艺来对其进行改善，扬长避短。

8.3.1　超精细纳米颗粒

纳米技术应用于抑烟剂的处理主要依靠的是纳米颗粒粒径小，表面能高，表层原子数多，在一定用量范围内，其与聚合物的界面黏结强度较高，聚合物基质有较强的相互作用力；纳米抑烟颗粒的巨大比表面积有利于吸附燃烧产生的烟尘。吴志平等制备了超细硼酸锌纳米颗粒，并将其应用于 LDPE 中，结果表明：纯 LDPE 燃烧时，其 CO 浓度峰值为 $1.007 \times 10^{-4}(155s)$，LDPE/FR 阻燃体系燃烧时 CO 浓度峰值为 $1.238 \times 10^{-4}(95s)$，但在引入超细硼酸锌后，CO 浓度大大降低，其浓度峰值为 $4.12 \times 10^{-5}(230s)$，不但远低于 LDPE/IFR 阻燃体系的 CO 浓度峰值，而且也比纯 LDPE 的 CO 浓度峰值要低。白丽娟等用粒径 70nm 超细 $Al(OH)_3$ 阻燃 PVC，相对普通 $Al(OH)_3$ 阻燃 PVC，LOI 明显提高，烟密度显著下降。

8.3.2　抑烟金属配合物

将抑烟元素与有机物（最好是阻燃剂）制备成金属配合物，这样既达到了抑烟的目的，又可提高其与聚合物基质的相容性。例如，Fina Alberto 等合成了 Zn、Al 与异丁基笼型倍半硅氧烷阻燃抑烟配合物，结果表明，该阻燃抑烟配合物大大提高了聚合物基材的阻燃抑烟性能。

8.3.3　表面改性

高分子材料是高聚物，以共价键结合，属于憎水性的物质，通常表面能很低，无机粉体通常以离子键或共价键结合，属于亲水性物质，具有高表面能，而无机粉体和高聚物之间具有不同的热膨胀系数、弯曲模量、表面张力等，这使得它们相接的界面张力差，导致二者的相容性较差，因而相接区域通常是体系性能最薄弱的区域和破坏源，通过表面改性可使它们之间的结构因素相近或相同，或者使两相界面具有较高且合适的黏附力。

王燕等对纳米氢氧化铝粉体进行湿式表面改性，结果表明，钛酸酯偶联剂的表面处理效果最好，硅烷偶联剂次之，再次为硬脂酸与甘油。

8.4　抑烟阻燃技术的应用

可作为阻燃抑烟剂的金属氧化物、复合氧化物的阻燃抑烟效果如表 8-4 所示。

表 8-4　作为阻燃抑烟剂的金属氧化物、复合氧化物的阻燃抑烟效果

金属氧化物种类	阻燃特征	备注
Fe_2O_3	PVC 的低发烟效果；NBR 的低发烟效果	USP 3993607
二茂（铬）铁	NBR，与卤素的协同阻燃效果；PVC 的低发烟效果	USB 4049618
SnO_2 $SnO_2 \cdot xH_2O$ $ZnSn(OH)_6$ $ZnSnO_3$	PVC 的低发烟效果（SnO_2）；PET 的低发烟效果（SnO_2）；溴化 PET 的低发烟效果（SnO_2） 乙烯丙：烯酸酯橡胶的非卤化阻燃效果[$Al(OH)_3$＋SnO_2]；棉纺织物阻燃[SnO_2＋$ZnSn(OH)_6$]	FRCA 研究报告（佛罗里达，1992） Fire & Polymers(1990)
$CuO，Cu_2O$，铜粉	减少聚氨酯的 HCN 生成量；PVC 的低发烟效果	FRCA 研究报告（亚利桑那州，1989）
ZnO	无卤配混料的阻燃低烟效果；PVC 的低发烟效果 PVC 的低发烟效果（Sb_2O_3＋ZnO）	FRCA 研究报告（佛罗里达，1995） 吉田，昭和电线评论，42，No.1(1992)
CaO $CaO，SiO_2$ $Ca(OH)_2$	促进低硫橡胶的低发烟效果（CaO） PVC 的低发烟效果（$CaO，SiO_2$） 减少 CO 气体产生[$Ca(OH)_2$]	USP 4141931 J. Fire & Polymers,10,(1979) USP 4361668
B_2O_3	对各种聚合物的阻燃效果	J. Polym. Sci. 26,1167(1981)
Bi_2O_3	PVC 的低发烟效果	
SiO_2	气相白炭黑微粉的阻燃抑烟效果	
MoO_3	PVC 的低发烟效果	J. Polym. Sci. 26,1191(1981)FRCA 研究报告(佛罗里达,1992)
Ni_2O_3 NiO	EVA 无卤配混料的阻燃低烟效果(3 份)	加藤，三菱电线工业技报，No.83，(1992)
Pt 化合物	与 SiO_2 并用对硅橡胶的阻燃效果	J. Fire & Polymers,10,(1979)

8.4.1 PVC 常用阻燃抑烟剂及应用

可用作 PVC 的阻燃抑烟剂很多，其中通过凝聚相中的催化成炭发挥阻燃抑烟的是一些过渡金属化合物，常用的有 MoO_3、Cu（特别是一价铜）化合物或氧化物、八钼酸铵（AOM）、二茂铁、硼酸锌，以及 Fe、Ni、Co、Mn 等的氧化物、氯化物或草酸盐等。

8.4.1.1 钼化合物阻燃抑烟硬质 PVC 材料

MoO_3、AOM 等含钼化合物是目前 PVC 材料中广泛使用的阻燃抑烟剂，可以用于 PVC 的各种材料制品领域，其阻燃抑烟的 PVC 硬质材料，如导管和窗架型材的阻燃抑烟测试结果见表 8-5、表 8-6。

表 8-5　MoO_3、AOM 阻燃抑烟 PVC 硬质导管材料的效果

抑烟剂，用量 /（份/100 份 PVC）		LOI/%	LOI 增加值/%	烟量/%（Arapahoe 法）	烟量降低率/%
MoO_3	0	45	—	7.8	—
	2.5	—	—	5.3	32
AOM	0.5	48	3	6.4	18
	2.5	54	9	5.1	35

表 8-6　MoO_3、AOM 阻燃抑烟 PVC 硬质窗架材料的效果

抑烟剂，用量 /（份/100 份 PVC）		LOI/%	LOI 增加值/%	烟量/%（Arapahoe 法）	烟量降低率/%
MoO_3	0	41	—	7.4	—
	2.5	46	5	4.3	42
AOM	0.7	45	4	4.9	34
	2.5	46	5	4.8	35

从表 8-5 中结果可以看出，MoO_3、AOM 对硬质 PVC 具有良好的阻燃抑烟效果，其中 AOM 的效果尤为显著，添加 2.5% 就可使 PVC 的 LOI 提高 9%，且生烟量可以降低 35%。该 PVC 硬质导管的基本配方为 100 份 PVC，25 份碳酸钙，4 份加工助剂，1 份稳定剂，另加抑烟剂。

表 8-6 的硬质 PVC 窗架材料基本配方为 100 份 PVC，10 份二氧化钛，10 份加工助剂，2 份稳定剂，另加抑烟剂。从表中可以看出，MoO_3、AOM 对该配方的 PVC 具有良好的阻燃抑烟效果，在 100 份基本配方中添加 2.5 份的 MoO_3 或 AOM 就可使材料的 LOI 提高 5%，生烟量降低 42% 或 35%。

8.4.1.2 钼化合物阻燃抑烟软质 PVC 材料

软质 PVC 被广泛用于各种电线电缆的包覆材料，其阻燃抑烟要求高，其基本配方为

100 份 PVC、30 份 DOP、7 份三碱式硫酸铅、1 份润滑稳定剂，在该配方基础上，添加适量抑烟剂的阻燃抑烟效果见表 8-7。

表 8-7　一些钼化合物对软质 PVC 的阻燃抑烟效果

抑烟剂,用量 /(份/100 份 PVC)	LOI/%	LOI 增加值/%	烟量/% （Arapahoe 法）	烟量降低率/%
0	27.5	—	28.2	—
MoO₃ 2	30.5	3	4.8	83.0
AOM 2	30.5	3	7.2	74.5
钼酸钙 2	30.0	2.5	11.5	59.2
钼酸锌 2	30.0	2.5	8.4	70.2
Sb₂O₃ 1 MoO₃ 1	32.5	5	6.1	78.4

从表 8-7 试验结果可以看出，钼的一些化合物对软质 PVC 具有优异的阻燃抑烟作用，其中以 MoO_3 的效果最好，而综合考虑阻燃、抑烟以及成本等因素，则以 MoO_3 与 Sb_2O_3 复配使用的效果最佳。

8.4.1.3　二茂铁类化合物阻燃抑烟 PVC 材料

二茂铁类化合物是 PVC 常用的高效阻燃抑烟剂，广泛应用于 PVC 膜材料、电线电缆料等低烟阻燃制品中。表 8-8 为二茂铁类化合物的阻燃抑烟效果。

表 8-8　二茂铁类化合物的阻燃抑烟效果

项目	基本配方	基本配方＋ 1 份 FcCOPh	基本配方＋ 5 份 FcCOCH₃	基本配方＋ 2 份 FcCOCH═CHPh
LOI/%	27.7	32.6	28.9	30.4
LOI 增加值/%		4.9	1.2	2.7
D_{max}	460	304	258	313
D_{max} 降低率/%		34	44	32

PVC 阻燃基本配方为 100 份 PVC，30 份 DOP，5 份三碱式硫酸铅，1 份硬脂酸钙。Fc 表示二茂铁，其后缀为茂基上的取代基。

从表 8-8 的试验结果可以看出，在阻燃 PVC 基本配方中，添加二茂铁类化合物不仅可以使发烟量大大减少，且阻燃性能也有显著提高，这是因为二茂铁类化合物可以在凝聚相中促进成炭。

8.4.1.4　镁-锌复合物阻燃抑烟 PVC 材料

Ongard Ⅱ用于硬质、半硬质和软质 PVC 的抑烟，可使其生烟量明燃时降低约 30%、阴燃时降低约 50%（NBS 烟箱测定），100 份 PVC 中添加 4 份为最好，PVC 阴燃时生烟量的降低幅度明显比明燃时大。当 PVC 中的 DOP 含量增高时，Ongard Ⅱ 对材料氧指数的影响甚微。

将 Ongard Ⅱ 加入 PVC 线缆护套材料时，可将明燃生烟量减少 40%。Ongard Ⅱ 与 Sb_2O_3 的混合物可作为汽车内的软 PVC 装饰材料、半硬 PVC 薄膜和硬 PVC 管等的阻燃抑烟剂，且当用量为 2%～4% 时，物理性能及电气性能降低不明显。

8.4.1.5 锡酸锌和含水锡酸锌阻燃抑烟 PVC 材料

在软质 PVC 中加入 5%ZS 为抑烟剂，测定的最大烟密度降低 50% 以上。不同用量的烟密度见表 8-9。

表 8-9　ZS 对 PVC 的抑烟作用（NBS 烟箱）

ZS 用量/%	0	2	5	12	15
最大烟密度	663	420	319	217	215

许硕、徐建中等将羟基锡酸锌（ZHS）改性后得到的羟基锡酸锌-还原氧化石墨烯杂化材料（ZHS-RGO）和氢氧化镁（MH）协效应用于 PVC 材料中表现出较好的阻燃抑烟效果，测试结果见表 8-10。

研究结果表明，与纯 PVC 相比，添加了阻燃材料的 PVC 样品的最大烟释放速率（R_{PSPR}）和 H_{TSP} 均明显减少，其中 2 号样品的 R_{PSPR} 和 H_{TSP} 值较高；而 3 号样品的 R_{PSPR} 和 H_{TSP} 值下降显著，相比纯 PVC 各降低了 49.919% 和 33.22%；4 号样品的 R_{PSPR} 和 H_{TSP} 值稍有回升；5 号样品的 R_{PSPR} 值降低了 49.594%、H_{TSP} 值降低了 40.61%，表现出很好的阻燃及抑烟效果。

表 8-10　阻燃 PVC 样品的 R_{HRR} 和 H_{THR} 及 LOI 数据

编号	PVC 含量/g	ZHS 含量/g	ZHS-RGO 含量/g	MH 含量/g	R_{PSPR}/ m²/s	R_{PSPR} 降低值/%	H_{TSP}/ m²	H_{TSP} 降低值/%	LOI/ %
1	100	0	0	0	0.3692	—	39.77	—	24.5
2	100	0	0	15	0.2267	38.597	28.81	27.56	28.3
3	100	15	0	0	0.1849	49.919	26.56	33.22	33.4
4	100	10	0	5	0.1935	47.589	26.84	32.51	34.0
5	100	0	10	5	0.1861	49.594	23.62	40.61	33.1

8.4.1.6 水滑石阻燃抑烟 PVC 材料

水滑石由于本身所具备的特殊结构，其分子结构中的氢氧化物层中存在着一些水分子，这些水分子可在不破坏层状结构的条件下除去，层间受热脱出的水及羟基分解产生的水均能稀释空气中的氧气和聚合物分解生成的可燃性气态产物，水滑石结构中的 CO_3^{2-} 受热分解放出的二氧化碳同时有利于阻隔和稀释氧气而起到阻燃效果。此外，水滑石层板状结构上含有碱性位，对酸性气体有吸附作用，可以有效地吸收产生的酸雾，而且水滑石高温热分解所产生的镁铝复合金属氧化物具有较大的比表面积和表面吸附性，对燃烧时产生的烟雾具有较好的吸附作用，因此理论上水滑石的特殊结构能够在材料燃烧时表现出优异的阻燃抑烟性能。

段金凤等使用烟密度测试箱对插层水滑石在 PVC 材料中的抑烟性进行研究，制备了添加 0 份、2 份、4 份、6 份、8 份插层水滑石的 PVC 阻燃料，其烟密度（D_s）曲线图如图 8-5 所示。

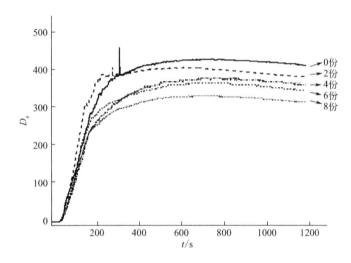

图 8-5　不同水滑石添加量时 PVC 阻燃料的 D_s 曲线

从图中可以看出，在 PVC 阻燃料中，随着水滑石添加量的增加，材料的 D_s 逐渐下降。当添加量为 8 份时，开始 4min 时的烟密度能够降低 21%，$D_{s\max}$ 能够降低 22.5%。整体来看，在 PVC 阻燃料中，水滑石在添加量较少的情况下，抑烟效果不明显，要想达到较好的抑烟效果，水滑石的添加量要在 4 份以上。另外，郑秀婷等发现水滑石在 PVC 中的分散性对其应用效果具有显著影响。因此，要想使水滑石充分发挥其抑烟效果，在材料加工过程中需要考虑其在材料中的分散性。

王德富通过简单的双滴法制备了铜铝水滑石，该材料具有良好的抑烟性和阻燃性：可使 PVC 在静态无焰燃烧时最大烟密度下降约 25%，在动态燃烧时 PHRR 由 337.16kW/m² 下降至 247.90kW/m²，降低约 26.5%，TSP 降低 14.6%。系列表征均证明 CuAl-LDH 可以改变 PVC 的热解路径，主要是吸收 HCl 形成的 Lewis 酸 $CuCl_2$ 发挥了催化作用，促进脱氯化氢反应和离子交联反应。此外，王德富还通过共沉淀法制备了一系列 Fe-LDHs，筛选出了具有最佳抑烟性能的 CuFe-LDh。在静态无焰燃烧条件下，CuFe-LDH 使 PVC 的最大烟密度降低 36.5%，最大发烟速率 MARSE 降低 68%；在动态燃烧条件下，CuFe-LDH 可使 PVC 的 PHRR 降低约 20.5%，使 TSP 降低 21.1%。CuFe-LDH 的高抑烟效率归功于 LDHs 层板金属均匀分布特性。

黄昱臻等通过高速球磨法制备了不同配比的三氧化钼（MoO_3）和钙铝水滑石（LDHs）复合粉体，并考察不同配比复合粉体对 PVC 体系阻燃抑烟性能的影响。具体配方见表 8-11。

表 8-11　复合粉体配方

样品编号	HMWPVC	LMWPVC	DOP	LDHs-MoO$_3$
a	50	50	40	0
b	50	50	40	6(1∶0)
c	50	50	40	6(15∶1)
d	50	50	40	6(10∶1)
e	50	50	40	6(5∶1)
f	50	50	40	6(2∶1)
g	50	50	40	6(1∶1)
h	50	50	40	6(0∶1)

注：HMWPVC—高分子量聚氯乙烯；LMWPVC—低分子量聚氯乙烯；DOP—邻苯二甲酸二辛酯。

不同比例 LDHs-MoO$_3$/PVC 的烟密度测试结构的具体数值见表 8-12。与单一填充 LDHs 相比，加入 LDHs-MoO$_3$ 复合粉体的 PVC 烟密度较低。这是由于加入的 MoO$_3$ 能促进 PVC 脱除 HCl，PVC 顺式多烯异构化转化为反式多烯，反式多烯无法环化成芳香化合物，抑制了苯及芳烃化合物形成，使烟密度呈现逐渐下降，达到抑烟目的；且 MoO$_3$ 能使 PVC 燃烧后炭化，隔绝内部未燃烧 PVC 与热源和空气的接触，阻止 PVC 继续燃烧，减少发烟量。LDHs 能释放大量的水蒸气和 CO$_2$ 来延缓 PVC 的分解，并凭借其碱性板层吸收 HCl。显著降低基材温度。在 LDHs-MoO$_3$ 体系中，随着 MoO$_3$ 的增多，体系烟密度出现先降低后升高的趋势，说明较适合的钼分布在水滑石片中，更容易形成完善的晶体结构。比较发现当 LDHs∶MoO$_3$ 为 10∶1 时，LDHs-MoO$_3$/PVC 的最大烟密度仅为 192，较纯 PVC 降低了 29%，烟密度等级为 37，LDHs 与 MoO$_3$ 表现出较佳的协同抑烟作用。说明在该比例时，MoO$_3$ 能很好地进入 LDHs 层板晶格，且 LDHs-MoO$_3$ 组分得到均匀的分散，起到了良好的协效作用。

表 8-12　PVC 和 LDHs-MoO$_3$/PVC 的烟密度数据

LDHs∶MoO$_3$	Ds_{10}	Ds_{max}	SDR
a	267.99	270.01	70.36
b	254.22	255.87	54.49
c	248.82	255.19	43.69
d	183.56	191.72	37.06
e	233.06	261.62	41.63
f	228.13	242.89	46.36
g	211.77	213.31	49.66
h	187.21	193.68	41.56

8.4.1.7　其他

表 8-13 列出了各体系抑烟剂的抑烟机理及其添加量，由表可见，添加量少的抑烟剂，

通常是通过减少芳烃与盐酸的释放量来达到抑烟效果的。

表 8-13　PVC 抑烟体系添加量及效果比较

抑烟体系	代表物质	添加量	抑烟机理
钼系化合物	MnO_3、八钼酸铵等	0.5%～3%	脱 HCl 形成反式多烯，减少了芳烃的释放
二茂铁及含铁化合物	二茂铁、三氧化二铁	1.5%～2.0%	在凝聚相促进交联，增加成炭
其他过渡金属化合物	CuO、Cu_2O、La_2O_3 等	一般 1%～7%	促进 PVC 的交联，减少了芳烃的释放量

另外，提高 PVC 阻燃抑烟性还可以采用阻燃性增塑剂部分或全部代替常规增塑剂，常用阻燃增塑剂有磷酸酯类、氯化石蜡、二烷基四卤代邻苯二甲酸盐。

8.4.2　苯乙烯系塑料的抑烟

PS 由于分子结构的原因分解时必然产生芳香族物质微粒，即烟炱。在 PS 配方中加入抑烟剂，能明显降低其烟密度。有机铁添加剂（如二茂铁）主要在气相起作用，其抑烟效率与有机金属添加剂中铁在高温下的挥发度有关。几种有机铁化合物对 ABS 的抑烟作用如表 8-14 所示。

表 8-14　有机铁添加剂对 ABS 的抑烟作用

添加剂		体系最大烟密度	最大烟密度降低率/%	挥发金属量/%
类别	加入量(以铁计)/(份/100 份聚合物)			
无	—	440	—	—
二茂铁	5.0	130	70	100
苯甲酰二茂铁	2.5	175	60	60
乙酰丙酮铁	2.5	310	30	20

MoO_3 也是 ABS 的有效抑烟剂。很长一段时间里，ABS 主要使用溴系阻燃剂-Sb_2O_3 体系阻燃，如用一部分 MoO_3 代替 Sb_2O_3，材料的氧指数和阻燃级别均可以提高，且生烟量降低，如表 8-15 所示。

表 8-15　MoO_3 对以 Pyro-Chek77B[①] 阻燃的 ABS 的抑烟及阻燃效果

配方	氧指数/%		UL 94 阻燃性		生烟量/%
	1.6mm	3.2mm	1.6mm	3.2mm	(Arapahoe 烟室法)
18.2 份 Pyro-Chek77B+5.6 份 Sb_2O_3	25.5	26.5	V-2	V-2	24.8
20.3 份 Pyro-Chek77B+6.3 份 Sb_2O_3	26.5	27.0	V-2	V-0	29.2
18.2 份 Pyro-Chek77B+5.6 份 MoO_3	30.0	31.5	V-1	V-0	18.9
20.3 份 Pyro-Chek77B+6.3 份 MoO_3	32.5	33.0	V-0	V-0	20.7
18.2 份 Pyro-Chek77B+2.8 份 Sb_2O_3+2.8 份 MoO_3	28.0	29.0	V-0	V-0	26.8

① Pyro-Chek77B 是双(五溴苯氧基)乙烷。

注：所有配方中 ABS 均为 100 份。

8-羟基喹啉的重金属（Fe、Mn、Cr 等）盐、酞菁的铜盐和铅盐及自由基引发剂（如四苯基铅），均可与气相中的芳香族化合物反应，因而也可用于苯乙烯系塑料的抑烟。另外，$Mg(OH)_2$、$Al(OH)_3$ 和硼酸锌也是可用于苯乙烯系塑料的抑烟剂。

8.4.3　聚氨酯抑烟阻燃

聚氨酯材料具有质轻、保温隔热性能好、缓冲减震及降噪、压缩强度高和尺寸稳定性好等优点；但同时其遇火易燃，且产生有毒的烟雾和气体，限制了聚氨酯的应用范围，故对聚氨酯材料进行阻燃和抑烟性能的研究具有重要意义。

金属-有机骨架材料（MOFs），特点是多孔且比表面积高，沸石咪唑骨架材料（ZIF）是 MOFs 之一，其热稳定性和化学稳定性更好。叶片状锌/钴 ZIF（Zn-ZIF、Co-ZIF 及 Zn&Co-ZIF）是具有微孔结构的沸石咪唑骨架材料，它们的片层结构在燃烧过程中可起到阻隔的作用，李武、徐文总等将其用于制备阻燃抑烟聚氨酯，其对聚氨酯抑烟作用效果如表8-16 所示。

表 8-16　TPU 及其复合材料烟密度数据

添加剂		基体材料	最大烟释放速率 /(m²/s)	最大烟释放速率降低量/%	生烟总量/m²	生烟总量降低量/%
种类	添加量(质量分数)/%					
—	—	PU	0.200	—	22.7	—
Zn-ZIF	3	PU	0.100	50.0	18.5	18.50
Co-ZIF	3	PU	0.110	45.0	18.5	18.50
Zn&Co-ZIF	3	PU	0.097	51.5	17.5	22.91

石墨烯作为新型阻燃添加剂，具有无卤、无毒、环保的优点。其用于阻燃聚氨酯时烟密度与时间的关系如图 8-6 所示。

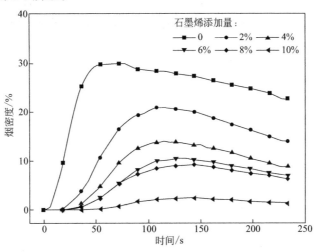

图 8-6　阻燃聚氨酯烟密度与燃烧时间的关系

由图 8-6 可知，随着燃烧时间的增加，聚氨酯的烟密度均呈先增大后减小的趋势；随着石墨烯添加量的增加，聚氨酯的烟密度显著降低；当石墨烯添加量为 10％时，聚氨酯的最大烟密度由纯聚氨酯的 30.04％降至 2.48％，其抑烟效果十分明显；此外，随着石墨烯添加量的增加，达到烟密度最大值的时间变长，其中纯聚氨酯在 84s 时达到最大值，而石墨烯添加量为 10％的聚氨酯在 150s 时烟密度达到最大值。可见，添加石墨烯后，聚氨酯的烟密度明显降低且烟密度达到最大值的时间推迟，这更有利于发生火灾时人员的疏散。

8.4.4 其他

采用硅烷交联改性后的一些共聚物，是实现聚合物抑烟的一种有效改性剂，比如将其加入 PE/金属氢氧化物体系中，能明显改善材料的阻燃性和抑烟性并能提高材料的冲击强度。硼酸锌作为抑烟剂，可用于 PVC、聚烯烃、聚硅氧烷、含氟塑料等一系列的聚合物中。除具有抑烟作用外，硼酸锌还具有阻燃、抗阴燃、耐电弧的作用，也能促进阻燃聚合物体系有效成炭。

赵薇、王华进等研究了四种抑烟剂的协同效应对膨胀型防火涂料的抑烟效果。试验选用主族化合物及过渡金属化合物 $Mg(OH)_2$、Sb_2O_3、二茂铁、Cu_2O 四种抑烟剂，正交试验设计制备 9 个样品，用锥形量热仪测定动态生烟性能。通过对生烟速率及总生烟量的比较，发现当 $Mg(OH)_2$、Sb_2O_3、二茂铁、Cu_2O 的质量分数分别为 2％、1％、2％、1.5％时，生烟量最小，抑烟效果最好，比未添加抑烟剂的样品生烟量下降了 46％。

由于抑烟的重要性和关注度，抑烟剂及抑烟机理近年来受到阻燃改性材料行业的重视。因为 PVC 的用量很大，而且发烟严重，所以大部分抑烟剂及机理是针对 PVC 及其合金进行研究的。低价过渡金属化合物作为还原偶联抑烟剂具有很好的应用前景，有可能在一定程度上替代现有 PVC 抑烟剂。已用于塑料的有效抑烟剂主要是钼化物（AOM、MOM 及 MoO_3）、铁化物（二茂铁）、金属氧化物、锡酸锌、镁-锌化合物的复合物等，2％～4％的这类抑烟剂可使 PVC 及苯乙烯系塑料的生烟量下降 30％～50％。除 PVC 外，随着高分子材料阻燃改性技术的发展，其抑烟技术研究也是未来功能高分子材料研究的一个重要方向。

第 **9** 章

纳米阻燃技术

9.1 概述

近年来，随着纳米科学技术（nano-ST）的发展，纳米材料在许多科学领域引起了广泛重视，成为材料科学的研究热点，被认为是 21 世纪最有前途的材料之一，为开发高性能材料和对现有材料性能进行改善提供了一个新的途径。纳米复合材料（nanocomposite）是指分散相尺度至少有一维小于 100nm 量级的复合材料。由于其纳米尺度效应、大的比表面积以及强的界面相互作用，纳米复合材料的性能远优于用常规共混方法制备的复合材料的性能，后者只属于微观复合材料。

在聚合物纳米复合材料研究方面，聚合物基有机/无机纳米复合材料由于其优异的综合性能，已引起了广泛关注。其中以层状结构的硅酸盐为纳米分散相的聚合物基有机/无机纳米复合材料，简称为 PLS（polymer layered silicate）纳米复合材料，具有良好的韧性和强度，可明显降低无机物的添加量。另外，由于无机片层的定向作用，该材料还表现出二维尺寸稳定性、韧性、强度。研究还表明，这种材料的热稳定性和阻燃性也有明显的提高。

PLS 纳米复合材料的制备、结构、性能的研究约始于 20 世纪 80 年代末。自 1987 年日本首次报道用聚合插层法制备尼龙 6/蒙脱土 PLS 纳米复合材料以来，人们进行了大量的研究工作。研究表明，同常规的聚合物/无机填料复合体系相比，由于无机物与聚合物之间界面面积非常大，且存在无机物与聚合物界面间的化学结合，因此具有理想的粘接性能，可消除无机物与聚合物基体两物质热膨胀系数不匹配问题，由此可充分发挥无机材料的优异力学性能、高耐热性。PLS 纳米复合材料具有良好的阻隔性能，可以有效地阻止传热、传质过程的进行，故表现出良好的热稳定性和耐火性，这种性能有可能成为聚合物无卤阻燃的有效方法。本章将主要介绍纳米阻燃机理、纳米阻燃聚合物制备方法以及应用。

9.2 纳米阻燃机理

为了寻找聚合物材料的有效阻燃方法和掌握其阻燃规律，人们不断对其阻燃机理进行深入的研究。现已发现，当聚合物燃烧时存在凝聚相热分解区及气相火焰反应区。相应地阻燃方法可分为气相阻燃和凝聚相阻燃。

气相阻燃是指阻燃剂受热分解后，释放出的自由基使火焰链式反应减缓或终止，从而减缓气相燃烧的反应速率，达到阻燃的目的。气相阻燃典型的例子是含卤阻燃剂的阻燃。凝聚相阻燃是指阻燃剂通过改变聚合物的热氧降解行为，促进成炭，来达到阻燃的目的，如膨胀阻燃体系。聚合物在燃烧过程中所形成的炭层，可有效地阻止气相燃烧反应产生的热量及空气中的氧气向聚合物内部的传递，使聚合物热降解速率下降，从而产生挥发物的速率也大大降低而达到阻燃目的。此外，炭层也可有效地阻止挥发物向气相扩散，使气相燃烧速率明显下降，导致生成的热量减少，热量向聚合物内部的反馈也相应减小，从而有效地阻止聚合物的进一步降解。

无卤阻燃大多是在聚合物中添加 $Al(OH)_3$、$Mg(OH)_2$ 等无机阻燃剂，玻璃纤维等无机填充剂及一定量的金属氧化物和协效剂。近年来发现，一些含氮化合物也是高效的无卤阻燃剂。无机阻燃剂在高温下能分解释放出化学结合水，反应为吸热反应，可延缓高聚物的热降解速率，减慢或抑制高聚物的燃烧，并促进炭化和抑烟。另外，释放出的大量水蒸气可稀释可燃物的浓度，降低可燃气对燃烧的贡献，使系统放热量和生烟量减小。而且有些无机填充材料在燃烧表面形成壳层可以起隔热和阻止可燃气体向燃烧表面迁移的作用。在 PLS 纳米复合材料中，由于复合材料的成分比较单一，阻燃机理也相对比较简单，主要是由层状硅酸盐在聚合物基体中的阻隔作用和对分子链降解的限制作用而使聚合物的阻燃性能得到提高。

与常规微观复合材料相比，PLS 纳米复合材料具有较好的热稳定性，而其热稳定性与体系的结构及其组成密切相关。硅酸盐片层以纳米尺度分散在体系中，具有较大的长径比及平面取向。同常规的聚合物/无机填料复合体系相比，PLS 纳米复合材料不但具有良好的韧性、强度，还可以有效地阻止传热、传质过程的进行。进一步的研究表明，硅酸盐片层在聚合物基体中分散程度的不同对热稳定性也有一定的影响。PLS 纳米复合材料的热稳定性与聚合物的性质（类型、极性、分子量等）、有机改性硅酸盐（OLS）的性质（改性剂的类型、堆积密度、几何尺寸等）及两者的相互作用有关。聚合物基体与硅酸盐片层两相间界面非常大，存在无机物与聚合物界面间的化学结合，使纳米分散相与聚合物基体存在较强的相互作用（物理作用、化学作用），具有理想的粘接性能。插层型较剥离型纳米复合材料可能更有利于体系热稳定性的提高。一些纳米材料燃烧残余物的 TEM 照片显示，无论是插层型还是剥离型，体系最终均有大量的碳化物/硅酸盐（carbonaceous-silicate）多重层状结构的生成（片层间距一般为 1～2nm）。硅酸盐片层结构对于炭层起到增强作用，提高了残炭强度。这种碳化物/硅酸盐多重层状结构同样可以作为传热、传质的隔绝体。插层型 PLS 纳米复合材料由于保持了硅酸盐片层的近程有序结构，并且高分子链以较伸展的构象局限于硅酸盐片层中，其运动特性在层间受限空间与层外自由空间有所不同，在受热降解时可能更有利于碳化物/硅酸盐多重层状结构的生成，从而有较好的阻隔作用。

XPS 研究表明，PLS 纳米复合材料中的硅酸盐片层可能会促进少量的聚合物交联成炭。由于硅酸盐在高温下有较强的氧化作用，引起炭层氧化，生成 CO、CO_2 等，导致 C1s 的相对强度急剧下降，不利于体系成炭量的增加及成炭质量的提高。

利用锥形量热法（CONE）对 PLS 纳米复合材料的燃烧性能进行了测试与表征，结果表明，PLS 纳米复合材料具有良好的阻隔性能，阻断传热与传质过程，使体系的热氧化降解速率下降，表现出良好的热稳定性。PLS 纳米复合材料 TTI（点燃时间）均有一定的减小。这与对应的质量损失提前发生有关。不同类型的 PLS 纳米复合材料表现不同的阻燃性能，与体系结构及组成有关。如果聚合物与 OLS 之间有较强的作用，则将有利于体系形成碳化物/硅酸盐多重层状结构，有利于阻挡外界氧与热的进入，使得热降解的可燃挥发物难以逸出，从而表现出较好的阻燃行为。

综上所述，聚合物/层状硅酸盐纳米复合材料对阻燃性能的提高主要来自以下两个方面：

① 在聚合物基体中以纳米尺寸分散的层状硅酸盐片层对聚合物分子链的活动性具有显著的限制作用，从而使聚合物分子链在受热分解时比完全自由的分子链具有更高的分解温度。此外，层状硅酸盐片层的物理交联点的作用，使得复合材料在燃烧时更容易保持初始的形状，表现出好的阻燃性能。

② 由于分布于聚合物基体中的层状硅酸盐片层具有良好的气液阻隔性能，因此当 PLS 纳米复合材料燃烧时，位于燃烧表面的层状硅酸盐片层就可以具备阻隔因为聚合物分子链分解而产生的可燃性小分子向燃烧界面的迁移，同时它们也可以延缓外界的氧气向燃烧界面内部迁移，从而延缓燃烧的进行，起到阻燃的作用。

9.3　纳米阻燃材料制备方法

9.3.1　聚合物基有机/无机纳米复合材料制备方法

聚合物基有机/无机纳米复合材料主要制备方法有：溶胶-凝胶法、共混法、插层法等。

9.3.1.1　溶胶-凝胶法

溶胶-凝胶（sol-gel）法，作为一种古老的方法在超细材料的制备中应用已久，但直到 20 世纪 80 年代才用它制备有机/无机纳米复合材料。溶胶-凝胶过程是指将烷氧金属或金属盐等前驱物溶于水或有机溶剂中，形成均质溶液，溶质发生水解反应生成纳米级粒子，并形成溶胶，溶胶经蒸发干燥转变为凝胶。用该法制备有机/无机纳米复合材料时可以简单分为以下几种情况：

① 把前驱物溶解在预形成的聚合物溶液中，在酸、碱或某些盐的催化作用下，使前驱物水解形成半互穿网络。

② 把前驱物和单体溶解在溶剂中，使水解和单体聚合同时进行，这一方法可使一些完全不溶的聚合物靠原位生成而均匀地嵌入无机网络中。如单体未交联则结构同①，如单体交联则形成全互穿网络。

③ 在以上的聚合物和单体中，引入能与无机组分形成化学键的基团，增加有机与无机

组分之间的相互作用。

溶胶-凝胶法制备有机/无机纳米复合材料的特点在于该法可在温和的反应条件下进行，有机和无机组分相互掺混成紧密的新形态。尽管各组分的相分离程度可以变化较大，但其微区大小均在纳米尺寸范围内。有机/无机纳米复合材料通常是透明的，而且其软化温度、热分解温度也比纯聚合物有较大提高。该纳米复合材料可改善有机聚合物的韧性、强度、模量，提高粘接性能等。

该法目前存在的最大问题在于凝胶干燥过程中，由于溶剂、水分等的挥发，可能导致材料收缩脆裂。尽管如此，溶胶-凝胶法仍是目前应用最多、较完善的方法之一。

9.3.1.2　共混法

共混法（blending）是首先合成出各种纳米粒子，再通过不同方式与有机聚合物混合。共混所需纳米粒子的制备方法很多，大体上可以分为物理方法和化学方法。物理方法主要有：物理粉碎法、蒸发冷凝法等；化学方法包括：气相沉积法、沉淀法、模板反应法、胶态化学法、水热合成法等。一般来说，化学方法在微粒粒度、粒度分布及微粒表面控制方面有一定的优势。就材料共混方式而言，主要有：溶液共混、乳液共混、熔融共混、机械共混。

共混法的优点是纳米粒子形成与材料的合成分步进行，可控制纳米粒子的形态尺寸。不足之处是由于纳米粒子很容易团聚，共混时保证粒子的均匀分散有一定困难。因此通常在共混之前要对纳米粒子进行表面处理，或在共混时加入分散剂，以使其在基体中以原生粒子的形态均匀分散，这是应用该法的关键。

Y. Kurokawa 等制备的 PP/蒙脱土纳米复合材料同样表现出良好的综合性能，见表 9-1。

表 9-1　PP、Talc/PP、MAN/PP 纳米复合材料性能对比

性能	PP	Talc/PP[①]	MAN/PP[①]
密度/(g/cm^3)	0.91	0.92	0.93
拉伸强度/MPa	31	35	39
弯曲强度/MPa	38	45	53
弯曲模量/GPa	1500	1900	2400
Izod 缺口冲击强度/(J/m)	2.0	2.4	3.4
热变形温度/℃	120	—	160

①硅酸盐添加量为 3%。

从目前总的研究现状来看，PLS 纳米复合材料研究的重点侧重于聚合物材料力学性能的提高。同时也兼顾其阻隔性能、电性能及热性能的研究，以及赋予高聚物一些新的功能如抗菌、远红外和阻燃等。

E. P. Giannelis 等对 PLS 纳米复合材料的热稳定性及燃烧性能进行了研究。所制得的聚二甲基硅烷（PDMS）PLS 纳米复合材料热稳定性明显提高，如图 9-1 所示。作者认为，由于纳米复合材料具有良好的阻隔性能，PDMS 受热产生的可挥发环状硅氧烷小分子的扩散受到一定的限制。另外，所制得的聚己酸内酯 PLS 纳米复合材料具有一定的抗燃性能，如图 9-2 所示。

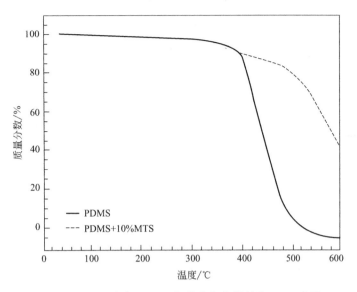

图 9-1 硅烷聚合物 PDMS 与纳米复合材料的 TGA 曲线

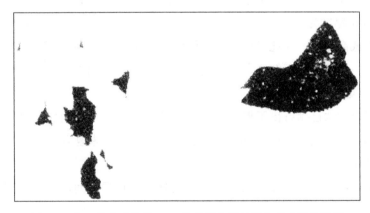

图 9-2 聚己酸内酯及其 PLS 纳米复合材料燃烧残余物的形貌

　　J. W. Gilman 等人研究了 PP/层状硅酸盐纳米复合材料的燃烧性能，蒙脱土不仅提高了 PP/纳米复合材料的力学性能，而且提高了材料的阻燃性，而热释放速率（HRR）和燃烧时的失重速率（MLR）下降，见表 9-2。但燃烧比热（EHC）、单位消光面积（SEA，表征发烟量）和 CO 产率不变，这表明材料阻燃性能的改善归结于凝聚相分解过程的差异，并非气相的作用。纳米复合材料改善了燃烧后残余物的炭化层，炭化层中既有多层的硅酸盐炭化层结构，也有单层的硅酸盐炭化层。这说明其阻燃性的提高不是由于保留了部分可燃物，而是在固相中形成了硅酸盐炭化层，这一多层硅酸盐炭化层结构起到良好的绝缘作用和质量传递载体作用，减缓了燃烧时挥发物的逸出。

　　对 PLS 纳米复合材料进行深入的研究，以期获得既有良好的阻燃性能，又有优异的力学性能的阻燃纳米聚合物材料，将为开发出新型无卤阻燃聚合物材料，以适应聚合物阻燃材料的无卤化趋势及高性能化的要求提供一条新的途径。

表 9-2 PP/硅酸盐纳米复合材料的燃烧性能

样品	燃烧残余 /%	HRR 峰值 /(kW/m²)	HRR 平均值 /(kW/m²)	EHC /(kJ/kg)	平均 SEA /(m²/kg)	平均 CO 生成量 /(MJ/kg)
PP	0	1525	536	39	704	0.02
PP/硅酸盐(2%)	5	450	322	44	1028	0.02

9.3.1.3 插层法

插层法（intercalation）是一种制备有机/无机纳米复合材料的新方法。自 20 世纪 80 年代末以来，美国的 Giannelis Mehrotra、日本的 Okada Kawasumi 及国内的漆宗能等做了大量开拓性的研究工作。

许多无机化合物，如硅酸盐类黏土、磷酸盐类、石墨、金属氧化物、二硫化物等，具有典型的层状结构，可以嵌入有机物。其中应用最广的是云母类硅酸盐。根据插层的形式不同可分为：聚合插层、溶液插层、熔体插层。

（1）聚合插层

该法首先将聚合物单体插层于具有层状结构的云母类硅酸盐（mica-type silicate, MTS）中，其片层厚度为 1nm 左右，片层间距一般在 0.96～2.1nm 之间，然后单体在硅酸盐片层之间聚合成高分子。在此过程中，单体插层进入硅酸盐片层之间，单体聚合成高分子可使片层间距进一步扩大甚至解离，使硅酸盐填料在聚合物基体中达到纳米尺度的分散，从而获得 PLS 纳米复合材料。

应用聚合插层方法已制备出了聚己酸内酯、聚双酚 A 缩水甘油醚、聚酰胺、聚苯乙烯、高抗冲聚苯乙烯及聚苯胺/水辉石、聚吡咯/水辉石等 PLS 纳米复合材料。

（2）溶液插层

该法是在聚合物溶液中直接把聚合物嵌入到硅酸盐片层之间，从而得到 PLS 纳米复合材料。

应用该法已制得了聚苯胺、聚环氧乙烷、聚丙烯等 PLS 复合材料。

（3）熔体插层

该法是将聚合物与 MTS 混合，在熔融态下将聚合物嵌入 PLS 纳米复合材料，如图 9-3 所示。目前，用此方法已制得了聚酰胺、聚酯、聚碳酸酯、聚磷腈、聚硅烷、聚苯乙烯、聚环氧乙烷、赛璐珞、液晶态聚酯等 PLS 纳米复合材料。

熔体插层法从整体上讲较溶胶-凝胶法、共混法简单，原料来源丰富、价廉。从工艺上来讲，聚合插层法和溶液插层法与熔体插层法相比具有一定的局限性。原因在于合适的单体、聚合物、硅酸盐黏土的共溶剂体系有时难以得到。而熔体插层法不需任何溶剂，工艺简单，通用性强，易于工业化生产，且对环境污染小，因而应用前景十分广阔，是目前研究的重点。

熔体插层法通常可获得两种类型的 PLS 纳米复合材料：

① 插层型（intercalated）PLS 纳米复合材料，即单个的、伸长的聚合物分子链插入硅

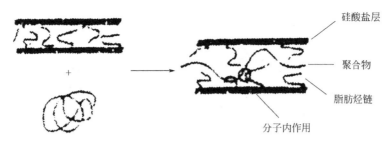

图 9-3 聚合物熔体插层进入有机改性硅酸盐

酸盐片层之间，最终形成有序的交替排列的层状结构，重复距离约几个纳米。

② 解离型（exfoliated）PLS 纳米复合材料，即硅酸盐片层被解离成单个的片层结构，均匀地分散在聚合物基体中。两种类型的 PLS 纳米复合材料的制备示意图和 TEM 照片分别如图 9-4 和图 9-5 所示。

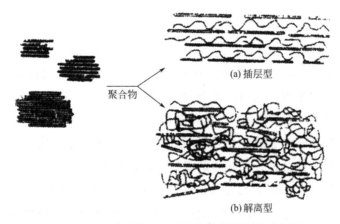

图 9-4 两种类型的 PLS 纳米复合材料制备示意图

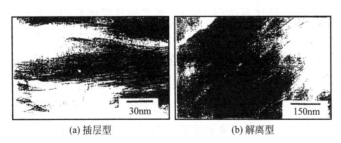

图 9-5 两种类型的 PLS 纳米复合材料 TEM 照片

如上所述，已经得到了较多品种的 PLS 纳米复合材料。研究表明，聚合物与具有层状结构的硅酸盐共混的结果是得到 PLS 纳米复合材料，还是得到微观复合材料，取决于 MTS 和聚合物的性质。

MTS 以蒙脱土（montmorillonite）为其典型的代表物，如图 9-6 所示。

蒙脱土属于 2∶1 型层状硅酸盐，即每单位晶胞由两个硅氧四面体中间夹带一层铝氧八面体构成，两者之间靠共用氧原子连接。这种四面体和八面体的紧密堆积结构使其具有高度有序的晶格排列，每层的厚度约为 1nm，片层间距为 0.96～2.1nm，具有很高的刚度，层间不滑移。

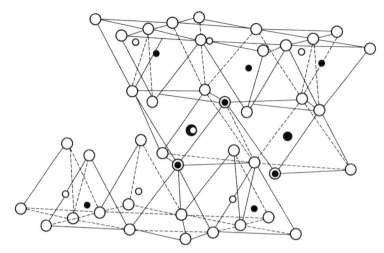

图 9-6　蒙脱土结构示意图

蒙脱土铝氧八面体上部分三价铝被二价镁同晶取代，层内表面具有负电荷，每个负电荷占据面积 $0.25\sim2nm^2$，晶胞摩尔质量 $700\sim800g/mol$。过剩的负电荷通过层间吸附的阳离子来补偿，对于蒙脱土来说，层间阳离子为可交换阳离子如 Ca^{2+}、Mg^{2+}、Na^+ 等，它们很容易与有机阳离子（如烷基铵阳离子、烷基磷阳离子及其他一些表面活性剂）进行离子交换反应，使亲水性的蒙脱土变为亲油性的。通过这样的表面化学修饰，有机阳离子降低了蒙脱土的表面能，促进了其对聚合物基体的浸润。这种有机改性的层状硅酸盐（organically-modified layered silicate，OLS）与绝大多数聚合物有良好的相容性。另外，有机阳离子还可以含有不同的官能团，与聚合物进行反应，以促进无机相和基体树脂的粘接性能。

这样制得的 OLS 具有两个显著的特点：首先，硅酸盐微粒能够分散成单个的片层结构。对于完全解离的片层，其长径比可达到 1000，而常规共混体系中的微粒其长径比仅约为 10。其次，通过离子交换反应可以细致地调节硅酸盐片层的表面结构，使其与不同类型的聚合物基体均有良好的相容性，以利于 PLS 纳米复合材料的形成。这两个特点相互联系，硅酸盐微粒的分散程度决定了其长径比，同时又依赖于硅酸盐片层的表面结构。

总的来说，为了得到 PLS 纳米复合材料，需要从聚合物的性质（类型、极性、分子量等）、OLS 的性质（插层剂的类型、堆积密度、几何尺寸等）及两者相互作用等方面来综合考虑。研究结果表明，纳米结构的形成要求 OLS 有一最佳的层间微环境，即其层间结构应使有机分子链具有较大的自由度，并且层间应有较多的潜在相互作用部位；同时，为了有利于聚合物插入，OLS 与聚合物之间应存在一定的极性相互作用。极性聚合物与 OLS 表面间的路易斯酸、路易斯碱作用及氢键作用有利于反应的进行。

在制备聚合物/层状硅酸盐（PLS）纳米复合材料时，首先是硅酸盐的有机化。常采用有机阳离子（或称为插层剂、改性剂）与层状硅酸盐进行离子交换反应，使硅酸盐片层间距增大，并改善层间微环境，使硅酸盐内外表面由亲水性转为疏水性，降低其表面能，有利于单体或聚合物插入硅酸盐片层间以形成纳米复合材料。这是制备 PLS 纳米复合材料的关键步骤之一。插层剂的选择应符合以下几个条件。

① 容易进入层状硅酸盐晶片间的纳米空间，并能显著增大硅酸盐晶片层间距。

② 与聚合物单体或聚合物分子链具有较强的物理或化学作用，以利于单体或聚合物插层反应的进行。这些插层剂均含有长链的烷基基团，可以增强黏土片层与聚合物的相容性。

③ 价廉易得。常用的插层剂有烷基铵盐、季铵盐、吡啶类衍生物和其他阳离子型表面活性剂等。

文献中对含氮的阳离子插层剂已进行了较多的研究。而含磷，含磷、氮，以及含有反应性基团的插层剂却极为少见。此类插层剂对 PLS 纳米复合材料结构的影响，特别是对其热稳定性及阻燃性的影响，有待深入研究。近期已合成了含磷和含磷、氮，以及有不同反应性官能团的几种阳离子型插层剂。然后对硅酸盐进行有机化处理，得到一系列新型的有机改性蒙脱土，制备出了不同类型的 PLS 纳米复合材料。

热力学研究认为，当聚合物插层进入 OLS 片层结构时，聚合物熵的减小通常会阻碍该过程的进行，但同时 OLS 片层结构分离时熵的增加会在一定程度上弥补体系熵的减小。如果体系总熵值仍然是减小的，则体系熵值的变化将决定聚合物插入过程能否进行，能否得到 PLS 纳米复合材料。因此，OLS 与聚合物之间的相互作用对纳米结构的形成是至关重要的。动力学研究认为，纳米结构的形成过程主要受限于聚合物分子链扩散进入硅酸盐微粒聚集体的过程，而不是聚合物分子链扩散进入硅酸盐片层结构的过程。硅酸盐片层的表面化学修饰使前一过程变得易于进行，于是 PLS 纳米复合材料形成时的活化能与聚合物在本体熔体中扩散时的活化能基本相当。因此，制备 PLS 纳米复合材料时所需加工条件与普通聚合物加工条件相差不大，可以利用现有加工技术与设备进行生产。

9.3.1.4　原位聚合法

原位聚合法是指将纳米粒子均匀分散于单体中，在一定条件下聚合，形成分散良好的聚合物纳米复合材料，或是将刚性聚合物溶解于柔性聚合物单体中，引发聚合，形成在聚合物基体中以纳米级分散的复合材料。这一方法制备的复合材料填充粒子分散均匀，且粒子纳米特性完好无损。

聚酰胺是一种广泛应用的工程塑料，它的分子结构和结晶作用使其具有优良的力学性能。然而由于酰氨基极性基团的存在，聚酰胺吸水率高，热变形温度低，模量和强度还不够高，限制了其应用。而目前所得到的尼龙 6/蒙脱土 PLS 纳米复合材料具有高强度、高模量、高热变形温度、良好的阻隔性能，在实际生产中已应用于摩托车零部件的制造。表 9-3 为日本丰田中央研究所制得的尼龙 6/蒙脱土纳米复合材料与尼龙 6 的性能对比。

可以看出，尼龙 6/蒙脱土纳米复合材料在强度和模量显著增大的同时，冲击强度并未降低，有别于常规体系。更重要的是，其热变形温度有了大幅度的提高，扩大了其应用领域。

中国科学院化学研究所制得的尼龙 6/蒙脱土纳米复合材料与尼龙 6 的性能对比见表9-4。

表 9-3　日本丰田中央研究所尼龙 6/蒙脱土纳米复合材料与尼龙 6 的性能对比

性能	尼龙 6/蒙脱土纳米复合材料[①]	尼龙 6
拉伸模量/GPa	2.1	1.1
拉伸强度/MPa	107	69
热变形温度/℃	145	65
冲击强度/(kJ/m²)	2.8	2.3
吸水率/%	0.51	0.87
热膨胀系数(线性)	3.6×10^{-5}	13×10^{-5}

① 蒙脱土的添加量为 4%（质量分数）。

表 9-4　中国科学院化学研究所尼龙 6/蒙脱土纳米复合材料与尼龙 6 的性能对比

性能	尼龙 6/蒙脱土纳米材料	尼龙 6
屈服强度/MPa	91.3	68.2
拉伸模量/GPa	4.13	3.03
弯曲强度/MPa	150	93.5
弯曲模量/GPa	4.16	2.44
Izod 缺口冲击强度/(J/m)	26.0	28.0
热变形温度(1.82MPa)/℃	112	62
热膨胀系数(线性)	3.6×10^{-5}	13×10^{-5}

　　王新宇等利用插层聚合法制备出了 HIPS/蒙脱土纳米复合材料，其热性能及力学性能列于表 9-5。

表 9-5　HIPS/蒙脱土纳米复合材料的热性能及力学性能

蒙脱土含量/%	T_g[①]/℃	T_g[②]/℃	T_d/℃	断裂伸长率/%	拉伸强度/MPa	弯曲模量(50℃)/GPa	冲击强度/(kJ/m²)
0	105	106	394	34.8	27.5	1.36	41.2
3	106	106	418	29.0	36	1.90	37.0
6	108	109	438	—	—	2.57	23.6

①DSC 法测得。

②DMA 法测得。

　　从表 9-5 可以看出，材料的玻璃化转变温度 T_g 较纯的 HIPS 略有提高，而热分解温度 T_d 则大幅度提高。作者认为其原因在于，聚合物与蒙脱土之间存在强烈的相互作用，聚合物链受限于硅酸盐片层之间，硅酸盐片层的表面特性使得许多高分子链末端连接在同一硅酸盐片层上，这样片层就起到了交联点的作用，较高的交联密度使得此类复合材料的热性能得到了提高。

9.3.1.5　分子自组装法

　　分子自组装法是一种非干预式组装，其原理是利用界面湿润性、静电吸引、氢键、分子间力等作用，控制无机纳米相在聚合物表面或内部进行有序分布，产生自组装纳米复合材料。

9.3.1.6　辐射合成法

辐射合成法是将聚合物单体和金属盐在分子级别混合，即形成金属盐单体溶液，再利用钴源进行辐照，电离辐射产生初级产物，同时引发单体聚合及金属离子的还原。辐射合成法具有简便温和、产率高、适用面广的优点，是目前典型的制备有机/无机纳米复合材料的一步合成法，能使纳米相微粒分散均匀，显示了制备复合材料无比的优越性。

9.3.2　PLS 纳米复合材料结构及阻燃性能的表征

聚合物复合材料结构的表征是研究材料各种性能的基础。PLS 纳米复合材料具有与一般的无机填充复合物不同的微观结构，主要表现在黏土的硅酸盐片层间距的变化上，这一结构使纳米复合材料的性能远优于用常规共混方法制备的复合材料的性能。可以用 X 射线衍射（XRD）、透射电镜（TEM）来表征这种层间距的变化。

凝聚相热降解、交联和成炭过程是阻燃研究的关键。对于层状结构的硅酸盐为纳米分散相的 PLS 纳米复合材料，运用微观研究（XPS 等）和宏观研究（TGA、CONE 等）方法，研究其热稳定性和成炭性能，揭示纳米分散相与聚合物基体相互作用（物理作用、化学作用）对阻燃效果的影响规律，为制备阻燃纳米聚合物提供理论指导。

9.3.2.1　PLS 纳米复合材料结构的表征

高聚物结构的表征是研究材料各种性能的基础，所以了解高聚物的微观、亚微观直到宏观不同结构层次的形态和聚集态是必不可少的。对于链结构、聚集态结构、结晶度、取向等均有不同的测试手段。

对于 PLS 纳米复合材料来说，它具有与一般的无机填充复合物不同的微观结构，主要表现在黏土的硅酸盐片层间距的变化上。X 射线衍射（XRD）、透射电镜（TEM）可以表征这种层间距的变化。由高分子链与硅酸盐片层间的阳离子及片层表面的相互作用而引起的高分子链行为的变化，可以用差示扫描量热法（DSC）、热失重分析（TG）、红外光谱（FT-IR）、固体核磁共振（NMR）等来表征。在 PLS 纳米复合材料结构的研究中，XRD、TEM 是最常用的方法。

插层型 PLS 纳米复合材料体系中的层状硅酸盐在近程仍保留其层状有序结构（一般为 10～20 层），而远程是无序的，聚合物分子链局限于硅酸盐片层中。整齐有序的硅酸盐片层在 XRD 谱图中会出现对应的衍射峰。根据 d_{001} 面衍射角，由 Bragg 方程可以算出硅酸盐片层之间的距离：

$$2d\sin\theta=\lambda$$

式中　d——硅酸盐片层之间的平均距离；

　　　θ——半衍射角；

λ——入射 X 射线波长（$\lambda=1.540$nm）。

在剥离型 PLS 纳米复合材料中，层状硅酸盐有序结构均被破坏，硅酸盐片层无规分散在聚合物基体中。在 XRD 谱图上表现为无尖锐的有序硅酸盐片层的衍射峰，仅存在聚合物的无规宽漫射峰。

电子显微镜可以用于研究高分子晶体的形貌和结构，高分子多相体系的微观相分离结构，泡沫聚合物的孔径与微孔分布，高分子材料（包括复合材料）的表面、界面和断口，胶黏剂的黏结效果以及聚合物涂料的成膜特性等。用于研究 PLS 纳米复合材料结构时，可以直观地了解硅酸盐片层在聚合物基体中的分散情况。

9.3.2.2　PLS 纳米复合材料阻燃性能的表征

聚合物热分解过程的许多规律大多使用热重法（TG）进行研究。在阻燃聚合物的研究中，常在惰性气体（通常为 N_2）保护下利用 TG 技术研究阻燃剂或阻燃材料的热降解行为，并以残余物质量（或残炭量）的多少作为阻燃效果优劣的评判标准。TG-MS、TG-FTIR、PY-GC、^{13}C-NMR 和 MS 等技术也常用来推断热降解过程的机理。

聚合物固相热降解反应的研究是阻燃研究中的重要环节。对以层状硅酸盐为纳米分散相的 PLS 纳米复合材料，研究其热稳定性和成炭性能，进而揭示纳米复合材料结构及分散相与聚合物基体相互作用（物理作用、化学作用）对体系热稳定性和成炭性能的影响规律，将为制备阻燃纳米聚合物提供理论指导。

聚合物热降解时，凝聚相热降解、交联和成炭过程是阻燃研究的关键。但利用挥发物的结构、组成特点和变化来分析、推测凝聚相中的变化，缺乏直接的证据。

利用 XPS 技术研究聚合物材料的热降解、交联、成炭过程及凝聚相阻燃机理是一种有效的方法。利用准原位 XPS 方法，测定聚合物在整个加热过程中 C1s 峰的相对强度（CPS）变化，用以表征聚合物分子链的交联程度，特别是在高温下的化学交联程度。并根据不同温度下 C1s 谱和价带谱的变化，定义聚合物在热降解过程中凝聚相开始成炭的相转变温度，即开始形成类石墨结构的相转变温度，用 LT_{GRL} 表征炭的形成。

目前研究聚合物材料的阻燃性能、阻燃机理，常用的表征技术主要有氧指数（LOI）试验、垂直燃烧试验、水平燃烧试验、锥形量热仪（CONE）试验等。其中前三种方法可以用来比较相同类型材料之间的阻燃性好坏，使用方便，数据重现性好，但其数据不能反映材料在实际火灾中的危险性。

锥形量热仪（cone calorimeter，有时简称 CONE）是美国国家科学技术研究所（NIST）的 Babrauskas 于 1982 年研制出的，被认为是燃烧测试仪器方面最重大的进展。锥形量热仪是以氧消耗原理为基础的新一代聚合物材料燃烧测定仪，它具有多功能的结构设计，可提供准真实（quasi-real）的燃烧测量条件，其试验结果与大型燃烧试验结果之间存在很好的相关性。例如在家具行业，CONE 的结果与大型试验 ISO 9705 Room 结果相仿，而且 ISO 9705 Room 本身应用的也是氧消耗原理。CONE 的外部热辐射装置可以模拟火情规模大小，同时给出热释放、烟释放、CO 和 CO_2 释放及质量损失等多项与真实火情相关的试验参数。利用这些数据可以对聚合物阻燃材料的降解行为、阻燃性能、抑烟作用等进行综合研究，并可以对材料在火灾中的安全等级进行评估。它的出现为在实验室条件下正确评价聚合物材料在实际火情条件下的燃烧、阻燃性、抑烟性等提供了一条可靠的途径。

9.4　纳米阻燃技术的应用

　　高分子从聚合物、共混物到填充和增强复合材料，每一步新技术的引入都使高分子材料的物理性能得到进一步提高，其应用也随之拓展。在填充高分子材料中，随着传统微米级填料的纳米化，以高分子为基体、无机纳米粒子为分散相的高分子/纳米复合材料将是 21 世纪很有发展前途的重要高分子复合材料。相对于纯聚合物及传统填充聚合物材料，聚合物/纳米复合材料更明显地改善了材料的模量与强度、透气性、抗溶剂性、耐热性和透明性等物理性能，从而使得高分子材料具有更优异的综合性能。根据目前国内外已有研究成果，用于制备聚合物/纳米复合材料的高分子中热塑性树脂主要有 PA、PP、PS、PMMA、PE、PVA、PEO、PEI、PC、PET、LCP 等，热固性树脂有 PI、EP、不饱和聚酯、PU 等。

　　一些家电、信息等领域特别需要这种阻燃材料，在不丧失其性能的前提下，阻燃性能越高越好。用纳米粒子制成的纳米多功能塑料，具有抗菌、除味、防腐、抗老化、抗紫外线等作用，可用作电冰箱、空调外壳里的抗菌除味塑料。对于电子计算机和电子工业，可以从硬盘上阅读的读卡机以及存储量为目前芯片上千倍的纳米材料级存储芯片都已投入生产。计算机在普及采用纳米材料后，可以缩小为"掌上电脑"。机械工业方面，采用纳米材料技术对机械关键零部件进行金属表面纳米粉涂层处理，可以提高机械设备的耐磨性、硬度和使用寿命。在船舶阻燃材料和涂料中的应用也极具前景，船舶的防火要求很高，某些纳米复合材料用于船舶舱内装饰材料或配制阻燃涂料，提高船舶非金属装饰材料的防火性。

　　具有各种优异性能的塑料在汽车制造中起着十分重要的作用，纳米功能塑料的应用将推动制造业的发展。高效的纳米抗菌塑料可以用于车门把手、座椅靠背、转向盘、车身内饰等部件，可以显著改善车内卫生条件，防止疾病的传播。另外还可以满足汽车乘客座舱的线路和管路的阻燃设计要求。阻燃材料还可以在较低的温度下工作并保持原有性能，使汽车能够适应不同的气候条件。

9.4.1　在通用塑料中的应用

　　聚乙烯是常用的通用塑料品种，但是其熔点低、易于燃烧，需要对其进行阻燃改性。K. Okada 等利用 PLS 纳米复合材料的制备技术研究了层状硅酸盐与传统阻燃剂协同改性 PE 的阻燃效果，分别采用几种传统的阻燃剂和金属氧化物与有机蒙脱土共同使用，填充聚乙烯基体，并用锥形量热仪测量了获得的复合材料的热性能，见表 9-6 和表 9-7。

表 9-6　在 PE 基体中填充不同有机蒙脱土体系的 HRR 数据

试样	1	2	3	4	5
PE	100	100	100	100	100
有机蒙脱土 SBAN-400	10	—	—	20	—
有机蒙脱土 SBAN D	—	10	—	—	—
有机蒙脱土 SBAN X	—	—	10	—	20
热释放速率峰值/(kW/m²)	687	616	593	602	537
断裂伸长率/%	900	920	950	850	880

表 9-7　在 PE 基体中填充未处理蒙脱土或阻燃剂体系的 HRR 数据

试样	1	2	3	4	5
PE	—	100	100	100	100
未处理蒙脱土	—	—	—	10	—
有机蒙脱土	—	—	—	—	10
阻燃剂 DPDBO	—	7.5	—	—	—
Sb_2O_2	—	2.5	—	—	—
APP	—	—	10	—	—
热释放速率峰值/(kW/m²)	1327	1309	1272	1067	1202
断裂伸长率/%	980	830	590	820	770

　　从表 9-6 和表 9-7 中可以看出，在 PE 基体中加入有机蒙脱土后，纳米复合体系的热释放速率峰值比纯聚合物基体普遍降低了 15%～25%，阻燃性能有明显提高。而且当有机蒙脱土的含量仅为 10% 时，就可以明显降低复合材料的热释放速率峰值，而单独使用传统的阻燃剂时对体系热释放速率的影响不大。不论是使用 DBDPO/Sb_2O_2 复合阻燃剂还是 APP，对复合体系热释放速率的影响都不明显，其数值与纯 PE 基本相同。只有当传统的阻燃剂与有机蒙脱土协同使用时，才能够明显地降低复合材料的热释放速率。

　　Jin Zhu、C. A. Wilkie 等人研究了 PMMA/黏土纳米复合材料的阻燃性能。首先以不同类型的插层剂制备出有机改性蒙脱土，进而用本体聚合法得到了不同类型的 PMMA 纳米复合材料。从表 9-8 和表 9-9 的测试结果数据可以看到，PLS 纳米复合材料中黏土的层间距均有不同程度的增大。纳米复合体系的热释放速率峰值比纯聚合物基体普遍降低了约 20%，阻燃性能有明显提高。值得注意的是，插层型纳米复合材料 PMMA-Bz16 比兼具插层型和剥离型结构的 PMMA-VB16 和 PMMA-Ally116 纳米复合材料有更低的热释放速率峰值，表明插层型纳米复合材料可能具有更好的阻燃性能。

表 9-8　PMMA 纳米复合材料的 XRD 数据

黏土	d_{001} 层间距/nm	复合材料中黏土的 d_{001} 层间距/nm	d_{001} 层间距的差值/nm
Na-黏土	0.120		
Bz16	0.180	0.327	0.147
VB16	0.252	0.465	0.213
Ally116	0.208	0.340	0.132

表 9-9　PMMA 纳米复合材料的锥形量热仪数据

试样	点燃时间 /s	HRR 峰值 /(kW/m²)	HRR 峰值 所需时间/s	HRR 平均值 /(kW/m²)	平均 SEA /(m²/kg)	平均失重速率 /[g/(s·m²)]
PMMA	13	935	118	597	141	24
PMMA-Bz16	14	676	109	466	206	19
PMMA-VB16	14	706	106	493	225	20
PMMA-Ally116	29	744	127	544	201	22

注：黏土含量 3%，测试功率 50kW/m²。

C. A. Wilkie 等人还研究了 PS/黏土纳米复合材料的阻燃性能，得到了相近的结果，见表 9-10。

表 9-10　PS/黏土纳米复合材料的锥形量热测试数据

试样	PS	PS 纳米复合材料 (黏土 5%,熔融法)	PS 纳米复合材料 (黏土 5%,溶液法)
点燃时间/s	36±5	40±5	39±0
HRR 峰值/(kW/m²)	1411±18	837±32	374±32
HRR 峰值所需时间/s	87±4	93±7	100±8
HRR 平均值/(kW/m²)	755±11	571±20	237±7
总热释放量/(MJ/m²)	102±1	58±11	47±20
平均 SEA/(m²/kg)	1134±24	1323±28	1488±50
平均失重速率/[g/(s·m²)]	29±0	25±1	12±0

人们对 PP/黏土纳米复合材料也进行了较深入的研究。Tidjani 和 Wilkie 最近研究了两种方法熔融制备 PP/黏土和 PP-g-MA（顺丁烯二酸酐接枝聚丙烯）纳米复合材料，研究了它们的光氧化稳定性和光氧化对热稳定性和阻燃性能的影响。欧育湘等制备了 PP-g-MA PLS 纳米复合材料，对其结构与阻燃性能进行了讨论，结果见表 9-11。表中分别比较了纯 PP-g-MA 和 PP-g-MA/黏土纳米复合材料的锥形量热测试结果，除了 HRR 和 MLR 较聚合物基材有显著降低外，材料的平均比燃烧热、平均比消光面积及平均 CO 生成量都不因插入纳米级的层状硅酸盐而有大的改变。至于材料燃烧残余物量，其值均较低（5%～12%），纳米复合材料的此量虽有所增加，但这是因为材料中加入了硅酸盐所致。结果说明这类纳米复合材料的阻燃机制是凝聚相的阻燃作用，而非气相阻燃作用。

表 9-11　锥形量热法测定的 PP-g-MA 及 PP-g-MA/CLAY 纳米复合材料数据

试样	燃烧残余 /%	HRR 峰值 /(kW/m²)	HRR 平均值 /(kW/m²)	EHC /(kJ/kg)	平均 SEA /(m²/kg)	平均 CO 生成量 /(MJ/kg)
PP-g-MA	5	1535	536	39	704	0.02
PP-g-MA/黏土(2%) (插层/剥离型)	6	450	322	44	1028	0.02
PP-g-MA/黏土(4%) (插层/剥离型)	12	381	275	44	968	0.02

磷酸锆具有固体酸催化成炭及气体阻隔作用，能够有效提高聚合物的阻燃性能，黄健光等合成了纳米磷酸锆，并用硅烷偶联剂对其进行改性。以最常用的 APP 和 PER 复配体系为研究对象，在两者添加量分别为 15% 和 5% 的基础上，研究了自制改性纳米磷酸锆（n-ZrP）对 PP/IFR 阻燃性能的影响，结果如表 9-12 所示。从表中数据可以看出：在 PP/APP/PER 体系中，添加少量的 n-ZrP 能够大幅度提高 PP 的阻燃性能。当 APP、PER 和 n-ZrP 的添加量分别为 15%、5% 和 2% 时，PP 的极限氧指数达到最大值，为 31.6%。

表 9-12　ZrP 的协同催化效应分析

样品编号	ZrP 含量/%	LOI/%	ΔLOI/%
ZrP-0	0	26.6	—
ZrP-1	0.5	30.0	3.4
ZrP-2	1.0	31.0	4.4
ZrP-3	2.0	31.6	5
ZrP-4	3.0	31.1	4.5
ZrP-5	4.0	31.6	5

注：样品编号 ZrP-0 至 ZrP-5 中 APP 和 PER 的添加量分别都为 15%、5%。

9.4.2　纳米阻燃工程塑料

阻燃增强纳米 PET 是采用纳米材料对 PET 进行改性后的产品，通过该方法改性后的 PET 材料，其力学性能、阻燃性能和结晶性能都有极大提高，并使之在价格和性能上成为替代 PBT/GF 的理想材料。该类专用料可以广泛用于生产汽车、电子电气、通信、照明、家电及其他领域的零部件。已有报道采用原位插层聚合方法和熔融插层复合技术开发了这种 PET/蒙脱土纳米复合材料（中国专利申请号：97104055.9）和增强型阻燃 PET 工程塑料。几种蒙脱土纳米前驱体改性增强型聚酯（NPET）工程塑料的性能见表 9-13。

表 9-13　蒙脱土纳米前驱体改性增强型聚酯（NPET）工程塑料的性能

性能	测试方法	NPETG10	NPETG20	NPETG30
拉伸强度/MPa	GB/T 1040	90	121	140
拉伸模量/GPa	GB/T 1040	5.5	7.2	8.1
断裂伸长率/%	GB/T 1040	5.6	3	1.7
弯曲强度/MPa	GB 8341	158	180	200
弯曲模量/MPa	GB 9341	5.1	7.5	10.2
Izod 冲击强度/(J/m)	GB 1843	54	69	75
热变形温度(1.82MPa)/℃	GB 1634	190	210	218
熔点/℃		250~260	250~260	250~260
分解温度/℃		469	453	448
阻燃性 UL 94		V-0	V-0	V-0

同样用熔融插层法可以得到尼龙 6 纳米复合材料，其力学性能及阻燃性能见表 9-14。

表 9-14　锥形量热仪测定的 PA6 纳米复合材料热参数

试样	A0	C10	C11	B2	B4	B5
黏土含量/%	0	4	0	5	9	3
阻燃剂含量/%	0	0	5	0	0	5
缺口冲击强度/(J/m)	36.1	26.2	26.3	30.2	29.5	22.3
拉伸强度/MPa	65.6	63.4	30.6	71.3	76.5	74
伸长率/%	48	29	19	—	—	24
弯曲强度/MPa	107.2	115.1	74.6	128.3	126.9	133.8
弯曲模量/MPa	2616	3534	3377	3459	3696	3632
极限氧指数/%	21.5	21.7	22.5	21.5	23.7	24.3

由表 9-14 可见，黏土会降低尼龙的韧性，但长链烷基改性的黏土对尼龙韧性的破坏性小些；极限氧指数有一定的提高，但效果有限，而少量的黏土与磷系阻燃剂的复合可明显提高复合材料的极限氧指数，说明有机黏土与阻燃剂有某种协同阻燃作用。

欧育湘等采用锥形量热法研究尼龙 6/黏土纳米复合材料的阻燃性能，其主要研究结果见表 9-15。结果表明，黏土相对含量仅为 2% 和 5% 的黏土/尼龙 6 纳米复合材料的热释放速率（HRR）峰值比尼龙 6 分别下降了 32% 和 63%，HRR 平均值可降低 35%～50%，此两值的下降表明材料的阻燃性有一定的提高，而且这种下降幅度与常规卤系阻燃的 UL 94 V-0 级尼龙 6 相当。但材料的平均燃烧热、平均比消光面积及平均 CO 生成量均不因插入纳米级的黏土而有大的改变。

表 9-15　锥形量热法测定的 PA6 纳米复合材料燃烧性能

试样	PA6	PA6/黏土(2%)	PA6/黏土(5%)
燃烧残余/%	1	3	6
热释放速率峰值/(kW/m^2)	1010	686	328
热释放速率平均值/(kW/m^2)	603	390	304
平均燃烧热/(kJ/kg)	27	27	27
平均比消光面积/(m^2/kg)	197	271	296
平均 CO 生成量/(MJ/kg)	0.01	0.01	0.02

三聚氰胺及其衍生物是常见的含氮阻燃剂，可用于提高聚酰胺、聚酯等的阻燃性能。Inoue 等人使用这类阻燃剂与 PLS 纳米复合材料，研究了它们对尼龙 6、聚对苯二甲酸丁二醇酯（PBT）、聚甲醛（POM）和聚苯硫醚（PPS）等聚合物阻燃性能的影响。研究结果表明，使用这种协同的阻燃体系可以达到 UL 94 V-0 级的阻燃性能，同时使复合体系的弯曲模量和热变形温度得到提高，试验结果见表 9-16。

表 9-16　复合体系的 UL 94 测试数据

试样编号	复合体系	层状硅酸盐含量/%	传统阻燃剂	阻燃剂含量/%	层状硅酸盐剥离程度/%	UL 94 测试结果
1	PA6/OM-FSM	5	三聚氰胺	3.3	80	HB
2	PA6/MEL-FSM	5	—	—	80	V-2
3	PA6/MEL-FSM	5	三聚氰胺	3.3	80	V-2
4	PA6/MEL-FSM	5	三聚氰胺	10	80	V-0
5	PA6/MEL-FSM	5	三聚氰胺	3.3	50	V-2
6	PA66/OM-FSM	5	三聚氰胺	3.3	>50	HB
7	PA66/MEL-FMM	5	三聚氰胺	3.3	>50	V-0
8	PA66/MEL-FMM	5	三聚氰胺	3.3	>50	V-0
9	PA66/MEL-FMM	5	三聚氰胺	5	>50	V-0
10	PBT/OM-FSM	5	三聚氰胺	6	80	HB
11	PBT/MEL-FSM	5	—	—	80	V-2
12	PBT/MEL-FSM	5	三聚氰胺	5	80	V-0

注：OM-FSM 为经双十八烷基二甲基胺处理的合成氟云母。

钙钛矿型羟基锡酸盐是近年来出现的新型高效阻燃剂，董璐铭等采用化学共沉淀法合成了正六面体型的微纳米钙钛矿型羟基锡酸钙 [$CaSn(OH)_6$，CSH]，将其用应用于环氧树脂的阻燃改性，制得复合材料的阻燃性能及锥形量热测试结果如图 9-7 所示，相关数据列于表 9-17。

由试验结果可知，纯 EP 的 LOI 值为 24.1%，随着 $CaSn(OH)_6$ 添加量的增多，CSH/EP 复合材料的 LOI 值逐渐升高。与纯 EP 相比，仅添加 0.5% 的 $CaSn(OH)_6$ 即能使材料的 LOI 值从 24.1% 上升至 25.9%；当添加 5% 的 $CaSn(OH)_6$ 时，LOI 值上升至 28.7%，LOI 测试结果表明 $CaSn(OH)_6$ 明显提高了 EP 的难燃性。

由锥形量热测试结果可知，纯 EP 在点燃后迅速释放大量的热，120s 后热释放速率达到峰值，为 1423.40kW/m²，总释热量达到 124.35MJ/m²，而 $CaSn(OH)_6$ 的加入显著抑制了 CSH/EP 复合材料的燃烧，特别是在添加量为 0.5% 时，PHRR 和 THR 值降低至 771.02kW/m² 和 93.19MJ/m²，分别降低了 45.8% 和 25.1%；进一步提升 $CaSn(OH)_6$ 的添加量，PHRR 和 THR 会有进一步的降低，在添加量为 5% $CaSn(OH)_6$ 时，达到热释放速率峰值的时间提前，且 PHRR 与 THR 进一步降低至 589.64kW/m² 和 79.47MJ/m²，与纯 EP 相比分别降低了 58.5% 和 36.9%。由烟释放量测试结果可知，纯 EP 释放大量烟气，TSP 为 33.28m²，在添加 5% 的 $CaSn(OH)_6$ 后复合材料的 TSP 值降低至 27.33m²，降低了 17.88%。

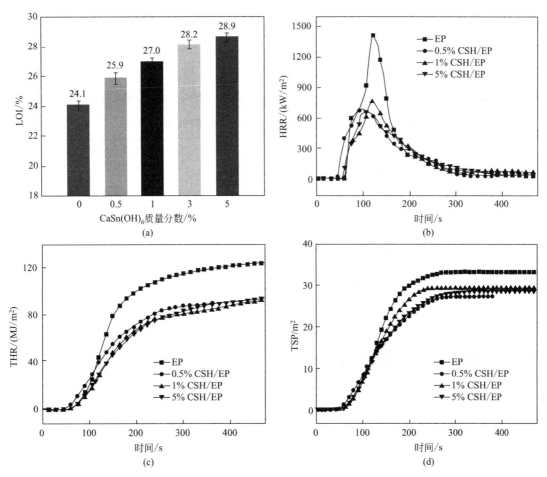

图 9-7　EP 和 CSH/EP 的 LOI(a)、HRR(b)、THR(c)、TSP(d) 测试结果

表 9-17　EP 和 CaSn(OH)$_6$/EP 的锥形量热数据

样品	PHRR/(kW/m^2)	THR/(MJ/m^2)	TSP/m^2
EP	1423.40	124.35	33.28
0.5%CSH/EP	771.02	93.19	29.43
1%CSH/EP	659.54	89.20	28.65
5%CSH/EP	589.64	79.47	27.33

9.4.3　纳米阻燃纤维

无机物蒙脱土由于自身的层状结构，在聚合物聚合中进行插层剥离形成纳米粒子，可以均匀分散在纤维中。制备的纳米纤维具有良好的力学性能、阻燃性能、抗辐射、防霉、抗老化性能和突出的远红外反射效果。这种纳米材料也可以应用在丝绸改性中，是一种极有经济价值的新型材料。另外，有些纳米面料具有自清洁功能，沾上油污不用洗涤，用水冲洗即可。

蒙脱土纳米聚酰胺和聚酯材料已有研究。这种无机材料具有很高的熔点，而且不易分解。将它应用于纺织中阻燃的机理是将蒙脱土均匀地分散在纤维内部，用纳米粒子占据纤维大分子链之间的空隙，当温度升高时，延缓纤维大分子基团分解的速度，同时使燃烧过程中的热量及时散发，不会造成热量堆积而温度升高。表 9-18 列出了 Jeferry 等人测得的尼龙 6 及其纳米复合材料的阻燃性对比数据。由表可知，蒙脱土纳米材料具有较高的阻燃性。

表 9-18　尼龙 6 及其纳米复合材料的锥形量热计试验数据

样品	残余物的百分数/%	热释放速率的峰值/(kW/m²)
尼龙 6	0.3	1011
尼龙 6/蒙脱土(2%)	3.4	686(降低 32%)
尼龙 6/蒙脱土(5%)	5.5	378(降低 63%)

总之，PLS 纳米复合材料制备技术在阻燃材料中具有良好的应用前景。但到目前为止，在这一领域中还存在一些问题有待解决，对阻燃性能的提高不如传统阻燃体系明显。因此通常在传统的聚合物阻燃体系中用层状硅酸盐取代一部分传统的阻燃填充材料，使复合材料具有更好的阻燃性能和综合性能。

9.4.4　纳米阻燃天然高分子材料

近些年纳米材料在天然高分子的阻燃应用方面发展迅速。如层层组装（layer-by-layer，LBL）技术被用于棉织物的表面阻燃处理，一般做法是在每根棉纤维外面包裹一层黏土聚合物构成的纳米砖墙。

LBL 是一种简单通用的方法，具体方法是将各种聚合物、胶体或者分子混合并制成小于 $1\mu m$ 厚的薄膜。通过交替法将基底暴露在带正电或带负电的原料中，使得原料在织物表面沉积形成纳米涂层，这种沉积主要通过静电吸附的方式来完成。LBL 纳米涂料赋予了被包覆的基材（棉织物上很薄的黏土/聚合物纳米复合涂层）阻燃性能，这已经通过热重分析（TG）和微型锥形量热仪（MCC）测试结果获得证实。

利用 LBL 技术可在织物表面构建阻燃功能涂层实现织物的阻燃化。根据涂层的性质，可以分为非膨胀型和膨胀型阻燃涂层。非膨胀型涂层是区别于膨胀型涂层提出的概念，依靠阻燃涂层的难燃性、不燃性达到阻燃目的。为了提高阻燃效果，通常会在阻燃涂层中添加无机纳米粒子，无机纳米粒子在聚合物热分解过程中的热屏蔽作用可以达到阻止氧气、挥发性物质传递的目的，增强阻燃。根据涂层类型可分为非膨胀纳米涂层和膨胀纳米涂层，LBL制备的棉织物表面不同纳米涂层阻燃效果见表 9-19。

从表 9-19 的测试结果可以看出，膨胀纳米阻燃涂层在相同双层下阻燃效果优于非膨胀纳米阻燃涂层，说明织物表面隔绝层对阻燃性能的重要作用。在非膨胀纳米阻燃涂层中，随着无机纳米材料纳米维度的增加，阻燃效果提高，这是由于多维度无机纳米粒子能够更大地发挥其屏蔽效应，提高阻燃效果；在膨胀纳米涂层中，天然物质，壳聚糖、植酸等天然物质虽然是效果良好的绿色阻燃剂，但却存在 LBL 双分子层数目过大导致织物硬度增加的弊端，

表 9-19　LBL 制备的棉织物表面不同纳米涂层的阻燃效果

涂层类型	配方	层数	阻燃效果				
			PHRR	THR	TTI	TSR	LOI
非膨胀纳米涂层	PEI/SiO$_2$	10BL	-20%	-18%	—	—	—
	SiO$_2$@Al/SiO$_2$	5BL	-20%	0	$+27\%$	-16%	—
	AP/POSS	20BL	-20%	-23%	—	—	—
	IFR-PAM/GO	20BL	-50%	-22%	$+23\%$	—	—
	PHMGP/VBL-MWNTs	20BL	-36%	-37%	—	—	—
	PHMGP/APP/PHGMP/α-ZrP	20BL	-59%	-53%	—	—	—
膨胀纳米涂层	Starch/PPA	2BL	-30%	-40%	$+57\%$	—	—
	PHMGP/SPB	20BL	-88%	-70%	—	—	$+122\%$
	CH/PA	30BL	-60%	-76%	—	—	—

有研究指出含有低分子层数的淀粉/聚磷酸（Polyphosphate，PPA）复合阻燃涂层规避了上述缺点，发展潜力巨大。在燃烧性能测试过程中，仅 2BL 涂层（增重率 5%）使得织物的残炭量增加一倍，实现了棉织物的自熄。值得注意的是，燃烧前后棉织物的织物结构未发生变化，表明这种淀粉/PPA 涂层可以高效地保护棉花纤维的结构。此外，不同织物密度（100g/m^2、200g/m^2 和 400g/m^2）下，相同 LBL 涂层能够保持相当的阻燃效果。在较低放大倍数下几乎不能区分织物的完好区域和燃烧区域，但高放大倍数下发现燃烧后织物纤维发生微缩。

二氧化硅纳米颗粒和多面体低聚硅倍半氧烷（POSS）也被用于 LBL 阻燃性纳米涂层，这种纳米粒子涂层的阻燃机理主要是在织物表面构筑了一层硅酸盐的屏障，有效阻止了燃烧的蔓延；另一种有效的无机屏障阻燃方式是膨化，例如在高温或火焰下形成的膨化炭。膨胀型防火层是聚合物热分解形成的膨胀炭化层，其阻燃机制是通过凝聚相隔绝了可燃物释放和阻隔氧气与基材的接触从而中断火焰的燃烧过程。

9.4.5　碳纳米管阻燃技术

碳纳米管（CNTs）是一种优良的阻燃剂，基于 CNTs 的聚合物纳米复合材料不仅具有优异的阻燃性能，还表现出良好的拉伸强度和弹性模量。Zhang 等以二茂铁为原料采用解离、扩散和沉淀的工艺大规模制备铁（Fe）和碳纳米管的复合物，并将其加入环氧树脂中以制备具有良好阻燃性能和力学性能的复合材料，其阻燃性能测试结果如表 9-20 所示。Fe-CNTs 的加入可显著提高 EP 材料的阻燃性能，当 Fe-CNTs 的加入量为 6%（质量分数）时，阻燃环氧树脂复合材料的 LOI 值可达到 35.0%，UL 94 等级达到 V-1 级别，表现出很好的阻燃效果。

表 9-20 EP 和 EP/Fe-CNTs 的 LOI 和 UL 94 测试结果

样品编号	EP（质量分数）/%	Fe-CNTs（质量分数）/%	LOI/%	UL 94 等级
EP	100	0	23.0	无等级
EP/1%（质量分数）Fe-CNTs	99	1	29.4	无等级
EP/2%（质量分数）Fe-CNTs	98	2	33.0	V-1
EP/4%（质量分数）Fe-CNTs	96	4	34.6	V-1
EP/6%（质量分数）Fe-CNTs	94	6	35.0	V-1

EP 与 EP/Fe-CNTs 的热释放速率（HRR）和热释放量（THR）曲线如图 9-8 所示，其烟释放速率（SRR）和烟释放量（TSP）曲线如图 9-9 所示，相关数据列于表 9-21 中。

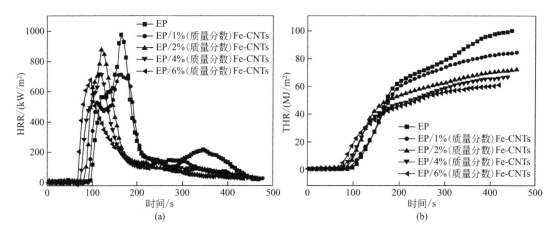

图 9-8 EP 与 EP/Fe-CNTs 的 HRR 和 THR 曲线

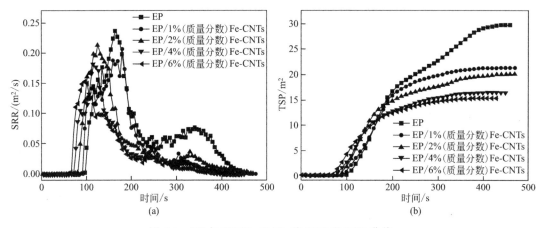

图 9-9 EP 与 EP/Fe-CNTs 的 SRR 和 TSP 曲线

与纯 EP 相比，添加 6%（质量分数）的 Fe-CNTs 即可使阻燃 EP 复合材料的热释放速率峰值（PHRR）由 975kW/m² 下降至 676kW/m²，降低了 30.7%；THR 值由 98.9MJ/m² 下降至 60.2MJ/m²，降低了 39.1%；TSP 由 29.61m² 下降至 15.21m²，降低了 48.6%。复合材料的阻燃性能有了显著的提高。

表 9-21　EP 与 EP/Fe-CNTs 的 PHRR、THR、SRR 和 TSP 数据

样品编号	PHRR/(kW/m²)	THR/(MJ/m²)	SPR/(m²/s¹)	TSP/m²
EP	975	98.9	0.2292	29.61
EP/1%(质量分数)Fe-CNTs	715	83.8	0.2031	21.17
EP/2%(质量分数)Fe-CNTs	877	71.5	0.2053	19.99
EP/4%(质量分数)Fe-CNTs	720	66.3	0.1871	16.36
EP/6%(质量分数)Fe-CNTs	676	60.2	0.1556	15.21

9.4.6　纳米阻燃技术在阻燃化学纤维领域的应用

随着锦纶（聚酰胺纤维）、丙纶（聚丙烯纤维）、涤纶（聚酯纤维）和腈纶（聚丙烯腈纤维）等纤维的发展，赋予其阻燃功能是确保使用安全的重要措施。近年来，纳米技术在阻燃纤维中也逐渐得到应用。张建军等用湿法纺丝工艺制备出海藻酸钙纤维和纳米氢氧化铝/海藻酸钙复合纤维。用场发射扫描电镜和红外光谱仪表征了两种纤维的表观形态和微观机制，用热重分析仪测试了两种纤维的热稳定性能。研究表明，纳米氢氧化铝已较好地分散到纤维中，且纳米氢氧化铝与海藻酸钙分子之间产生了新的键合作用。TG 和 DTG 测试结果表明，复合纤维的热稳定性要优于海藻酸钙纤维。对两种纤维进行吸湿性试验和纤维强度测试，结果说明纳米氢氧化铝的引入降低了材料的吸湿性能，但与海藻酸钙纤维相比，纳米氢氧化铝/海藻酸钙复合纤维的强度有了很大的提高。冯洪福等采用等离子体法生产的纳米三氧化二锑制备阻燃尼龙 6（PA6），并通过氧指数、锥形量热及透射电子显微镜等检测手段，研究了纳米三氧化二锑对 PA6 的阻燃性能和力学性能的影响。结果表明，当纳米三氧化二锑添加量为 6%时，极限氧指数可达 30%，达到热释放速率峰值的时间较纯 PA6 延迟了约 2min。毛文英等用有机插层剂对蒙脱土（MMT）进行有机化处理后，使用熔融插层法制备了无卤阻燃尼龙 66/有机蒙脱土纳米复合材料，测试其力学性能及阻燃性能。研究发现，经过改性的尼龙 66 的极限氧指数明显提高，阻燃效果明显。

9.4.7　纳米阻燃技术在橡胶领域的应用

天然橡胶和合成橡胶都是可燃的，提高橡胶的阻燃性能，是橡胶及其制品在一些应用领域的迫切要求。近年来，有关橡胶的新型阻燃剂和新型阻燃技术的研究取得了一些进展。李博等采用机械混炼插层法制备有机蒙脱土/天然橡胶纳米复合材料，使用 X 射线衍射和红外表征了有机蒙脱土的结构特性，并用锥形量热仪测试了纳米复合材料的阻燃性能。结果表明，有机蒙脱土/天然橡胶纳米复合材料的热释放速率、生烟速率等较纯天然橡胶、未改性蒙脱土/天然橡胶复合材料都有所降低，阻燃性能得到明显改善。钱黄海等采用不同分析手段对蒙脱土增强 EVM 复合材料的结构、耐老化力学性能及阻燃性等相关性能进行了较为系统的研究，研究发现由于硅酸盐结构特有的多层阻隔效应，EVM/蒙脱土纳米复合材料的耐热老化性能比通常的填料要优异得多，材料阻燃性能也有明显提高。

9.4.8 纳米阻燃生物降解材料

聚合物材料给人们的生活带来极大的便利，但由此引起的环境污染和石化能源枯竭问题也亟待解决。当前，基于生物质的可降解聚合物是研究的热点，聚乳酸（PLA）是这类聚合物的代表。PLA 主要由玉米、马铃薯等富含淀粉的植物为原料合成，其产品可在自然环境中降解成二氧化碳、水等无害物质，随后再参与自然循环中，符合绿色环保的要求。PLA 被广泛应用于食品包装、医药健康等领域，但是 PLA 也存在着易燃、LOI 不高、熔滴现象严重等缺点，因此关于 PLA 的阻燃改性成为重点的研究方向。

近年来，纳米阻燃技术在阻燃 PLA 上也得到应用。Gu 等通过三步法成功地将 10-羟基-9,10-二氢-9-氧杂-10-磷杂菲-10-氧化物（DOPO-OH）接枝到多壁碳纳米管表面，得到 DOPO 功能化的多壁碳纳米管（MWCNT-DOPO-OH）（合成原理见图 9-10），通过熔融共混将所得核壳纳米结构的多壁碳纳米管引入次磷酸铝（AHP）/聚乳酸阻燃体系中，其 PLA 与阻燃 PLA 复合材料的阻燃性能测试结果如表 9-22 所示。

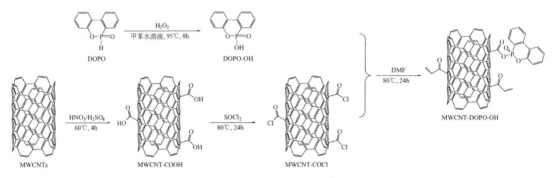

图 9-10 MWCNT-DOPO-OH 合成原理图

表 9-22 PLA 与阻燃 PLA 复合材料的阻燃性能测试结果

样品编号	MWCNT-DOPO-OH(质量分数)/%	AHP(质量分数)/%	UL 94 等级	LOI/%
PLA	0	0	无等级	23
PLA-1	1	0	无等级	26
PLA-2	1	14	V-0	28.6
PLA-3	1	19	V-0	30.5
PLA-4	1	24	V-0	32.3
PLA/(AHP-15%)	0	15	V-2	27.5
PLA/(AHP-20%)	0	20	V-0	28.8

由测试结果可知，复配阻燃体系可明显改善 PLA 的阻燃性能，纯 PLA 的 LOI 值仅为 23%，UL 94 等级为无等级；只需添加 1%（质量分数）的 MWCNT-DOPO-OH 和 14%（质量分数）的 AHP 即可使复合材料的垂直燃烧等级达到 V-0 级别，同时 LOI 值达到 28.6%。与单独使用 AHP 阻燃聚乳酸相比，在相同阻燃剂添加量条件下，只需加入 1%（质量分数）的 MWCNT-DOPO-OH 即可使阻燃聚乳酸复合材料的阻燃性能显著提高。

张胜等运用离子交换反应、记忆效应和介孔负载等方法，采用氨基磺酸等无机酸对纳米水滑石（LDH）和二氧化硅（SiO_2）进行改性，然后将其与膨胀阻燃剂（IFR）复配用于聚乳酸（PLA）的阻燃，实验结果表明插层改性的 LDH 和 SiO_2 与 IFR 复配体系具有良好的协同阻燃效应，能够有效提高阻燃 PLA 的耐燃和热稳定性，同时具有明显的抑烟作用。氨基磺酸改性的 LDH（SA-LDH）与 IFR 阻燃 PLA 的锥形量热（CONE）测试结果见表 9-23。

表 9-23 LDH 与 IFR 阻燃 PLA 的 CONE 试验数据

样品	PHRR/(kW/m^2)	THR/(MJ/m^2)	TSR/(m^2/m^2)
PLA	306.3	41.0	7.6
PLA/IFR	126.2	27.3	175.0
PLA/IFR/LDH	86.7	25.2	117.0
PLA/IFR/SA-LDH	58.1	18.9	42.1

第 10 章

阻燃聚合物技术展望

10.1　概述

近年来，随着人们保护生态和环境意识的增强，以绿色为标志的产品应运而生，这种绿色产品浪潮对传统的阻燃材料提出了挑战，特别是以多溴二苯醚为代表的卤素阻燃剂因毒性和腐蚀性问题而受到严峻挑战。20世纪90年代以来，阻燃材料的无卤素化呼声很高，因此围绕阻燃材料的生产、应用加工等环境和后处理的影响的综合性评价引起广泛重视，新的阻燃体系的开发和应用得到发展。磷系阻燃剂用量迅速增加，但在一些领域很快又对其毒性和环境问题提出质疑。从阻燃技术发展现状和趋势分析，卤素阻燃剂在可以预见的时间内依然占主流，以膨胀阻燃技术为主导的磷系阻燃剂将得到迅速发展，其他阻燃体系在一些专用和特种产品中将扮演重要角色。随着绿色化学和工艺的发展，绿色阻燃技术逐渐形成，本章仅对这一方面内容作扼要介绍。

绿色阻燃技术是伴随着绿色化学的形成而发展的。在国内以绿色化学和技术为基础开发的阻燃材料称为绿色阻燃材料、清洁阻燃材料或生态型阻燃材料，但在理解上还没有形成统一的观点，众多学者认为，无卤素的阻燃材料就是绿色阻燃材料，这与国外的认识还有差距。以作者所见，绿色阻燃技术是以最先进的绿色化学和阻燃技术为基础，在阻燃材料及成品设计、原料选择、制造工艺以及废弃物处理等各个环节，对人类和环境友好（human being and environmental friendly），尽可能利用可再生资源或可以循环使用的材料，在确保材料有足够的消防安全的前提下，以最低的资源和环境代价制造阻燃材料。其目标是最大限度地使用已有成熟技术，实现阻燃材料最低毒性、最低生烟量和全过程无环境污染。

近年来，以三聚氰胺氰尿酸盐作为阻燃剂的阻燃尼龙增长迅速，这是因为这种阻燃体系不仅有优良的阻燃等综合性能，且是绿色环保的阻燃材料，主要体现在（详细内容见本书第4章）：

① 三聚氰胺氰尿酸盐只含有氮、碳、氢和氧，不含卤素和磷。本身低毒，无腐蚀，不溶于水，对人体和其他动植物几乎无毒害。

② 绿色的阻燃剂生产工艺。三聚氰胺氰尿酸盐可以采用水作为介质合成，反应条件温和，且介质能循环使用，或采用无溶剂的固相反应合成。生产过程安全、清洁，几乎无三废

排放。

③ 加工使用安全。三聚氰胺氰尿酸盐分解温度在 350℃ 以上，加工过程很稳定，不分解。此外，三聚氰胺氰尿酸盐可以制作成母料使用，加工使用方便。

④ 三聚氰胺氰尿酸盐阻燃尼龙在燃烧过程中或废品在焚烧处理时，其发烟量和有毒有害物质产生的量与纯尼龙相当。

⑤ 三聚氰胺氰尿酸盐阻燃尼龙可以多次重复使用。如果将其废品填埋，三聚氰胺氰尿酸盐可以在自然环境下，经微生物等作用后，转化为含氮的化肥，对环境无不良影响。

⑥ 三聚氰胺氰尿酸盐阻燃尼龙的废弃物可采用焚烧或填埋处理，处理过程安全，对环境无不良影响。

就现有技术而言，绿色阻燃材料可以通过下列技术制备。

① 无卤素阻燃技术（见本书第 5 章）。

② 膨胀阻燃技术（见本书第 5 章）。

③ 催化阻燃技术（见本书第 6 章）。

④ 接枝与交联阻燃技术（见本书第 5 章）。

⑤ 无机阻燃技术（见本书第 5 章）。

⑥ 纳米阻燃技术（见本书第 9 章）。

⑦ 本质阻燃聚合物技术。

上述大部分内容在本书的前面几章已有介绍，本章重点介绍无卤素、无磷的无机和硅阻燃材料，然后简要介绍近年来备受关注的本质阻燃聚合物和展望绿色阻燃技术发展方向。

10.2　绿色无机阻燃剂技术

近年来，随着人们对材料绿色环保要求的提高，无机化合物特别是氢氧化铝、氢氧化镁和无机硼化合物在阻燃材料中的应用增长迅速，但在近年来的欧盟 REACH 指令中一些无机硼化合物如硼酸钠等被限制使用，因此新型硼化合物的阻燃剂开发要慎重。由于氢氧化物等无机物是强极性材料，将其作为阻燃剂填充到聚烯烃中，将导致聚烯烃材料的电性能，如介质损耗和相对介电常数极度恶化，而这些性能对阻燃电线电缆尤其重要，甚至还可能影响到其他应用性能。采用接枝的方法可以得到有效解决，接枝方法是在聚烯烃分子链上引入极性基团如羧酸基团、酸酐基团和羟基等，从而可以改善聚合物与无机物之间的相容性，使应力在聚合物基体和填料间有效传递，从而改善材料的电性能等。表 10-1 与表 10-2 为 PP 接枝丙烯酸基团后 ATH 阻燃 LLDPE 的性能。从表中数据可以看出，基体接枝甲基丙烯酸后，几乎所有的电性能均得到了改善。

接枝交联是提高材料阻燃性能和力学性能的一种新技术，在本书的第 5 章已介绍。20世纪 90 年代以来，国内外已有不少应用实例，尤其是当今电气火灾频繁发生，人们对阻燃材料的环保意识越来越强，接枝交联加工技术也得到了迅速发展，产品不断推向市场。

表 10-1　ATH/LLDPE 复合材料中氢氧化铝含量与电性能之间的关系

$Al(OH)_3$ 含量/份	0	20	40	60	80	100	120	140
电阻率/$\Omega \cdot cm$	8×10^{18}	6×10^{16}	4×10^{16}	1.6×10^{15}	4×10^{14}	10^{13}	9×10^{12}	2.5×10^{11}
分散因子	0.0001	0.016	0.04	0.043	0.076	>0.11	>0.11	>0.11
介电常数	2.26	2.38	2.64	2.74	3.31	3.87	4.14	5.78
介电强度/(10kV/cm)	42	39	37	34	37	37	37	35

表 10-2　ATH/LLDPE/MAA-g-LLDPE 复合材料中 ATH 含量与电性能之间的关系

$Al(OH)_3$ 含量/份	0	20	40	60	80	100	120	140
体积电阻率/$\Omega \cdot cm$	5×10^{18}	1.6×10^{16}	1.4×10^{16}	4×10^{15}	8×10^{14}	4×10^{14}	2×10^{14}	1.4×10^{13}
分散因子	0.001	0.0019	0.008	0.008	0.009	0.052	0.0265	0.028
介电常数	2.28	2.28	2.28	2.3	2.4	3.15	3.20	3.29
介电强度/(10kV/cm)	42	39	37	40	44	39	38	39

　　美国专利 US 6096816 报道，用阻燃剂水合氢氧化物和水合硼化物作阻燃剂，以 EVA 为基材，利用热交联阻燃组合物的方法，制备出具有良好阻燃性的配方。该配方成本低，无阴燃、无毒烟放出具有良好的力学性能。当用水合硼化物作阻燃剂时，其断裂伸长率超过 200%时仍然呈现好的拉伸强度，点燃后不产生阴燃且形成无毒不燃烧的无机炭，其性能见表 10-3 和表 10-4。

表 10-3　交联 EVA 阻燃配方及力学性能（1）

项目	1	2	3	4	5	6	7	8
UE-630	100	100	100	100				
ELVAX 470	—	—	100	100	100	—	—	100
Agerite Resin E	2	2	2	0.5	0.5	2	2	0.5
Atomite	2	2	2	2	2	2	2	2
Hydr1710	125	125	125	125	125	—	—	62.5
Silane A-172	3							
Pigment No. 213	—	—	1.5	1				
Vulcup40ke	4.2	4.2	4.2	4.2	4.2	4.2	4.2	4.2
ELVAX 265						100	100	—
Pigment No. 33						150	200	62.5
己二酸						1	1	1.5
Pigment No. 88						1	1	1.5
拉伸强度/MPa	20.66	9.89	10.35	—	9.03	—	—	12.13
伸长率/%	171	101	408		160			351
拉伸模量/MPa	16.86	8.5	8.37		8.83			8.2
肖氏硬度 A	92	92	93		94			
肖氏硬度 D	58	53	48		52			

表 10-4　交联 EVA 阻燃配方及力学性能（2）

项目	9	10	11	12	13	14	15	16
ELVAX 470	100	100	—	100				
Agerite Resin D	0.5	0.5	2	0.5	2	2	2	2
Atomite	2	2	2	2	2	2	2	—
Hydr1710	62.5	—	87.5	125				
Vulcup40ke	4.2	4.2	4.2	4.2	5	5	5	5
ELVAX 265	—	—	—	—	100	100	100	100
Pigment No. 33	62.5	125	87.5	—	150	150	150	150
Pigment No. 88	2	1.5	1.5	1.5				
硬脂酸					1.5	1.5	1.5	1.5
Pigment No. 88					0.25	0.5	0.75	0.25
拉伸强度/MPa	14.93	15.13	8.73	11.6	13.69	14.67	13.09	12.07
伸长率/%	375	351	358	412	456	453	427	415
拉伸模量/MPa	8.17	8.16	7.71	8.49	4.14	4.41	4.67	4.54
肖氏硬度 A	—	—	—	—	92	91	92	92
肖氏硬度 D	—	—	—	—	—	—	—	—

表 10-3 和表 10-4 所用原料说明如下。

UE-630 为一种乙烯-醋酸乙烯酯共聚物，美国 U. S. I. Chemicals Co. 公司产品。

Agerite Resin D 为 1,2-二氢-2,2,4-三甲基喹啉抗氧剂。

Atomite 为碳酸钙。

Hydr1710 为水合氧化铝（$Al_2O_3 \cdot 3H_2O$），ALCOA Industrial Chemicals Division 公司产品。

Pigment No. 33 为水合硼酸钙（$Ca_2B_6O_{11} \cdot 5H_2O$），美国 Borate Co. 公司产品。

Silane A-172 为乙烯基三甲氧基硅烷，美国 Union Carbide 公司产品。

Vulcup40ke 为有机过氧化物交联剂，Hercules Powder 公司产品。

Pigment No. 88 为草酸酐（oxalic acid dehydrate）。

ELVAX 470 为乙烯-醋酸乙烯酯共聚物（18%VA），DuPont 公司产品。

Pigment No. 213 为草酸，美国 International Chemical 公司产品。

ELVAX 265 乙烯-醋酸乙烯酯共聚物（28% VA），DuPont 公司产品。

四川大学高分子研究所王琪等利用三聚氰胺氰尿酸盐作为环保阻燃剂用于阻燃 PA6/PP 共混体系，其阻燃尼龙材料可应用于汽车电器、电动工具等领域。采用磨盘形新型力化学反应器在室温无引发剂条件下，将聚丙烯和马来酸酐（MAH）或 N-羟甲基丙烯酰胺（HMA）混合，进行固相力化学接枝，碾磨制备出聚丙烯-马来酸酐接枝共聚物（PP-g-MAH）和聚丙烯-N-羟甲基丙烯酰胺（PP-g-HMA）接枝共聚物，接枝率达到 2.43% 时对 PA6/PP 共混体系有较好的增容作用，发现 PP-g-MAH 和 PP-g-HMA 是 PA6/PP 共混体系有效的增容剂。利用碾磨力场作用下聚合物粉碎、大分子断链产生的大分子自由基与硅灰石粉碎而产生的活性表面的相互作用，在磨盘碾磨过程中改善了硅灰石与聚合物之间的相容性。再结合 ON-330 和 KH-550 偶联剂复配处理硅灰石，制备出具有优良阻燃性和力学性能的 PA6/PP/硅灰石复合材料，研究结果见表 10-5。

表 10-5　聚丙烯-N-羟甲基丙烯酰胺接枝共聚物（PP-g-HMA）阻燃 PA6/PP 的阻燃性能及力学性能

聚合物[①] /三聚氰胺(质量比)	拉伸强度 /MPa	杨氏模量 /MPa	断裂伸长率 /%	缺口冲击强度 /(J/m)	LOI /%
100/0	60.5	4205	3.5	48.6	26
100/8	52.8	3679	2.3	43.2	30
100/10	50.2	4268	2.2	42.3	31
100/12	49.5	3798	2	37.4	31

① PA6/PP/PP-g-HMA/硅灰石的质量比是 56/7/7/30。

据报道，在 PP/POE/Mg(OH)$_2$ 复合材料中，可利用乙烯-辛烯共聚物（POE）作为抗冲击改性剂，以少量的马来酸酐-POE 接枝共聚物（MAH-g-POE）和马来酸酐-PP 接枝共聚物（MAH-g-PP）为相容剂。研究结果表明，接枝与不接枝的 PP/POE/Mg(OH)$_2$ 复合材料的热释放速率的峰值都明显下降，引入马来酸酐的接枝共聚物，生烟量明显低于非接枝体系。MAH-g-POE 大幅度提高了复合材料的缺口冲击强度，而 MAH-g-PP 对冲击强度的改善较小。接枝共聚物的加入对体系的氧指数影响不大。MAH-g-POE 复合材料的冲击强度和阻燃性能测试结果见表 10-6。

表 10-6　MAH-g-POE/POE/Mg(OH)$_2$ 的冲击强度和阻燃性能

样品/份	点燃时间 /s	PkHRR /(kW/m^2)	总烟产量(90s) /(kg/m^2)	缺口冲击强度 /(J/m)	氧指数/%
CoPP	22	753	375		17.5
CoPP/Mg(OH)$_2$ 为 100/150	33	247	217	2.5	31.5
CoPP/POE/Mg(OH)$_2$ 为 70/30/150	30	305	163	11	31.2
CoPP/(POE+MaH-g-POE)/ Mg(OH)$_2$ 为 70/30/150	33	304	142	22.5	31.7
CoPP/(POE+MaH-g-PP)/ Mg(OH)$_2$ 为 70/30/150	36	275	132	11.5	32

另有专利报道纳米改性的无卤阻燃聚烯烃电缆料及其制备方法，该材料以聚烯烃树脂为基料，在其中加入适量马来酸酐接枝 PE 接枝物、聚烯烃热塑性弹性体、纳米改性材料、无机填料及助剂。该材料制备时先将抗预交联剂添加到接枝聚烯烃中组成接枝化合物，然后将改性的无机填料、基料、助剂等充分混合后熔融挤出。利用适当的预抗交联剂改善接枝共聚物的流变行为，抑制了接枝聚烯烃在挤出机内滞留时发生的预交联，改善了电缆料挤出的加

工稳定性。该配方将 17 份马来酸酐，0.1 份过氧化二异丙苯（DCP），0.2 份己内酰胺（CALA）加入 60～70℃高速搅拌机内混合 6min，然后加入 75 份乙烯-醋酸乙烯酯共聚物（醋酸含量为 18％），25 份线型低密度聚乙烯，在 120～140℃的密炼机中混合 4min 得接枝化合物；将 7 份线型低密度的聚乙烯，10 份高密度聚乙烯，56 份乙烯-醋酸乙烯酯共聚物（醋酸含量为 28％），5 份苯乙烯-乙烯-丁烯-苯乙烯嵌段共聚物（SEBS），22 份接枝化合物，150 份氢氧化铝，2 份二氧化硅，2 份硼酸锌，5 份红磷，3 份有机改性蒙脱土，0.1 份抗氧剂 1010 加入 60～70℃高速搅拌机内混合 15min；将上述制备的混合物在 190～220℃双螺杆挤出机中造粒，得到纳米改性的无卤阻燃聚烯烃电缆料。该法所制备的电缆料产品阻燃等级达 UL 94V-0 级，氧指数达 34％，拉伸强度＞14MPa，断裂伸长率＞250％，老化后拉伸强度变化率＜±25％，老化后断裂伸长率变化率＜±25％。

中山大学麦堪成教授研究开发了氢氧化铝/聚丙烯阻燃材料。其氢氧化铝/聚丙烯由聚丙烯基体、氢氧化铝阻燃剂、丙烯酸接枝聚丙烯改性剂和 PP 材料通用的稳定剂 D 组成。首先将聚丙烯、氢氧化铝、丙烯酸-聚丙烯接枝共聚物和其他助剂在高速混合机下混合均匀后，室温高速混合 1min，用双螺杆挤出机于 190～220℃熔融挤出，转速 300～350r/min，挤出物经水冷却切粒，即得阻燃材料。用丙烯酸接枝聚丙烯大分子作为改性剂替代传统有机偶联剂，相对于未加丙烯酸接枝聚丙烯的高用量氢氧化铝/聚丙烯阻燃材料，可使阻燃材料的熔融指数提高，流动性改善，阻燃性能（氧指数）提高，强度提高，尤其是弯曲强度；并使基体聚丙烯结晶温度提高，ATH/PP/丙烯酸接枝聚丙烯的阻燃性能与力学性能及结晶温度（配方均有稳定剂）见表 10-7。

表 10-7　ATH/PP/丙烯酸-聚丙烯接枝共聚物的阻燃性能与力学性能及结晶温度

ATH/PP/接枝剂	LOI/%	结晶温度/℃	熔融温度/℃	弯曲强度/MPa	弯曲模量/MPa	拉伸强度/MPa	拉伸模量/MPa
0/100/0	18	116.7	161.9	49.2	1595	30.9	1543
40/60/0	22.6	121.6	162.8	44	2584	23.6	2590
60/40/0	24.1	124.4	163.9	37.8	4056	20.3	3488
0/95/5	18	117	163.5	51.4	1432	31.9	1552
40/55/5	23.2	125.4	163	49.2	3062	25.6	2590
60/35/5	27.2	127.9	64.2	43.6	3761	21.9	3402

10.3　硅系阻燃剂

10.3.1　概述

近二十年有机硅化学有了巨大的发展，有机硅试剂在有机反应中表现出许多特异的性能，在阻燃领域也不例外，有机硅化合物或聚合物具有高效、无毒、低烟、无熔滴、无污染的特点，在众多的非卤阻燃体系中，硅系阻燃剂正异军突起，在阻燃家族中备受青睐。常见的有硅油、硅树脂（如 SFR-100）、硅橡胶、硅烷偶联剂、聚硅氧烷、倍半硅氧烷（POSS）、有机硅烷醇酰胺、硅树脂微粉、有机硅粉末等。有机硅作为阻燃体系的加工助剂，降低了挤出加工时的扭矩，同时也是一种良好的分散剂，提高了阻燃剂在高分子材料中的分散性，使材料的力学性能降低较少；另外，有机硅具有优异的热稳定性，这是由构成其分子主链的—Si—O—键的性质决定的。有机硅的闪点几乎都在 300℃ 以上，具有难燃性，又是阻燃的协效剂，能提高阻燃体系的氧指数。

在高分子材料中加入硅系阻燃剂，在阻燃的同时，还能使其具有良好的加工性能以及力学性能，尤其是低温冲击强度；硅系阻燃剂具有低烟、低 CO 生成的特点，是环境友好的阻燃剂，符合阻燃发展的要求。

硅系阻燃剂可分为有机及无机两大类。

① 有机硅系阻燃剂包括硅油、硅树脂、硅橡胶及多种硅氧烷共聚物，目前有机硅氧烷共聚物发展最为迅速。

② 无机硅系阻燃剂主要有二氧化硅、硅酸盐（如蒙脱土）、复合硅酸盐、硅胶、滑石粉等。

1986 年，丰田公司最早开发出商业应用的聚合物/层状硅酸盐纳米复合材料，研究表明当添加蒙脱土质量分数达到 4.2% 时，该复合材料弹性模量提高了 200%，拉伸强度增大 50%，热变形温度提高 80℃，阻燃效果也有很大提高。环氧树脂/SiO_2 纳米复合材料表现出较好的热稳定性和优异的阻燃性能，其热失重 5% 时的分解温度从 281℃ 明显提高到 350℃，力学性能也明显提升。

无机硅阻燃更多的创新在于组合技术，利用逐层交替沉积法（层层组装，LBL）技术在棉织物上包覆很薄的黏土/聚合物纳米复合涂层，证明了其阻燃性能得到了加强。纳米二氧化硅和多面体低聚倍半硅氧烷（POSS），也被用于阻燃性纳米涂层层层组装。这些涂料虽然改进了的火焰传播行为（减缓了织物表面火焰传播速度），但因其只是在表面构建了一层阻燃屏障，所以并没有真正阻止织物燃烧，而且因其被动性，涂料也并没有完全阻燃，不能使面料自熄。

硅系阻燃剂最重要的阻燃途径是通过增强炭层阻隔性能来实现的，即形成覆盖于表面的炭层，或增加炭层的厚度、数量或强度。近年来一些学者发现了硅与其它元素也存在协同阻燃作用。

① 使燃烧时的热量反馈受到抑制。

② 增加了可燃性气体的溢出难度。

③ 炭层还起到降低烟气浓度的作用。

④ 协同阻燃作用。

此外，有一类本质阻燃聚合物有别于"添加型"和"反应型"阻燃剂，它们因其自身特殊化学结构而具有阻燃性，不需要改性和阻燃处理。

欧育湘等将四（苯乙炔基）苯与主链含硼、硅及二乙炔基的聚合物混合，加热到

200℃，搅拌均匀，乙炔基聚合形成共轭交联聚合物，高温下这些网状聚合物生成炭-陶瓷、玻璃陶瓷膜，保护下面的炭层，阻止进一步燃烧和氧化。试验证明，共聚物在 1000℃空气中仍具有抗氧化性，且与其中硅含量成正相关。

硅是地球上较为丰富的元素，其在地表含量达 23%，资源丰富，并且随着环保呼声的日益高涨，该类阻燃剂也将是今后阻燃剂研究与开发的主要趋势之一。

10.3.2　有机硅氧烷类阻燃剂

聚硅氧烷具有燃烧时发热量低、烟雾少和毒性低等优点。日本三菱瓦斯化学（Mitsubishi Gas Chemical）公司在使用经苯基烷基封端的聚二甲基硅氧烷制备有机硅阻燃剂方面做了大量的工作，成功地合成了一系列含聚硅氧烷链段的阻燃剂，并申请了多项专利。在这些阻燃剂中，分子结构中一般包括以下两部分：

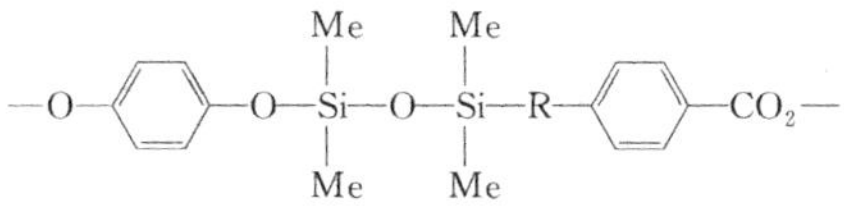

（Ⅰ）

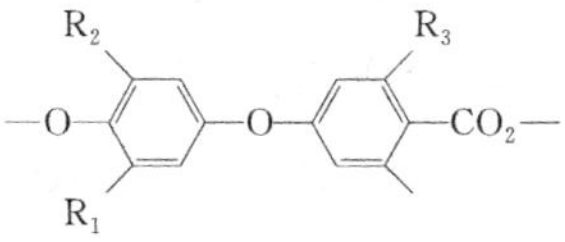

（Ⅱ）

该类阻燃剂具有良好的阻燃性、耐热性、透明性和低温冲击强度。

由美国道康宁（Dow Corning）公司开发并已商品化的 D. C. RM 系列阻燃剂，分别是不具反应性的（RM4-7105）、带有环氧基（RM4-7501）、带有甲基丙烯酸酯基（RM4-7081）和带有氨基（RM1-9641）官能团的硅树脂微粉。只要在适用的塑料中添加 0.1%～1.0% 的阻燃剂就可改善加工性；添加 1%～8%，即可得到发烟量、放热量、CO 产生量均低的阻燃材料。

XC 99-B5654 是带有芳香基、含支链结构的特种聚硅氧烷，是日本电气（NEC）与东芝（现为 GE 东芝）共同研究的新型聚硅氧烷系阻燃剂。新型聚硅氧烷系阻燃剂产品为颗粒状，软化点为 85～105℃，已于 1999 年 4 月上市。XC 99-B5654 的突出特点在于其分子结构（芳基含量、分子量和官能端基的反应性）经过科学设计，达到了最佳水平。与聚甲基硅氧烷相比，它在树脂（如 PC）中有良好的分散性，对 PC、PC/ABS 合金不但具有高效阻燃性，而且能大幅度提高阻燃材料的冲击强度，同时，材料的耐热性、成型性以及再循环加工性俱佳。XG99-B5654 分子结构如下：

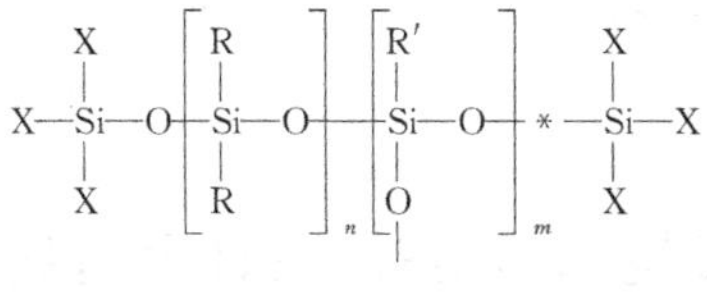

（X：官能端基；控制反应性）

由 NEC 和住友·道公司共同开发的、据称代表着阻燃 PC 最高水平的新型阻燃 PC，即是当今无卤化聚硅氧烷系阻燃剂的成功范例。其 Izod 冲击强度（缺口）高达 441J/m，为溴系阻燃 PC 3 倍左右，阻燃性能达 UL 94 V-0 级，循环回收特性亦优。

各种阻燃 PC 的特性比较见表 10-8。

表 10-8　各种阻燃 PC 的特性比较

特性	溴系阻燃 PC	磷系阻燃 PC	新型阻燃 PC
Izod 冲击强度/(J/m)	117.6	39.2	441
弯曲强度/MPa	96	106	90
弯曲弹性模量/MPa	2274	2607	2234
载荷挠曲温度/℃	134	106	133
熔体流动速率/(g/10min)	22	47	22
阻燃性(UL 94,1.6mm)	V-0	V-0	V-0
循环再生特性(100％回收)			
阻燃性(UL 94,1.6mm)	V-1	V-0	V-0

注：循环回收的上述各种阻燃 PC 的其他特性基本保持不变。

日本生产聚硅氧烷系阻燃剂的厂家有：信越化学工业、东丽·道康宁有机硅、GE 东芝有机硅等。产品为有机硅聚合物粉末，价格约为 3000 日元/kg。

有的文献也将二氧化硅、玻璃纤维、微孔质玻璃与低熔点玻璃等归入聚硅氧烷（无机系）阻燃剂之列。例如，英国卜内门公司（Brunner Mond & Co）开发的低熔点玻璃系阻燃剂。

SFR-100 是美国通用公司生产的硅系阻燃剂。它是一种呈透明黏稠状的聚硅氧烷化合物，通常与一种或多种协效剂（硬脂酸镁、聚磷酸铵与季戊四醇的混合物、氢氧化物等）并用。SFR-100 可通过类似于互穿聚合物网络（IPN）部分交联机理而结合到基材聚合物结构中，这种机理可大大限制硅添加剂的流动性，使它不至于迁移至被阻燃聚合物的表面。以 SFR-100 为基的添加系统还能改善聚烯烃表面的光滑性，但不改变其他表面性能。

SFR-100 已用于阻燃聚烯烃，只需低用量即可满足一般阻燃要求，并能保持基材原有的性能，若提高用量，则可赋予基材特别优异的阻燃性和抑烟性，使这类阻燃材料能用于防火安全要求非常严格而前述阻燃体系又不能适用的场所。

聚硅氧烷可通过类似于互穿网络部分交联机理结合到聚合物基体结构中，这种机理可以大大限制硅添加剂的流动性，使其不至于迁移至被阻燃物的表面。与线型聚硅氧烷相比，支链的甲基苯基硅氧烷具有更高的热稳定性，其交联成炭好，阻燃性佳，但是冲击强度较低，流动性、加工性及可回收性均较差。

聚硅氧烷作为阻燃剂的优势体现在：提高氧指数、增加成炭量、显著降低热释放量、不增加烟和 CO 释放量、改善因阻燃剂加入而降低的力学性能、对环境友好。

10.3.3　笼状倍半硅氧烷（POSS）改性聚合物

笼状倍半硅氧烷（POSS）改性聚合物是近年研究的热门。

POSS 上 R 为 H 或任何烷基、亚烷基、芳基、亚芳基或它们的衍生物，笼状倍半硅氧烷因其特有的结构、空间尺寸和性能特点，成为有机聚合物-无机陶瓷杂化材料领域研究的重要对象。其结构如图 10-1 所示。

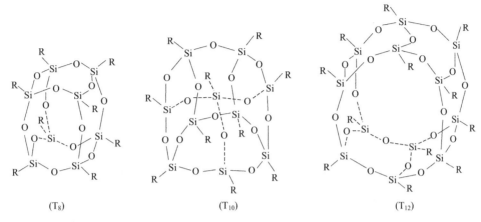

(T_8)　　　　　　　　　(T_{10})　　　　　　　　　(T_{12})

图 10-1　含 8 硅原子、10 硅原子、12 硅原子的 POSS

目前研究较多的是 POSS 作为侧链或主链组分的线型聚合物。J. D. Lichtenhan 等研究了 POSS 对聚丙烯酸类共聚物阻燃成炭性的影响，10%（摩尔分数）的 POSS 引入甲基丙烯酸盐/丁基甲基丙烯酸盐共聚体系后，软化点是 130℃，比无规聚丁基甲基丙烯酸盐的高 20℃，同时材料的分解温度提高，可以抑制氧化剂的迁移，降低可燃性，增加成炭率和相容性。

杨荣杰等报道了 POSS 对 EPDM 阻燃体系的影响，含笼状八乙烯基倍半硅氧烷（OVP）的 POSS/EPDM（三元乙丙橡胶）纳米杂化材料与纯 EPDM 相比，加入 0.88% 的 OVP 即可将 LOI 提高 11.8%，起始热分解温度提高 51℃，残炭量为纯 EPDM 的 1.58 倍，热释放速率降低 25.8%。

10.3.4　硅与其他元素的协效作用

有机硅衍生物与一般高分子材料的相容性较差，共混困难，单独使用有机硅阻燃剂对热塑性塑料阻燃效能较差，复配协同阻燃体系是有机硅阻燃研究的重要发展方向之一。何兰岚等将聚磷酸铵与接枝含硅官能团的环状磷腈类衍生物 $N_3P_3[NH(CH_2)_3Si(OCH_2CH_3)_3]_6$（APESP）进行复配，应用到聚丙烯的无卤阻燃改性中，发现二者协同阻燃效果显著。将 Si 引入其他阻燃分子以达到协同效应也是阻燃研究的重要课题。

R. M. Laine 等以二氧化硅、乙二醇和三乙醇胺为原料，合成带有羟基的杂氮硅三环，与乙酸酐反应，得到杂氮硅三环的酯类化合物，再与烯醇类进行酯交换，合成具有杂氮硅三环的酯烯类化合物，可聚合制备带有杂氮硅三环的高分子材料，并指出这些材料可能具有很好的阻燃性。

仲含芳等将硅磷引入同一阻燃剂大分子中，合成了两类含磷聚硅氧烷阻燃剂，并证实 DVP 在降解过程中确实形成了 Si—O—Si 交联结构，PC/ABS/DVN 在燃烧后 Si 和 P 元素有明显的富集现象，且结合能的结果证实了燃烧的残炭中磷的含氧酸以及 P—Si 键的存在。含磷聚硅氧烷分子结构如图 10-2 所示。

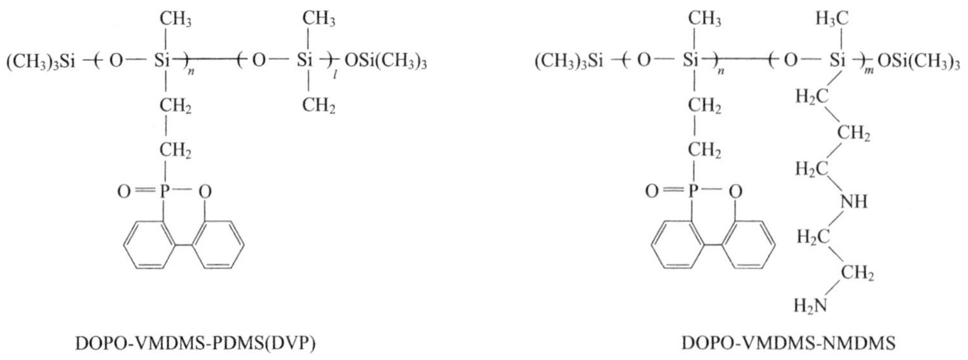

DOPO-VMDMS-PDMS(DVP)　　　　　　　　　DOPO-VMDMS-NMDMS

图 10-2　含磷聚硅氧烷分子结构

　　李碧霞等在对聚氨丙基苯基倍半硅氧烷 PAPSQ 的阻燃性能进行研究时发现，PAPSQ 对氢氧化镁（MH）阻燃 PA6 体系有很好的协效作用，PAPSQ 通过促进基体成炭有效抑制了 PA6 燃烧时的熔滴，在很大程度上可以减少氢氧化镁的用量，从而减少对复合材料力学性能的影响。表 10-9 为 PAPSQ/MH/PA6 复合材料阻燃性能测试结果，从表中可以看出，当 MH 的添加量为 40%（质量分数），PAPSQ 的添加量为 5%（质量分数）时，复合材料的 LOI 达 41%，UL 94 达 V-0 级。同时发现，相对于单独使用 MH，PAPSQ 的复配使用不仅提高了复合材料的阻燃性，也有效抑制了 PA6 燃烧时的熔滴。

表 10-9　PAPSQ/MH/PA6 复合材料的阻燃性能

编号	PAPSQ 的质量分数/%	$Mg(OH)_2$ 的质量分数/%	氧指数/%	UL 94 指标
1	0	0	22	V-2
2	1	0	22	V-2
3	3	0	22	V-2
4	5	0	23	V-2
5	0	10	22	V-2
6	0	20	24	V-2
7	0	30	25	V-2
8	0	40	28	V-2
9	0	50	37	V-1
10	1	40	33	V-2
11	2	40	34	V-2
12	3	40	35	V-2
13	4	40	37	V-1
14	5	40	41	V-0

表 10-10 为复合材料锥形量热测试结果。可以看出，在保持氢氧化镁添加量不变的条件下，加入 PAPSQ 后，体系的 PHRR、AHRR、AEHC、AMLR、THR 都发生了一定程度的下降，这表明 PAPSQ 对材料燃烧的热释放起到了较强的抑制作用。

PAPSQ 能够提升 MH 阻燃 PA6 体系的成炭性能，原因是 PAPSQ 所具有的 Si—O—Si 结构，有利于提升材料燃烧区域的黏度，进而提升碳骨架的稳定性，最终形成坚固的表面炭层，一方面起到了抗滴落的作用，另一方面也起到了隔热和阻燃的效果。

表 10-10 PA6 及阻燃 PA6 的阻燃参数

体系	PHRR/(kW/m²)	AHRR/(kW/m²)	AEHC/(MJ/kg¹)	AMLR/(g/s¹)	THR/(MJ/m²)	TTI/s
PA6	866	394	30.0	0.13	195	25
PA6/PAPSQ (95/5)	607	3692	30.3	0.12	195	28
PA6/Mg(OH)₂ (60/40)	324	191	27.1	0.07	155	32
PA6/Mg(OH)₂/ PAPSQ(55/40/5)	223	138	26.2	0.05	142	32

10.3.5 含硅笼状磷酸酯阻燃剂

（1）含硅笼状磷酸酯阻燃剂的合成与性能

王绍磊等合成出几种哑铃形的双笼状磷硅化合物（图 10-3 所示为其中之一，其他碳链有差异）。用富马酰氯将这两种笼状环桥接起来。它具有作为富含硅磷的反应性单体参与高分子聚合的潜力，同时可能具有潜在的生物活性。

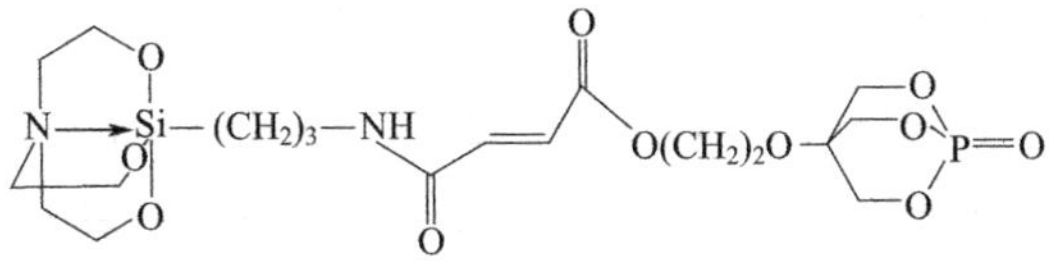

图 10-3 哑铃形含磷硅烷

陈俊等用 PEPA 和有机硅烷中间体设计合成出两种含硅笼状磷酸酯阻燃剂，其合成反应式如图 10-4 所示，分解温度与残炭量见表 10-11。

表 10-11 MPSi、PPSi 的分解温度与残炭量

阻燃剂	起始热分解温度/℃		800℃ 残留量	
	氮气	空气	氮气	空气
MPSi	346	332	366	358
PPSi	40.3%	38.2%	48.8%	44.9%

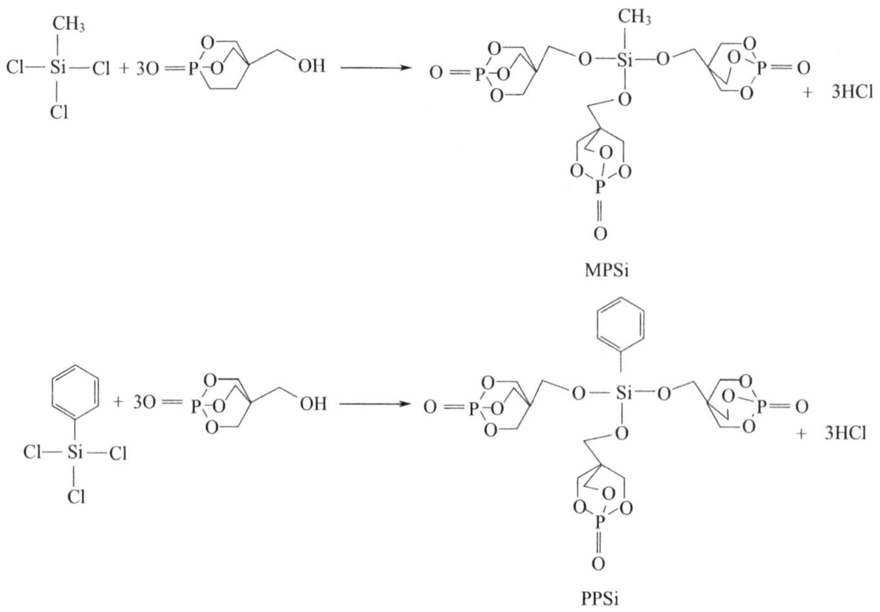

图 10-4　MPSi、PPSi 的合成反应式

以上两种化合物热稳定性良好，可以使 PA6 获得满意的阻燃效果及良好的抑烟效果，同时对 PA6 的加工性能有明显改善，且不影响 PA6 的力学性能，甚至提高了 PA6 的冲击韧性。

（2）含硅笼状磷酸酯阻燃剂的潜力和可行性

由于 PEPA 分子上的羟基具有较好的反应活性，因此可以与各种有机硅单体或中间体反应生成一系列具有笼状结构的含磷、硅的新型笼状磷酸酯，这类磷酸酯由于结构特殊，因此在阻燃材料领域具有良好的应用前景。

① 类似上述 PPSi、MPSi 结构的化合物，结构对称，热稳定性好，热氧降解时残炭量高。

② 磷含量高，且磷可以有效参与成炭反应。

③ 该类化合物分子中含有 Si—C 及 Si—O 结构。硅和碳为同族元素，具有很多相似性，相容性好，热氧降解时易形成稳定的致密含 Si、C 层。有机硅基团表面能较低，在燃烧过程中易向材料表面迁移，集中在材料表面脱水形成层状的含硅炭化层。

磷、硅两种元素位于同一分子中，因此有可能发挥多重阻燃机制：催化阻燃作用；抑制凝聚相的氧化反应；高效气相阻燃作用；形成有效的致密闭孔炭化层。

10.4　实用本质阻燃高聚物

10.4.1　本质阻燃聚合物

传统的赋予高聚物阻燃性的通用方法大部分是采用添加型阻燃剂，也有一些场合采用反应型阻燃剂。尽管无机阻燃剂及无卤含磷阻燃剂带来的环境危害比其他阻燃剂少些，但从长远的观点来看，应寻找一种阻燃功能持久、不因阻燃而降低高分子材料的力学性能、能够满足一些特殊场所的使用要求的阻燃材料，即具有本质阻燃性的高聚物材料。在现阶段本质阻燃高聚物或者由于价格高昂，或者由于制造工艺复杂，因而应用相当有限，不过它们代表阻燃高分子材料一个发展方向，自 21 世纪，它们越来越多地在取代一部分以阻燃剂处理的阻燃高聚物。

初始意义上的本质阻燃高聚物是指那些使自身具有阻燃性的高聚物，它们不需要改性或阻燃处理，也具有耐高温、抗氧化、不易燃等特点。目前，已获工业应用的本质阻燃高聚物是那些全芳杂环结构、成炭率高、杂元素（指碳、氢、氧以外的元素）含量高以及某些含杂环的高聚物，如聚砜、聚酰亚胺、聚苯硫醚、芳香族聚酰胺、聚醚醚酮、聚醚酯酰胺等，它们耐热，耐高温氧化，耐辐射，耐磨，电缘性好，力学性能好，能在高温下长时间工作；极限氧指数高，成炭率高，具有良好的自熄性，具有高的热稳定性，受热时不易分解，可燃性气体释放量低；易发生环化和稠环化，脱氢成炭，并覆盖于聚合物表面发挥阻燃作用，不需要对其进行阻燃处理也能满足多种使用场合的阻燃要求。表 10-12 列出了一些阻燃高聚物的名称和阻燃性能。

表 10-12　全芳杂环阻燃高分子材料的名称和阻燃性能

中文名称	英文缩写	裂解峰温 $Tp/℃$	850℃ 残炭量/%	LOI/%	UL 94
聚苯均四甲酰亚胺	PMMI	567	70	37	V-0
聚酰胺酰亚胺	PAI	628	55	45	V-0
聚醚酰亚胺	PEI	575	52	47	V-0
聚醚酮	PEK	614	56	40	V-0
聚醚醚酮	PEEK	606	50	35	V-0
聚苯并咪唑	PBI	630	70	42	V-0
聚苯并噁唑	PBO	789	75	56	V-0
聚苯砜	PPSU	606	38	44	V-0
聚苯酯	PPOB	350		47～53	V-0
聚苯硫醚	PPSU	578	45	44	V-0

10.4.2　改性的本质阻燃聚合物

在高分子主链或侧链上通过共聚、接枝等引入阻燃元素和基团，将易燃、可燃高分子转化为阻燃聚合物称为改性本质阻燃聚合物，如硅氧烷-乙炔聚合物、多苯乙炔基苯的聚合物及含炔基的无机-有机杂化共聚物等。还有经化学结构改造而具备阻燃性的高分子，一些可以作为材料单独使用，更多的是作为高分子阻燃剂或预聚物、低聚物阻燃剂使用，常常也被称为反应型阻燃剂，应归入本质阻燃高分子之列。

10.4.2.1　多乙炔苯聚合物合成

苯环上含 3 个或更多个乙炔的化合物本身易于聚合为热固性树脂，也能与其他单体形成共聚物。这些高聚物在空气中于高温下可裂解成炭，形成的炭层耐高温、抗氧化。据预测，这类高聚物衍生的碳-碳复合物有可能在氧化环境中承受极高温度（1000℃、1500℃甚至2000℃），已有希望作为烧蚀材料用于火箭导弹系统和宇宙飞船的重返大气设备中。其制备分为多乙炔苯单体的合成及单体聚合两步。例如 1,2,4,5-四（苯乙炔基）苯可由苯基乙炔及四溴苯在钯催化剂存在下合成，得率可达 84%。此单体在氮气流中于 225℃、300℃ 及 400℃ 各加热 2h，即聚合为热固性聚合物，聚合后失重 1.1%。将此聚合物从 30℃ 加热至 1000℃，发生炭化，成炭率 85%。炭的氧指数可达 60%。如此高的成炭率说明这类聚合物具有很高的本质阻燃性和耐高温性。其合反应如下：

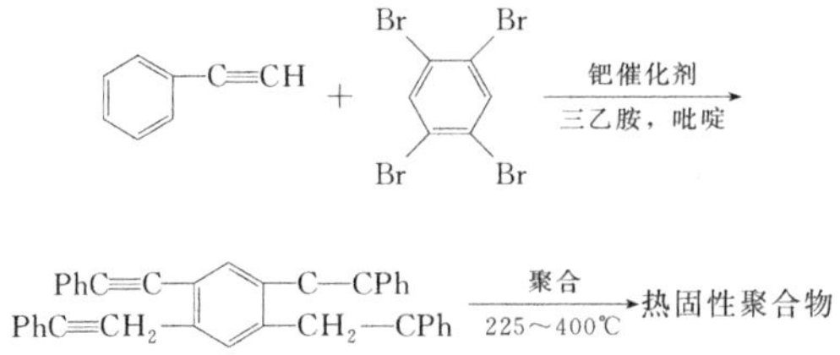

10.4.2.2　含磷阻燃有机高分子

通常的含磷阻燃有机高分子包括主链磷酸酯阻燃高分子、乙烯基磷酸酯单体共聚引入高分子链、磷酸（酯）化的阻燃高分子、线型聚膦腈、芳香型环状聚膦腈等。一般地，聚磷酸酯具有抗萃取、抗迁移、挥发损失、氧指数高、残炭量大的特点。如乙烯基磷酸酯单体通过共聚引入到常用的乙烯基聚合物（聚苯乙烯 PS、聚甲基丙烯酸甲酯 PMMA）中，得到阻燃共聚物及性能见表 10-13。聚乙烯醇（PVA）和乙烯-乙烯醇共聚物（EVAL），磷酸化处理可得到本质阻燃的磷酸化 PVA 和 EVAL；10% 磷酸化 PVA 的 LOI 可从 19.8% 提高到 48.1%。表 10-14 及表 10-15 分别列出了磷酸化 PVA 和磷酸化 EVAL 的阻燃性能。

表 10-13　一些阻燃共聚物的阻燃性能

共聚物	单体比例	LOI/%	UL 94 级别	残炭量(质量分数)/%
PMMA		17.2	无	1.8
MMA-DEMMP	90/10	22.8	V-0	6.7
MMA-PCVP	80/20	27.4	5.4	
MMA-PDVP	80/20	25.5		3.8

注：1. DEMMP 为二乙基（甲基丙烯酸氧甲基）磷酸酯。

2. PCVP 为邻苯二酚乙烯基磷酸酯。

3. PDVP 为二苯基乙烯基磷酸酯。

表 10-14 磷酸化 PVA 的阻燃性能

磷酸化结构单元分数	P 含量/%	LOI/%	TG 残炭量/%
0	0	19.8	0
0.018	1.2	27.6	4.4
0.028	1.9	36.4	5
0.072	4.5	44.1	18.1
0.087	5.3	48.1	18

表 10-15 磷酸化 EVAL 的阻燃性能

EVAL 中的—OH 基的分数/%	磷酸化结构单元分数/%	LOI/%	TG 残炭量/%
12	0.037	21.1(18.0)	1
43	0.072	27.6(19.2)	4
56	0.126	36.4(19.0)	8

注：括号中为未磷化的 EVAL 的 LOI。

含磷羟基（P—OH）的二苯基（二羟基）磷酸酯与环氧基反应可在环氧树脂中引入有机磷，DEGBA/DDS 环氧树脂经二苯基磷酸酯改性后氧指数可达 32%。

含磷阻燃高分子的阻燃机理以凝聚相阻燃机理为主，改变热分解过程，使化学反应向有利于成炭的方向进行，减少 CO 和 CO_2 的生成，表面形成保护性炭层，含磷阻燃剂的使用是无卤阻燃剂发展的重要方向。

10.4.2.3 含硅元素的阻燃高分子

硅基聚合物主要包括聚硅烷、聚硅氧烷、聚倍半硅氧烷等。常用的是有机硅氧烷的高分子，尤其是聚二甲基硅氧烷（PDMS），发展最为迅速的硅基阻燃聚合物是聚倍半硅氧烷。

（1）线型硅氧烷-乙炔聚合物及含硅-硼的杂化共聚物

在高聚物分子中同时引入碳、氢和氧以外的杂元素，可提高高聚物的耐热性、阻燃性及抗氧化性能。选用硅氧基团具有良好的热和氧化稳定性及憎水性，而其柔韧性则有利于高聚物的加工。如果高聚物主链上除含硅氧基外，还含有二乙炔基等单元，则由于后者能进行热反应或光化学反应而可形成韧性的含共轭网络的交联聚合物。因此，线型硅氧烷-乙炔聚合物在阻燃材料领域内引起高度重视，其乙炔基通过热反应和光化学反应可以得到交联的高热氧化稳定性和阻燃性的热固性树脂，甚至可以通过模塑成型，大大简化了加工过程。

例如，通过 1,3-二乙炔基四甲基二硅氧烷的氧化偶联所制得的线型高聚物如下。树脂 A 的 n 可取为 1 或 2，在 400～600℃下相当稳定，1000℃失重仅 15%～20%。树脂 B 与四（苯乙炔基）的热固性共聚物在 1000℃的成炭率为 95%。可见，在共聚物中同时引入一定量的硅和硼，对提高材料的阻燃性是非常有利的。

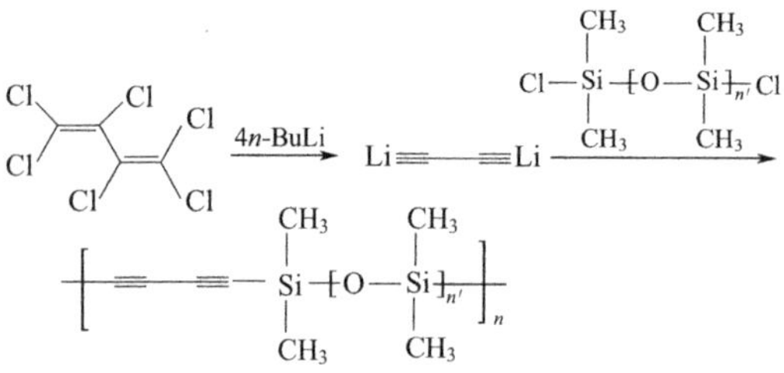

树脂A

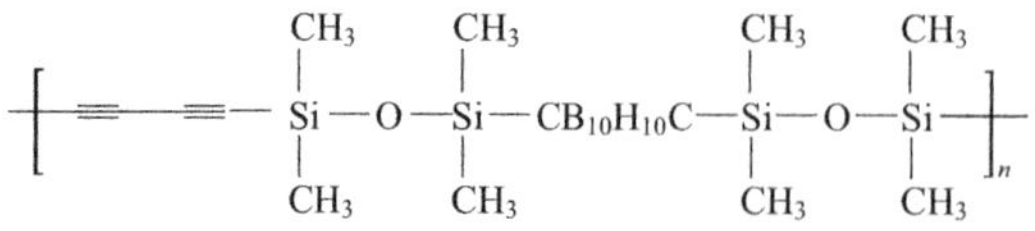

树脂B

（2）新型含支化链的聚硅氧烷

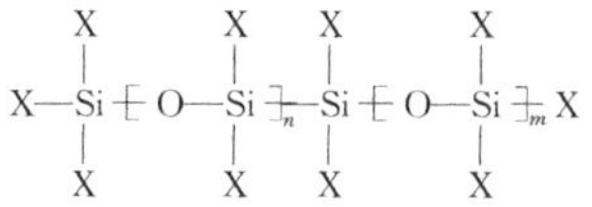

如上式所示的含支化链的聚硅氧烷树脂与 PC 共混时，质量分数为 10%，且不添加其他阻燃剂即可达到 UL 94 V-0 级，并且与 PC 和 PC/ABS 共混物相容性好，能够保持原树脂的力学性能。

（3）笼状倍半硅氧烷低聚物和聚合物

笼状倍半硅氧烷低聚物和聚合物也称为多面体低聚倍半硅氧烷（polyhedral oligomeric silsesquioxane，POSS），纳米结构的无机-有机杂化材料 POSS 的基本分子式为 $(RSiO_{1.5})_n$（n 为偶数），Si—O—Si 键构成纳米尺度的笼状骨架，R 为各种惰性或反应性有机取代基，用作阻燃材料的是具有聚硅烷、倍半硅氧烷结构的聚合物。表 10-16 列出 POSS 聚合物 Fire Quench 112 和环氧乙烯基酯（EVE）的部分性能。从表中结果可以看出，倍半硅氧烷聚合物具有很高的热稳定性和成炭性。

表 10-16 POSS 聚合物 Fire Quench 112 和环氧乙烯基酯（EVE）的部分性能

性能	Fire Quench 112	EVE
玻璃化温度 T_g/℃	>400	118
热变形温度（HDT）/℃	>400	118
分解温度[①] T_{dec}/℃	600	360
成炭率/%	95	8
拉伸强度/MPa	93.17	89.63
弯曲模量/MPa	3447.38	3516.33
伸长率/%	4.5	5.5
硫化前黏度/Pa·s	0.06	0.5
硫化时间（70℃）/min	45	10

①N_2 气氛下 TG 测量中失重为 10% 时的温度。

10.4.2.4　含硼元素的阻燃高分子

硼酸盐和硼酸阻燃剂通常作为阻燃协效剂用于聚合物阻燃材料，含硼化合物主要为凝聚相阻燃机理：改变聚合物分解反应的方向，促进形成表面保护炭层，减少 CO 和 CO_2 的释放，含硼高分子用于阻燃剂的实例不如含硅高分子那样丰富。三(2-羟丙基)硼酸盐作为扩链剂用于聚氨酯（PU)-多异氰酸酯泡沫中可以降低脆性，但不降低刚性。芳香硼酸可以用于ABS 和 PC 中，在加热条件下交联形成环硼烷结构。高分子链的硼酸化可以有效地改进阻燃性能。聚乙烯醇（PVA）和乙烯-乙烯醇共聚物（PVAL）的硼酸化可以显著降低可燃性，LOI 可提高至 33.2%，成炭率可增加至 31%。

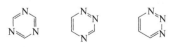

有机-无机杂化碳硼烷-硅氧烷-乙炔共聚物，稳定性、化学惰性、可加工性、刚度等综合性能优异；产生的炭层在 1500℃ 仍具有热氧化稳定性，含碳硼烷的芳香异氰酸酯和二胺将可用于多种聚酰胺、环氧树脂等耐热、耐烧蚀材料中。环境友好的阻燃聚合物材料是未来阻燃科技领域重要的发展方向，阻燃聚合物的无卤化和再利用技术是实现环境友好的主要途径。面对无机阻燃剂的大量使用、越来越高的阻燃标准、聚合物综合性能的保持、特殊应用等的需要，本质阻燃高分子将扮演关键的角色。预期磷/氮、硅/硼系的本质阻燃环境友好的阻燃聚合物材料是未来阻燃科技领域重要的发展方向。

10.5　三嗪基化合物及其在无卤素膨胀阻燃体系中的应用

三嗪是一类含氮的有机物，包括以下三种，其中 1,3,5-三嗪最为常见。

1,3,5-三嗪　1,2,4-三嗪　1,2,3-三嗪

本书中氮系阻燃剂（第 4 章）提到的三聚氰胺、三聚氰胺氰尿酸盐等都属于三嗪基化合物的范畴，三嗪基化合物在阻燃方面的效果得到了市场的认可，也是近些年备受重视的研究方向。

三嗪基化合物是一类富含叔碳结构的化合物，有优良的炭化效果，其化学性质相当稳定，加热到 150℃ 以上在浓硫酸介质中才发生分解。三嗪基化合物是很多低聚物和高聚物的预聚体，很容易合成分子量较高的化合物，迎合了阻燃剂大分子技术的发展趋势。

三嗪类化合物阻燃剂包括三聚氰胺（MEL）及其盐、三聚氯氰（CA）及其衍生物和三聚氰酸及其衍生物，在第 4 章中有详细介绍，这里主要介绍新型三嗪基化合物及其在无卤素膨胀阻燃体系中的应用。

李斌等以三聚氯氰、乙胺、乙醇胺和乙二胺为原料，通过控制物料比合成了 4 种不同聚合度的成炭-发泡剂（CFA），将合成的 CFA 与聚磷酸铵（APP）及纳米二氧化硅（纳米 SiO_2）复配成膨胀阻燃剂并添加到聚丙烯（PP）中，制备阻燃 PP 材料。通过热重分析、氧指数、垂直燃烧和力学性能测试研究了材料的热稳定性、阻燃性能和力学性能。结果表明：随着 CFA 聚合度的增加，膨胀阻燃体系对 PP 材料的阻燃效率相应提高；阻燃剂的加入提高了 PP 材料的热稳定性，CFA 聚合度的变化对阻燃 PP 材料的力学性能影响不大。当 CFA 的聚合度为 40 时，阻燃 PP 材料的阻燃性能和热稳定性能均达到最佳。

首先将不同聚合度的 CFA 分别与 APP、纳米-SiO_2 按照一定的比例进行混合，制备 IFR。然后将膨胀阻燃剂与 PP 进行混合，阻燃剂的添加量为 18%，组分中只改变成炭剂的聚合度，其余组分均相同。阻燃 PP 试样的主要组分含量见表 10-17。

表 10-17　阻燃 PP 试样的主要组分含量

试样	CFA 聚合度	PP/%	APP/%	CFA/%	纳米 SiO_2/%
PP1	5	82	13.68	3.42	0.9
PP2	10	82	13.68	3.42	0.9
PP3	30	82	13.68	3.42	0.9
PP4	40	82	13.68	3.42	0.9

四种 CFA 的 TG 和热分解数据分别见图 10-5 和表 10-18。

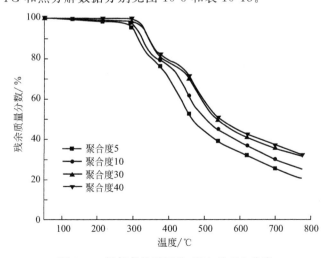

图 10-5　氮气条件下四种 CFA 的 TG 曲线

表 10-18 四种不同聚合度 CFA 的热分解数据

样品	聚合度	5%初始分解温度/℃	成炭量(800℃)/%
CFA1	5	299.4	20.7
CFA2	10	311.0	25.2
CFA3	30	327.3	31.5
CFA4	40	331.5	31.6

从图 10-5 和表 10-18 可以看出,四种 CFA 的起始分解温度都在 299℃以上,这表明合成的 CFA 具有良好的热稳定性,能满足绝大多数聚合物的加工温度要求。CFA 有两个急剧失重峰,第一个峰在 300～350℃,是由热降解过程中发生缩聚等化学反应释放 NH_3 和 H_2O 等小分子形成的;第二个峰在 420～500℃,为 CFA 的自身降解与交联反应。降解生成的不饱和烯烃发生多分子环化聚合反应而生成稳定的聚芳香结构的炭层,非芳香结构的烷基支链则断裂为小分子而挥发,而环化聚合反应生成的聚芳香结构的炭层非常稳定。从表 10-18 中可以看出,在氮气条件下,四种不同聚合度的 CFA 的初始分解温度及 800℃时的残炭量随着聚合度的增加而升高。这说明成炭剂聚合度较大时,CFA 的结构更稳定,因而在受热时容易形成更加稳定的炭层。阻燃剂添加量为 18%,且含不同聚合度 CFA 的 IFR 体系阻燃 PP 材料的阻燃性能测试结果见表 10-19。

表 10-19 IFR-PP 材料的阻燃性能

试样	LOI/%	UL 94
PP	17.5	—
IFR1-PP	27.1	V-2
IFR2-PP	27.3	V-2
IFR3-PP	28.0	V-1
IFR4-PP	28.2	V-0

由表 10-19 可以看出,四种添加 18%IFR 的阻燃 PP 材料的 LOI 值随着 CFA 聚合度的增加,由 27.1%依次提高到 28.2%。CFA 聚合度为 5 和 10 时,垂直燃烧级别为 V-2 级;当 CFA 的聚合度为 30 时,垂直燃烧级别提高到了 V-1 级;聚合度升高到 40 时,阻燃材料成功通过了 UL 94 V-0 级。试验结果表明,在其他条件一定时,随着 CFA 聚合度的升高,膨胀阻燃剂对 PP 的阻燃作用逐渐增强。

李斌等研究合成了一种三嗪系成炭剂,是一种无卤的氮系成炭剂。其分子较大,外观洁白。将其与聚磷酸铵以及红磷等复配添加到树脂中,并研究了此阻燃剂对阻燃性能的影响。合成路线如下:

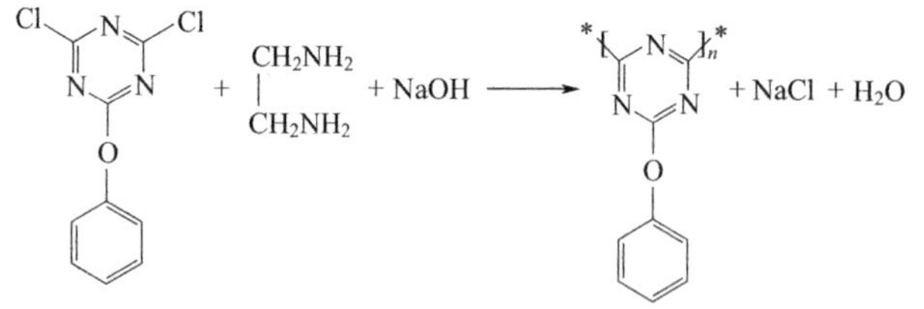

他们将该成炭剂复配制得的膨胀型阻燃剂用于阻燃 ABS 中，经试验得出较好的比例是三嗪衍生物、APP 之比为 1∶3，另外添加 5% 的红磷，能将氧指数最高提高到 29.8%，添加了膨胀型阻燃剂的在燃烧时与未添加阻燃剂的相比较，消除了熔滴现象，调整阻燃剂添加量，可以达到 V-0 级。但添加量比较大，对 ABS 的使用性能可能会造成一定的影响，这也是目前 ABS 无卤阻燃面临的一个主要难题，还需要作更深一步的研究以降低其添加量。

张涛、杜中杰、张晨等以三聚氯氰和 4,4′-二氨基二苯醚（ODA）为原料制备了具有三嗪环与苯环交替结构主链的新型三嗪类成炭剂（CA-ODA），并将其与聚磷酸铵（APP）复配，用于阻燃聚丙烯（PP）。采用热失重分析方法和锥形量热仪研究了不同质量配比的 APP/CA-ODA 阻燃体系对 PP 热稳定性和阻燃性能的影响。结果表明，CA-ODA 自身具有良好的热稳定性和成炭性能，三嗪环和苯环交替结构能够促进 PP 成炭，从而有效地提高了 PP 的阻燃性能。当 APP/CA-ODA 体系总添加量为 25%，二者质量比为 2∶1 时，PP 复合材料的热释放速率峰值由 $1046kW/m^2$ 降低至 $334kW/m^2$，并且残炭量高达 41.5%。CA-ODA 合成路线如图 10-6 所示。

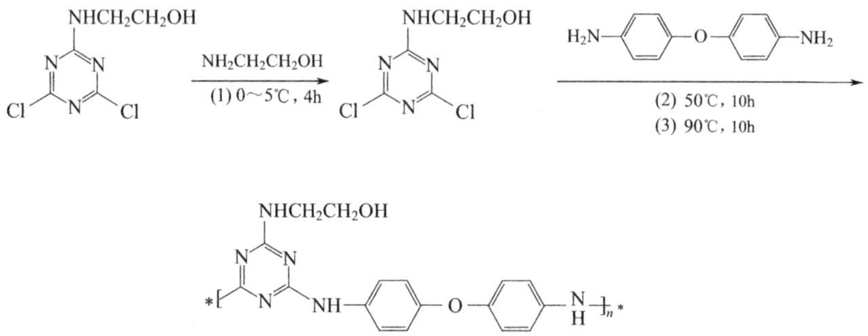

图 10-6　CA-ODA 合成路线

笔者与惠银银采用异氰尿酸三缩水甘油酯（TGIC）、季戊四醇、乙二胺四亚甲基膦酸（EDTMPA）与三聚氰胺为原料，合成膨胀型阻燃剂的成炭剂三嗪基多羟基成炭剂（PT-CA）和乙二胺双环四亚甲基膦酸三聚氰胺盐（EAPM）（该化合物合成等内容见第 4 章），对其结构和性能进行分析。将该成炭剂与 APP 及 MCA 等物质混合，采用复配技术制备阻燃剂应用于聚丙烯中，并对其阻燃性能进行测试。

三嗪基多羟基成炭剂（PT-CA）的合成：将季戊四醇与异氰尿酸三缩水甘油酯（TGIC）的白色粉末以 2∶1 复配，搅拌均匀后，固相加热至 120℃，加热 1h 后升温至 130℃再加热 1h，然后升温至 140℃加热 1h，最后升温至 150℃加热 1h，然后将产品冷却后水洗，抽滤，干燥。其反应过程如图 10-7 所示。

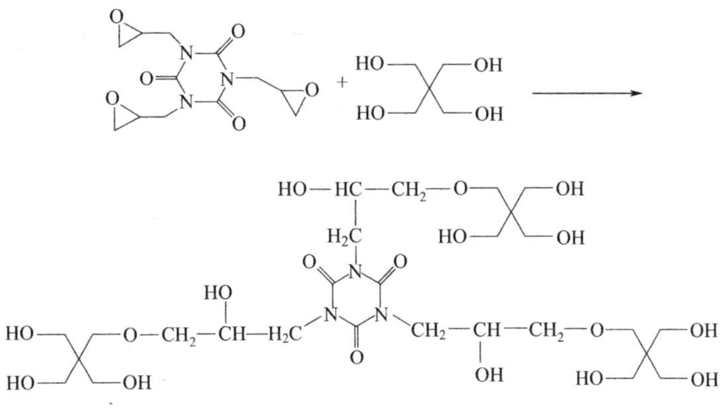

图 10-7　PT-CA 的合成路线

PT-CA 的红外光谱图和 TG 曲线分别见图 10-8 和图 10-9。

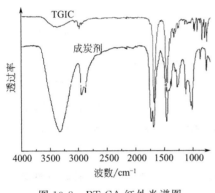

图 10-8　PT-CA 红外光谱图

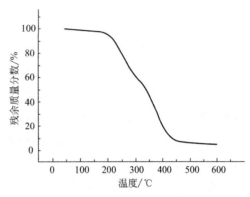

图 10-9　PT-CA 的 TG 曲线

从图 10-9 可以看出，该物质在 230～300℃逐渐发生失重，因此预计与 APP 复配使用具有较高的成炭性。

采用 PT-CA、包覆 APP 以及 MCA 等物质，以不同比例混合后形成阻燃剂，用于聚丙烯阻燃，并测试不同配方的阻燃性能。具体配方见表 10-20，阻燃性能测试结果见表 10-21。

表 10-20　阻燃 PP 复配配方

配方编号	PP 含量/%	包覆 APP 含量/%	PT-CA 含量/%	MCA 含量/%	EAPM 含量/%	MEL 含量/%
0	100	—	—	—	—	—
1	76.7	20	2	3.3	—	—
2	70	24	2	4	—	—
3	70	24	2	4	—	—
4	75	20	1.7	—	3.3	—
5	75	13.3	1.7	—	10	—
6	75	16.7	3.3	—	5	—
7	75	20	1.7	—	—	3.3

注：每个配方总质量为 1.5kg，含量为质量分数。

表 10-21　不同阻燃体系阻燃 PP 的垂直燃烧结果

配方编号	t_{1max}/s	t_{2max}/s	$\sum(t_1+t_2)/s$	$(t_2+t_3)_{max}/s$	火焰蔓延至夹具(Y/N)	引燃脱脂棉(Y/N)	级别
0	202.56	—	—	—	Y	Y	—
1	21.72	13.26	>250	14.88	Y	Y	—
2	3.83	13.10	<250	13.97	N	Y	V-2
3	6.54	11.95	<250	13.45	N	Y	V-2
4	3.99	3.89	<250	5.45	N	N	V-1
5	2.53	17.42	<250	18.62	N	N	V-1
6	1.73	4.12	<50	4.52	N	N	V-0
7	2.70	18.61	<250	12.33	N	Y	V-2

注：t_1 为第一次点燃余焰时间；t_2 为第二次点燃余焰时间；t_3 为第二次点燃余辉时间；t_{1max} 为第一次点燃 5 个试样中的最长余焰时间；t_{2max} 为第二次点燃 5 个试样中的最长余焰时间。

由表 10-21 中的试验数据可以看出 6 号样的阻燃性能最好，主要表现在该组样条点燃时最长燃烧时间最短，总燃烧时间也最短，且其点燃后无熔滴，也未引燃脱脂棉，所以 6 号试样阻燃剂的阻燃 PP 性能最好，可以达到 UL 94 V-0 级。6 号阻燃 PP 材料燃烧后前段部分很明显膨胀起泡，作为典型的膨胀阻燃体系，说明采用包覆 APP、PT-CA 与 EAPM 三种物质混合后形成的膨胀型阻燃体系复配后能够很好地改善 PP 的阻燃效果。膨胀炭层的形成表明三者能够共同作用，形成膨胀阻燃体系。

笔者与芦宇骁等合成了具有笼状磷酸酯结构的三嗪化合物，同时评价了其阻燃性能。笔者与芦宇骁采用 1-氧代-4-羟甲基-2,6,7-三氧杂-1-磷杂双环［2.2.2］辛烷（PEPA）、三聚氯氰、二亚乙基三胺为原料，设计合成了一种新型含磷三嗪大分子成炭剂，其英文名为 triazine-based phosphorus macromolecule charring agent，简称为 TBM。对所合成的含三嗪环笼状磷酸酯的结构进行了表征，将合成的阻燃剂用于的聚丙烯阻燃，并对其进行阻燃性能的评价。

TBM 的合成工艺路线如下：

在氮气保护下，将计量的三聚氯氰与 PEPA 加入四口烧瓶中，充分搅拌反应一段时间，然后加入计量的二亚乙基三胺与三乙胺混合物反应。待反应结束后冷却抽滤，得到白色粉末状中间体。将所得中间体再次与计量的二亚乙基三胺、三乙胺混合物加入四口烧瓶中反应，反应后抽滤并用丙酮、乙醇及去离子水洗涤多次，干燥、粉碎后即为阻燃剂 TBM。反应方程式如下：

第一步：

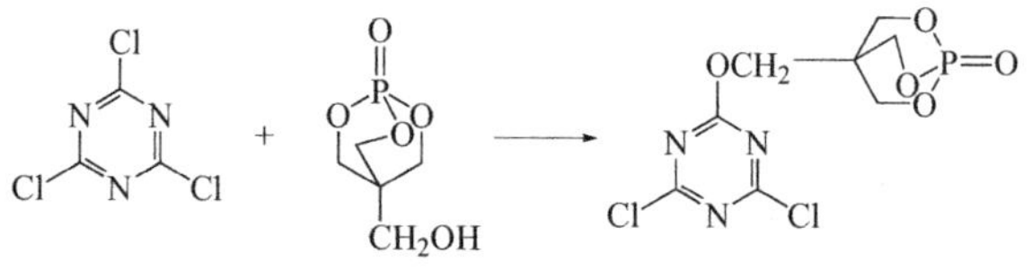

第二步：

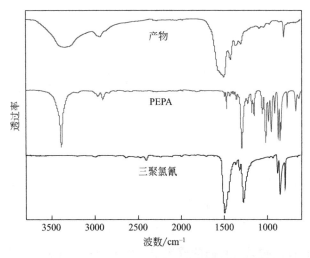

第三步：

① 红外谱图

图 10-10 是产物 TBM、原料 PEPA 和三聚氯氰的红外谱图。产物的红外谱图具有如下特征峰：3347cm^{-1} 处新出现的峰为 N—H 伸缩振动峰，说明产物上具有二亚乙基三胺的结构；2939cm^{-1} 处出峰为—CH$_2$—的伸缩振动峰；1539cm^{-1} 及 810cm^{-1} 处为三嗪环骨架的伸缩振动峰和变形振动峰；产物与 PEPA 的红外谱图对比可知，产物在 1307cm^{-1} 处出现了属于 P＝O 的伸缩振动峰，1095cm^{-1} 和 976cm^{-1} 出现了属于 P—O—C 的伸缩振动峰，说明产物上具有笼状磷酸酯结构；产物与三聚氯氰的红外谱图对比可知，三聚氯氰的 C—Cl 在 85cm^{-1} 处的特征峰在产物的红外谱图上已经消失，证明三聚氯氰上的氯原子已被完全取代。

图 10-10　TBM、PEPA 和三聚氯氰的红外谱图

② 核磁谱图

图 10-11 为 TBM 的固体碳谱（MAS^{13}C-NMR），从图中可以观察到四种不同的化学位移。其中 a 处 165.45 的化学位移为三嗪环骨架上的碳原子；b 处 39.55 的化学位移为笼状磷酸酯结构上—CH$_2$—的碳原子；c 处 13.11 的化学位移为二乙烯三胺结构上—NH—CH$_2$—的碳原子；d 处 7.98 的化学位移为笼状磷酸酯结构上的叔碳原子。

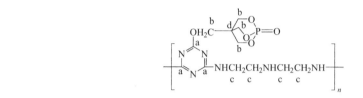

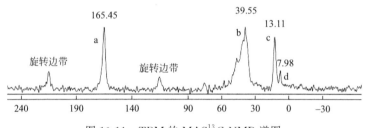

图 10-11　TBM 的 MAS^{13}C-NMR 谱图

图 10-12 为产物 TBM 的固体磷谱（MAS^{31}P-NMR），从图中可观测到合成产物仅在 1.48 处有明显的化学位移，可判定产物纯度较高，没有二取代和三取代物生成。

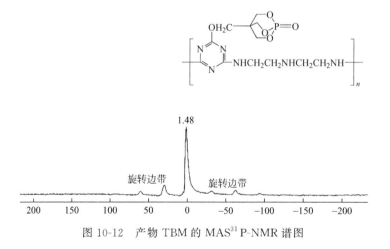

图 10-12　产物 TBM 的 MAS^{31}P-NMR 谱图

③ TBM 的热失重分析

图 10-13 为 TBM 的 TG 和 DTG 曲线。从图中可以看出 TBM 的起始分解温度［热失重 5%（质量分数）］在 294.8℃，分解温度较高，高于常见聚合物的加工与使用温度，热稳定性较好。从上述 TG 曲线还可以看出，在氮气氛围下，600℃时的热失重残留质量达 29.77%，由此可见目标产物具有较高的成炭率。由 DTG 曲线还可以看出，TBM 最大热分解速率温度在 412.6℃，最大分解速率为 7.16%/min。

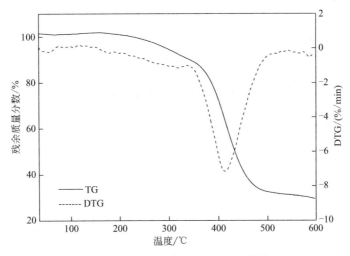

图 10-13　TBM 的 TG 和 DTG 曲线

将 TBM、胺类包覆聚磷酸铵（AM-APP）及三聚氰胺氰尿酸盐（MCA）复配应用于聚丙烯（牌号 T30S）阻燃，并选用 γ-缩水甘油醚氧丙基三甲氧基硅烷（KH560）作为偶联剂加入聚丙烯中，设计了表 10-22 所列的阻燃 PP 配方。

表 10-22　阻燃 PP 配方

编号	PP 含量/%	TBM 含量/%	AM-APP 含量/%	MCA 含量/%	KH560 含量/%
PP-0	100	0	0	0	0
PP-1	74.8	1.25	20	3.75	0.2
PP-2	74.8	2.5	18.75	3.75	0.2
PP-3	74.8	3.75	17.5	3.75	0.2
PP-4	74.8	5	16.25	3.75	0.2
PP-5	74.8	0	21.25	3.75	0.2

表 10-23 为 TBM、胺类包覆聚磷酸铵（AM-APP）与三聚氰胺氰尿酸盐（MCA）复配阻燃体系阻燃 PP 的阻燃性能结果。通过对比可以发现：未添加阻燃剂时，PP 的极限氧指数最低，为 17.5%。在仅添加 AM-APP 和 MCA 两种组分时，PP-5 的极限氧指数可达到 28%。在阻燃体系总添加量为 25.2% 不变的情况下，随着 TBM 含量的增加，整个阻燃体的极限氧指数逐渐升高，PP-3、PP-4 均达到了 V-0 级。这说明 TBM 添加量的上升有利于聚丙烯阻燃性能的提升。

表 10-23　阻燃 PP 阻燃性能表

项目	PP-0	PP-1	PP-2	PP-3	PP-4	PP-5
LOI/%	17.5	29.8	30.9	31.3	31.6	28
UL 94	—	V-2	V-1	V-0	V-0	—

注："—"表示未通过 UL 94 实验。

10.6 绿色阻燃技术展望

10.6.1 开发新型生态与环境友好的绿色阻燃产品

10.6.1.1 开发无卤素或无卤素/无磷的阻燃体系

大量的研究和实际应用表明，卤素和磷在燃烧过程中都将产生有害物质，因此理想的绿色阻燃产品应不含卤素和磷。在无卤素、无磷的阻燃材料开发中，人们已经取得了可喜的进展和实质性的应用，最经济的绿色环保阻燃剂是无机阻燃剂，特别是氢氧化铝和氢氧化镁；高效的环保阻燃剂如本书第 6 章介绍的 Ciba Geigy 精化公司（现被 BASF 公司收购）的 Flamstab NOR116 阻燃 PE、PP 以及本书第 4 章介绍的三聚氰胺氰尿酸盐阻燃尼龙，这些阻燃剂是现今具有代表性的绿色阻燃材料。但在现有技术基础上，所有阻燃材料都采用无卤素、无磷的阻燃体系还有难度，且在一些阻燃等级要求高的场所，无卤素、无磷的阻燃体系还不能满足需要。

在这一技术领域，今后应关注的几个开发方向如下。

① 聚烯烃的无卤素阻燃技术，重点在磷-氮型膨胀阻燃体系，双功能的阻燃-光热稳定体系，以及催化成炭阻燃技术的应用。

② 聚酯的无卤素或无卤素/无磷阻燃技术，采用反应型含磷阻燃剂已经实现共聚阻燃聚酯纤维的工业化，但为了满足高强力阻燃聚酯纤维的需要，需要开发高稳定性磷酸酯或高效阻燃体系。工程塑料用聚酯阻燃技术突破在纳米无机材料复合阻燃技术，催化和合金化阻燃技术。

③ 尼龙的无卤素、无磷阻燃技术，在无填充、不增强阻燃尼龙中，三聚氰胺衍生物的应用获得成功。今后开发的重点是三聚氰胺衍生物与纳米无机材料的复合阻燃技术，以取得在填充、增强阻燃尼龙中的应用。尤其应关注聚酰胺纤维的阻燃技术产业化开发。

④ 利用现代化学合成技术，合成特殊晶型的无机阻燃剂，如特殊晶须的氢氧化镁等。

⑤ 多元复配阻燃技术。

10.6.1.2 阻燃材料的绿色化学生产工艺与技术

（1）阻燃剂的绿色生产技术

为了减少阻燃剂生产过程中的环境污染，实现阻燃剂生产的绿色化，在阻燃剂生产过程中要尽可能不使用有毒有害的原料、溶剂、催化剂等，利用低能耗的工艺技术，实现清洁生产，如高分子载体催化卤化反应合成、聚磷酸铵和三聚氰胺衍生物的无溶剂固相反应合成，水作溶剂的三聚氰胺衍生物的合成技术，磷酸酯的无溶剂合成和聚合技术，无机阻燃剂精制的水循环利用，阻燃剂粉碎的无尘化技术，阻燃剂表面改性技术和微胶囊技术，阻燃剂的母料化技术。

（2）阻燃材料的制造及制件成型技术

除了阻燃热固性树脂以外，塑料的阻燃改性是在熔融状态进行的，而绝大多数阻燃剂的热稳定性比塑料低，通常仅比其熔融温度略高，因此在熔融加工时可能会发生少量分解，尤其是一些回收品或废品的改性成型，分解的可能性更大，这些因素限制了塑料阻燃改性加工的温度范围，为此阻燃材料加工对设备、加工工艺等提出了一些特殊要求，此外阻燃剂与塑料混合配料过程的除尘技术也应引起重视。

10.6.2　阻燃材料的使用及后处理

由于日光、热源等自然环境因素，一些阻燃材料在正常使用过程中可能向环境释放出有毒有害物质。瑞典科学家 Sjodin 等研究接触含有多溴二苯醚类阻燃剂的阻燃材料的人员受侵害的情况，主要分析了全天工作在计算机屏幕前的职员、工作在电子元件拆卸工厂内的工人以及医院内的清洁工人三类人员血液中的血清。发现电子元件拆卸工人的血清中所有多溴二苯醚浓度都很高，十溴二苯醚的浓度高达 $5 \times 10^{-12} \, mol/g$ 类脂物，而在职员和清洁工人的血清中主要为四溴二苯醚。研究分析结果为，在拆卸工人、职员和清洁工人中总的多溴二苯醚浓度分别为：$37 \times 10^{-12} \, mol/g$ 类脂物，$7.3 \times 10^{-12} \, mol/g$ 类脂物和 $5.4 \times 10^{-12} \, mol/g$ 类脂物。同时发现，十溴二苯醚与其他同类物相比，具有更大的生物活性。这是近十年来，人们对多溴二苯醚的使用产生怀疑的主要原因，其他类型阻燃剂在大量使用时也应引起人们的重视，特别是一些沸点较低、光稳定性较差或分解温度较低的阻燃剂产生的危害性更大。

目前，阻燃材料的后处理方法主要是循环再利用、填埋和焚烧。人们对阻燃材料后处理的环境影响关注较多的是多溴二苯醚类阻燃材料，原因是已经有大量研究表明，这类化合物在循环利用、自然环境条件或焚烧过程中分解产生溴代二噁英和溴代二苯并呋喃类致癌物质。事实上，大多数阻燃剂都可能对环境和人类产生危害，如磷系阻燃剂大多数用于聚氨酯、不饱和树脂等阻燃，这些热固性树脂的后处理只能是填埋和焚烧，一些含磷的有机化合物在自然光热、微生物以及焚烧条件下可能转化生成有毒有害的物质，如美国研究者发现，在含有三羟甲基丙烷的聚氨酯树脂中采用磷系阻燃剂时，将产生具有高神经毒性化合物（见第 1 章）。

事实上，一些磷酸酯阻燃剂，就是因为其有害性而只得废弃不用，如三(二溴丙基)磷酸酯因在生物体内残留导致细胞异变而被禁用。

近年来，一些新型功能材料在阻燃领域的应用得到关注，如国内外一些学者正在研究碳纳米管、石墨烯等材料在阻燃多功能高分子材料领域的应用，由于篇幅限制，在此不作综述。

科学是无止境的，人类在追求现行安全舒适生活的同时，将越来越关注为此而付出的代价。因此，阻燃材料将在人类科学进步的同时，不断获得新的生命力，而众多的新阻燃剂、新阻燃材料将不得不经受越来越严格的检验和挑战。

10.6.3　建立科学的阻燃材料综合评价体系

根据阻燃剂及阻燃材料对生态环境、人身安全健康等可能产生的危害，科学制定阻燃剂及阻燃材料的选用标准和评价体系是重要的，同时，积极参考其他绿色标识的先进材料的环保绿色标准，确保阻燃材料消防安全，环境友好，对人类或其他生物无害。

参考文献

［1］ 彭治汉.材料阻燃新技术新品种.北京：化学工业出版社，2004.

［2］ 欧育湘.实用阻燃技术.北京：化学工业出版社，2002.

［3］ 王永强.阻燃材料及应用技术.北京：化学工业出版社，2003.

［4］ 彭治汉.磷-溴系和磷-氮系阻燃剂的合成、性能及其阻燃机理研究.北京：北京理工大学，1998.

［5］ 彭治汉，施祖培.聚酰胺（塑料工业手册）.北京：化学工业出版社，2001.

［6］ 3rd International Symposium on Flame-Retardant Materials & Technologies，University of Science and Technology of China，2014. 2014.

［7］ 中国阻燃学会.2012 年中国阻燃学术年会论文集.2012.

［8］ 中国阻燃学会.2013 年中国阻燃学术年会论文集.2013.

［9］ 中国阻燃学会.2014 年中国阻燃学术年会论文集.2014.

［10］ 杨荣杰，李向梅.中国阻燃剂工业与技术.北京：科学出版社，2013.

［11］ 中国阻燃学会.2015 年中国阻燃学术年会论文集.2015.

［12］ 中国阻燃学会.2016 年中国阻燃学术年会论文集.2016.

［13］ 中国阻燃学会.2017 年中国阻燃学术年会论文集.2017.

［14］ 中国阻燃学会.2018 年中国阻燃学术年会论文集.2018.

［15］ 中国阻燃学会.2019 年中国阻燃学术年会论文集.2019.

［16］ 中国阻燃学会.2020 年中国阻燃学术年会论文集.2020.

［17］ 中国石油和化学工业联合会阻燃专委会，北京理工大学国家阻燃材料工程技术研究中心.阻燃剂与阻燃材料产业发展报告（2020）.2020，3.

.